D1657366

Einführung in die Nachrichtentechnik

von

Prof. Dr.-Ing. Martin Bossert

Oldenbourg Verlag München

Prof. Dr.-Ing. Martin Bossert forscht und lehrt seit 1993 an der Universität Ulm und leitet dort das Institut für Nachrichtentechnik. Der Schwerpunkt seiner Forschung sind Anwendungen der Informationstheorie, insbesondere informationstheoretische Methoden zur zuverlässigen und sicheren Datenübertragung, in der Molekularbiologie und bei Compressed Sensing.

Bibliografische Information der Deutschen Nationalbibliothek

Die Deutsche Nationalbibliothek verzeichnet diese Publikation in der Deutschen Nationalbibliografie; detaillierte bibliografische Daten sind im Internet über http://dnb.d-nb.de abrufbar.

Rosenheimer Straße 145, D-81671 München
Telefon: (089) 45051-0
www.oldenbourg-verlag.de

Lektorat: Dr. Gerhard Pappert
Herstellung: Constanze Müller
Titelbild: Irina Apetrei
Einbandgestaltung: hauser lacour
Gesamtherstellung: Grafik & Druck GmbH, München

Dieses Papier ist alterungsbeständig nach DIN/ISO 9706.

ISBN 978-3-486-70880-6
eISBN 978-3-486-71744-0

Vorwort

Das vorliegende Buch entstand aus dem Modul *Einführung in die Nachrichtentechnik*, das für die Bachelorstudiengänge Elektrotechnik und Informationssystemtechnik an der Universität Ulm im fünften Semester angeboten wird.

Der Wandel der Nachrichtentechnik von analog zu digital durch den Einfluss der Informationstheorie hat bewirkt, dass viele frühere Spezialgebiete heute grundlegende Elemente der Nachrichtentechnik sind. Dieser Tatsache soll mit dem vorliegenden Buch Rechnung getragen werden, indem die Informationstheorie in den Mittelpunkt gestellt wird.

Bei der Entstehung des Moduls und des Buches haben viele Personen mitgewirkt. An erster Stelle haben Dejan Lazich, Max Riederle, Uwe Schöning, Aydin Sezgin und Werner Teich viele wertvolle Anregungen und Hilfen bei der Strukturierung und der Auswahl des Stoffes gegeben. Des Weiteren möchte ich mich bedanken bei Anas Chabaan, Axel Heim, Carolin Huppert, Sabine Kampf, Johannes Klotz, Frederic Knabe, Katharina Mir, Eva Peiker, Steffen Schober, Christian Senger, Vladimir Sidorenko, Antonia Wachter-Zeh, Alexander Zeh und Henning Zörlein. Alle haben entweder beim Inhalt, bei LaTeX, bei Formulierungen und/oder beim Probelesen mitgeholfen. Ohne die Mitwirkung aller hätte das Buch nicht entstehen können, deshalb vielen herzlichen Dank. Auch viele Studierende haben durch ihre Fragen mitgeholfen, die direkte Konsequenzen für Detailierungsgrad, Struktur und Ausführlichkeit der Kapitel hatten.

Ich durfte aktiv an der Digitalisierung der Kommunikation und der Medien teilnehmen und möchte mit diesem Buch die elementaren Grundlagen dabei weitergeben. Die Hoffnung ist, all diejenigen zu motivieren, die ebenfalls Spass an angewandter Mathematik haben, in diesem spannenden Gebiet zu arbeiten. Denn die Grenzen der Erkenntnis in der Informationstheorie und in der Nachrichtentechnik können und müssen noch erweitert werden.

Martin Bossert

Inhaltsverzeichnis

1 Einleitung

1.1 Was ist Nachrichtentechnik und was Informationstheorie?

Die Nachrichtentechnik beschäftigt sich mit der Übertragung von Information über Raum und Zeit, wobei die Übertragung im Raum als Kommunikation und in der Zeit als Speicherung bezeichnet wird. Die genaue Definition von Information wird im weiteren Verlauf klar werden.

Kommunikation: Informationsübertragung über den Raum

Speicherung: Informationsübertragung über die Zeit

Information ist in Buchstaben, Sprache, Musik, Bildern und Filmen enthalten. Manchmal wird statt Übertragung auch der Begriff Übermittlung verwendet, um anzudeuten, dass mehr als die reine Übertragung gemeint ist. Somit ist etwa auch die Tatsache beinhaltet, dass die Information auch den korrekten Empfänger erreicht. Abhängig von der Form der Information kann die Übertragung über unterschiedliche Medien stattfinden. Buchstaben können als Brief, als Email, als SMS, als Fax oder als Flaschenpost übertragen werden. Daher ist auch klar, dass unterschiedliche Medien verschiedene Verzögerungszeiten besitzen. Zur Speicherung von Information können ebenfalls unterschiedliche Medien verwendet werden. Ein Buch ist ebenso ein Informationsspeicher wie die Speicherkarte der Digitalkamera. Von der Festplatte eines PCs kann die Information schneller gelesen werden, als man ein Buch lesen kann.

Information (Nachricht) wird heute überwiegend binär, d.h. als Folge von Bits (0, 1) repräsentiert. Dazu werden etwa Sprache, Bilder oder Musik gemäß einer Vorschrift in eine Folge von Bits konvertiert. Solche Folgen von Bits können Information enthalten. Um eine Folge von Bits wieder zurück zu konvertieren, benötigt man selbstverständlich genaue Kenntnis über die Art der Konvertierung bzw. die Bedeutung der Daten.

Nachrichtentechnik beschreibt Verfahren zur Speicherung, Übertragung, Zuverlässigkeit, Verteilung, Sicherheit und Authentizität von Information.

Umgangssprachlich wird der Begriff Information oft auch in Verbindung mit Inhalt oder Bedeutung von Nachrichten benutzt. Dies bringt zu viele Unklarheiten, weswegen wir eine klare mathematische Definition von Information einführen und benutzen werden. Damit können wir dann Information exakt messen und vergleichen.

Wir wollen uns zunächst mit den Begriffen Information und Informationsübertragung anhand eines kleinen Beispiels beschäftigen. Die Informationen in der Sprache, die unser Ohr aufnimmt, und in der konvertierten Sprache, der Schrift, sind unterschiedlich. Dabei wollen wir die Information, die Auge und Nase gleichzeitig aufnehmen nicht betrachten, sondern nur die gehörte Information. Wenn ein Satz gesprochen wird, so ist darin neben der inhaltlichen Aussage auch die Information enthalten, ob der Sprecher alt oder jung ist, ob er einen Schnupfen hat, ob er erregt oder gelassen ist oder ob er hochdeutsch oder schwäbisch spricht. Schreibt man den Satz als Text auf, so kann man entweder nur die inhaltliche Aussage schreiben, oder man muss, um die anderen Informationen auch mitzuteilen, zusätzlichen Text verwenden. Je mehr Informationen man aufschreiben will, um so länger wird der Text. Die Bedeutung des aufgeschriebenen Textes kann nur jemand verstehen, in dessen Sprache der Text geschrieben ist. Die Semantik einer Sprache ist Konvention der Kommunikationspartner und hat sich über einen extrem langen Zeitraum in der Menschheitsgeschichte entwickelt. Bei jeder lebenden Sprache kommen auch neue Worte und deren Bedeutung hinzu. Auch die Grammatik einer Sprache ist Konvention und kann sich daher ändern.

Die Informationstheorie, begründet von Shannon, löst sich von der Bedeutung und benutzt, vereinfacht ausgedrückt, ausschließlich die Statistik, mit der Buchstaben auftreten. Shannons Theorie gibt eine mathematische Definition von Information an, und mit dieser Definition können die Übertragung, die Speicherung und die Darstellung, die Kompression von Daten, die Zuverlässigkeit und die Sicherheit von Information mathematisch exakt beschrieben werden. Bei der Kompression von Daten wird eine Menge von Daten durch eine andere, kleinere Menge von Daten dargestellt. Bei der Zuverlässigkeit geht es darum, dass man Fehler, die sich in die Daten eingeschlichen haben, erkennen oder sogar korrigieren kann. Die Sicherheit betrachtet das Problem, dass die Daten nicht abgehört oder unbemerkt verfälscht werden können. Die Verteilung von Daten in Kommunikationsnetzen wird Netzwerk-Informationstheorie genannt und ist derzeit im Beginn der Forschungsarbeiten.

Die Informationstheorie benutzt die Wahrscheinlichkeitsrechnung als Basis und beschreibt damit Schranken der Kommunikation.

Informationstheorie: Mathematisch exakte Beschreibung von Information, deren Codierung und zuverlässige Übertragung, sowie deren Sicherheit.

Die Informationstheorie abstrahiert die Probleme der Datenübertragung und beschreibt sie mathematisch. Deshalb ist sie für die Rauchzeichen der Indianer gleichermaßen gültig wie für eine SMS. Ebenso wird die Informationstheorie mit Erfolg in der Genetik eingesetzt. Dabei kann die DNS (Desoxyribonukleinsäure, engl. DNA) als eine Folge von Symbolen aus einem Alphabet mit 4 Buchstaben (A, C, G, T) betrachtet werden. Auf der DNA wird also Information gespeichert. Es findet auch Informationsübertragung in einer Zelle statt, wenn ein Teil der DNA durch die mRNA (messenger Ribonukleinsäure, Boten-RNA) kopiert (abgelesen) und so Information aus dem Zellkern in die Zelle übermittelt wird.

1.2 Zum Aufbau des Buches

Nachrichtentechnik hat einen extremen Wandel hinter sich. Während der Zeit der analogen Nachrichtentechnik (vor 1990) haben Protokolle, Informationstheorie, Vielfachzugriff, Quellencodierung, Fehlerkorrektur und vieles mehr nicht die Bedeutung gehabt wie jetzt in der digitalen Nachrichtentechnik. Das vorliegende Buch ist deshalb anders aufgebaut und besitzt eine andere Gewichtung der Themen als bisherige Nachrichtentechnik-Bücher. Ein wesentlicher Unterschied ist, dass die Informationstheorie in den Mittelpunkt gestellt wird und einige fundamentale Konzepte der heutigen digitalen Kommunikationssysteme beschrieben werden, die meistens in klassischen Büchern nicht zu finden sind. Es ist klar, dass bei der Vielzahl der Gebiete keine umfassende Beschreibung der bekannten Ergebnisse der einzelnen Teilgebiete möglich ist. Jedoch können die Ideen und Konzepte zur Lösung der prinzipiellen Probleme vermittelt und exemplarische Verfahren beschrieben werden.

Voraussetzung für das Verständnis der Nachrichtentechnik sind Wahrscheinlichkeitsrechnung, Signal- und Systemtheorie inklusive der Fourier-Transformation. Für alle diese Gebiete befinden sich im Anhang elementare Einführungen. Diese Strukturierung wurde gewählt, um die Gedankengänge nicht durch Beschreibungen von Grundlagen zu unterbrechen und trotzdem Grundlagen im Buch zur Verfügung zu stellen. Gegebenenfalls sollte die entsprechende Einführung vorher durchgearbeitet werden.

Beginnen werden wir mit einem Abriss der **Geschichte der Nachrichtentechnik**, der die atemberaubende Entwicklung des Gebietes zeigt. Dabei werden wir auch eine Einführung in die unterschiedlichen Problematiken der verschiedenen Medien zur Kommunikation geben. Die Digitalisierung der gesamten Kommunikationssysteme hat parallel zur Entwicklung der Computer stattgefunden und die Rechenleistung der Prozessoren ist eng verknüpft mit der Leistung der Kommunikationssysteme.

Danach werden wir im Kapitel **Modelle und Inhalte in der Nachrichtentechnik** die Inhalte der Kommunikation genauer beschreiben. Die verwendeten Modelle unterscheiden sich, je nach dem, welches Problem in Kommunikationssystemen man betrachtet. Wir werden das informationstheoretische Modell erläutern, aber auch das signaltheoretische, das Schichtenmodell für Protokolle, das Netzwerkmodell und das Modell zur Sicherheit von Daten. Die Beschreibungen der Modelle beinhalten implizit auch eine Übersicht über die jeweilige Problemstellung. Damit können die restlichen Kapitel klarer eingeordnet werden.

Ein erstes Teilgebiet der Nachrichtentechnik wird im Kapitel **Quellencodierung** beschrieben. Dabei werden Quellen eingeführt, die je nach Dateninhalt unterschiedlich codiert werden, d. h., dass die Quellensymbole (allgemeiner das Quellensignal) durch eine Folge von Codesymbolen repräsentiert werden. Man muss zwischen verlustloser und verlustbehafteter Codierung unterscheiden. Während Sprache, Musik und Bilder Verluste verkraften können, müssen andere Daten verlustlos codiert werden. Wir werden, wie in jedem Kapitel die Sicht der Informationstheorie beschreiben und danach Verfahren angeben. Shannons Quellencodiertheorem ist dabei von zentraler Bedeutung, Die Definitionen erfordern elementare Kenntnisse in Wahrscheinlichkeitsrechnung, die jedoch, wie bereits erwähnt, im Anhang zusammengestellt sind.

Zusätzlich zu den Notationen und Konzepten der Signal- und Systemtheorie werden wir in dem Kapitel **Signale, Systeme und Modulationsverfahren** noch das Abtasttheorem vorstellen und die Sichtweise von Shannon auf den Begriff Bandbreite erläutern. Das aktuelle Gebiet Compressed Sensing betrachtet die Abtastung aus einem anderem Blickwinkel. Es soll eine Einführung in Compressed Sensing gegeben werden, da der damit verbundene Paradigmenwechsel interessante Erkenntnisse ermöglicht. Am Ende des Kapitels werden dann noch die Modulationverfahren erläutert, die sowohl zur Übertragung über Leitungen als auch über Funk benutzt werden. Wir werden dabei auch bandbegrenzte Versionen der Signale betrachten.

Das Kapitel **Übertragungskanäle** beschreibt zunächst die Sicht der Informationstheorie und Shannons Kanalkapazität als maximale wechselseitige Information. Diese stellt eine Schranke dafür dar, welche Datenrate über einen gegebenen Kanal nahezu fehlerfrei übertragen werden kann. Praktisch wichtig ist, die Parameter eines Kanals zu schätzen, wir werden daher auf die Prinzipien der Kanalschätzung eingehen.

Das Kapitel **Entscheidungstheorie** liefert die Grundlagen welche Verfahren am Empfänger eingesetzt werden können, um zu entscheiden, welches Symbol der Sender in den Kanal geschickt hat. Auch hier liefert die Informationstheorie die Grundlagen. Wir stellen sie vor und geben danach Verfahren an, mit denen die informationstheoretischen Entscheidungen realisiert werden können. Anschließend werden wir noch die Fehlerraten der Entscheidungen bei verschiedenen Modulationsverfahren berechnen.

Verfahren zur Fehlerkorrektur und zur Fehlerekennung sind Gegenstand des Kapitels **Kanalcodierung**. Dabei werden zunächst die Grundlagen eingeführt und das Konzept der Redundanz erläutert. Dann wird jeweils ein Vertreter der beiden Codeklassen Block- und Faltungscodes detailliert beschrieben. Das mächtige Konzept der Decodierung mit Zuverlässigkeit wird ebenfalls erörtert. Dabei steht dem Decodierer zusätzlich zu einem Symbol dessen Zuverlässigkeit zur Verfügung.

Im Kapitel **Elementare Protokolle** werden wir drei elementare Verfahren einführen und damit drei grundsätzliche Fragen beantworten: Wie wird zuverlässige Datenübertragung erreicht? Wie können mehrere Teilnehmer über dasselbe Medium kommunizieren? Wie berechnet man den kürzesten Weg in einem komplexen Kommunikationsnetz? Es wird jeweils ein Protokoll exakt angegeben und analysiert.

Im Kapitel **Datensicherheit** werden die zwei wichtigen Aspekte Vertraulichkeit und Authentizität beschrieben und jeweils Verfahren dafür angegeben.

1.3 Anmerkungen

In den Anmerkungen zu jedem Kapitel wird ergänzende und vertiefende Literatur angegeben, aber auch einige wichtige Aspekte nochmals herausgehoben.

Eine sehr gelungene Einleitung in die Nachrichtentechnik für Studienanfänger ist [AJ05].

Hier soll noch erwähnt werden, dass die meisten Kapitel auch Übungsaufgaben mit Lösungen beinhalten. Dabei wird meistens der Lösungsweg nicht angegeben, was den Lesern die Freiheit lässt, eigene Wege zu finden, aber die Richtigkeit ihrer Lösung zu überprüfen. Die Aufgaben dienen sowohl zur Vertiefung des Stoffes als auch zur Beschreibung von Anwendungen. Des weiteren ermöglichen die Aufgaben einen Test, ob und wie weit, die Theorien und Konzepte verstanden wurden.

Das vorliegende Buch soll eine Einführung in die Konzepte, Methoden und Denkweisen verschiedener Teilgebiete der Nachrichtentechnik geben. Für die jeweiligen Teilgebiete existieren eigene Bücher, die das entsprechende Spezialgebiet umfassend beschreiben. Eine grobe Auflistung der Spezialgebiete (alphabetisch und ohne Anspruch auf Vollständigkeit) ist:

Bildcodierung, DSL-Techniken, Embedded Security, Hochfrequenztechnik, Informationstheorie, Kanalcodierung, Kommunikationsprotokolle, Kryptologie, Mehrantennensysteme, Mobilfunk, Mehrnutzer-Kommunikation, Musikverarbeitung, Netzwerkinformationstheorie, Optische Kommunikation, Radartechniken, Satellitenkommunikation, Signalverarbeitung, Speichermedien, Sprachcodierung, Sprachverarbeitung, Universelle Quellencodierung, Verteilte Systeme, Wireless.

1.4 Literaturverzeichnis

[AJ05] ANDERSON, John B. ; JOHANNESSON, Rolf: *Understanding Information Transmission (IEEE Press Understanding Science & Technology Series).* Wiley-IEEE Press, 2005. – ISBN 0471679100

2 Geschichte der Nachrichtentechnik

Nachrichten oder Meldungen schnell über große Entfernungen zu übertragen, war bereits in der Steinzeit für Jäger und Sammler wichtig. Mit der Industrialisierung wuchsen auch die Möglichkeiten der Übertragung von Meldungen. Es gibt unzählige Beispiele zur Phantasie der Menschen, Meldungen zu senden, etwa die Flaggen, die in der Seefahrt zur Kommunikation zwischen Schiffen eingesetzt wurden oder auch die Rauchzeichen der Indianer.

Ein Holzpfahl, der auf der Insel Kranstadt vor St. Petersburg stand und der vom Palast Peterhof sichtbar war wurde auch zur Informationsübertragung benutzt. Der Pfahl hatte sechs Arme, die jeweils nach oben, nach außen oder nach unten zeigen konnten. Man überlegt sich, dass man damit bereits die stolze Zahl von $3^6 = 729$ unterschiedliche Meldungen signalisieren konnte, denn jeder der 6 Arme hat 3 mögliche Stellungen.

Der Durchbruch der Nachrichtenübertragung kam jedoch mit der Verwendung der Elektrizität Mitte des 19. Jahrhunderts. Die Tatsache, dass Metalldrähte elektrische Ladungen leiten können, stand bald im Mittelpunkt der Nachrichtentechnik. Zunächst entstand die Telegraphie und dann die Telefonie, wobei Philipp Reis im Jahr 1860 seinem Sprachübertragungsapparat den Namen Telefon gab. Danach entstand ab dem Jahr 1900 die Übertragung ohne Draht, der Funk[1]. Abgesehen von den militärischen Anwendungen, waren es zunächst Radio und Fernsehen, die sich verbreiteten und danach der Mobilfunk und Wireless (drahtlos). Während die Verbreitung des analogen Telefonnetzes 100 Jahre gedauert hat, waren es gerade 10 Jahre, bis ein Großteil der Weltbevölkerung mit digitalem Mobilfunk versorgt war. Die Verbreitung der WLANs war ebenfalls rasant, und ein WLAN-Modem gehört inzwischen zur Grundausstattung eines jeden Laptops. Selbstverständlich ist die Entwicklung der Nachrichtentechnik eng verknüpft mit der Entwicklung der Technologie. Ohne die Fortschritte in der Mikroelektronik wäre eine Realisierung der heutigen extrem komplexen Systeme sicherlich unmöglich gewesen.

2.1 Meilensteine der Nachrichtentechnik

Wir wollen kurz auf die wichtigsten Meilensteine der Entwicklung der Nachrichtentechnik eingehen, die sowohl das Bedürfnis der Menschen zu kommunizieren dokumentieren,

[1] Eine verbreitete Anekdote unter Nachrichtentechnik Ingenieuren erklärt die Telegraphie und die Funktelegraphie wie folgt: Einen Telegraphen kann man sich vorstellen, wie einen Dackel, dessen Schwanz sich in Berlin befindet und der Kopf in Potsdam. Tritt man dem Dackel in Berlin auf den Schwanz, so bellt er in Potsdam. Funk ist genau das gleiche, nur ohne Dackel.

privat wie geschäftlich, als auch die Entwicklung von Wissenschaft und damit Wohlstand erklären.

Es ist klar, dass wir hier nicht die reichhaltigen Details, die vielen spannenden Wettläufe, die vielfältigen Verfahren, die zahllosen Fehlversuche und die unzähligen notwendigen Erfindungen beschreiben können, die auf dem Weg zum heutigen Stand der Nachrichtentechnik notwendig waren, da dies den Rahmen des Buches sprengen würde. Im Mittelpunkt der Beschreibung sollen deshalb einerseits der Wandel in der Nachrichtentechnik hin zur Digitalisierung und andererseits die verschiedenen Entwicklungslinien stehen. Eine ausführliche Beschreibung mit ganz erstaunlichen Apparaten und Maschinen findet sich in [Asc95].

Auf einen Aspekt der Geschichte soll jedoch hingewiesen werden, nämlich dass zu Beginn der Nachrichtentechnik reiner Text durch zwei Symbole übertragen wurde. Zu diesem Zustand sind wir heute zurückgekehrt, denn es werden überwiegend zwei Symbole 0 und 1 übertragen. Die Telegrafie am Anfang hat Text gesendet, danach stand die analoge Sprache im Mittelpunkt, dann Musik im analogen Radio und schließlich alles gemeinsam mit Bildern im analogen Fernsehen. Heute werden überwiegend nur digitale Daten übertragen bzw. gespeichert, deren Inhalte sowohl Text, Sprache, Musik, Bilder als auch Filme sein können.

2.1.1 Telegraph

Der Telegraph entwickelte sich parallel zum Ausbau des Eisenbahnnetzes durch den erhöhten Bedarf, sehr schnell Meldungen zur Koordination des Schienenverkehrs zu übermitteln. Entlang der Eisenbahnstrecken war es auch relativ einfach Leitungen zu verlegen.

Das Prinzip eines Telegraphen war einfach. Er bestand aus einer Spule mit einem Kern. Das Schließen eines Kontaktes auf der einen Seite des Drahtes, bewirkte ein Signal auf der anderen Seite, indem Magnetismus induziert wurde. Damit konnten nun kurze und lange, d.h. binäre Signale übertragen werden. Da jedoch eine Pause notwendig war, um die Buchstaben zu trennen, kann man auch von einem ternären Signal sprechen.

Es bestand die Notwendigkeit einer einheitlichen, überall verwendeten Codierung, also einer Zuordnung von den Buchstaben des Alphabets zu Signalen oder besser Signalfolgen, die wir Codeworte nennen werden.

Das Morse-Alphabet

Als einer der ersten Standards hat sich das sogenannte Morse-Alphabet durchgesetzt. Die Buchstaben der Schrift müssen eineindeutig auf Folgen von binären Symbolen abgebildet werden. Zur Vereinfachung der Codierung der Buchstaben wurde nicht zwischen Groß- und Kleinbuchstaben unterschieden. In Tabelle 2.1 sind die Buchstaben (ohne Sonderzeichen und Leerzeichen, für die es jedoch ebenfalls Codeworte gibt) dargestellt. Zusätzlich ist die relative Häufigkeit der Buchstaben in Prozent für Deutsch (RH-D) und Englisch (RH-E) eingetragen. Ein Strich im Codewort steht für ein langes Symbol, was als *Dah* bezeichnet wird und ein Punkt für ein kurzes Symbol *Dit*. Wie bereits erwähnt ist jedoch noch eine Pause notwendig, um den Beginn und das Ende eines

Buchstabens, d.h. eines Codewortes erkennen zu können. Dieses Erkennen eines Codewortes kann aber auch anders realisiert werden, was uns im Kapitel Quellencodierung wieder beschäftigen wird.

Buchstabe	Code	RH-D	RH-E	Buchstabe	Code	RH-D	RH-E
A	· –	6,51	8,17	N	– ·	9,78	6,75
B	– · · ·	1,89	1,49	O	– – –	2,51	7,51
C	– · – ·	3,06	2,78	P	· – – ·	0,79	1,93
D	– · ·	5,08	4,25	Q	– – · –	0,02	0,09
E	·	17,40	12,70	R	· – ·	7,00	5,99
F	· · – ·	1,66	2,23	S	· · ·	7,27	6,33
G	– – ·	3,01	2,02	T	–	6,15	9,06
H	· · · ·	4,76	6,10	U	· · –	4,35	2,76
I	· ·	7,55	6,97	V	· · · –	0,67	0,98
J	· – – –	0,27	0,15	W	· – –	1,89	2,36
K	– · –	1,21	0,77	X	– · · –	0,03	0,15
L	· – · ·	3,44	4,03	Y	– · – –	0,04	1,97
M	– –	2,53	2,41	Z	– – · ·	1,13	0,07

Tabelle 2.1: *Der Morse-Code und die relativen Häufigkeiten von Buchstaben*

Eine interessante Beobachtung ist, dass Morse den häufig vorkommenden Buchstaben kürzere Signalfolgen (Codeworte) zugewiesen hat. Dadurch werden im Mittel weniger Codesymbole benötigt, als bei Verwendung einer konstanten Anzahl von Codesymbolen pro Buchstaben. Dies wird uns bei der Quellencodierung ebenfalls wieder begegnen. Ein interessanter Aspekt ist, dass bei einer amerikanischen Tastatur im Vergleich zur deutschen y und z vertauscht sind. Die entsprechende relative Häufigkeit der Buchstaben y und z der jeweiligen Sprache in Tabelle 2.1 ist der Grund dafür.

Auch für Zahlen ist ein Morse-Alphabet definiert (siehe Tabelle 2.2). Hier werden gleich lange Codeworte verwendet.

Ziffer	Code	Ziffer	Code	Ziffer	Code
0	– – – – –	4	· · · · –	7	– – · · ·
1	· – – – –	5	· · · · ·	8	– – – · ·
2	· · – – –	6	– · · · ·	9	– – – – ·
3	· · · – –				

Tabelle 2.2: *Der Morse-Code für die Zahlen 0 bis 9*

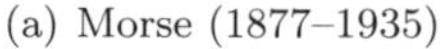

(a) Morse (1877–1935)

(b) Bell (1895–1934)

Bild 2.1: *Morse und Bell (Quelle: Wikipedia)*

2.1.2 Telefon

Die Erfindung von Mikrofon und Lautsprecher waren notwendig, damit das erste Telefon entstehen konnte. Dies wird Bell im Jahre 1876 zugesprochen. Viele Personen haben damals am Telefon gearbeitet, u.a. auch der Deutsche Philipp Reis aus dem hessischen Gelnhausen, der die Sprachübertragung bereits 1860 geschafft hat. Von ihm stammt, wie bereits erwähnt, auch der Name Telefon, der sich weltweit durchgesetzt hat. Es heißt, dass Bell als einziger die Unternehmermentalität hatte, das Telefon zu kommerzialisieren. Das Telefonsystem hat im Laufe der Zeit erhebliche Veränderungen erfahren. Während der ersten Zeit hat das „*Fräulein vom Amt*“ durch Stecken von Verbindungen die Vermittlung übernommen. Dann gab es eine mechanische Vermittlung, die vom Telefon selbst angesteuert werden konnte. Im Jahre 1913 hat Siemens dazu das Impulswahlverfahren eingeführt, das sich viele Jahrzehnte gehalten hat. Die Erfindung des Transistors im Jahre 1947 ermöglichte es, in den Vermittlungsanlagen die Relais zu ersetzen. Des weiteren haben die mikroelektronischen Mikrofone (Piezoelemente) einen großen Beitrag zur Verbreitung des Telefons geleistet, hauptsächlich durch die preiswerte Herstellungskosten.

In den 80er Jahren fand dann die Digitalisierung der Sprachübertragung statt, die sowohl die Qualität als auch die Vermittlungstechnik revolutioniert hat. Zu diesem Zeitpunkt waren in Europa bereits ca. 90 % der Bevölkerung mit Telefonanschlüssen ausgestattet. Die digitale Technik wurde ISDN (*Integrated Service Digital Network*) genannt. Damit wurde die Telefonie eingeführt, die wir heute kennen. Man kann die Entfernung des Teilnehmers nicht mehr hören. Im ISDN unterscheiden sich Gespräche nach Tokio in der Sprachqualität nicht von einem Gespräch in den Nachbarort. Dies erklärt sich damit, dass das Signal dabei als Folge von binären Symbolen übertragen wird. Diese binären Symbole können nur richtig oder falsch sein, jedoch nicht stark oder schwach, wie ein analoges Signal.

Bild 2.2: *Telefongeräte aus den 50er und 70er Jahre (Quelle: Wikipedia)*

Zu erwähnen ist auch, dass ebenfalls in den 80er Jahren begonnen wurde digitale schnurlose Telefone zu standardisieren. Der Standard DECT *Digital European Cordless Telephone* bietet prinzipiell bereits die Möglichkeit eines WLANs zur Datenübertragung. Diese Eigenschaft des Standards hat sich jedoch nie durchgesetzt.

Die Telefonnetze der Industrieländer sind extrem wertvoll. Tausende Kilometer Kabel und Glasfaser, auf denen Millionen Telefongespräche gleichzeitig übertragen werden können, sind aus dem Leben nicht mehr wegzudenken. In den Entwicklungs- und Schwellenländern hat man verstärkt auf den Ausbau der Mobilfunknetze gesetzt und dadurch auf die extrem teure Installation von Kabelnetzen verzichtet.

2.1.3 Funk

Im Jahre 1887 hat Heinrich Hertz an der Technischen Hochschule in Karlsruhe (heute KIT) die Fernwirkung von elektromagnetischen Wellen nachgewiesen. Es begann ein Wettlauf zwischen verschiedenen Funkpionieren, und Marconi hat im Jahre 1901 die erste Funkverbindung zwischen England und Kanada hergestellt. In Berlin wurde die Firma Telefunken mit dem Ziel gegründet, einen Gegenpol zu Marconi zu schaffen, denn im Kriegswesen war eine Funkverbindung von erheblichem Vorteil.

Der Radiobetrieb begann in den 20er Jahren. Ohrenzeugen berichten, dass es ein bewegender Moment war, Einstein persönlich im Radio zu hören, der damals durch die britische Presse extrem für seine Relativitätstheorie gefeiert wurde. Bis heute hat sich analoges Radio so weit verbreitet, dass jeder Deutsche mehrere Radioempfänger besitzt. Die Qualität des analogen Radio ist dabei so gut, dass sich das digitale Radio noch nicht durchgesetzt hat, obwohl sowohl die Qualität viel besser als auch die benötigte Sendeleistung viel geringer ist. Es besteht damit die Situation, dass die Musik digital auf CDs und als MP3s gespeichert und abgespielt, aber noch überwiegend analog übertragen wird.

Die Funkübertragung kann einerseits ein kurzes Kabel ersetzen, andererseits aber auch Entfernungen von vielen Kilometern überbrücken. Zum ersten Fall, den wir als **Wireless** bezeichnen wollen, zählen die schnurlosen Telefone, das WLAN, Bluetooth Headsets, etc. Zum zweiten Fall, den wir als **Funk** bezeichnen wollen, zählen Fernsehen,

Mobilfunk, Richtfunk, Radio, etc. Diese Unterscheidung zeigt auf den ersten Blick, dass Wireless lokal eng begrenzt ist, Funk dagegen nicht. Später werden noch weitere wesentliche Unterschiede dieser beiden Systeme klar werden. Diese Aufteilung ist auch der Grund, warum schnurlose Telefone beim Telefon beschrieben wurden und WLAN beim Internet beschrieben werden wird.

2.1.4 Fernsehen

Die Braunsche Röhre wurde 1897 entwickelt. Es dauerte jedoch über 30 Jahre, bis die erste Fernsehausstrahlung in Deutschland vom Rundfunksender Witzleben in Berlin im Testbetrieb stattfand. Der Durchbruch des Fernsehens war in den 60er Jahren, als die Technologie reif war, um qualitativ gute Bilder zu erhalten. Die Farbversion war ab 1951 prinzipiell möglich, hat sich aber erst viel später etabliert.

Das Fernsehen wurde ebenfalls digitalisiert und hat mit den Flachbildschirmen einen Wandel weg von den Braunschen Röhren durchgemacht. Der vollständige Übergang zu digitaler Übertragung findet statt. Die Filme auf DVDs sind ja bereits seit längerem digital gespeichert.

2.1.5 Internet und WLAN

Das militärische ARPA Netz wurde in den 60er Jahren geplant und realisiert. Damals wurden Telefonleitungen zur Datenübertragung benutzt. Es war der Vorläufer vom world-wide-web (www) das mittlerweile mit sehr hohen Datenraten verfügbar ist. Auf Hawaii entstand in den 70er Jahren ein Funk-Rechnernetz, mit dem die Universität Hawaii ihre Rechner auf den verschiedenen Inseln verbunden hat. Diese Netz war der Vorläufer von WLAN-Standards. Dabei wurde das sogenannte ALOHA Protokoll eingeführt, das eine Kommunikation von vielen Teilnehmern über das gleiche Medium ermöglicht.

Das Internet hat sich in den 90er Jahren rasant entwickelt, und im Jahre 2000 gab es 20 Millionen Internetanschlüsse. Die Entwicklung der DSL (digital subscriber line) Technik hat es ermöglicht, parallel zum Telefonnetz (auf den gleichen Drähten) eine Verbindung mit hohen Datenraten als Internetzugang aufzubauen. Inzwischen gehört der Internetzugang zu den Grundbedürfnissen, und die Politik redet bereits von der digitale Spaltung Deutschlands in Personen mit und ohne Internet Zugang.

Die WLAN-Technik als drahtlose Verbindung der Endgeräte zum Internet-Zugang, wurde erst nach dem Jahre 2000 eingeführt. Diese Technik ermöglicht, die hohe Datenrate eines DSL-Anschlusses drahtlos an Rechner im Gebäude weiter zu verteilen. Es existieren viele unterschiedliche Standards.

In Zukunft wird die Verschmelzung von Telefonnetzen und Internet weitergehen und die Gesellschaft wird immer mehr Dienste online durchführen. Vom Buchen der Reise über Bankgeschäfte bis hin zu Behördengeschäften wird das Internet mehr und mehr benutzt werden. Dabei ist die Frage der Sicherheit der Daten von zentraler Bedeutung, und die Sensibilisierung der Nutzer dafür muss verstärkt werden.

2.1.6 Mobilfunk

Der analoge Mobilfunk wurde Ende der 70er Jahre stark von den skandinavischen Ländern vorangetrieben, da dies dort ökonomisch sinnvoller war, als überall hin Kabel zu verlegen. Die französisch-deutsche Koalition der staatlichen Postbehörden, die damals das Fernsprech-Monopol hatten, führte zur Entwicklung eines digitalen Autotelefons. Dazu wurde im Jahre 1980 die Groupe Special Mobile (GSM) gegründet. Es gab eine Ausschreibung an die Firmen, Vorschläge für ein Autotelefonsystem in Form von sogenannten Validationssystemen zu bauen. Ein Validationsystem soll die Realisierbarkeit und die Funktion eines Systems beweisen und besteht aus Hardware, die noch sehr aufwändig sein darf. Im Jahre 1986 traten dann 9 Validationssysteme in Paris zum Wettbewerb an. Nur zwei davon waren digital, die anderen 7 waren analoge Systeme. Die digitalen Systeme waren die klaren Sieger des Wettbewerbs. Es wurde jedoch die politische Entscheidung getroffen 10 weitere Länder in das Vorhaben aufzunehmen. Es gab eine Konferenz, in der 12 europäische Länder beschlossen haben, ein einheitliches digitales Autotelefonsystem einzuführen. Dazu wurde das europäische Standardisierungsinstitut ETSI (*European Telecommunications Standardization Institute*) in Nizza gegründet.

Im Rahmen der Standardisierung von GSM wurde dann aus den zwei Gewinnern ein neues System standardisiert, für das Experten aus Industrie und Universitäten in Standardisierungstreffen die Parameter festgelegt haben. Kurz vor Weihnachten 1988 fand in Stuttgart das erste Telefonat mit dem in Bild 2.3 dargestellten System statt. Im Vordergrund des Bildes stehen die ersten Generationen von Handys (von rechts nach links) und im Hintergrund das GSM-Validationssystem. Das „Handy“ steht links und darauf der Kanalsimulator, der von dem PC rechts angesteuert wurde. In der Mitte steht die Basisstation.

2.1.7 Speichermedien

Die Speicherung von Daten hat ebenfalls eine rasante Entwicklung durchgemacht. Die magnetischen Materialien in Form von Bändern, Casetten und Floppy-Disks waren vor 15 Jahren die Speichermedien. Diese sind heute durch Halbleiterspeicher in Form von USB-Sticks und Speicherkarten ersetzt. Für die Entwicklung der Speicherdichte von Daten auf den Hard-Disks der Computer ist sehr stark der technologische Fortschritt verantwortlich. Jedoch ist ein nicht unerheblicher Teil der Verbesserungen den Verfahren der Nachrichtentechnik zu verdanken, da versierte Signalverarbeitung und Fehlerkorrektur zum Einsatz kommen. Auch optische Speichermedien sind sehr gebräuchlich, und dazu werden ebenfalls Nachrichtentechnik und Informationstheorie benötigt.

Die Speicherdichte ist von 3 bit/Quadratmillimeter im Jahre 1956 auf 775 000 000 bit/Quadratmillimeter im Jahre 2010 gestiegen.

2.2 Shannons Informationstheorie

Aus heutiger Sicht bestand Shannons Leistung darin, die Nachrichtentechnik von der physikalischen Sichtweise auf die mathematische Sichtweise umzustellen. In seiner Arbeit *A mathematical theory of communications* [Sha48] aus dem Jahre 1948 hat er

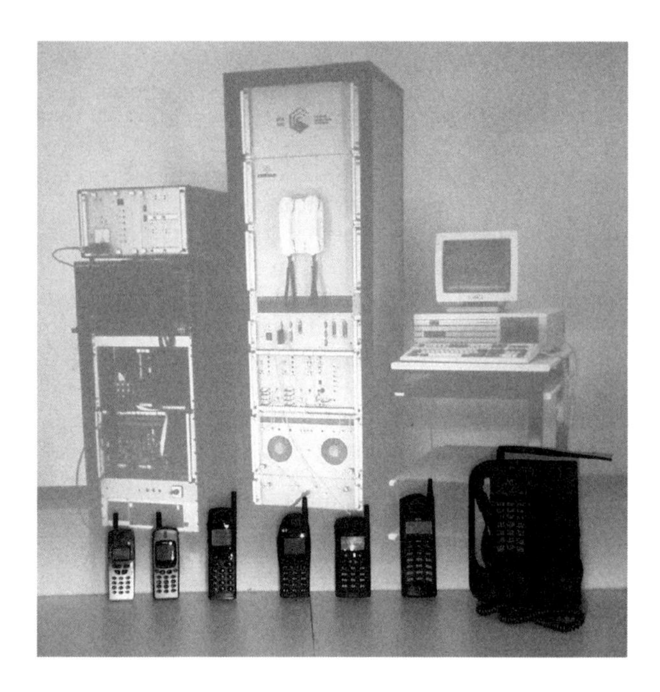

Bild 2.3: *Erstes GSM Telefon (Hintergrund) und die ersten Telefon-Generationen*

diesen Paradigmenwechsel präzise, verständlich und einleuchtend beschrieben. Dies hat bewirkt, dass Information, neben Materie, eine messbare Größe wurde und somit die Beschreib- und Vergleichbarkeit gegeben war. Die physikalische Sichtweise beinhaltete, dass Information wie Materie betrachtet wurde. Dieses Paradigma wurde inzwischen aufgehoben, denn Information kann im Gegensatz zu Materie „addiert" werden, ohne dass die „Menge" zunimmt. Mit anderen Worten, wenn man zwei Bits addiert erhält man wieder nur ein Bit und das bedeutet, man kann zwei Datenströme von je 1 kbps addieren und erhält einen Datenstrom mit 1 kbps. Dieses neue Forschungsgebiet wird Netzwerkinformationstheorie genannt und befindet sich in den Anfängen der Forschung. Es kann deshalb nicht genauer in dieser Einführung erläutert werden.

Die drei wichtigsten Konsequenzen der mathematischen Beschreibung von Shannon sind:

- die Anwendung von Datenkompressionsverfahren (Quellencodierung),
- die Anwendung von Fehlerkorrektur- und Fehlererkennungsverfahren (Kanalcodierung) und
- der Schutz von Daten gegen missbräuchliche Nutzung (Kryptologie).

Der letzte Vorteil wurde dokumentiert durch die jahrelangen vergeblichen Bemühungen, analoge Sprache durch alle möglichen denkbaren Verfahren zu verschlüsseln. Erst nach Einführung digitaler Sprachübertragung ist die Verschlüsselung von Sprache prinzipiell abhörsicher geworden. Die Mitwirkung Shannons bei diesem Sachverhalt ist in [Roc10] beschrieben. Shannon hat in [Sha49] grundlegende Aspekte zur Datensicherheit publiziert.

Den Durchbruch hat Shannons Theorie zur Quellencodierung und zur Kanalcodierung mit der Digitalisierung von allen Medien (Daten, Sprache, Musik, Bilder, Filme) erlebt. Es wurde erkannt, dass seine mathematische Beschreibung die Schranken des Möglichen aufzeigen und somit ein Maß für das Erreichbare darstellen. Damit konnten die Ingenieure feststellen, wie weit man mit den praktischen Verfahren noch von den Schranken entfernt war und sie wussten somit, an welchen Stellen man die Verfahren noch verbessern musste. Shannons Informationstheorie ist damit eine entscheidende Grundlage der Nachrichtentechnik, eine Tatsache, der in diesem Buch Rechnung getragen werden soll.

Bild 2.4: *Claude E. Shannon (1916–2001): Fotografiert von Göran Einarson*

2.3 Vorteile der digitalen Kommunikation

Wir wollen nachfolgend die wesentlichen Vorteile der digitalen Kommunikation gegenüber der analogen Verfahren ansprechen, die in Tabelle 2.3 aufgelistet sind. Wir wollen die 5 Vorteile anhand von Beispielen näher erläutern. Speziell beim ersten digitalen Mobilfunksystem war das Problem, dass man die Datenrate (64 kbps), die man im Festnetz für digitale Sprachübertragung benutzt hat, als zu groß erachtet hat. Mit Hilfe der Sprachcodierung konnte man die benötigte Datenrate auf 13 kbps ohne (bzw. ohne merklichen) Verlust an Sprachqualität reduzieren. Prinzipiell kann man die digitalen Daten von Quellen komprimieren, was in der Informationstheorie als Quellencodierung bezeichnet wird.

+	Quellencodierung (Datenkompression möglich)
+	Kanalcodierung (Fehlererkennung und Fehlervorwärtskorrektur möglich)
+	Kryptologie (Vertraulichkeit/Authentizität von Nachrichten/Nutzern möglich)
+	Multiplexing (gemeinsame Übermittlung von Daten über ein Medium) einfacher
+	Vermittlung (einen Datenstrom durch ein Kommunikations-Netz zu dem designierten Empfänger zu bringen) ist einfacher

Tabelle 2.3: *Vorteile der digitalen Übertragung von Information*

Wenn man Daten überträgt, etwa über extrem weite Entfernungen, können Fehler auftreten. Ein wesentlicher Vorteil bei digitalen Daten ist die Möglichkeit der Fehlererkennung und Fehlervorwärtskorrektur. Dabei können aufgetretene Fehler, bis zu einer gewissen Zahl, erkannt und/oder auch vollständig im Empfänger korrigiert werden. Dadurch wird die Zuverlässigkeit der Daten erhöht.

Die Fragen der Datensicherheit sind für digitale Daten praktikabel gelöst. Man kann die Daten abhörsicher machen, man kann die Daten vor Veränderung schützen, und man kann die Daten unterschreiben bzw. signieren, so dass der Sender der Daten authentifiziert ist.

Es besteht bei digitalen Daten eine einfache Möglichkeit, die Daten von mehreren Nutzern physikalisch über ein Kabel zu übertragen. Wenn etwa über ein Kabel mit der Datenrate von 130 kbps übertragen werden kann, so kann man dies als 10 mal 13 kbps auffassen. Dazu wird die Zeit periodisch in 10 Zeitschlitze eingeteilt, die abwechselnd für eine der zehn Übertragungen benutzt werden. Man spricht von zeitlichem Multiplexing. Unter der Vermittlung von Daten versteht man, dass temporär eine Leitung zwischen zwei Nutzern geschaltet wird, über die dann Daten ausgetauscht werden können. Bei Verwendung von zeitlichem Multiplexing, kann ein Teilnehmer einen Zeitschlitz zum Senden und einen anderen zum Empfangen benutzen (der andere Teilnehmer vertauscht Senden und Empfangen). Dadurch wird die Vermittlung relativ einfach.

2.4 Übersicht der Geschichte

In Tabelle 2.4 werden noch einige markante Erfindungen und Stationen aus der Geschichte der Nachrichtentechnik aufgelistet. Man kann sich daraus die Geschwindigkeit vor Augen führen, mit der die Digitalisierung aller Medien von statten ging. Die Auflistung endet im Jahre 2005, da danach so viele Dinge passiert sind, dass eine Auswahl zu schwierig ist.

1840	Telegraphen verstärkt bei Eisenbahnlinien
1844	Morse Telegraphie
1887	Hertz weist in Karlsruhe elektromagnetische Wellen nach
1901	Erste transatlantische Funkverbindung durch Marconi
1924	Veröffentlichungen von Nyquist zum Gaußschen Rauschen
1936	Fernsehübertragung durch BBC in London beginnt
1948	Veröffentlichung von Shannon zur Informationstheorie
1949	Erster Code zur Fehlervorwärtskorrektur durch Hamming
1953	John von Neuman und Konrad Zuse: erster Computer
1953	Crick und Watson entdecken die Doppelhelix der DNA
1954	Faltungscodes werden durch Elias eingeführt
1960	Algebraische Codes durch Reed, Solomon, Bose, Ray-Chaudhuri und Hocquenghem
1970	Das Konzept des Personal Computers entsteht
1980	Frankreich und Deutschland beschließen ein digitales Autotelefon zu bauen, Groupe Special Mobil (GSM)
1981	Personal Computer (PC) wird angekündigt
1981	CD Spieler wird in Berlin vorgestellt
1984	Erste Email nach Deutschland kommt in Karlsruhe an
1986	Test von 9 Mobilfunksystemen für GSM in Paris
1987	12 europäische Staaten unterzeichnen Memorandum of Understanding zur Einführung eines digitalen Autotelefons
1987	In den USA sind 25 Millionen PCs verkauft
1988	Erstes Telefonat mit GSM-Standard in Stuttgart
1992	JPEG-Standard wird vorgestellt
1992	Start des GSM-Netzes in Deutschland (Private Netzbetreiber)
1995	Der Name MP3 wird eingeführt
1996	Ein WLAN-Standard wird vorgestellt
1998	Erste Spezifikation von Bluetooth verfügbar
1999	DVD und der MPEG-Standard werden eingeführt
2000	Die Anzahl der Internetanschlüsse beträgt 20 Millionen
2000	Netzbetreiber zahlen in Deutschland 100 Milliarden D-Mark für die UMTS-Lizenzen
2005	Weltweit drei Milliarden Mobilfunknutzer (fast alle GSM-Standard)

Tabelle 2.4: *Auflistung wichtiger Meilensteine der Geschichte der Nachrichtentechnik*

2.5 Anmerkungen

Es war eine bewegte Zeit, in der alles digitalisiert wurde. In gerade mal 30 Jahren vom schwarzweiß Röhren-Bildschirm zum TFT, vom Foto-Film zur Digitalkamera, von der Vinyl-Schallplatte zur CD und zum MP3, vom Telefon mit Drehscheibe zum digitalen Mobiltelefon, vom Bankschalter zum Online-Banking, von Super-8 zu MPEG-Kamera und DVD. Hand in Hand mit der Entwicklung in der Mikroelektronik hat sich kein anderes Gebiet in solch einer atemberaubenden Geschwindigkeit entwickelt. Wir werden im restlichen Teil des Buches viele spannende und elegante Methoden, Verfahren und Konzepte vorstellen, die unsere heutige Medienwelt erst möglich machen.

Kommunikationssysteme waren bis zum Beginn der 90er Jahre in Deutschland staatlich. Die Privatisierung der Kommunikation hat mit dem digitalen Mobilfunk begonnen. Wir befinden uns in der Zeit, in der die Datennetze zusammenwachsen und Internetzugang als Grundrecht, wie bereits Fernsehen, angesehen wird. Begriffe wie *digitale Spaltung Deutschlands*, der die Situation von Bevölkerungsteilen, die keinen Internetzugang haben, beschreibt, soll mit Hilfe der *digitalen Dividende* geändert werden. Diese beschreibt den Gewinn an Frequenzband, der sich aus der Digitalisierung des Fernsehens ergibt und der für flächendeckenden Internetzugang verwendet werden soll.

Eine interessante Biographie von Axel Roch über das Leben und Arbeiten von Shannon findet man in [Roc10]. Er hat speziell die Stationen von Shannon bis hin zu dessen bahnbrechender Publikation [Sha48] verfolgt, mit Zeitzeugen gesprochen und sehr viele handschriftliche Notizen Shannons in den Text integriert. Spezielles Augenmerk liegt auf den Spielzeugen und Maschinen Shannons, der sich leidenschaftlich mit Jonglieren beschäftigt hat. Shannon Lieblingsmaschine war die *on-off machine* oder auch *the ultimative machine*, die bei YouTube bewundert werden kann. Vorsicht, eine Betrachtung dieser Maschine erweckt philosophische Gedanken im Betrachter.

Volker Aschoff hat in [Asc95] die Geschichte der Nachrichtentechnik in zwei Bänden sorgfältig recherchiert. Hier findet der Interessierte zahllose Patente, Apparate und Kommunikationssysteme von der Antike bis zur Neuzeit.

2.6 Literaturverzeichnis

[Asc95] ASCHOFF, V.: *Geschichte der Nachrichtentechnik, Band 1 und 2.* Springer-Verlag, 1995. – ISBN 3-540-58516-8

[Roc10] ROCH, Axel: *Claude E. Shannon: Spielzeug, Leben und die geheime Geschichte seiner Theorie der Information.* Berlin : Gegengestalt, 2010. – ISBN 978-3-9813156-0-8

[Sha48] SHANNON, C. E.: A Mathematical Theory of Communications. In: *Bell Syst. Tech. J.* 27 (1948), S. 379–423, 623–656

[Sha49] SHANNON, C. E.: Communication Theory of Secrecy Systems. In: *Bell Syst. Tech. J.* 28 (1949), S. 656–715

3 Modelle und Inhalte in der Nachrichtentechnik

3.1 Inhalte von Kommunikation und Speicherung

Der Mensch hat neben den Sinnesorganen Haut, Nase und Mund (Fühlen, Riechen und Schmecken) die beiden wichtigen Sinnesorgane Auge und Ohr (Sehen und Hören). Kommunikation und Speicherung findet hauptsächlich für die beiden letztgenannten Sinnesorgane statt. Mit dem Ohr können Schallwellen wahrgenommen werden, also Laute, Sprache oder auch Musik. Das Auge nimmt Bilder auf, die auch Schriftzeichen darstellen können. Die Schrift stellt eine Codierung von Sprache dar, die durch das Auge decodiert werden kann. Die Informationstheorie betrachtet Information abstrakt, d.h. unabhängig von Sendern, Empfängern und auch von dem Übertragungsmedium. Deshalb werden wir zunächst beschreiben, wie die Inhalte der Kommunikation in Folgen von Symbolen (Daten) gewandelt werden und danach auf Modelle eingehen, die bestimmte Aspekte der Datenkommunikation analysierbar machen.

Die wichtigsten Inhalte der Kommunikation und Speicherung sind in folgender Liste angegeben.

Text: Schrift, Computerprogramm, Produktcode im Supermarkt, Seriennummer, DNA (A,C,G,T), etc.

Sprache: Schallwellen oder durch ein Mikrofon in elektrische Signale gewandelte Schallwellen (Bandbreite $\approx$ 3 kHz Telefon bzw. $\approx$ 8 kHz verbesserte Telefonqualität).

Musik: Schallwellen oder durch ein Mikrofon in elektrische Signale gewandelte Schallwellen (Bandbreite $\approx$ 20 kHz).

Bilder: Ein Bild ist eine zweidimensionale Matrix, die aus Punkten besteht, und jeder Punkt besitzt eine Lichtintensität und eine Lichtfarbe. Die Menge der Punkte bzw. die Größe der Matrix bestimmt die Auflösung des Bildes und damit die Qualität.

Film: Folge von mindestens 17 Bildern pro Sekunde mit Sprache und Musik in limitierter Bandbreite.

Als **Text** wollen wir alles bezeichnen, was mit einer Sequenz von Buchstaben aus einem endlichen Alphabet dargestellt werden kann. Dazu gehören Computerprogramme, Zahlenfolgen, Schrift, binäre Dateien, aber auch die DNA von Lebewesen, die als Doppelhelix aus einem vierwertigen Alphabet (A,C,G,T) aufgebaut ist.

Alle Alphabete $\mathcal{A}$ der Kardinalität $|\mathcal{A}|$ können durch binäre Vektoren der Länge n dargestellt werden, wenn gilt

$$n = \lceil \log_2 |\mathcal{A}| \rceil.$$

Das englische Alphabet besitzt 26 Großbuchstaben (A, ..., Z) und 26 Kleinbuchstaben (a, ..., z). Im deutschen Alphabet kommen noch die Sonderzeichen (ä, ö, ü und ß) vor, wobei (Ä, Ö und Ü) auch als Großbuchstaben vorkommen. Der ASCII-Code (*American Standard Code for Information Interchange*) stellt jeden Buchstaben mit 8 Bit dar. Dadurch können auch Sonderzeichen dargestellt werden, da mit 8 Bit $2^8 = 256$ Buchstaben (Symbole) nummeriert werden können. Tabelle 3.1 zeigt den ASCII-Code der Großbuchstaben. Dabei ist jeweils die der Bitfolge entsprechende Dezimalzahl, die Hexadezimalzahl und die verwendete Binärfolge angegeben. Die Binärfolge entsteht, indem die binäre Repräsentation jeder der zwei Hexadezimalzahlen gebildet wird. Die Klein-

Buchstabe	Dez	Hex	Bin	Buchstabe	Dez	Hex	Bin
A	65	41	0100 0001	N	78	4E	0100 1110
B	66	42	0100 0010	O	79	4F	0100 1111
C	67	43	0100 0011	P	80	50	0101 0000
D	68	44	0100 0100	Q	81	51	0101 0001
E	69	45	0100 0101	R	82	52	0101 0010
F	70	46	0100 0110	S	83	53	0101 0011
G	71	47	0100 0111	T	84	54	0101 0100
H	72	48	0100 1000	U	85	55	0101 0101
I	73	49	0100 1001	V	86	56	0101 0110
J	74	4A	0100 1010	W	87	57	0101 0111
K	75	4B	0100 1011	X	88	58	0101 1000
L	76	4C	0100 1100	Y	89	59	0101 1001
M	77	4D	0100 1101	Z	90	5A	0101 1010

Tabelle 3.1: *ASCII Code für Großbuchstaben*

buchstaben a, ..., z liegen im Bereich von Hex 61, ..., 7A (Dez 97, ..., 122) (Bin 0110 0001, ..., 0111 1010). Die Sonderzeichen verschiedener anderer Alphabete (%, [, {, Ä, Å, œ, Ø, etc.) können ebenfalls durch den ASCII-Code abgebildet werden. Der ASCII-Code für Ziffern ist in Tabelle 3.2 angegeben. Die Abbildung von einer beliebigen endlichen Menge von Symbolen auf eine Folge von Bits ist willkürlich, muss aber bekannt sein, um die Umkehrabbildung durchführen zu können. Wir werden im Folgenden erläutern, dass auch Sprache, Musik und Bilder als Folge von Bits dargestellt werden können.

Die **Sprache** wird erzeugt durch den sogenannten Vokaltrakt, der aus den Stimmbändern und dem Rachen- und Nasenraum, sowie einer Luftquelle besteht. Die Stimme eines

Ziffer	Code	Ziffer	Code	Ziffer	Code
0	0011 0000	4	0011 0100	7	0011 0111
1	0011 0001	5	0011 0101	8	0011 1000
2	0011 0010	6	0011 0110	9	0011 1001
3	0011 0011				

Tabelle 3.2: *ASCII Code für Zahlen*

Menschen ist ein Unikat, d.h. man kann einen Menschen an seiner Stimme eindeutig erkennen, obwohl manchmal Vater und Sohn sehr ähnliche Stimmen besitzen. Die Sprache ist eine Aneinanderreihung von Phonemen (Lauten), die stimmhaft oder stimmlos sein können. Eine grobe Einteilung besagt, dass Vokale stimmhafte Phoneme sind, die durch Schwingungen der Stimmbänder erzeugt werden. Etwa „aaaaaaaaaaa“oder „eeeeeeeeeeee“. Konsonanten sind stimmlos und benutzten die Stimmbänder nicht, sondern nur einen Luftstrom, der auch als Rauschen bezeichnet wird. Etwa „ssssssssssss“oder „ffffffffffff“. Der Rachen-, Mund- und Nasenraum bewirkt eine Filterung des akustischen Signals und erzeugt so den individuellen Klang der Stimme. Zungenform, Zahnstellung, Form und Größe der Nasennebenhöhlen tragen zum Klang ebenso bei wie Rachenform, Lungenstärke und vieles mehr.

Die Hauptenergie eines Sprachsignals liegt im Frequenzbereich unter 800 Hz. Weniger als 1 % der Energie eines Sprachsignals ist im Teil über 4000 Hz enthalten. Die Telefonübertragung hat dies ausgenutzt und die Sprachübertragung durch Filterung auf 200 Hz bis 3400 Hz begrenzt. Dadurch kommt der bekannte Telefonstimmklang zustande. Es gibt Tendenzen, die Sprachqualität zu verbessern und die Bandbreite auf 6 kHz zu erhöhen. Prinzipiell können die Amplitudenwerte des Sprachsignal periodisch gemessen werden und jedem Messwert eine Bitfolge zugeordnet werden. Damit kann Sprache als eine Folge von Bits repräsentiert werden. Wie die Sprache genau digitalisiert wird, beschreiben wir im nächsten Kapitel Quellencodierung.

Das menschliche Ohr ist in der Lage Schallwellen bis zu einer oberen Grenze von ungefähr 20 kHz zu hören. Diese Grenze nimmt mit dem Alter ab. Deshalb betrachten wir **Musik** bis zu 20 kHz. Musik entsteht durch die Überlagerung von vielen Schwingungen unterschiedlicher Frequenzen. Der Referenzton bei Musikern ist das a', das einer Schwingung von 440 Hz entspricht. Der Klangkörper einer Gitarre erzeugt aus dem Referenzton a' noch Vielfache von 440 Hz, und die Anzahl und die Intensität der Vielfachen, die Obertöne genannt werden, ergeben den charakteristischen Klang eines Instrumentes. Deshalb können wir den Referenzton a' einer Klaviersaite von dem einer Gitarrensaite und von dem einer Geige unterscheiden. Die Instrumente eines Orchesters können vom Zuhörer auseinandergehalten werden, weil das Ohr in der Lage ist, die vorkommenden Frequenzen aufzulösen und die Obertöne und somit die Instrumente zu identifizieren. Das Ohr empfängt die Überlagerung, d.h. die Summe aller Obertöne. Aus diesem Summensignal werden durch einen faszinierenden Mechanismus in der so genannten Gehörschnecke die einzelnen Frequenzen detektiert. Betrachten wir nur einen Ton einer bestimmten Frequenz, so schwingt die Luft mit genau dieser Frequenz und erzeugt einen

Schalldruck. Das Maximum dieser Schwingung kann durch die Gehörschnecke lokalisiert werden und dadurch die Frequenz bestimmt werden. In der Frequenzbestimmung durch Lokalisierung des Maximums liegt auch die Ursache, dass von zwei dicht nebeneinander liegenden Frequenzen nur die lautere gehört werden kann (Maskierung).

Der Schalldruck aller Töne und Obertöne kann durch ein Mikrofon in ein elektrisches Signal umgewandelt werden. Im Gegensatz zum Ohr wandelt ein Mikrofon auch dicht nebeneinander liegende Frequenzen in elektrische Signale um. Damit finden sich in den Signalen auch Töne, die nicht gehört werden können. Im MP3-Standard etwa werden solche Signale, die nicht gehört werden können, durch Signalverarbeitung gelöscht. Die Musik kann ebenfalls wie die Sprache durch wiederholte Messung der Amplitudenwerte des Musiksignals in eine Folge von Bits gewandelt werden. Der Unterschied zur Sprache wird darin bestehen, dass wir viel häufiger messen müssen.

Das Auge sieht **Bilder** indem die Netzhaut mit Hilfe von 10^8 Lichtsensoren das einfallende Licht misst. Dabei gibt es die sogenannten Stäbchen (Lichtintensität, hell/dunkel) und die Zäpfchen (Farbe). Selbst unsere immer hochauflösenderen Digitalkameras erreichen das Auge noch nicht.

Wir gehen davon aus, dass ein Bild aus Pixeln besteht. Jedes Pixel besitzt einen Helligkeitswert und eine Farbe. Bei Licht genügen die Farben Rot, Grün und Blau, um durch Mischung Licht in allen Farben zu erzeugen. Dies wird als RGB-Farbskala bezeichnet und ist in Bild 3.1 dargestellt. Z.B. ergibt $.33 \cdot R + .33 \cdot G + .33 \cdot B$ weißes Licht. Durch entsprechende Mischung von RGB und Helligkeit kann man alle Farben und Helligkeitsstufen erzeugen. Entscheidend für die Qualität eines Bildes ist die Anzahl an Pixeln pro

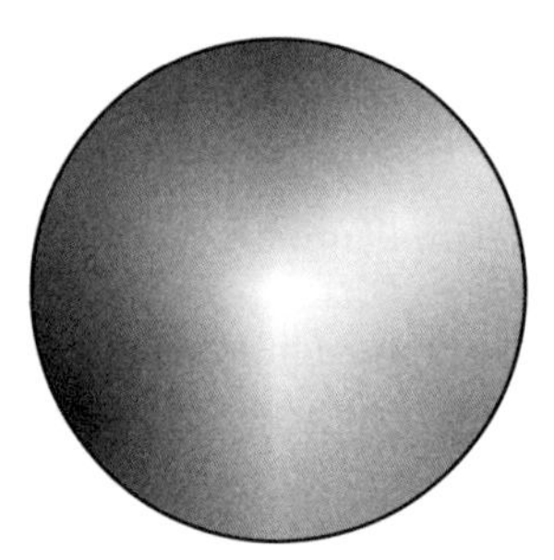

Bild 3.1: *RGB-Farbkreis*

Maßeinheit (Bsp.: DPI steht für dots per inch, 1 inch= 2.5 cm). Jedes Pixel kann durch seinen Anteil an Rot, Grün und Blau und durch einen Wert für die Helligkeit beschrieben werden. Jeder Wert kann auf eine Bitfolge abgebildet werden. Somit kann ein Bild als Folge von Bits repräsentiert werden. Auf die gebräuchlichen Auflösungen werden wir im nächsten Kapitel Quellencodierung eingehen.

Ein **Film** entsteht, wenn mindestens 17 Bilder pro Sekunde gezeigt werden. Die Zahl 17 basiert auf der durchschnittlichen Aufnahmefähigkeit des menschlichen Auges, das etwa 60 msec zeitlich auflösen kann. In den meisten Standards werden jedoch 25 Bilder pro Sekunde verwendet, um auch sehr sensiblen Menschen den Eindruck eines Filmes und nicht einer Folge von Bildern zu geben.

Wir haben gezeigt, dass Text, Sprache, Musik, Bilder und Filme prinzipiell in eine Folge von Daten gewandelt werden können. Wir brauchen daher bei der Beschreibung der Modelle den Inhalt der Daten nicht zu berücksichtigen. Diese Abstraktion erlaubt es uns, gezielte Fragestellungen der Datenübertragung unabhängig vom Inhalt zu betrachten.

3.2 Das Modell der Informationstheorie

Das Modell aus Bild 3.2 beschreibt wichtige Elemente für Kommunikation und Speicherung. Man beschränkt sich dabei auf eine diskrete Quelle, die Symbole aus einem bekannten Alphabet liefert. Es wird damit angenommen, dass eine analoge Quelle bereits digitalisiert ist. Die Symbole der Quelle werden im Block **Quellencodierung** codiert. Dabei wird eventuell vorhandene Redundanz in den Daten entfernt, d.h. die Daten werden komprimiert. Das Alphabet der Quelle muss nicht gleich dem Alphabet nach der Quellencodierung sein. Die Digitalisierung von analogen Quellen und das Prinzip der Quellencodierung werden wir im nächsten Kapitel beschreiben. Danach folgt der Block

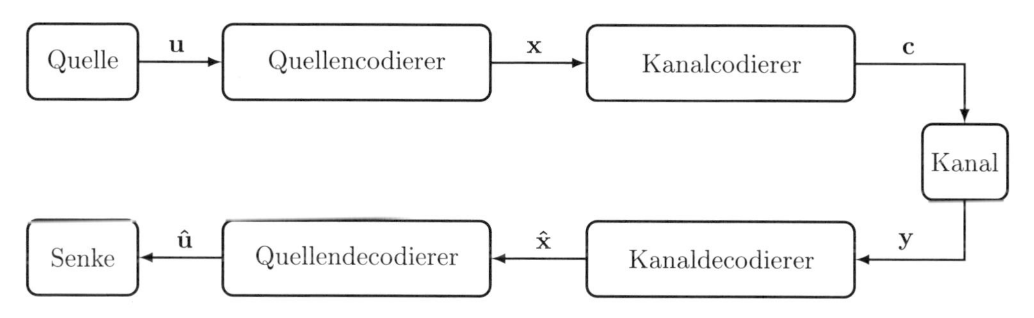

Bild 3.2: *Modell der Informationstheorie*

Kanalcodierung, in dem den Daten gezielt wieder Redundanz zugefügt wird, um eventuell im Kanal auftretende Fehler erkennen bzw. korrigieren zu können. Die Prinzipien und Verfahren werden wir erst später beschreiben, nachdem wir erläutert haben, wie Fehler bei Realisierungen von Datenübertragung entstehen können. Das Prinzip der Redundanz ist ein ganz wesentliches Element bei der Übertragung und Speicherung von Daten, da man ohne Redundanz nicht erkennen kann, ob die Daten korrekt sind. Jede Sprache enthält Redundanz, sonst könnte der Lehrer nicht die Rechtschreibung in Aufsätzen der Schüler korrigieren.

Der **Kanal** in diesem Modell ist abstrakt und beschreibt eine Übertragung von Symbolen durch bedingte Wahrscheinlichkeiten. Für die Beschreibung ist nur die Verteilung der bedingten Wahrscheinlichkeiten relevant. Man unterscheidet Kanäle mit und ohne Gedächtnis. Das Modell beschreibt eine Vielzahl von Situationen aus der Praxis von der Produktion von CDs über Schreiben und Lesen von Daten auf eine Festplatte bis hin zur Übertragung von Daten zwischen Satelliten. Die Modellierung des Kanals ist der zentrale Punkt, den Nachrichtentechnik-Ingenieure benötigen, um Kommunikationssysteme zu dimensionieren. Der Kanal bestimmt bzw. limitiert die mögliche Datenübertragungsrate.

Unter Nachrichtentechnikern kursiert der Spruch: Der Kanal ist das, was der Ingenieur nicht ändern kann oder will. Denn ohne die Fehler im Kanal wäre Nachrichtentechnik nicht so spannend.

Die Aufgabe der **Kanaldecodierung** ist es, die aufgetretenen Fehler zu erkennen oder zu korrigieren. Dies gelingt unter bestimmten Bedingungen. Ein interessanter Punkt ist die Tatsache, dass die Kanalcodierung Fehler korrigiert unabhängig davon, wo im System sie entstanden sind. Hier dazu eine kleine Anekdote: Im GSM-Validationssystem gab es einen Hardwarefehler, der ein Bit von 128 verfälscht hat. Dieser Fehler wurde nur dadurch bemerkt, dass ein Ingenieur beobachtet hat, dass der Kanaldecodierer auch dann Fehler korrigieren musste, wenn der Kanal fehlerfrei war.

Nach der Kanaldecodierung wandelt die Quellendecodierung die Daten wieder in ein entsprechendes Format (Alphabet) und liefert dies an der sogenannten Senke (auch Sinke) ab.

Das informationstheoretische Modell beschreibt die Datenübertragung auf einem abstrakten mathematischen Niveau. Für eine detailliertere Beschreibung der Realisierung der Alphabete durch Signale benötigen wir noch ein anderes, verfeinertes Modell, an dem man bestimmte Aspekte erkennen kann.

3.3 Modell der Signaltheorie

Den digitalen Daten muss nach der Kanalcodierung zur physikalischen Realisierung ein analoges Signal zugewiesen werden. Dies wird als Modulation bezeichnet. Das analoge Signal wird dann über einen analogen Kanal übertragen, der durch ein lineares zeitinvariantes System repräsentiert werden kann. Dazu werden wir im Kapitel Signale und Systeme zunächst einige Möglichkeiten der Realisierungen angeben. Danach werden wir im Kapitel Übertragungskanäle eine Auswahl von Kanalmodellen beschreiben, die dann die Eingangssignale des Demodulators liefern. Die Demodulation benutzt die Entschei-

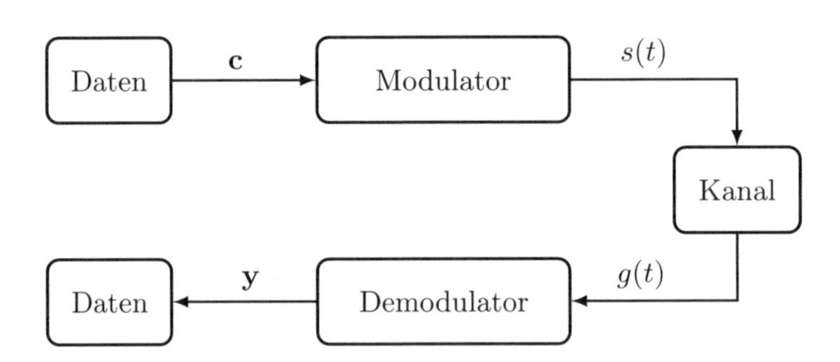

Bild 3.3: *Modell der Signaltheorie*

dungstheorie, um aus der Beobachtung des Symbols nach dem Kanal das Symbol zu entscheiden, das am Eingang des Kanals vorlag. Wir werden sehen, dass neben der Entscheidung auch die Zuverlässigkeit der Entscheidung errechnet werden kann. Diese

Zuverlässigkeit kann der Kanaldecodierer nutzen, um mehr Fehler zu korrigieren, als wenn diese Zuverlässigkeitsinformation nicht benutzt wird.

Die Modulation kann im Tiefpassbereich oder im Bandpassbereich erfolgen. Diese zwei Fälle werden wir unterscheiden.

Optische Datenübertragung benutzt ebenfalls Modulationsverfahren, allerdings derzeit hauptsächlich binäre. Auf diesem Gebiet werden momentan erhebliche Forschungsanstrengungen unternommen, um, wie im Mobilfunk bereits geschehen, höherwertige Modulationsverfahren anzuwenden, wodurch die Datenübertragungsrate erhöht werden kann.

3.4 OSI-Modell der ISO

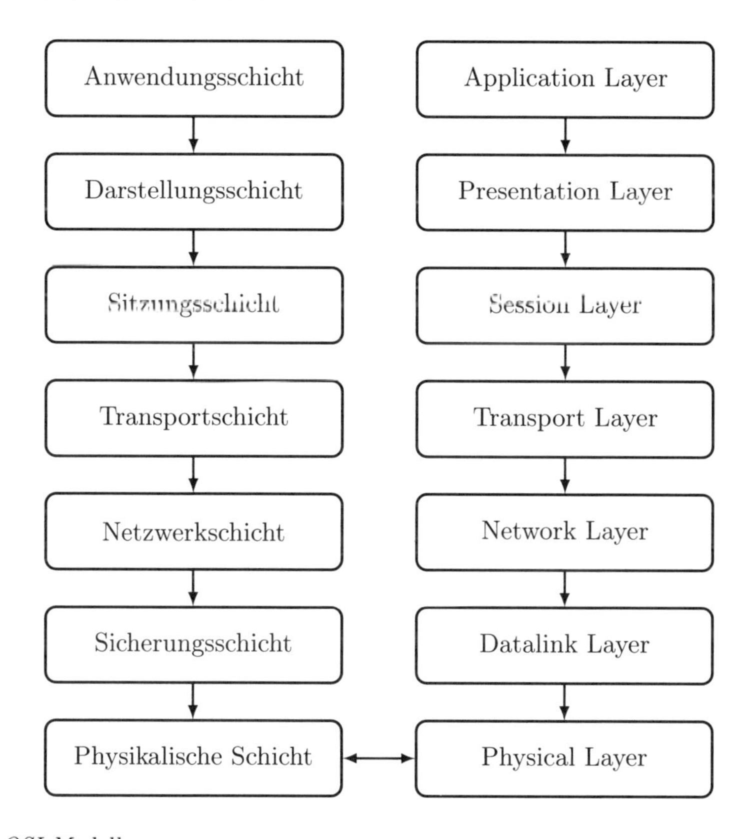

Bild 3.4: *OSI-Modell*

Das Modell *Open Systems Interconnection* (OSI) der International Standardization Organisation (ISO) ist hierarchisch und besteht aus sieben Schichten mit speziellen Aufgaben. Entsprechend Bild 3.4 ordnet das OSI-Modell die Aufgabe der Übertragung von Symbolen über Kanäle der **Physikalischen Schicht (Physical Layer)** zu. Dagegen kümmert sich die darüber liegende Schicht, die **Sicherungsschicht (Data Link Control Layer)** um die zuverlässige Übertragung, d.h. dass die Daten korrekt und in der richtigen Reihenfolge von A nach B kommen. Dies wird als LLC (Logical Link Control) Layer bezeichnet. Die zweite Schicht hat zusätzlich die Aufgabe, die Verfügbarkeit des Mediums zu kontrollieren, was als MAC (Medium Access Control) Layer bezeichnet wird. Beide Funktionen werden wir im Kapitel Elementare Protokolle erörtern. Damit besitzt die Sicherungsschicht zwei logisch trennbare Aufgaben.

Die dritte, die **Netzwerk Schicht (Network Layer)** hat die Aufgabe, das Routing durchzuführen, also den richtigen Weg zum Ziel eines Datenpackets zu kennen. Diese Funktion werden wir ebenfalls im Kapitel Elementare Protokolle genauer beschreiben.

Die **Transportschicht (Transport Layer)** hat eine ähnliche Aufgabe wie die Sicherungsschicht. Die Aufgabe der **Sitzungsschicht (Session Layer)** ist es, die Kommunikation zwischen zwei Endgeräten zu überwachen. Auf diese Funktion werden wir nicht eingehen, ebenso nicht auf die der **Anwendungsschicht (Application Layer)**, die die sogenannten Dienste verwaltet. Beide Schichten sind eher der Informatik als der Nachrichtentechnik zuzuordnen. Dagegen werden wir im Kapitel Datensicherheit auf die Aufgabe der **Darstellungsschicht (Presentation Layer)** eingehen, die Vertraulichkeit und Authentizität von Daten zu gewährleisten. Diese Funktionen werden auch in anderen Schichten angewandt, waren jedoch ursprünglich in der Darstellungsschicht geplant.

Es sei angemerkt, dass sich kein Kommunikationssystem mit der Aufgabenverteilung genau an das OSI Modell hält. Es beschreibt jedoch die Aufgaben, die zu erledigen sind sehr gut und ist deshalb weit verbreitet.

Wir wollen nun noch auf die Kommunikationsregeln im Modell eingehen. Im OSI-Modell erfolgt die Kommunikation nur zwischen Einheiten benachbarter Schichten. Eine Einheit der Schicht N bietet den Einheiten der darüberliegenden Schicht N+1 Dienste an bzw. liefert bei diesen das Ergebnis der erbrachten Dienstleistungen ab. Umgekehrt kommuniziert sie mit Einheiten der darunterliegenden Schicht N-1, indem sie auf deren Dienstangebot zugreift bzw. die erbrachten Dienstleistungen entgegennimmt. Ausnahmen sind natürlich die unterste und die oberste Schicht: Einheiten von Schicht 1 greifen direkt auf das Übertragungsmedium zu, und die Dienste von Schicht 7 werden dem Benutzer, beispielsweise einem Telefonkunden, angeboten.

Diese Regelung beschränkt die Kommunikation auf benachbarte Schichten N und N-1. Sollen Informationen zwischen nicht benachbarten Schichten ausgetauscht werden, müssen diese von Schicht zu Schicht durchgereicht werden.

Eine weitere Einschränkung der Kommunikation zwischen Einheiten besteht darin, dass sie ausschließlich in Form der vier *Dienstprimitive* „Request“, „Indication“, „Confirm“ und „Response“ stattfindet. Das Zusammenwirken dieser Primitive lässt sich am besten am Beispiel eines Einschreibebriefes mit Rückschein verstehen: Die Post bietet die Beförderung eines Einschreibens mit Rückschein als Dienst an. Der Absender fordert diesen Dienst an (Request), indem er den Brief am Postschalter aufgibt. Der Brief wird dann befördert. Der Postbote zeigt dem Empfänger das Vorhandensein des Briefes an (Indication), indem er an dessen Tür klingelt. Er lässt sich den Erhalt des Briefes vom Empfänger auf dem Rückschein (Response) quittieren und schickt diesen zurück.

Ein Mitarbeiter des Postamtes, bei dem der Brief aufgegeben wurde, stellt schließlich dem Absender den Rückschein zu und bestätigt ihm damit (Confirm), dass der Brief zuverlässig befördert worden ist.

Formal sind die Primitive folgendermaßen definiert:

Request: Auf der Senderseite fordert eine N-Einheit von der darunterliegenden (N-1)-Einheit einen Dienst an.

Indication: Empfängerseitig teilt eine (N-1)-Einheit der ihr überlagerten N-Einheit mit, dass ein Dienst erbracht worden ist.

Response: Als Reaktion auf eine vorherige Indication übergibt die empfängerseitige N-Einheit eine Antwort an die (N-1)-Einheit, damit diese Antwort zur Senderseite zurück übertragen wird.

Confirm: Die (N-1)-Einheit auf der Senderseite bestätigt der N-Einheit, dass der von ihr angeforderte Dienst erbracht worden ist.

Häufig wird eine Nachricht von A nach B dadurch quittiert, dass der Confirm an eine Nachricht von B nach A angehängt bzw. in diese integriert wird. Man spricht dann von *„Piggybacking"*.

Ähnlich wie in der Software Unterprogrammen Parameter mitgegeben werden können, besitzen auch die meisten Dienstprimitive Parameter. Diese können bei den Primitiven für eine Datenübertragung, d. h. `data.request` bzw. `data.indication`, die zu übertragenden Daten sein und bei einer Verbindungsanforderung (`connect.request`) die gewünschten Verbindungscharakteristika wie Datenrate etc. Zusätzlich sind oft Steuerinformationen für die unteren Schichten in den Parametern enthalten.

Im obigen Beispiel mit dem Einschreibebrief hat der Absender keinerlei direkten Kontakt zum Empfänger. Genauso gestatten auch die Dienstprimitive nur die direkte Kommunikation zwischen benachbarten Einheiten auf einer Seite; eine direkte Kommunikation zwischen Sende- und Empfangsseite ist ausschließlich den Einheiten der Physikalischen Schicht vorbehalten. Trotzdem erhält der Empfänger die im Einschreibebrief enthaltene Nachricht; indirekt findet also sehr wohl eine Kommunikation zwischen Absender und Empfänger statt. Die beiden Einheiten in einer gleichen Schicht, die auf diese Weise indirekt miteinander kommunizieren, heißen *„Partnerinstanzen"* oder *peer-entities*. Man spricht daher auch von *Peer-to-Peer-Kommunikation*. Die Abläufe von Kommunikation gleicher Schichten werden **Protokolle** genannt. Bild 3.5 verdeutlicht die Kommunikationsbeziehungen einer N-Einheit. Im Zusammenhang mit den Dienstprimitiven wurde oben bereits gesagt, dass Daten und Steuerinformationen gewissermaßen als Parameter zwischen Entities benachbarter Schichten ausgetauscht werden. Im OSI-Modell werden die Daten als *Service Data Unit (SDU)* bezeichnet. Bei Segmentierung und Fragmentierung werden diese SDUs, soweit erforderlich, in kleinere Bruchstücke zerlegt, und jedes Bruchstück wird mit einem Header, der eine Adresse und andere Steuerinformationen enthalten kann, sowie auf Schicht 2 mit einem Trailer versehen. Header und Trailer heißen *Protocol Control Information (PCI)*, das gesamte Paket bzw. der Rahmen aus SDU und PCI wird *Protocol Data Unit (PDU)* genannt.

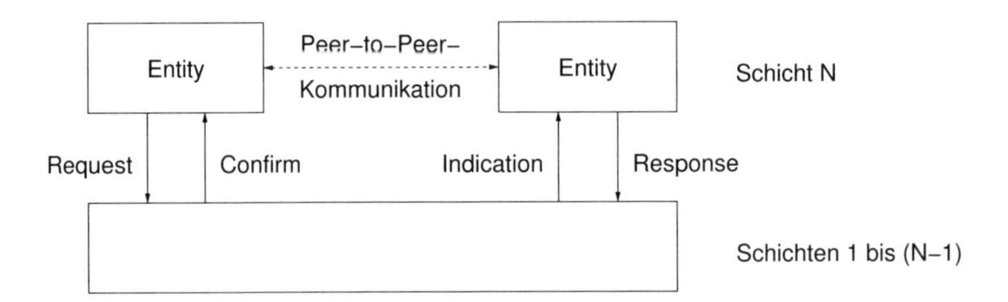

Bild 3.5: *Dienstprimitive und Kommunikation von Peer-Entity zu Peer-Entity.*

Häufig wird der Anfangsbuchstabe der Schicht, zu der SDUs bzw. PDUs gehören, diesen Abkürzungen vorangestellt, also T-PDU, S-PDU und A-PDU für Transport-, Session- bzw. Application-PDU. Diese OSI-Terminologie hat sich allerdings im normalen Sprachgebrauch nicht durchgesetzt. Insbesondere im Zusammenhang mit den übrigen Schichten ist es üblich, von Paketen oder Rahmen statt von PDUs und SDUs zu sprechen. Es ist anzumerken, dass eine PDU der Schicht N einer SDU der Schicht N-1 entspricht (vergleiche Bild 3.6).

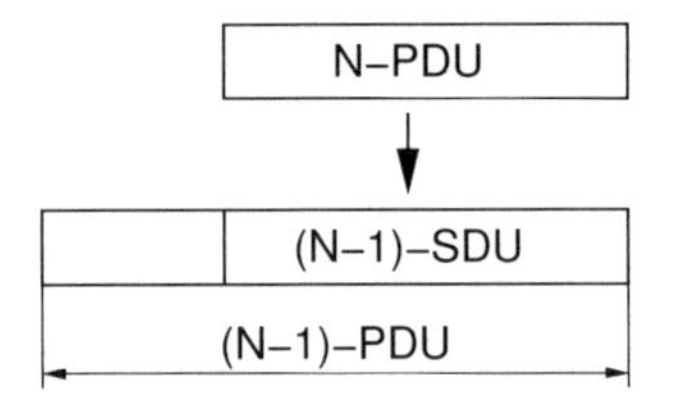

Bild 3.6: *Zusammenhang zwischen PDU und SDU.*

Wenn Daten auf diese Weise von der Anwendungsschicht bis zur Physikalischen Schicht durchgereicht werden, verpackt jede Schicht das ihr übergebene Paket erneut, siehe Bild 3.7 (ähnlich wie die aus Russland bekannten Matroschkas). Auf der Empfängerseite wird die von der Physikalischen Schicht übertragene PDU Schicht für Schicht ausgepackt, d. h. jede Schicht entfernt ihren Header und ggf. Trailer. Musste auf der Senderseite eine SDU segmentiert oder fragmentiert werden, um sie transportieren zu können, wird sie nun wieder zusammengesetzt, bevor sie an die nächsthöhere Schicht weitergegeben wird. Die SDUs, also der eigentliche Dateninhalt der PDUs, werden weder beim Verpacken noch beim Auspacken gelesen, in irgendeiner Form ausgewertet, oder mit Ausnahme einer Segmentierung bzw. Fragmentierung modifiziert.

Vermittlungseinrichtungen

Bei Vermittlungseinrichtungen sind die oberen vier Schichten nicht erforderlich. Je nachdem, wieviele der unteren Schichten enthalten sind, unterscheidet man Repeater, Bridge und Router. Der **Repeater** dient ausschließlich zur Signalverstärkung. Wenn eine physikalische Verbindung so lang ist, dass die Signaldämpfung von einem Ende zum anderen zu groß wird, kann man diese Verbindung in zwei Abschnitte unterteilen und diese über einen Repeater verbinden. Dieser kopiert die Signale aus dem einen Abschnitt in den

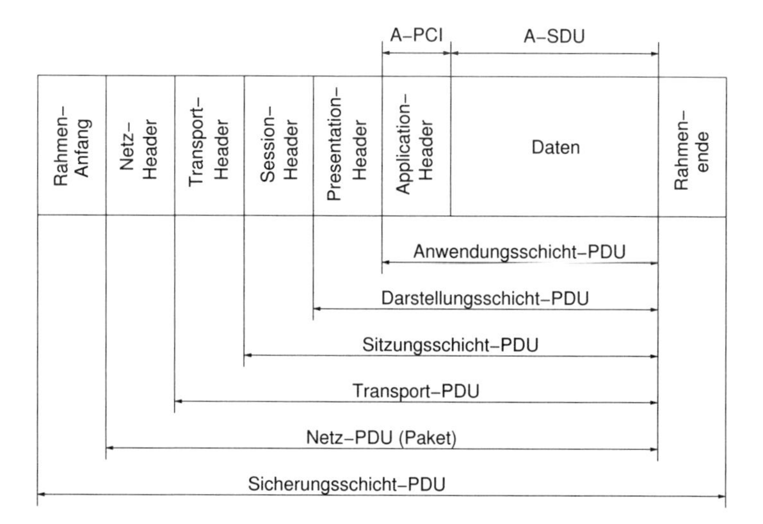

Bild 3.7: *Verschachtelung der PDUs.*

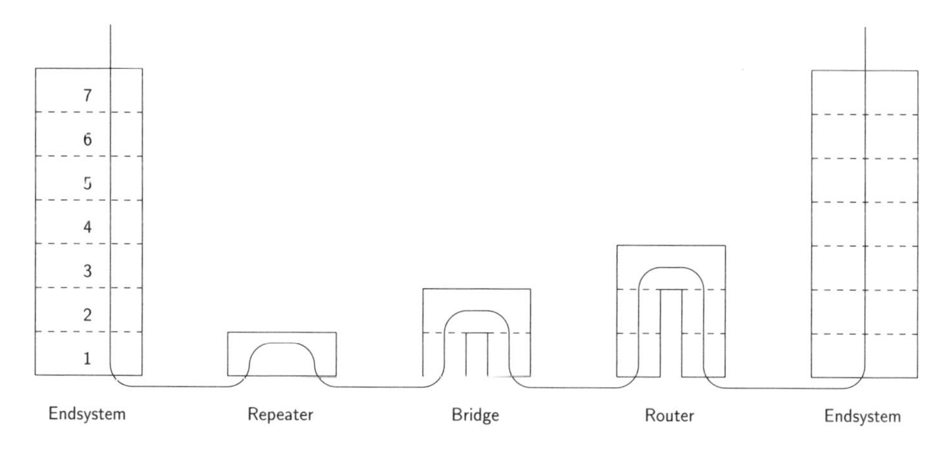

Bild 3.8: *Netzknoten mit unterschiedlichen Funktionalitäten.*

anderen und umgekehrt. Im Mobilfunk werden Repeater verwendet, um in hügeligem Gelände Gebiete zu versorgen, die andernfalls im Funkschatten liegen würden und dadurch nicht erreichbar wären.

Eine **Bridge** erlaubt u.a. die Verbindung zweier (lokaler) Netze auf der LLC-Schicht. Sie nehmen den Bitstrom von der Physikalischen Schicht auf einer Seite entgegen und können ihn solange zwischenspeichern, bis die physikalische Leitung auf der anderen Seite sendebereit ist. In der einfachsten Variante, dem sog. „promiscuous mode“, werden sämtliche Pakete von der einen auf die andere Seite kopiert und umgekehrt.

Router sind Netzknoten, die lokale Netze auf der Netz-Schicht verbinden. Dadurch können die DLC-Schichten auf beiden Seiten des Routers mit unterschiedlichen Para-

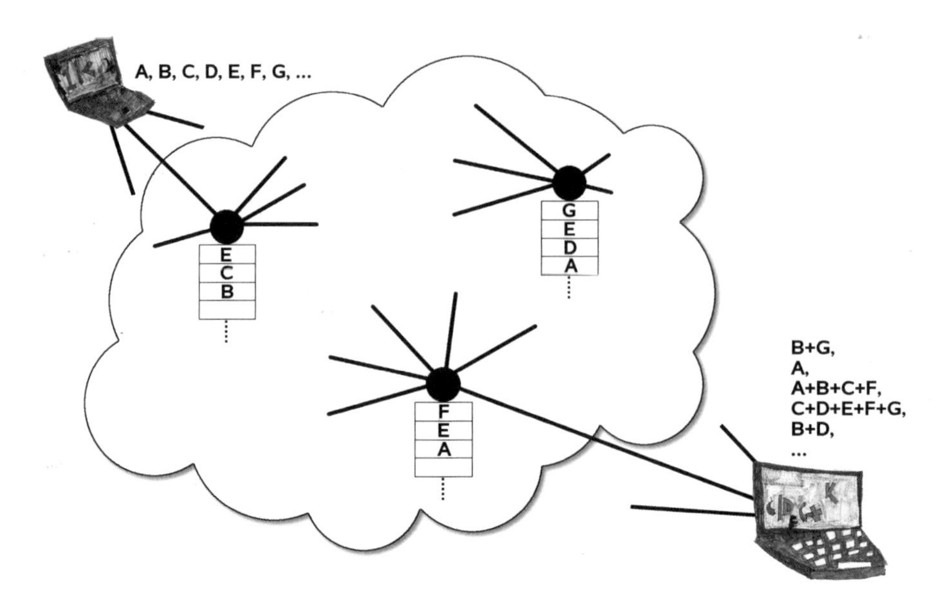

Bild 3.9: *Kommunikationsnetzwerk-Modell*

metern betrieben werden oder zu unterschiedlichen Protokollen gehören. Dieser Fall tritt beispielsweise auf, wenn ein Router ein lokales Netz an ein Weitverkehrsnetz anbindet.

Neben Repeater, Bridge und Router gibt es noch **Gateways**. Diese Netzknoten werden als Übergang in andere Netze benutzt, die nicht nach dem OSI-Schichtenmodell aufgebaut sind. Welche Schichten in ihnen enthalten sind, hängt dabei von den Netzen ab, die sie miteinander verbinden sollen.

3.5 Kommunikationsnetzwerk-Modell

Um der Tatsache Rechnung zu tragen, dass die Kommunikation zwischen zwei Teilnehmer über viele andere Vermittlungseinrichtungen führen kann, verwendet man zur Beschreibung einen Graphen mit Kanten und Knoten. Die Knoten beschreiben Vermittlungseinrichtungen und die Kanten stellen die Übertragungswege (Leitungen, Funk, etc.) zwischen ihnen dar.

Das OSI-Modell kann nicht die Struktur eines Kommunikationsnetzwerkes beschreiben, sondern nur die Protokolle, die zwischen zwei Knoten zur Kommunikation benötigt werden. Deshalb müssen wir als Modell einen Graphen einführen, der hauptsächlich zur Beschreibung des Problems des Routing (Wegelenkung) dient. Das Problem ist, den kürzesten Weg zwischen zwei Knoten zu berechnen, über den dann die Kommunikation durchgeführt wird. Dieses Problem entspricht dem des Reiterkuriers, der einen Brief von dem Absender A zu dem Empfänger B bringen muss und über eine Straßenkarte den kürzesten Weg finden muss, um von A nach B zu kommen. Man kann dies auch im Mobilfunknetz benutzen, wobei ein Teilnehmer (Knoten) seine Position verändern kann, und man benötigt zusätzliche Mechanismen, um die aktuelle Position eines Teilnehmers zu kennen.

3.6 Kryptologisches Modell

Um die Datensicherheit zu beschreiben, verwendet man ein Modell, das den Kommunikationskanal zwischen zwei Teilnehmern, die üblicherweise als Alice und Bob bezeichnet werden, durch einen Angreifer unterbricht. Dieser Angreifer kann entweder die Kommunikation nur abhören, d.h. er verändert die Nachricht nicht, oder er kann den Inhalt der Nachricht verändern. In ersten Fall empfängt Bob die Nachricht $\mathbf{m}$ unverändert. Zu gewährleisten, dass nur Bob die Nachricht $\mathbf{m}$ verstehen kann, wird als **Vertraulichkeit** bezeichnet. Die Nachricht $\mathbf{m}$ muss daher so verschlüsselt sein, dass nur Bob sie entschlüsseln kann und der Angreifer nicht. Wenn der Angreifer die Nachricht verändert,

Bild 3.10: *Modell der Datensicherheit*

so empfängt Bob $\mathbf{v}$ statt $\mathbf{m}$. Dies zu erkennen wird als **Authentizität der Nachricht** bezeichnet. Schließlich kann sich Bob nicht sicher sein, ob die Nachricht wirklich von Alice stammt, was als **Authentizität des Nutzers** bezeichnet wird. Die Nachricht kann hierbei gewissermaßen mit der Unterschrift von Alice signiert werden.

Zu allen kryptographischen Problemen existieren zahlreiche Verfahren, die beliebig große Sicherheit gewährleisten können. Die Nutzerauthentizität im Mobilfunksystem ist offensichtlich gut gewährleistet, da niemand auf Kosten eines anderen telefonieren kann; zumindest ist ein solcher Fall nicht bekannt.

3.7 Anmerkungen

Selbstverständlich existieren noch eine Vielzahl weiterer Modelle in der Nachrichtentechnik, mit denen spezielle Aspekte präziser beschrieben werden können. Das Ziel dieser Einführung ist jedoch, eine Auswahl der elementaren Modelle zu beschreiben, mit deren Hilfe ein Überblick über die Probleme der Nachrichtentechnik gewährt werden kann. Es werden die Ideen von notwendigen Funktionen bei der Speicherung und Kommunikation eingeführt und motiviert. Die Funktionen werden wir in den entsprechenden Kapiteln meistens durch einfache Verfahren erläutern.

Jedes Modell beschreibt gezielt eine oder mehrere Problemstellungen. Das Modell der Informationstheorie wirft die Fragen auf: Wie kann durch Quellencodierung möglichst viel Redundanz aus den Daten entfernt werden? Wie kann man Fehler, die in einem gegebenen Kanal auftreten, erkennen bzw. korrigieren? Wie viel Information kann man über einen gegebenen Kanal maximal übertragen? Ist es zulässig bzw. sinnvoll, erst Redundanz zu entfernen und dann wieder hinzuzufügen? Wie viele Fehler kann man mit Kanalcodierung erkennen oder korrigieren?

Das Modell der Signaltheorie beinhaltet die Fragen: Welche Signalformen muss man für die Symbole wählen, damit der Detektor möglichst fehlerfrei die Symbole entscheiden kann? Welche Art von Detektoren existieren und welches sind die besten?

Das OSI-Modell spricht viele Fragen zum Ablauf der Kommunikation an: Wie kann man eine Verbindung zwischen zwei Geräten aufbauen? Wie kann man die Daten zuverlässig und in der richtigen Reihenfolge von A nach B übertragen? Wie können verschiedene Teilnehmer das gleiche Medium nutzen?

Das Kommunikationsnetzwerkmodell wirft die Fragen auf: Wie findet man den Weg durch das Netz zwischen zwei Teilnehmern? Muss jeder Teilnehmer das gesamte Netz kennen?

Das Krypto-Modell stellt die Fragen: Wie kann Alice mit Bob kommunizieren, ohne abgehört zu werden? Wie kann sich Bob sicher sein, dass die Nachricht von Alice ist? Wie kann Alice sich sicher sein, dass nur Bob die Nachricht verstehen kann? Wie kann Bob wissen, ob die Nachricht nicht verfälscht wurde?

Wir werden auf alle Modelle noch detaillierter eingehen und Übungsaufgaben erst an den entsprechenden Stellen angeben. In [BB99] findet man mathematische Analysen von Funktionen gängiger Kommunikations-Protokolle.

3.8 Literaturverzeichnis

[BB99] Bossert, M. ; Breitbach, M.: *Digitale Netze.* Stuttgart, Leipzig : Teubner, 1999. – ISBN 3-519-06191-0

4 Quellen und Quellencodierung

Als Quelle wollen wir alles bezeichnen, was Text, Sprache, Musik, Bilder und Filme als diskrete Daten liefert. Dieses Modell für eine Quelle ist gerechtfertigt durch die Tatsache, dass alle Medien in der Regel digitalisiert werden. Deshalb wird häufig ein informationstheoretisches Modell genutzt, bei dem angenommen wird, dass die Quelle diskrete Daten produziert. Zur Beschreibung von Quellen werden Grundlagen der Wahrscheinlichkeitsrechnung als bekannt vorausgesetzt. Im Anhang A findet sich eine Einführung in die Wahrscheinlichkeitsrechnung.

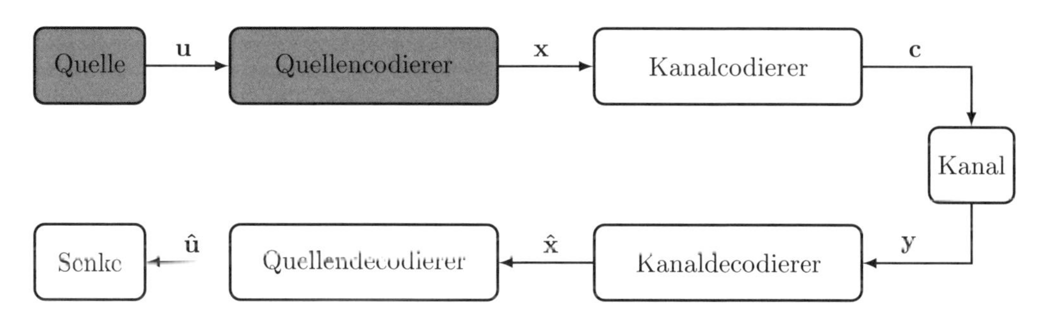

Bild 4.1: *Quelle und Quellencodierung im Modell der Informationstheorie*

4.1 Einführendes Beispiel

Wir wollen zunächst am Beispiel der Schrift – als quellencodierte Sprache – die Probleme und Eigenschaften der Quellencodierung beschreiben, wie in Bild 4.2 dargestellt. Der Mensch hat mit der Schrift eine extrem effiziente Quellencodierung kreiert, die akustische Signale als geschriebenen Text beschreibt. Die Wörter bezeichnen wir als **Codewörter**, die der Codierer liefert. Diese besitzen variable Länge und bestehen aus **Symbolen** aus einem diskreten endlichen **Alphabet**. Die Symbole (Buchstaben) einer Sprache treten mit unterschiedlichen relativen Häufigkeiten auf, wie in Tabelle 2.1 auf Seite 9 dargestellt. Also kann man die Schrift als Ausgang einer Quelle modellieren, die Symbole mit unterschiedlichen Wahrscheinlichkeiten erzeugt. Jedoch kommt in deutschen Texten nach den Buchstaben „sc“ mit sehr großer Wahrscheinlichkeit ein „h“. Offensichtlich sind die Wahrscheinlichkeiten der Buchstaben im Allgemeinen nicht unabhängig von vorangegangenen Buchstaben. Sind Symbole der Quelle abhängig von vorausgehenden Symbolen, so besitzt die Quelle Gedächtnis, was mathematisch mit Hilfe von bedingten Wahrscheinlichkeiten beschrieben wird.

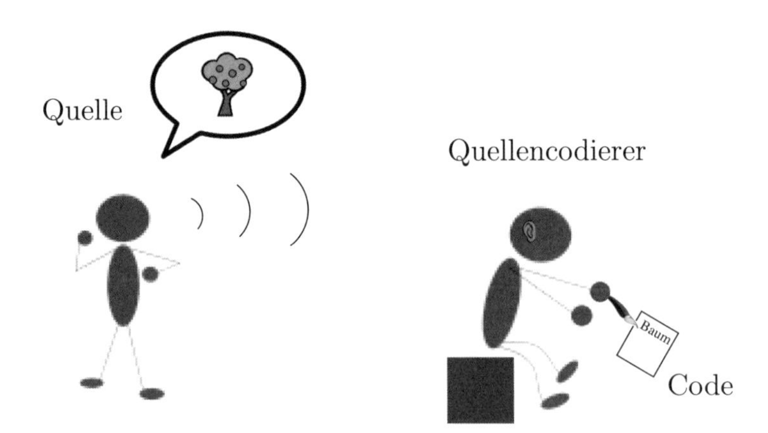

Bild 4.2: *Schrift als Beispiel für Quellencodierung*

Die Quelle in Bild 4.2 liefert ein akustisches Signal, das der Quellencodierer mit Hilfe seiner Ohren empfängt. Dieses Signal wird dann in Codewörter umgesetzt, die etwa auf ein Blatt Papier geschrieben werden können. Zunächst handelt es sich um sogenannte **verlustbehaftete Codierung**, da Information verloren geht (z.B. über die Lautstärke des Sprechers). Der Code enthält jedoch genügend Information, um den Sinn zu verstehen. Es sei angemerkt, dass die Quellencodierung den Inhalt (Semantik) und die Regeln einer Sprache (Grammatik) nicht beachtet. Dies mag zunächst als Einschränkung erscheinen, erweist sich jedoch als Vorteil, da die Regeln der Grammatik nahezu beliebig durch Konvention aufgestellt werden können. Auch die Bedeutung ist weitgehend Konvention zwischen den Menschen eines bestimmten Kulturkreises. So besitzen die Eskimos ca. 20 Wörter für Schnee, um ihn genauer zu spezifizieren, während dies für Menschen aus Hawaii nicht notwendig ist.

Wir werden uns damit beschäftigen müssen, wie gut eine Quellencodierung ist. Offensichtlich enthält die Schrift **Redundanz**, was dadurch ersichtlich ist, dass z.B. das Wort *Bxum* nicht als Codewort existiert. Als Konsequenz ergibt sich, dass man alle Wörter einer Sprache mit viel weniger Buchstaben erneut quellencodieren kann. Wir benötigen ein Maß für die Redundanz, das Semantik und Grammatik ignoriert und führen dazu eine diskrete, gedächtnislose Quelle ein, die zufällig Buchstaben aus einem endlichen Alphabet erzeugt. Trotz dieser extremen Vereinfachung liefert die Informationstheorie die Basis für die grandiosen Erfolge der Digitalisierung von Sprache, Musik und Bildern.

4.2 Quellencodiertheorem

In diesem Abschnitt soll das Quellencodiertheorem hergeleitet werden, welches besagt, wie stark eine Quelle maximal komprimiert werden kann. Wir beschränken uns hier auf gedächtnislose Quellen, da dies genügt, um die Prinzipien der Quellencodierung zu beschreiben. Wir werden zuerst an einem einfachen Beispiel zeigen, dass mögliche Codierer unterschiedliche Effizienz besitzen. Der effizientere Codierer wird eine geringere

Datenrate liefern. Danach wird Shannons Unsicherheit, ein Maß, das auch als Entropie bezeichnet wird, eingeführt. Damit kann das Quellencodiertheorem bewiesen werden, wobei wir uns dabei eng an die Vorgehensweise aus [BB10] halten. Anschliessend betrachteten wir Verfahren, die in praktischen Systemen als Quellencodierer zum Einsatz kommen.

Beispiel 4.1: *Quellencodierung*

Gegeben sei eine gedächtnislose Quelle, die zufällig einen der Buchstaben $\{a, b, c, d\}$ erzeugt. Entsprechend Bild 4.3 treten dabei die Buchstaben mit unterschiedlicher Wahrscheinlichkeit auf, $P(a) = 1/2$, $P(b) = 1/4$ und $P(c) = P(d) = 1/8$.

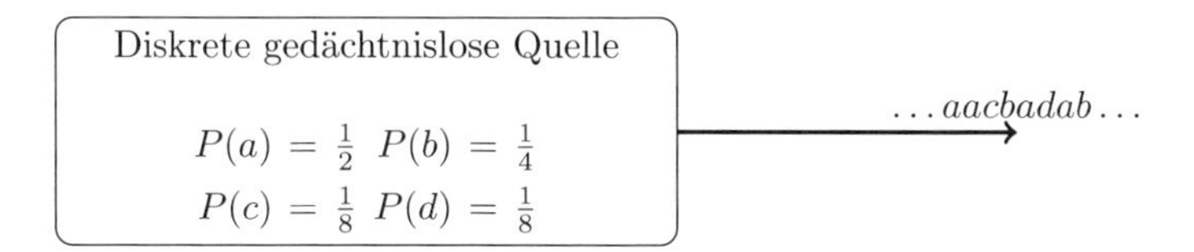

Bild 4.3: *Gedächtnislose Quelle mit Alphabet* $\{a, b, c, d\}$

Eine einfache Möglichkeit der Codierung besteht nun darin, jedem Symbol ein Codewort bestehend aus $\lceil \log_2 4 \rceil = 2$ Bits zuzuordnen. Eine mögliche, eindeutig umkehrbare Zuordnung ist in Bild 4.4 dargestellt.

$a \longrightarrow 00$ $b \longrightarrow 01$ $c \longrightarrow 10$ $d \longrightarrow 11$

Bild 4.4: *Codewörter mit konstanter Länge*

Bei dieser Codierung werden $2n$ Bits benötigt, um eine Zeichenkette der Länge n zu codieren. Effizienter codieren wir, wenn wir den Buchstaben unterschiedlich lange Codewörter zuordnen, wie es in Bild 4.5 gezeigt ist.

$a \longrightarrow 0$ $b \longrightarrow 10$ $c \longrightarrow 110$ $d \longrightarrow 111$

Bild 4.5: *Codewörter mit variabler Länge*

Während für die Codierung mit konstanter Codewortlänge 2 Bits pro Symbol erforderlich sind, konnte hierbei die mittlere Codewortlänge, also der Erwartungswert $E[L]$ für die pro Quellensymbol benötigten Bits, reduziert werden:

$$E[L] = \frac{1}{2} \cdot 1 + \frac{1}{4} \cdot 2 + \frac{1}{8} \cdot 3 + \frac{1}{8} \cdot 3 = 1.75 \; [bit] \; .$$

Mit diesem Code kann ein Text der Länge n im Mittel mit $1.75n$ Bits codiert werden, was bedeutet, dass $0.25n$ Bit weniger benötigt werden als bei Codierung mit konstanter Codewortlänge.

An diesem Beispiel haben wir gesehen, dass unterschiedlich effiziente Codierer existieren, die unterschiedliche Datenraten liefern.

Offensichtlich muss eine Codierung mit variabler Länge umkehrbar eindeutig sein, was im Beispiel erfüllt ist. Eine Codierung ist umkehrbar, wenn der Code präfixfrei ist. Der vordere Teil eines Codeworts wird Präfix genannt.

Definition 4.2 *Präfix.*

Gegeben sei ein Codewort $\boldsymbol{x}_i$ der Länge w_i mit $\boldsymbol{x}_i = \left(x_{i_1}, x_{i_2}, x_{i_3}, \ldots, x_{i_{w_i}}\right)$.

Als Präfixe bezeichnet man alle Vektoren (x_{i_1}), (x_{i_1}, x_{i_2}), $(x_{i_1}, x_{i_2}, x_{i_3}), \ldots,$ $(x_{i_1}, x_{i_2}, x_{i_3}, \ldots, x_{i_{w_i - 1}})$.

Satz 1: *Umkehrbare Codierung.*

Eine Codierung durch Codewörter mit variabler Länge ist umkehrbar eindeutig, wenn der Code präfixfrei ist, d.h. kein Codewort Präfix eines anderen Codewortes ist.

Die Gültigkeit dieses Satzes wird deutlich, wenn man die Codewörter als Endknoten (Blätter) eines sogenannten Codebaumes wählt, wie das folgende Beispiel demonstriert.

Beispiel 4.3: *Codebaum*

In Bild 4.6 ist ein Codebaum für die Codiervorschrift mit variabler Länge aus Beispiel 4.1 dargestellt. Das Codewort für ein Quellensymbol erhält man, indem man die Bitlabels der Zweige von der Wurzel zu dem entsprechenden Endknoten aneinanderhängt.

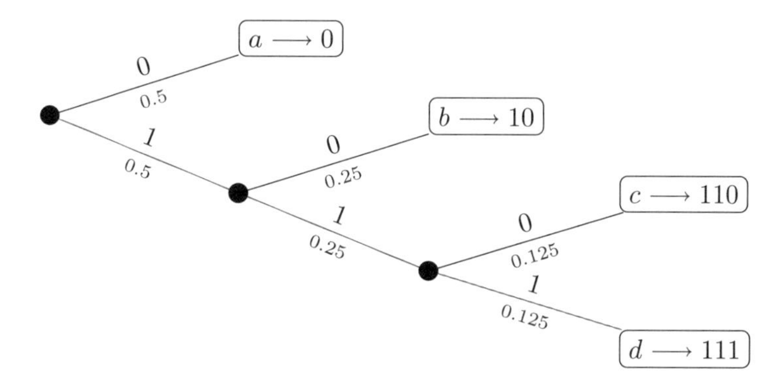

Bild 4.6: *Codebaum*

Man erkennt, dass jedes Codewort einem Endknoten in diesem Codebaum zugeordnet werden kann. Es führt jeweils genau ein Pfad von der Wurzel zu den Endknoten und da auf diesem Pfad kein anderer Knoten einem Codewort entspricht, ist der Code präfixfrei.

Mit einem Codebaum kann auch die Decodierung beschrieben werden. Wenn man eine Bitfolge decodieren will, so beginnt man an der Wurzel und läuft man entsprechend der Bitwerte auf den Zweigen des Codebaums. Wenn man einen Endknoten erreicht, notiert man das entsprechende Symbol und beginnt erneut an der Wurzel des Codebaumes.

Das folgende Beispiel zeigt auch einen nicht-präfixfreien Code und den zugehörigen Codebaum.

Beispiel 4.4: *Präfixfreier und nicht-präfixfreier Code*

Gegeben seien die Codewörter eines präfixfreien und eines nicht-präfixfreien Codes.

Quellensymbol	präfixfrei	nicht-präfixfrei
a	0	1
b	10	0
b	11	11

Die entsprechenden Codebäume sind in Bild 4.7 gezeichnet und man erkennt, dass im rechten Graphen nicht alle Codewörter den Endknoten des Codebaums entsprechen.

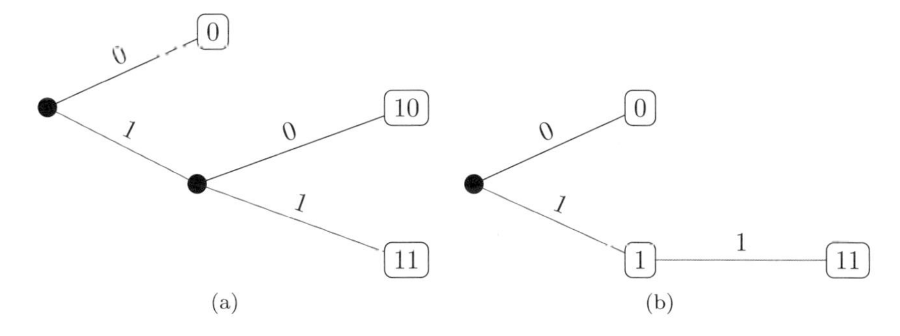

Bild 4.7: *Präfixfreie und nicht präfixfreie Codierung*

Damit ist die Codierung variabler Länge umkehrbar eindeutig, wenn die Codewörter nur Endknoten (Blätter) im Codebaum entsprechen. Mittels der sogenannten Kraft-Ungleichung lässt sich die Existenz von präfixfreien Codes überprüfen.

Satz 2: *Kraft-Ungleichung.*

Ein D-närer präfixfreier Code mit den Codewortlängen $(w_1, w_2, \ldots, w_L)$ existiert genau dann, wenn gilt:

$$\sum_{i=1}^{L} D^{-w_i} \leq 1.$$

Beweis: Mit w_m bezeichnen wir das Maximum aller Codewortlängen, d.h.

$$w_m = \max\{w_1, w_2, \dots, w_L\}.$$

Einen D-nären Codebaum, bei dem alle Codewörter gleiche Länge besitzen, nennt man einen vollständigen Codebaum. Als Tiefe t eines Knotens bezeichnet man die Zahl der Zweige vom Wurzelknoten bis zum Knoten. Damit besitzt ein vollständiger Codebaum der Tiefe t genau D^t Endknoten.

Die Kraft-Ungleichung kann bewiesen werden, wenn der Codebaum aus einem vollständigen Baum mit D^{w_m} Endknoten erstellt wird. Dazu wird für jedes Quellensymbol u_i ein Knoten der Tiefe w_i als Endknoten gewählt. Dies bedeutet, dass $D^{w_m - w_i}$ Endknoten gestrichen werden. Da die Anzahl an gestrichenen Endknoten kleiner der ursprünglichen Anzahl an Endknoten sein muss, gilt:

$$\sum_{i=1}^{L} D^{w_m - w_i} \leq D^{w_m} \quad \Longleftrightarrow \quad \sum_{i=1}^{L} D^{-w_i} \leq 1.$$

Andererseits, wenn die Ungleichung nicht erfüllt ist, existieren nicht genügend Endknoten (Blätter) für die Codewörter, und damit muss mindestens eines Präfix eines anderen sein. Damit haben wir die Kraft-Ungleichung bewiesen.

□

Das Quellencodiertheorem gibt an, wie viele Bits man mindestens benötigt, um die Symbole einer bestimmten Quelle zu codieren. Es ist eines der herausragenden Ergebnisse von Claude Shannon [Sha48]. Dazu führen wir im folgenden Abschnitt zunächst die Unsicherheit ein, die auch oft als Entropie bezeichnet wird.

4.2.1 Shannonsche Unsicherheit, Entropie

Wir wollen die Unsicherheit zunächst an einem Beispiel motivieren: Stellen wir uns vor, wir spielen auf einer Party mit 33 Personen das folgende Spiel, das in [Ren82] als Bar-Kochba-Spiel bezeichnet wird. Eine Person, der Rater, verlässt den Raum, und die anderen 32 Personen einigen sich auf eine bestimmte Person, den Erwählten. Der Rater soll nun den Erwählten mit möglichst wenigen Fragen finden. Wie viele Fragen, auf die nur mit ja oder nein geantwortet werden darf, muss der Rater mindestens stellen, um den Erwählten sicher zu finden? Mit der Wahrscheinlichkeit $1/32$ ist eine zufällig gewählte Person der Erwählte. Wenn der Rater eine Person nach der anderen zufällig auswählt, so kann es vorkommen, dass er bis zu 31 Fragen benötigt. Mit folgender Methode benötigt der Rater jedoch genau 5 Fragen.

Er teilt die Personen in zwei gleich große Gruppen ein und stellt einer Gruppe die Frage: Ist der Erwählte in dieser Gruppe? Lautet die Antwort ja, wird diese Gruppe, andernfalls die andere Gruppe in zwei weitere gleich große Gruppen aufgeteilt. Die Aufteilung in Gruppen wird solange wiederholt bis nur noch eine Person in der entsprechenden Gruppe ist. In unserem Beispiel mit 32 Erwählbaren trifft dies nach genau 5 Fragen zu. Im Allgemeinen beträgt die Anzahl an notwendigen Fragen bei L Personen

$$H(L) = \log_2(L).$$

Da $H(L)$ nicht notwendigerweise eine natürliche Zahl liefert, ist dieser Wert als Erwartungswert zu interpretieren. Dies kann man wie folgt sehen:

Betrachten wir nun eine Folge von n Spielen, mit jeweils L Personen pro Spiel. Dann müssen wir einen Vektor mit n Erwählten erraten. Dieser Vektor ist ein Vektor aus L^n möglichen Vektoren, da es für jede Komponente L Möglichkeiten gibt. Man muss also einen Vektor unter L^n möglichen finden, entsprechend unserer Formel benötigen wir hierfür $\lceil \log_2(L^n) \rceil$ Fragen, um den Vektor sicher zu erraten. Somit kann die Zahl der mindestens benötigten Fragen F abgeschätzt werden durch:

$$\log_2(L^n) \leq F < \log_2(L^n) + 1 = n \log_2(L) + 1.$$

Denn für $\lceil \log_2(L^n) \rceil$ gilt stets:

$$\lceil \log_2(L^n) \rceil < \log_2(L^n) + 1.$$

Da allen n Spielen die gleiche Menge an L Personen zugrunde liegt, können wir die mittlere Zahl der Fragen für ein Spiel durch Division durch n erhalten, d.h.

$$\log_2(L) \leq \frac{F}{n} < \log_2(L) + \frac{1}{n}.$$

Da $1/n$ für $n \to \infty$ gegen Null konvergiert, geht die mittlere Anzahl an Fragen F für ein Spiel gegen den Wert $\log_2(L) = H(L)$. Der Wert $H(L)$ stellt den Erwartungswert dar, an den wir uns bei beliebig häufigem Spielen annähern.

Man kann zwei mögliche Herleitungen für Shannons Unsicherheit angeben. Die erste startet mit $H(L)$, das Hartley im Jahre 1933 als Unsicherheit definiert hat. Die Gleichung der Unsicherheit kann umgeformt werden zu

$$H(L) = \log_2(L) = \underbrace{\left(\sum_{i=1}^{L} \frac{1}{L} \right)}_{=1} \log_2(L) = -\sum_{i=1}^{L} \frac{1}{L} \log_2 \left(\frac{1}{L} \right),$$

wobei wir benutzt haben, dass $\log x = -\log 1/x$ gilt. Bei Betrachtung dieser Gleichung fällt auf, dass $1/L$ genau die Wahrscheinlichkeit eines Ereignisses darstellt, wenn alle L Ereignisse gleichwahrscheinlich sind. Sind die Ereignisse jedoch nicht gleichwahrscheinlich, so müssen wir $1/L$ durch die entsprechende Wahrscheinlichkeit ersetzen, um genau bei Shannons Definition der Unsicherheit, die auch häufig Entropie genannt wird, zu landen. Der Begriff Unsicherheit beschreibt bei unserem Ratespiel, wie viele Fragen man mindestens stellen muss, um sicher den Erwählten zu finden. Je mehr Personen am Spiel teilnehmen, desto größer ist die Unsicherheit. Wenn wir das Spiel so modifizieren, dass bestimmte Personen häufiger gewählt werden, so gilt nicht mehr die Gleichwahrscheinlichkeit und die Unsicherheit wird kleiner, was auch in Definition 4.5 deutlich wird.

Die zweite Herleitung geht davon aus, dass man Zufallsvariablen eingeführt hat und man den Werten der Zufallsvariablen beliebige Zahlenwerte zuweisen kann. Somit können unterschiedliche Zufallsvariablen mit identischer Wahrscheinlichkeitsdichte unterschiedliche Erwartungswerte besitzen. Betrachten wir eine Zufallsvariable X, welche die Werte

$x_1, x_2, \ldots, x_L$ annehmen kann und sei p_i die Wahrscheinlichkeit, dass $X = x_i$ ist. Besitzt die Zufallsvariable U eine identische Wahrscheinlichkeitsdichte wie X aber unterschiedliche Werte $u_i \neq x_i$, so sind die Erwartungswerte verschieden $E[U] \neq E[X]$. Wir können jedoch die Werte einer neuen Zufallsvariable V definieren, die für alle Fälle mit gleicher Wahrscheinlichkeitsdichte identisch sind, nämlich durch $v_i = -\log_2 P(u_i) = -\log_2 p_i$. Bildet man mit diesen neuen Werten den Erwartungswert, so gelangt man direkt zu Shannons Unsicherheit. Man hat gewissermaßen die Werte der Zufallsvariablen V „normiert", da der Erwartungswert nur von den Wahrscheinlichkeiten p_i abhängt und dieser „normierte" Erwartungswert ist die Unsicherheit $H(X) = E[V]$.

Definition 4.5 *Shannons Unsicherheit, Entropie.*

Gegeben sei eine gedächtnislose Quelle mit dem Symbolalphabet $U = \{u_1, \ldots, u_L\}$ und den Auftrittswahrscheinlichkeiten $P(u_i) = p_i,\ i = 1, \ldots, L$ mit $\sum_{i=1}^{L} p_i = 1$. Dann ist die Unsicherheit $H(U)$ definiert durch

$$H(U) = -\sum_{i=1}^{L} p_i \cdot \log_2(p_i).$$

Wir wollen diese Definition an einem Beispiel vertiefen, in dem wir die Unsicherheit von gleichwahrscheinlichen Bits mit der von nicht-gleichwahrscheinlichen vergleichen.

Beispiel 4.6: *Gleichwahrscheinliche und nicht-gleichwahrscheinliche Bits*

Wir ziehen zufällig Bits aus Urne a in Bild 4.8 mit Zurücklegen. Da gleich viele Bits 0 und 1 vorhanden sind, gilt $P(0) = P(1) = \frac{1}{2}$. Die Unsicherheit hierbei errechnet sich zu:

a)	b)
0 0 1 1	0 0 0 1

Bild 4.8: *Beispiel zur binären Unsicherheit (Entropie)*

$$\begin{aligned} H_a(X) &= -P(0)\log_2 P(0) - P(1)\log_2 P(1) \\ &= \frac{1}{2} + \frac{1}{2} = 1 \text{ bit.} \end{aligned}$$

Die Unsicherheit eines Bits ist damit 1 bit, was der größtmögliche Wert ist.

Beim Ziehen aus Urne b sind die Wahrscheinlichkeiten unterschiedlich, nämlich $P(0) = \frac{3}{4}$ und $P(1) = \frac{1}{4}$. Intuitiv ist klar, dass die Unsicherheit kleiner ist, als

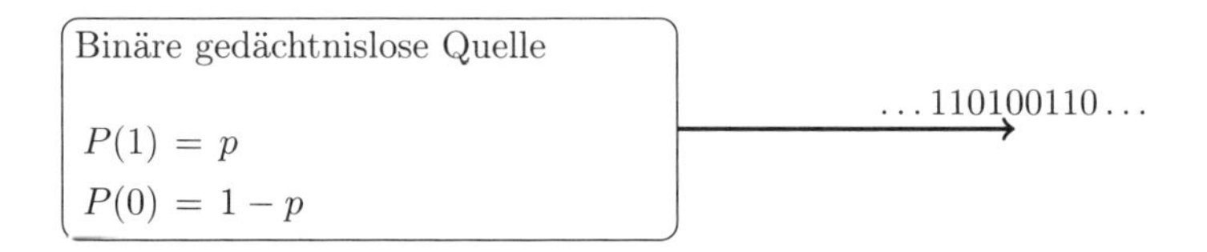

Bild 4.9: *Binäre gedächtnislose Quelle*

bei Urne a, da wir dreimal häufiger eine 0 erwarten als eine 1. In der Tat ergibt sich die Unsicherheit zu

$$\begin{aligned} H_b(X) &= -P(0)\log_2 P(0) - P(1)\log_2 P(1) \\ &= -\frac{3}{4}\log_2\left(\frac{3}{4}\right) - \frac{1}{4}\log_2\left(\frac{1}{4}\right) = 0.811 \text{ bit}. \end{aligned}$$

Eine zentrale Rolle in der Quellencodierung spielt die binäre gedächtnislose Quelle, die in Bild 4.9 dargestellt ist. Im binären Fall kann die Wahrscheinlichkeit der zwei komplementären Ereignisse 0 und 1 durch eine Wahrscheinlichkeit p ausgedrückt werden.

Definition 4.7 *Binäre Unsicherheit, binäre Entropie.*

Gegeben sei die binäre Zufallsvariable X aus dem Alphabet $U = \{0, 1\}$ mit $P(0) = 1 - p$, $P(1) = p$. Die binäre Unsicherheit errechnet sich zu

$$H(X) = -p\log_2(p) - (1-p)\log_2(1-p) = h(p). \tag{4.1}$$

Wegen der großen Bedeutung der binären Unsicherheit wird sie mit $h(p)$ bezeichnet. In Bild 4.10 ist $h(p)$ in Abhängigkeit von p dargestellt. Man erkennt, dass $\lim_{p\to 0+} h(p) = 0$ ist.

Die binäre Unsicherheit $h(p)$ aus Bild 4.10 ist symmetrisch, was aus Gleichung 4.1 ersichtlich ist, da man die Rollen von p und $1-p$ vertauschen kann. Die Unsicherheit ist 0 für $p = 0$ und $p = 1$, denn dann variiert die Ausgabe der Quelle nicht. Das Maximum ergibt sich für gleichwahrscheinliche Symbole, d.h. $p = 1-p = 1/2$, was durch Ableitung von $h(p)$ bewiesen werden kann.

Auch für ein Alphabet mit mehr als zwei Symbolen gilt, dass das Maximum der Unsicherheit immer bei gleichwahrscheinlichen Ereignissen erreicht wird. Das wollen wir im Folgenden beweisen. Wir benötigen dazu ein Ergebnis, das als IT-Ungleichung bekannt ist.

Satz 3: *IT-Ungleichung.*

Für $r \in \mathbb{R}$, $r > 0$ und $b \in \mathbb{N}$ gilt:

$$\log_b(r) \leq (r-1)\log_b(e).$$

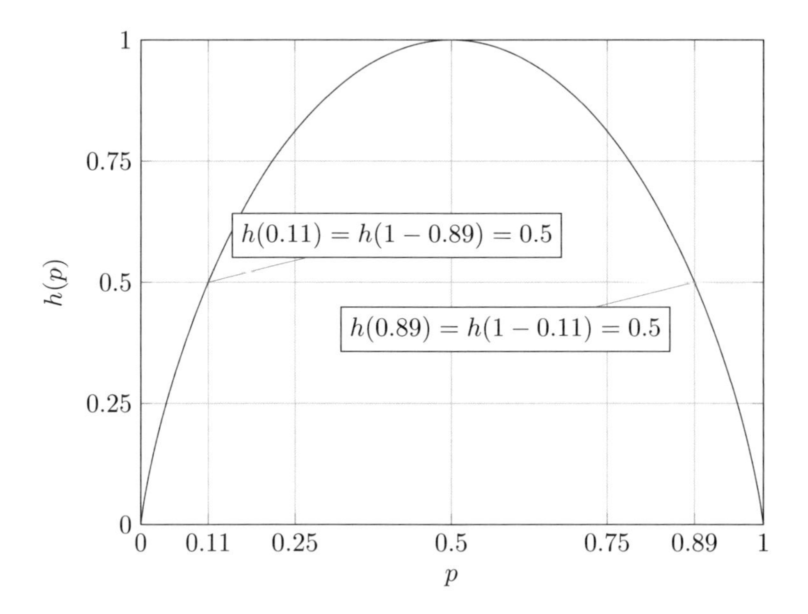

Bild 4.10: *Schaubild der Unsicherheit einer binären Quelle*

Gleichheit gilt nur für $r = 1$.

Beweis: Aus den Logarithmengesetzen ist bekannt, dass gilt:

$$\log_b(r) = \frac{\log_a(r)}{\log_a(b)}.$$

Mit diesem Ergebnis können wir unsere Ungleichung umschreiben

$$\frac{\log_b(r)}{\log_b(e)} \leq (r-1) \quad \Longleftrightarrow \quad \ln(r) \leq (r-1),$$

wobei die gebräuchliche Schreibweise $\ln(r) = \log_e(r)$ verwendet wurde. Für $r = 1$ erhalten wir Gleichheit, denn $1 - 1 = \ln(1)$. Dies werden wir zum Beweis ausnutzen, indem wir die Steigung von $\ln(r)$ für $r \neq 1$ bestimmen zu:

$$\frac{d\ln(r)}{dr} = \frac{1}{r} \begin{cases} < 1, \ r > 1 \\ > 1, \ r < 1. \end{cases}$$

Die Gerade $r - 1$ besitzt überall die Steigung 1. Für $r > 1$ ist die Steigung von $\ln(r)$ stets kleiner 1 und für $r < 1$ stets größer 1. Damit besitzt $\ln(r)$ mit der Geraden $r - 1$ keine weiteren Schnittpunkte, wie auch in Bild 4.11 gezeigt ist.

□

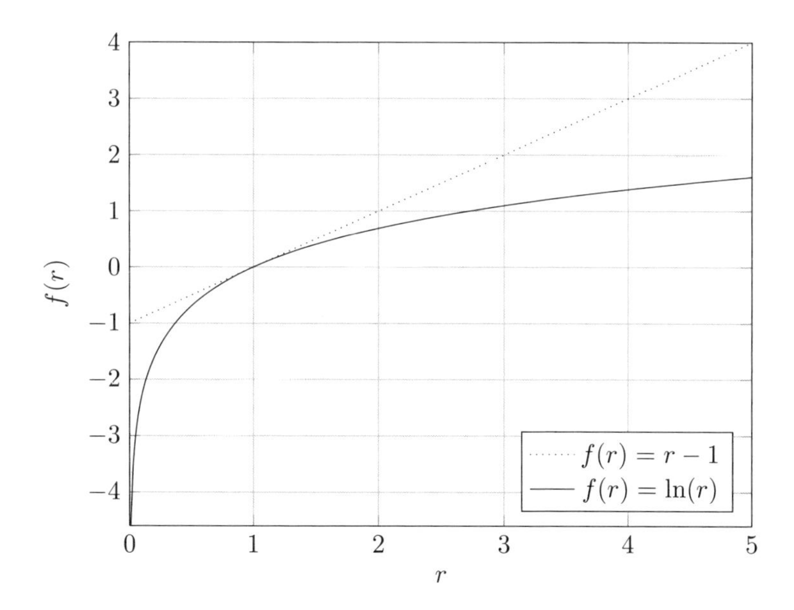

Bild 4.11: *Gerade* $r - 1$ *und* $\ln(r)$

Wir wollen nun den Wertebereich der Unsicherheit von oben und unten einschränken. Es wird sich zeigen, dass der maximale Wert, die obere Schranke, bei Gleichwahrscheinlichkeit erreicht wird.

Satz 4: *Schranken der Unsicherheit.*

Ist X eine Zufallsvariable mit dem Alphabet $U = \{u_1, u_2, \ldots, u_L\}$ und den Auftrittswahrscheinlichkeiten $P(u_i) = p_i$, $i = 1, 2, \ldots, L$ mit $\sum_{i=1}^{L} p_i = 1$, so gilt für die Unsicherheit $H(X)$

$$0 \leq H(X) = -\sum_{i=1}^{L} p_i \cdot \log_2(p_i) \leq \log_2(L).$$

Beweis: Um die linke Seite der Ungleichung zu zeigen, betrachten wir einen beliebigen Summanden von $H(X)$. Für diesen Summanden gilt:

$$-p_i \cdot \log_2(p_i) = p_i \cdot \log_2\left(\frac{1}{p_i}\right) = \begin{cases} > 0, & 0 < p_i < 1 \\ 0, & p_i = 1, p_i = 0, \end{cases}$$

da für $0 < p_i < 1$ das Argument des Logarithmus $\frac{1}{p_i}$ immer echt größer als 1 und damit der Logarithmus positiv ist. Damit ergibt sich die linke Ungleichung, da durch Summation von Werten ≥ 0 die Summe nicht < 0 werden kann.

Zum Beweis der rechten Ungleichung zeigen wir, dass die Differenz $H(X) - \log_2(L)$ immer kleiner gleich 0 ist.

$$\begin{aligned}
H(X) - \log_2(L) &= -\sum_{i=1}^{L} p_i \cdot \log_2(p_i) - \log_2(L) \\
&= -\sum_{i=1}^{L} p_i \cdot \log_2(p_i) - \underbrace{\sum_{i=1}^{L} p_i}_{=1} \log_2(L) \\
&= -\sum_{i=1}^{L} p_i \cdot (\log_2(p_i) + \log_2(L)) \\
&= -\sum_{i=1}^{L} p_i \cdot \log_2(L \cdot p_i).
\end{aligned}$$

Mit der IT-Ungleichung aus Satz 3 können wir, indem wir für $r = 1/(L \cdot p_i)$ einsetzen, den letzten Ausdruck abschätzen zu:

$$\sum_{i=1}^{L} p_i \cdot \log_2\left(\frac{1}{L \cdot p_i}\right) \leq \sum_{i=1}^{L} p_i \cdot \left[\frac{1}{L \cdot p_i} - 1\right] \cdot \log_2(e).$$

Dies wollen wir benutzen, um die Differenz abzuschätzen:

$$\begin{aligned}
H(X) - \log_2(L) &= \sum_{i=1}^{L} p_i \cdot \log_2\left(\frac{1}{L \cdot p_i}\right) \\
&\leq \sum_{i=1}^{L} p_i \cdot \left[\frac{1}{L \cdot p_i} - 1\right] \cdot \log_2(e) \\
&= \left(\sum_{i=1}^{L} \frac{1}{L} - \sum_{i=1}^{L} p_i\right) \log_2(e) \\
&= (1-1) \log_2(e) = 0.
\end{aligned}$$

Damit haben wir gezeigt, dass die Differenz $H(X) - \log_2(L) \leq 0$ ist, und deshalb gilt $H(X) \leq \log_2(L)$.

□

Anmerkung: Es sei nochmals daran erinnert, dass das Gleichheitszeichen nur für den Fall gilt, dass alle L Ereignisse gleichwahrscheinlich sind, d.h. $p_i = 1/L$. Denn dann gilt:

$$H(X) = \sum_{i=1}^{L} p_i \log_2\left(\frac{1}{p_i}\right) = \sum_{i=1}^{L} \frac{1}{L} \log_2\left(\frac{1}{1/L}\right) = \log_2(L) \underbrace{\sum_{i=1}^{L} \frac{1}{L}}_{=1} = \log_2(L).$$

Da wir später mehrere Quellensymbole zu einem Vektor zusammenfassen werden, wollen wir untersuchen, was mit der Unsicherheit passiert, wenn man einen Vektor $\mathbf{Z}$ aus zwei statistisch unabhängigen Zufallsvariablen X und Y bildet, d.h. $\mathbf{Z} = (X, Y)$.

Satz 5: *Unsicherheit von Vektoren.*

Seien X und Y statistisch unabhängige Zufallsvariablen mit den Alphabeten $U = \{u_1, u_2, \ldots, u_L\}$ und $V = \{v_1, v_2, \ldots, v_M\}$ und den Auftrittswahrscheinlichkeiten $P(u_i)$ und $P(v_j)$. Dann errechnet sich die Unsicherheit des Vektors $\mathbf{Z} = (X, Y)$ zu

$$H(\mathbf{Z}) = H(X) + H(Y).$$

Beweis: Wir schreiben die Definition der Unsicherheit an und führen schrittweise Umformungen durch. In jeder neuen Gleichung ist nur eine solche Umformung durchgeführt.

$$\begin{aligned}
H(\mathbf{Z}) &= -\sum_{i=1}^{L}\sum_{j=1}^{M} P(u_i)P(v_j)\cdot\log_2\left(P(u_i)P(v_j)\right)\\
&= -\sum_{i=1}^{L}\sum_{j=1}^{M} P(u_i)P(v_j)\cdot\left(\log_2(P(u_i))+\log_2(P(v_j))\right)\\
&= -\sum_{i=1}^{L}\sum_{j=1}^{M} P(u_i)P(v_j)\log_2 P(u_i) - \sum_{i=1}^{L}\sum_{j=1}^{M} P(u_i)P(v_j)\log_2 P(v_j)\\
&= -\underbrace{\sum_{j=1}^{M} P(v_j)}_{=1}\sum_{i=1}^{L} P(u_i)\log_2 P(u_i) - \underbrace{\sum_{i=1}^{L} P(u_i)}_{=1}\sum_{j=1}^{M} P(v_j)\log_2 P(v_j)\\
&= H(X)+H(Y).
\end{aligned}$$

□

Aus diesem Satz folgt, dass ein Vektor $\mathbf{X}$ aus n statistisch unabhängigen, identisch verteilten Zufallsvariablen X, also $\mathbf{X} = (X_1 = X, X_2 = X, \ldots, X_n = X)$, die Unsicherheit $H(\mathbf{X}) = nH(X)$ besitzt.

4.2.2 Shannons Quellencodiertheorem

Das Quellencodiertheorem, eines von Claude Shannons Hauptergebnissen aus dem Jahre 1948, ist ein bahnbrechendes Ergebnis, das selbst über ein halbes Jahrhundert nach seiner Entdeckung noch fasziniert. Claude Shannons Arbeit ist umso beeindruckender, wenn man sich vor Augen führt, dass es damals weder digitale Medien noch Computer gab. Das Theorem bestimmt die minimale Anzahl an Bits, die zur verlustlosen Codierung einer gedächtnislosen Quelle benötigt werden. Dabei bedeutet verlustlos, dass die Quellensymbole wieder eineindeutig aus den Codewörtern rekonstruiert werden können. Die Aussage des Quellencodiertheorem ist jedoch auch, dass man nicht weniger Bits nehmen kann, sonst kann man die Quelle nicht verlustlos rekonstruieren. Man hat dadurch eine Schranke, mit der man Codierverfahren bewerten kann. Wir werden später Codierverfahren kennenlernen, die nahezu optimal sind, d.h. das vom Quellencodiertheorem bestimmte Minimum nahezu erreichen.

Satz 6: *Shannons Quellencodiertheorem.*

Gegeben sei eine gedächtnislose Quelle, beschrieben durch die Zufallsvariable X mit dem Alphabet $U = \{u_1, u_2, \ldots, u_L\}$ und den Auftrittswahrscheinlichkeiten $P(u_i) = p_i$, $i = 1, 2, \ldots, L$ mit $\sum_{i=1}^{L} p_i = 1$ und der Unsicherheit $H(X)$. Die Quelle liefert eine Sequenz $\mathbf{X} = (X_1, X_2, \ldots, X_n)$ mit statistisch unabhängigen $X_j = X$. Für $n \to \infty$ kann man die Quelle im Mittel mit $H(X)$ Bits pro Symbol verlustlos codieren. Man benötigt also für die Sequenz der Länge n näherungsweise $H(\mathbf{X}) = n \cdot H(X)$ Bits.

Beweis: Wir wollen zu Beginn den Gedankengang angeben, den Claude Shannon für seinen Beweis gewählt hat. Zunächst hat er typische Sequenzen definiert, die eine gedächtnislose Quelle liefert. Typisch bedeutet hier, dass die relative Häufigkeit eines Symbols in einer sehr langen Sequenz gegen die Symbolwahrscheinlichkeit der Quelle geht. Dies ist gleichbedeutend damit, dass die Wahrscheinlichkeit für das Auftreten atypischer Sequenzen gegen 0 geht. Daher braucht man atypische Sequenzen nicht zu codieren und benötigt nur so viele Codewörter, wie es typische Sequenzen gibt. Wir müssen also die Anzahl an typischen Sequenzen bestimmen. Nummerieren wir dann die typischen Sequenzen mit Dualzahlen fester Länge, so ist die Länge der Dualzahlen die Anzahl an Bits, die wir benötigen, um alle typischen Sequenzen zu codieren. Da die atypischen Sequenzen für $n \to \infty$ mit Wahrscheinlichkeit 0 auftreten, liegt eine verlustlose Codierung der Quelle vor.

Wir wollen als erstes die typischen Sequenzen definieren. Die Definition der typischen Sequenzen resultiert aus dem sogenannten schwachen Gesetz der großen Zahlen, einem fundamentalen Satz der Wahrscheinlichkeitsrechnung, den wir separat beweisen werden.

Da die Symbole der Quelle statistisch unabhängig sind, ist die Wahrscheinlichkeit, mit der ein bestimmter Vektor $\boldsymbol{x} \in \mathbf{X}$ auftritt, das Produkt der Wahrscheinlichkeiten der einzelnen Symbole, d.h.

$$P(\boldsymbol{x}) = \prod_{j=1}^{n} P(x_j), \quad x_j \in \{u_1, u_2, \ldots, u_L\}. \tag{4.2}$$

Definieren wir n_i als die Anzahl, mit der das Symbol u_i in der Sequenz $\boldsymbol{x}$ vorkommt, dann gilt:

$$\sum_{i=1}^{L} n_i = n.$$

Das Verhältnis n_i/n wird relative Häufigkeit genannt. Wir können die Wahrscheinlichkeit $P(\boldsymbol{x})$ aus Gleichung 4.2 auch schreiben als:

$$P(\boldsymbol{x}) = \prod_{j=1}^{n} P(x_j) = \prod_{i=1}^{L} (P(u_i))^{n_i} = \prod_{i=1}^{L} (p_i)^{n_i}. \tag{4.3}$$

Im Folgenden werden wir die Kurzschreibweise p_i statt $P(u_i)$ verwenden. Eine Sequenz $\boldsymbol{x} = (x_1, x_2, \ldots, x_n)$ ist eine sogenannte ε-typische Sequenz[1], mit $\varepsilon > 0$, wenn gilt:

$$p_i - \varepsilon \leq (1-\varepsilon)p_i \leq \frac{n_i}{n} \leq (1+\varepsilon)p_i \leq p_i + \varepsilon, \quad i = 1, 2, \ldots, L. \tag{4.4}$$

Die Ungleichungen $p_i - \varepsilon \leq p_i - \varepsilon p_i$ und $p_i + \varepsilon p_i \leq p_i + \varepsilon$ gelten, da $p_i \leq 1$ ist. Die relative Häufigkeit n_i/n jedes Quellensymbols darf bei einer ε-typischen Sequenz also um weniger als εp_i von der Wahrscheinlichkeit p_i des Quellensymbols abweichen. Aus der rechten Seite der Ungleichung 4.4 erhalten wir durch Multiplikation mit n die Ungleichung $n_i \leq n(1-\varepsilon)p_i$. Diese setzen wir in Gleichung 4.3 ein und erhalten

$$P(\boldsymbol{x}) = \prod_{i=1}^{L} (p_i)^{n_i} \geq \prod_{i=1}^{L} (p_i)^{n \cdot (1+\varepsilon)p_i}. \tag{4.5}$$

[1] Es sind andere Definitionen möglich, die ebenfalls zum gleichen Ergebnis führen.

Denn für eine Zahl $p_i < 1$ und $1 < \ell < \ell'$ gilt: $p_i^{\ell'} > p_i^{\ell}$. Wir nutzen

$$p_i = 2^{\log_2(p_i)}$$

in der Ungleichung 4.5 und erhalten

$$P(\boldsymbol{x}) \geq \prod_{i=1}^{L} 2^{n \cdot (1+\varepsilon) p_i \log_2(p_i)}.$$

Man erkennt bereits einen Summanden $p_i \log_2(p_i)$ aus der Definition der Unsicherheit der Quelle $H(X)$ im Exponenten. Durch Ausnutzung der Tatsache, dass gilt

$$\prod_i 2^{a_i} = 2^{\sum_i a_i},$$

folgt

$$P(\boldsymbol{x}) \geq 2^{n \cdot (1+\varepsilon) \sum_{i=1}^{L} p_i \log_2(p_i)} = 2^{-n \cdot (1+\varepsilon) H(X)}.$$

Die gleichen Schritte können wir mit der linken Seite der Ungleichung 4.4 durchführen und erhalten dann die Eigenschaft ε-typischer Sequenzen

$$2^{-n \cdot (1+\varepsilon) H(X)} \leq P(\boldsymbol{x}) \leq 2^{-n \cdot (1-\varepsilon) H(X)}. \tag{4.6}$$

Für $n \to \infty$ kann entsprechend dem schwachen Gesetz der großen Zahlen (Satz 7) $\varepsilon \to 0$ gewählt werden.

Jetzt werden wir die Anzahl M der ε-typischen Sequenzen bestimmen. Dazu summieren wir die Wahrscheinlichkeiten $P(\boldsymbol{x})$ in der linken Ungleichung 4.6 über alle M auf, was 1 ergibt, da gemäß Satz 7 die atypischen Sequenzen mit Wahrscheinlichkeit 0 für $n \to \infty$ vorkommen. Die Wahrscheinlichkeit ist für alle ε-typischen Sequenzen $\boldsymbol{x}$ gleich $P(\boldsymbol{x}) = 2^{-nH(X)}$ für $\varepsilon \to 0$. Damit können wir schreiben

$$1 = \sum_{i=1}^{M} P(\boldsymbol{x}) = M \cdot 2^{-n \cdot H(X)}.$$

Lösen wir dies nach M auf, so erhalten wir

$$M = 2^{n \cdot H(U)}.$$

Damit benötigen wir $n \cdot H(X)$ Bits, um die ε-typischen Sequenzen zu nummerieren. Die binäre Nummer bestimmt eindeutig die zugehörige Sequenz und wir haben eine verlustlose Codierung mit $H(X)$ Bits pro Quellesymbol erreicht. Andere als ε-typische Sequenzen treten mit der Wahrscheinlichkeit 0 auf und brauchen damit nicht nummeriert werden.

Andererseits können wir nicht weniger als $n \cdot H(X)$ Bits verwenden, da wir sonst einige ε-typische Sequenzen nicht nummerieren können und daher keine verlustlose Codierung erreicht hätten. □

Wir haben im Beweis das schwache Gesetz der großen Zahlen verwendet, das im folgenden Satz beschrieben wird. Vergleiche hierzu Abschnitt 8.3.1 auf Seite 198, in dem die Tschebycheff-Ungleichung bei der normierten Binomialverteilung verwendet wird, um eine Abschätzung der relativen Häufigkeit durchzuführen. Im Prinzip würde eine der beiden Abschätzungen genügen, jedoch wurden bewusst beide Herleitungen angegeben, da beide auf interessanten Konzepten basieren.

Satz 7: *Schwaches Gesetz der großen Zahlen.*

Gegeben sei eine Zufallsvariable X über dem Alphabet $U = \{u_1, \ldots, u_L\}$ und $P(u_i) = p_i$. Es werden n statistisch unabhängige Zufallsexperimente mit dieser Zufallsvariablen durchgeführt und die relative Häufigkeit n_i/n eines Ereignisses u_i wird berechnet. Für diese gilt mit $\varepsilon > 0$:

$$\lim_{n\to\infty} P\left(\left|\frac{n_i}{n} - p_i\right| \le \varepsilon\right) = 1 \quad \Longleftrightarrow \quad \lim_{n\to\infty} P\left(\left|\frac{n_i}{n} - p_i\right| > \varepsilon\right) = 0.$$

Die Aussage des Satzes wurde in der Definition für ε-typische Sequenzen von Gleichung 4.4 benutzt und soll nun hergeleitet werden.

Beweis[1]**:** Dazu benötigen wir zunächst die Tschebycheff-Ungleichung, die für eine Zufallsvariable X wie folgt lautet:

$$P\left(|X - E[X]| \ge \varepsilon\right) \le \frac{E\left[(X - E[X])^2\right]}{\varepsilon^2}, \tag{4.7}$$

wobei $E[X]$ der Erwartungswert und $E[(X - E[X])^2]$ die Varianz der Zufallsvariablen X sind. Die Zufallsvariable kann die Ereignisse $\{v_1, v_2, \ldots, v_L\}$ mit den Wahrscheinlichkeiten $\{q_1, q_2, \ldots, q_L\}$ annehmen. Zur besseren Lesbarkeit verwenden wir die Abkürzung $E[X] = \overline{X}$. Die Tschebycheff-Ungleichung besagt, dass die Wahrscheinlichkeit für eine betragsmäßige Abweichung einer Zufallsvariablen von deren Erwartungswert beschränkt ist. Um die Ungleichung zu verifizieren, führen wir die Wahrscheinlichkeiten der beiden komplementären Ereignisse ein

$$P(\left|X - \overline{X}\right| \ge \varepsilon) + P(\left|X - \overline{X}\right| < \varepsilon) = 1. \tag{4.8}$$

Wir schreiben nun die Varianz als Summe der bedingten Erwartungswerte und zwar unter der Bedingung, dass $\left|X - \overline{X}\right| \ge \varepsilon$ ist und unter der Bedingung, dass $|X - \overline{X}| < \varepsilon$ ist. Ein bedingter Erwartungswert ist definiert durch:

$$E[(X - \overline{X})^2 | \; \left|X - \overline{X}\right| \ge \varepsilon] = \sum_{i=1}^{L} a_i \cdot q_i \cdot \left(v_i - \overline{X}\right)^2,$$

wobei durch die Indikatorfunktion a_i die nicht interessierenden Werte ausgeblendet werden mit

$$a_i = \begin{cases} 0, & \left|X - \overline{X}\right| < \varepsilon \\ 1, & \left|X - \overline{X}\right| \ge \varepsilon. \end{cases}$$

[1] Der Beweis folgt dem Gedankengang aus der Vorlesung zur Informationstheorie [Mas98] von Jim Massey an der ETH in Zürich.

Die bedingten Erwartungswerte müssen wir mit ihren entsprechenden Wahrscheinlichkeiten multiplizieren und aufsummieren und erhalten damit:

$$\begin{aligned}E[(X-\overline{X})^2] &= E[(X-\overline{X})^2 \mid |X-\overline{X}| \geq \varepsilon]\cdot P(|X-\overline{X}| \geq \varepsilon)\\ &+ E[(X-\overline{X})^2 \mid |X-\overline{X}| < \varepsilon]\cdot P(|X-\overline{X}| < \varepsilon).\end{aligned}$$

Es gilt dann sicher

$$E[(X-\overline{X})^2] \geq E[(X-\overline{X})^2 \mid |X-\overline{X}| \geq \varepsilon]\cdot P(|X-\overline{X}| \geq \varepsilon), \tag{4.9}$$

da wir einen nicht negativen Summanden weglassen. Wenn aber $|X-\overline{X}| \geq \varepsilon$ ist, gilt auch immer $(X-\overline{X})^2 \geq \varepsilon^2$ und damit muss auch der Erwartungswert $E[(X-\overline{X})^2| \; |X-\overline{X}| \geq \varepsilon] \geq \varepsilon^2$ sein. Setzen wir die in Ungleichung 4.9 ein, ergibt sich

$$E[(X-\overline{X})^2] \geq \varepsilon^2 P(|X-\overline{X}| \geq \varepsilon)$$

und durch Teilen von beiden Seiten mit ε^2 folgt die Tschebycheff-Ungleichung 4.7.

Jetzt werden wir die Tschebycheff-Ungleichung nutzen, um das schwache Gesetz der großen Zahlen zu verifizieren und damit zu zeigen, dass die Wahrscheinlichkeit für atypische Quellensequenzen gegen Null geht. Wir betrachten die Sequenzen $\boldsymbol{x} = (x_1, \ldots, x_n)$ mit $x_i \in U = \{u_1, \ldots, u_L\}$ und bilden den Mittelwert s_n mit

$$s_n = \frac{1}{n}\cdot\sum_{i=1}^{n} x_i.$$

Das Ergebnis dieser Mittelung kann als Zufallsvariable S_n betrachtet werden, für deren Erwartungswert gilt:

$$\begin{aligned}E[S_n] &= E\left[\frac{1}{n}\cdot\sum_{i=1}^{n} x_i\right] = \frac{1}{n}\left(E\left[\sum_{i=1}^{n} x_i\right]\right) = \frac{1}{n}\left(\sum_{i=1}^{n} E[x_i]\right)\\ &= \frac{1}{n} nE[U] = E[U] = \overline{U},\end{aligned}$$

da die Berechnung des Erwartungswertes linear ist und die n Summanden jeweils den Erwartungswert $E[U] = \overline{U}$ besitzen.

Die Varianz der Zufallsvariable S_n ist

$$\begin{aligned}E\left[(S_n-\overline{U})^2\right] &= E\left[(S_n)^2 - 2\cdot S_n\overline{U} + \overline{U}^2\right] = E\left[S_n^2\right] - 2\overline{U}E\left[S_n\right] + \overline{U}^2\\ &= E\left[S_n^2\right] - \overline{U}^2.\end{aligned}$$

Andererseits ist damit die Varianz von $n\cdot S_n$ gleich

$$\begin{aligned}E\left[(n\cdot S_n - E[n\cdot S_n])^2\right] &= E\left[(n\cdot S_n)^2 - 2n\cdot S_n E[n\cdot S_n] + (E[n\cdot S_n])^2\right]\\ &= n^2 E\left[S_n^2\right] - n^2(E[S_n])^2\\ &= n^2\cdot E\left[(S_n-\overline{U})^2\right].\end{aligned}$$

Die Varianz der Summe von zwei statistisch unabhängigen Zufallsvariablen ist die Summe der Varianzen der Zufallsvariablen, d.h. es gilt:

$$E\left[(n \cdot S_n - E[n \cdot S_n])^2\right] = n^2 \cdot E\left[(S_n - \overline{U})^2\right] = E\left[\left(\sum_{i=1}^{n} x_i - \overline{U}\right)^2\right]$$
$$= n \cdot E[(U - \overline{U})^2]$$

Es besteht ein wesentlicher Unterschied zwischen der Varianz der Summe von Zufallsvariablen und der Varianz, der mit einem Faktor multiplizierten Zufallsvariablen. Denn es ist einsichtig, dass etwa bei Würfeln mit fünf Würfeln die Varianz 5 mal so groß ist, wie die Varianz eines Würfels. Die Varianz, die entsteht, wenn man die mit einem Würfel gewürfelte Augenzahl mal fünf nimmt, ist dagegen 25 mal so groß, wie die Varianz eines Würfels. Für die Varianz der Zufallsvariable S_n gilt also:

$$E\left[(S_n - \overline{U})^2\right] = \frac{1}{n} E\left[\left(U - \overline{U}\right)^2\right].$$

Diese Gleichung können wir in die Tschebycheff-Ungleichung 4.7 einsetzen und erhalten

$$P\left(\left|S_n - \overline{U}\right| \geq \varepsilon\right) \leq \frac{E[(U - \overline{U})^2]}{n\varepsilon^2}.$$

Mit Hilfe von Gleichung 4.8 können wir dies umschreiben zu

$$P\left(\left|S_n - \overline{U}\right| < \varepsilon\right) \geq 1 - \frac{E[(U - \overline{U})^2]}{n\varepsilon^2}.$$

Unter der Annahme, dass die Varianz $E[(U - \overline{U})^2]$ endlich ist erhält man für $n \to \infty$

$$\lim_{n \to \infty} P\left(\left|S_n - \overline{U}\right| < \varepsilon\right) = 1.$$

Um zur Aussage des Satzes zu gelangen brauchen wir nur eine Zufallsvariable Y einzuführen, die genau dann 1 ist, wenn das Ereignis u_i eintritt und sonst 0. Dann geht S_n über in n_i/n und $\overline{U}$ in p_i. Damit ist der Satz bewiesen.

□

4.3 Codierung von diskreten gedächtnislosen Quellen

Wir wollen zunächst zeigen, wie eine diskrete, gedächtnislose Quelle mit dem Verfahren von Shannon-Fano codiert wird. Danach werden präfixfreie Codes im Allgemeinen erörtert.

Satz 8: *Existenz eines präfixfreien Codes bei Shannon-Fano Codierung.*

Gegeben sei eine diskrete gedächtnislose Quelle, die zufällig Symbole $u_1, u_2, \ldots, u_L$ mit den Wahrscheinlichkeiten $f_U(u_i) > 0$ erzeugt. Der Codierer benutzt für ein Symbol u_i ein eindeutiges binäres Codewort der Länge

$$w_i = \lceil \mathrm{ld}(\frac{1}{f_U(u_i)}) \rceil.$$

Es existiert ein binärer präfixfreier Code mit den Codewortlängen w_i.

Beweis: Die Kraft-Ungleichung (Satz 2 auf Seite 37) besagt, dass ein binärer präfixfreier Code mit den Codewortlängen w_i existiert, wenn gilt

$$\sum_{i=1}^{L} 2^{-w_i} \leq 1.$$

Ferner gilt:

$$\mathrm{ld}(\frac{1}{f_U(u_i)}) \leq \lceil \mathrm{ld}(\frac{1}{f_U(u_i)}) \rceil = w_i$$

und damit

$$\sum_{i=1}^{L} 2^{-w_i} = \sum_{i=1}^{L} 2^{-\lceil \mathrm{ld}(\frac{1}{f_U(u_i)}) \rceil} \leq \sum_{i=1}^{L} 2^{-\mathrm{ld}(\frac{1}{f_U(u_i)})} = \sum_{i=1}^{L} f_U(u_i) = 1.$$

Damit ist bewiesen, dass dieser präfixfreie Code mit Shannon-Fano Codierung existiert.

□

Als nächstes werden wir eine Abschätzung der mittleren Codewortlänge angeben.

Satz 9: *Abschätzung der mittleren Codewortlänge bei Shannon-Fano.*

Für die mittlere Codewortlänge bei einer Shannon-Fano Codierung gilt:

$$H(U) \leq E[W] < H(U) + 1.$$

Beweis: Die linke Seite der Abschätzung entspricht dem Quellencodiertheorem und ist damit bewiesen. Für die rechte Seite gilt gemäß der Definition der Unsicherheit:

$$H(U) + 1 = -\sum_{i=1}^{L} P(u_i)\mathrm{ld}P(u_i) + 1.$$

Betrachten wir nun die mittlere Codewortlänge genauer. Gemäß Satz 8 gilt

$$w_i = \lceil -\mathrm{ld}P(u_i) \rceil < -\mathrm{ld}P(u_i) + 1.$$

Damit ergibt sich

$$E[W] = \sum_{i=1}^{L} P(u_i)w_i < \sum_{i=1}^{L} P(u_i)(-\text{ld}P(u_i) + 1) = -\sum_{i=1}^{L} P(u_i)\text{ld}P(u_i) + 1,$$

was der Behauptung entspricht.

□

Eine mögliche Konstruktion für einen Shannon-Fano Code sieht so aus: Erstelle einen vollständigen Codebaum der Tiefe $n = \max_i\{w_i\}$, wähle die entsprechenden Knoten der Tiefe w_i aus und lösche dann den restlichen Baum. Es sollte erwähnt werden, dass der Code im Allgemeinen nicht optimal bezüglich der Länge der Codewörter ist. Dies wird durch das folgende Beispiel veranschaulicht.

Beispiel 4.8: *Shannon-Fano Codierer [Mas98]*

Gegeben sei die Quelle mit $f_U(u_1) = 0.4, f_U(u_2) = 0.3, f_U(u_3) = 0.2$ und $f_U(u_4) = 0.1$. Die entsprechenden Codewortlängen errechnen sich zu $w_1 = \lceil \text{ld}\frac{1}{0.4} \rceil = 2$, $w_2 = \lceil \text{ld}\frac{1}{0.3} \rceil = 2$, $w_3 = 3$ und $w_4 = 4$. Die maximale Codewortlänge ist $n = 4$. Die Konstruktion kann entsprechend Bild 4.12 erfolgen.

Die mittlere Codewortlänge errechnet sich zu $E[W] = 1 + 0.7 + 0.3 + 0.3 + 0.1 = 2.4$. Die Abschätzung ergibt $1.846 \leq E[W] \leq 2.846$.

Betrachten wir den Codebaum aus Beispiel 4.8 so stellen wir fest, dass der Code nicht optimal hinsichtlich der Länge ist, also ein Code mit geringerer mittlerer Codewortlänge existiert.

Einen solchen Code erhält man zum Beispiel, indem man das Codewort für das Symbol U_4 um ein Bit kürzt. Eine andere Möglichkeit besteht in diesem Fall, wenn allen Symbolen ein Codewort der Länge 2 zugeordnet wird. Das Beispiel zeigt uns damit, dass der Shannon-Fano Codierer nicht notwendiger Weise zu einem optimalen Quellencode führt. Dazu wollen wir zunächst eine Definition eines optimalen Quellencodierers angeben.

Definition 4.9 *Optimaler Quellencodierer.*

Ein verlustloser Quellencodierer für eine gedächtnislose Quelle ist optimal, wenn er die kleinstmögliche mittlere Codewortlänge erzielt.

Es ist dabei zu beachten, dass die mittlere Codewortlänge eines optimalen Codierers größer der Unsicherheit der Quelle sein kann, da dieser Wert im Allgemeinen nur durch eine Codierung von Vektoren erreicht werden kann, bei der mehrere Quellensymbole zu einem Vektor zusammengefasst und gemeinsam codiert werden.

Im folgenden wollen wir einen optimalen Codierer, den Huffman Codierer[1] , betrachten. Man baut dabei, den Codebaum – im Gegensatz zur Shannon-Fano Konstruktion

[1] Eine Anekdote besagt, dass Robert Fano seinen Studenten jedes Jahr die Hausaufgabe gab, einen optimalen Quellencodierer zu kreieren. Er verschwieg dabei jedoch, dass dies zu diesem Zeitpunkt ein ungelöstes Problem war. Der Student David Huffman löste diese Aufgabe überraschenderweise.

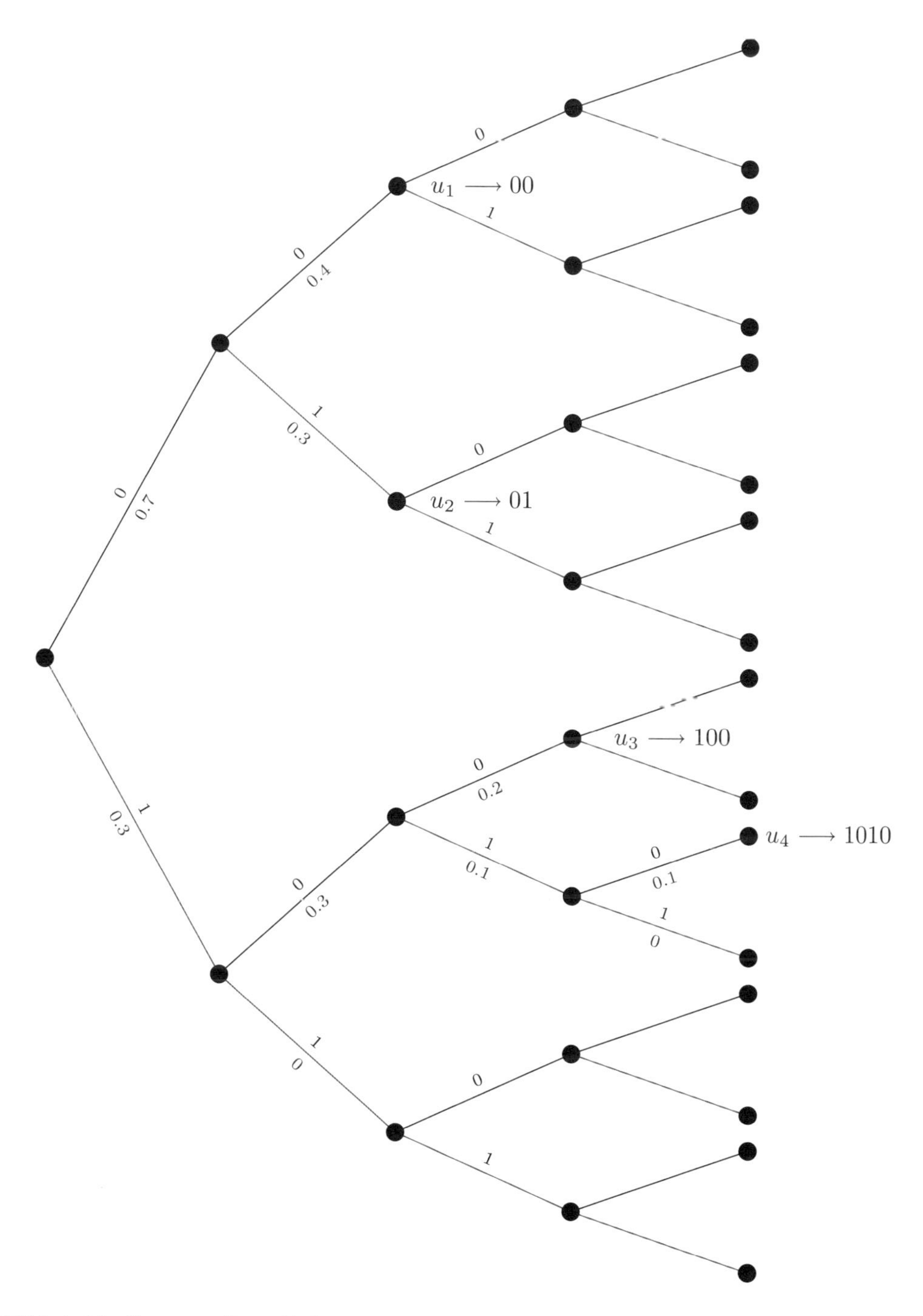

Bild 4.12: *Shannon–Fano Codierung*

– von den Blättern zur Wurzel auf. Wir beschränken uns auf die Beschreibung des binären Huffman Codes, für D-näre Huffman Codes sei der interessierte Leser auf [CT06] verwiesen.

Algorithmus: *Binäre Huffman Codierung*
Initialisierung: Jedem Quellensymbol u_i mit Wahrscheinlichkeit $P(u_i)$ wird ein Endknoten eines Codebaums zugeordnet. Alle Endknoten werden in der Menge $\mathcal{M} = \{u_1, u_2, ..., u_L\}$ erfasst.

Iterationsschritt: Aus der Menge $\mathcal{M}$ werden die beiden Knoten u_i und u_j mit den kleinsten Wahrscheinlichkeiten ausgewählt. Exisieren dabei mehrere Knoten mit derselben Wahrscheinlichkeit, so wird zufällig gewählt. Die beiden Knoten u_i und u_j werden im Codebaum verbunden und es entsteht ein neuer Knoten u_k mit zugehöriger Wahrscheinlichkeit $P(u_k) = P(u_i)+P(u_j)$. Aus der Menge $\mathcal{M}$ werden die Knoten u_i und u_j entfernt und der neue Knoten u_k hinzugefügt. Der Iterationsschritt wird wiederholt, bis nur noch ein Knoten in der Menge $\mathcal{M}$ enthalten ist. Dieser Knoten besitzt die Wahrscheinlichkeit 1 und ist die Wurzel des Codebaums.

Zuordnung der Codewörter: Die Zuordnung der Codewörter erfolgt, wie auch bei der Shannon-Fano Codierung, mittels eines Codebaums. Dazu wird jedem von einem Knoten ausgehenden Zweigpaar die Bits 0 bzw. 1 zugeordnet. Die Codewörter ergeben sich durch Verknüpfung der einzelnen Bits. Es ist darauf zu achten, dass die Codewörter gemäß den Bits von der Wurzel zu den Endknoten gebildet werden, da nur so ein präfixfreier Code garantiert werden kann.

Beispiel 4.10: *Huffman Codierer*

Die Quelle aus Beispiel 4.8 soll nun mit dem Huffman Code codiert werden. Die einzelnen Schritte sind in Bild 4.13 visualisiert. Zu Beginn gilt $\mathcal{M} = \{u_1, u_2, u_3, u_4\}$. Die beiden Knoten mit den kleinsten Wahrscheinlichkeiten sind u_3 und u_4. Diese werden zu Knoten u_5 mit Wahrscheinlichkeit $P(u_5) = 0.3$ zusammengefasst. Im nächsten Schritt werden die Knoten u_2 und u_5 zu u_6 mit $P(u_6) = 0.6$ zusammengefasst. Schliesslich werden u_1 und u_6 zu u_7 verbunden. Die mittlere Codewortlänge ergibt sich hierbei zu $E[W] = 0.4 + 0.6 + 0.6 + 0.3 = 1.9$.

Satz 10: *Optimaler Quellencodierer: Huffman Codierer.*

Der Huffman Codierer ist ein optimaler Quellencodierer für gedächtnislose Quellen, d.h. es existiert kein Codierer, der den einzelnen Quellensymbolen einer diskreten Quelle eindeutig decodierbare Codewörter mit geringerer mittlerer Codewortlänge als die von einem Huffman Codierer erzielte Codewortlänge zuordnet.

Beweis: Wir werden nun die Optimalität des Huffman Codierers im binären Fall beweisen. Dazu werden wir zunächst mehrere notwendige Bedingungen aufführen und anschliessend zeigen, dass diese Bedingungen auch hinreichend sind, da alle Codierer, die die Bedingungen erfüllen, dieselbe mittlere Codewortlänge erzielen. Die Beweisführung basiert auf dem Beweis für D-näre Codes in [Fan66].

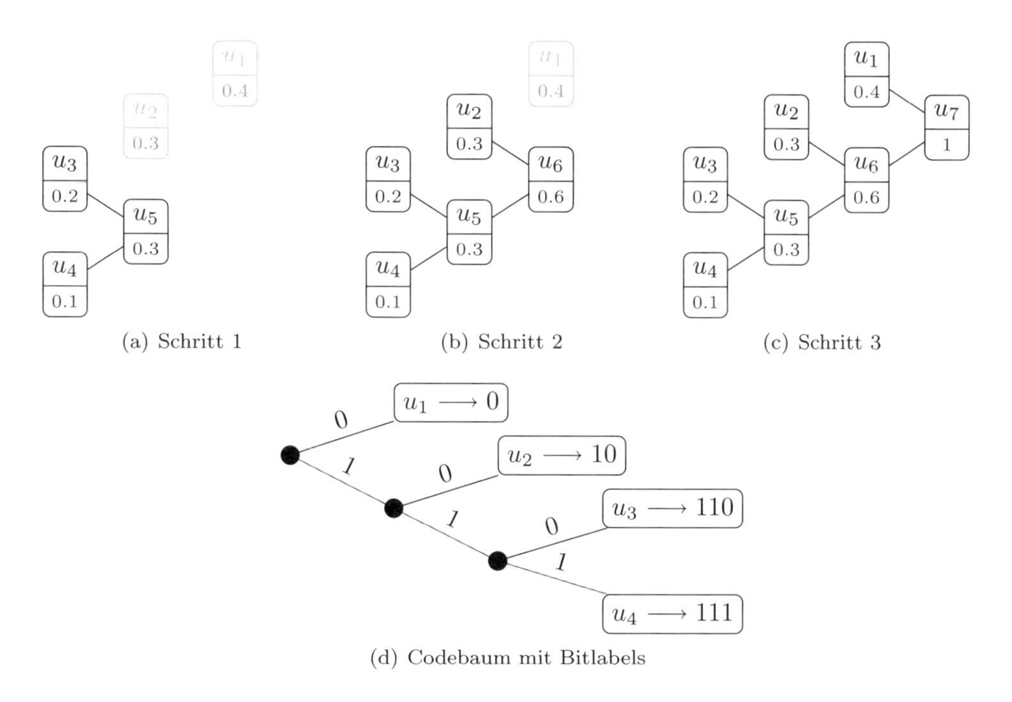

(a) Schritt 1 (b) Schritt 2 (c) Schritt 3

(d) Codebaum mit Bitlabels

Bild 4.13: *Schritte des Algorithmus zur Huffman Codierung*

Bedingung 1: Werden zwei beliebige Quellensymbole u_i und u_j betrachtet, so gilt $w_i \leq w_j$ falls $P(u_i) \geq P(u_j)$ bzw. $w_i \geq w_j$ falls $P(u_i) \leq P(u_j)$. Dies bedeutet, dass bei einer Sortierung der Quellensymbole gemäß ihren Auftrittswahrscheinlichkeiten in absteigender Reihenfolge die entsprechenden Codewörter nach den Codewortlängen in aufsteigender Reihenfolge sortiert vorliegen. Diese Bedingung ergibt sich direkt aus der Definition eines optimalen Codierers und der Definition der mittleren Codewortlänge, da $E[W]$ andernfalls durch Vertauschen von zwei Codewörtern verringert werden kann.

Bedingung 2: Von jedem Zwischenknoten gehen zwei Zweige aus. Andernfalls kann der Zwischenknoten, von dem nur ein Zweig ausgeht, gelöscht werden, ohne die Eigenschaft der eindeutigen Decodierbarkeit zu zerstören.

Bedingung 3: Den beiden Quellensymbolen u_i und u_j mit den kleinsten Auftrittswahrscheinlichkeiten, d.h. $u_i = \arg\min_l P(u_l)$ und $u_j = \arg\min_{l \neq i} P(u_l)$, sind gleich lange Codewörter zugeordnet, es gilt also $w_i = w_j$. Ist diese Bedingung nicht eingehalten, d.h. $w_i \neq w_j$, so kann der Endknoten der Tiefe w_i gelöscht und u_i dem ursprünglichen Zwischenknoten der Tiefe $w_i - 1$ zugeordnet werden, da von diesem dann nur ein Zweig ausgeht. Diese Bedingung folgt aus den beiden vorherigen.

Bedingung 4: Werden in einem optimalen Codebaum zwei mit demselben Zwischenknoten verbundene Endknoten gelöscht und ein Hilfssymbol, dem die Summe der Wahrscheinlichkeiten zugeordnet wird, dem damit neu entstandenen Endknoten zugeordnet, so entsteht ein neuer optimaler Codebaum mit verringerter Quellensymbolmenge.

Würde Bedingung 4 nicht gelten, so wäre es möglich, den neu entstandenen Baum zu optimieren und dann die ursprünglichen Symbole an den Knoten mit dem Hilfssymbol anzuhängen. Dabei würde sich dann eine geringere mittlere Codewortlänge ergeben, was bedeutet, dass der ursprüngliche Codebaum nicht optimal war.

Die Erfüllung der Bedingungen 3 und 4 entsprechen dabei genau einem Iterationsschritt des Algorithmus zur Huffman Codierung. Der Algorithmus wird somit durch die Bedingungen meist eindeutig bestimmt. Mehrdeutigkeiten entstehen lediglich dann, wenn mehreren Knoten der Menge $\mathcal{M}$ dieselbe Auftrittswahrscheinlichkeit zugeordnet ist. In diesen Fällen kann ein Knoten aus der Menge der gleichwahrscheinlichen Knoten beliebig ausgewählt werden. Die mittlere Codewortlänge des entstehenden Codes wird durch diese Wahl nicht beeinflusst, da eine andere Wahl lediglich die zugeordneten Codewörter bzw. Präfixe vertauscht. Damit wird ersichtlich, dass alle Codewortmengen, die die vier Bedingungen erfüllen, die selbe mittlere Codewortlänge liefern. Somit sind die Bedingungen auch hinreichend und es ist bewiesen, dass die Huffmann Codierung einen optimalen Code erzeugt.

□

Da in einigen Standards statt Huffman Codierung auch arithmetische Codierung verwendet wird, wollen wir diese hier erläutern. Zunächst werden wir die Codierung einer Zufallsvariablen besprechen. Danach erweitern wir die Codierung wieder auf Vektoren, um abzuschätzen, wie nahe die mittlere Codewortlänge an der Unsicherheit liegt.

Gegeben sei eine gedächtnislose Quelle mit dem Alphabet $U = \{u_1, u_2, \dots, u_L\}$ und den Auftrittswahrscheinlichkeiten $P(u_i) = p_i,\ i = 1, 2, \dots, L$ und es gelte $P(u_i) > 0$. Wir benötigen zu Beschreibung der arithmetischen Codierung die Wahrscheinlichkeitsverteilung.

Definition 4.11 *Wahrscheinlichkeitsverteilung $F(u_i)$.*

Die Wahrscheinlichkeitsverteilung $F(u_i)$ einer gedächtnislosen Quelle erhält man, wenn man alle Wahrscheinlichkeiten p_j für $j \leq i$ aufsummiert, d.h.

$$F(u_i) = \sum_{j=1}^{i} p_j,\ i = 1, 2, \dots, L.$$

In Bild 4.14 ist eine Wahrscheinlichkeitsverteilung abgebildet. Es gilt $F(u_L) = 1$, da $\sum_{j=1}^{L} p_j = 1$ ist.

Nun bestimmen wir entsprechend Bild 4.14 die Mittelpunkte der Treppenstufen zu

$$\tilde{F}(u_i) = \sum_{j=1}^{i-1} p_j + \frac{1}{2} p_i.$$

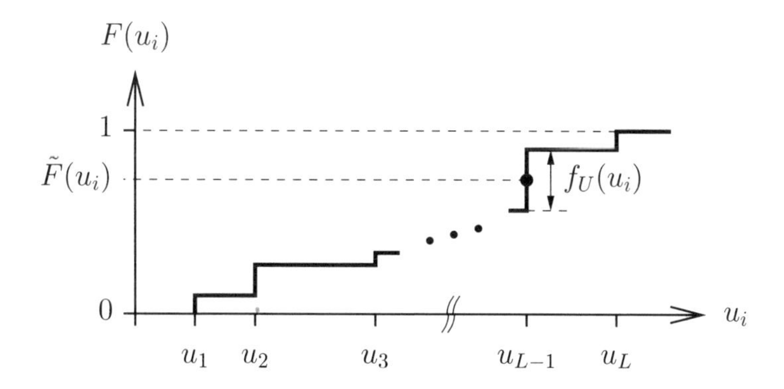

Bild 4.14: *Wahrscheinlichkeitsverteilung einer gedächtnislosen Quelle*

Diese Werte schreiben wir wie folgt näherungsweise als binäre Zahl

$$\tilde{F}(u_i) = \sum_{i=1}^{l} z_i \cdot \frac{1}{2^{-i}} = z_1 \cdot \frac{1}{2} + z_2 \frac{1}{4} + z_3 \frac{1}{8} + \ldots + z_l \frac{1}{2^l} = 0.z_1 z_2 \ldots z_l.$$

Wir wählen die Codewortlänge w_i des Symbols u_i zu:

$$w_i = \lceil \log \frac{1}{p_i} \rceil + 1. \tag{4.10}$$

Nun runden wir die reellwertige Zahl $\tilde{F}(u_i)$ ab, indem wir nur die ersten w_i Bits der Zahl benutzen. Diese abgerundete Zahl bezeichnen wir mit $\lfloor \tilde{F}(x) \rfloor_{w_i}$, d.h.

$$\lfloor \tilde{F}(x) \rfloor_{w_i} = 0.z_1 z_2 \ldots z_{w_i}.$$

Das entsprechende Codewort ist dann

$$(u_i) \quad \Longleftrightarrow \quad z_1 z_2 \ldots z_{w_i}.$$

Wir können immer erreichen, dass $l > w_i$ ist, indem wir Nullen ergänzen. Betrachten wir zunächst ein Beispiel[1].

Beispiel 4.12: *Arithmetische Codierung einer Zufallsvariablen*

Gegeben sei eine 5-wertige Quelle mit den Wahrscheinlichkeiten entsprechend Tabelle 4.1.

Die Berechnung der Mittelpunkte $\tilde{F}(u_i)$ der Treppenstufen der Wahrscheinlichkeitsverteilung entsprechend Bild 4.14 sind in der Tabelle 4.1 eingetragen. Ebenfalls die Codewortlänge w_i und die Codewörter $z_1 \ldots z_{w_i}$, wir sehen dass sie präfixfrei sein. Berechnen wir noch die Unsicherheit der Quelle und die mittlere Codewortlänge:

$$E[W] = 3.5 > H(U) = 1.587 \ .$$

[1] Das Beispiel stammt aus [CT06].

U	$P(u_i)$	$F(u_i)$	$\tilde{F}(u_i)$	$\tilde{F}(u_i)$ binär	w_i	$z_1 \dots z_{w_i}$
u_1	0.25	0.25	0.125	0.001	3	001
u_2	0.25	0.5	0.375	0.011	3	011
u_3	0.2	0.7	0.6	$0.1\overline{0011}$	4	1001
u_4	0.15	0.85	0.775	$0.110\overline{0011}$	4	1100
u_5	0.15	1.0	0.925	$0.111\overline{0110}$	4	1110

Tabelle 4.1: *Beispiel zur Arithmetischen Codierung*

Wir wollen nun zeigen, dass der so konstruierte Code präfixfrei ist. Dazu müssen die jeweiligen Bits w_i ihr Intervall eineindeutig beschreiben. Dies ist genau dann der Fall, wenn der Rundungsfehler durch das Abschneiden der hinteren Stellen nicht größer als $p_i/2$ ist. Durch das Runden gilt:

$$\tilde{F}(u_i) - \lfloor \tilde{F}(u_i) \rfloor_{w_i} < \frac{1}{2^{w_i}},$$

da durch die Differenz nur noch Summanden $z_j \cdot \frac{1}{2^j}$, $j > w_i$ übrig bleiben. Wegen der Wahl der Codewortlänge können wir schreiben

$$\begin{aligned} w_i &> -\log_2(p_i) + 1 \\ 2^{w_i} &> 2^{-\log_2(p_i)+1} \\ \frac{1}{2^{w_i}} &< 2^{\log_2(p_i)-1} = \frac{p_i}{2}. \end{aligned}$$

Es gilt somit

$$\frac{1}{2^{w_i}} < \frac{p_i}{2} = \tilde{F}(u_i) - F(u_{i-1})$$

und w_i bits beschreiben eindeutig das Intervall $[F(u_{i-1}), F(u_i)]$ der Breite p_i, bzw. $\lfloor \tilde{F}(u_i) \rfloor_{w_i}$ liegt innerhalb dieses zu u_i gehörenden Intervalls. Damit ist der konstruierte Code präfixfrei.

Nun wollen wir die mittlere Codewortlänge berechnen. Die Codewortlänge haben wir entsprechend Gleichung 4.10 gewählt und damit gilt.

$$\begin{aligned} E[W] &= \sum_{i=1}^{L} p_i \cdot w_i = \sum_{i=1}^{L} p_i \left(\underbrace{\lceil \log_2 \frac{1}{p_i} \rceil}_{< \log_2 \frac{1}{p_i} + 1} + 1 \right) \\ &\leq H(U) + 2. \end{aligned}$$

Diese Schranke ist im obigen Beispiel erfüllt. Das Verfahren ist auf den ersten Blick schlechter als Huffman Codierung. Wir werden jedoch auch hier Vektoren betrachten und damit beliebig nahe an die Unsicherheit kommen.

Arithmetische Codierung von Vektoren

Bei der Erweiterung der Codierung auf n Symbole betrachten wir Vektoren $V = (U_1 U_2 \ldots U_n)$ und wollen binäre Zufallsvariablen U_i annehmen. Man schreibt auch $v = (u_1 u_2 \ldots u_n) \in U^n$. Auch hier gilt für die Unsicherheit $H(V) = nH(U)$ Die Wahrscheinlichkeiten $P(v)$ errechnen sich zu

$$P(v) = \prod_{i=1}^{n} p_i.$$

Die Codewortlänge wird zu

$$w(v) = \left\lceil \log \frac{1}{P(v)} \right\rceil + 1$$

gewählt. Damit ergibt sich die mittlere Codewortlänge zu

$$\begin{aligned} E[W] &= \sum_v P(v)w(v) = \sum_v P(v) \left(\left\lceil \log \frac{1}{P(v)} \right\rceil + 1 \right) \\ &\leq \sum_v f_V(v) (\quad \log f_V(v) + 2) - H(V) + 2 = nH(U) + 2. \end{aligned}$$

Damit können wir die mittlere Codewortlänge abschätzen durch

$$\frac{E[W]}{n} \leq H(U) + \frac{2}{n}.$$

Man erkennt, dass $\frac{2}{n}$ für $n \to \infty$ gegen 0 geht und somit die mittlere Codewortlänge der Unsicherheit entspricht.

4.4 Prinzipien verlustbehafteter Quellencodierung

Für diesen Abschnitt wird Signal- und Systemtheorie mit Fourier-Transformation vorausgesetzt und gegebenenfalls auf die Zusammenfassung im Anhang verwiesen. Wir gehen davon aus, dass die Daten (Sprache, Bilder und Filme bzw. Video) in abgetasteter Form vorliegen und das Abtasttheorem eingehalten wurde. Die Quellencodierung hat nun die Aufgabe, die Menge der Bits, die die Abtastwerte beschreiben, zu reduzieren, d.h. Redundanz zu entfernen. Es existieren drei Prinzipien, um Redundanz aus digitalisierten Abtastwerten zu entfernen:

- Nichtgleichmäßige Quantisierung;
- Lineare Prädiktion zur Reduktion des Wertebereiches;
- Transformation und Reduktion, was Transformationscodierung genannt wird.

Alle diese Prinzipien ergeben verlustbehaftete Codierungen, d.h. man kann die Abtastwerte nicht mehr exakt aus den codierten Werten berechnen. Sowohl bei Sprache, als auch bei Bildern kann man jedoch gewisse Fehler bei der Rekonstruktion zulassen, ohne dass sich die subjektive Qualität verschlechtert. Die Forschungsfelder der Sprach-, Bild- und Videocodierung stellen jedes für sich ein eigenes Gebiet dar, daher können wir hier nur auf die Grundprinzipien eingehen. Alle Verfahren nutzen jedoch auch die Codierverfahren für gedächtnislose Quellen aus dem vorherigen Abschnitt.

Die nichtgleichmäßige Quantisierung[1] der digitalisierten Werte löst kleine Abtastwerte (leise) besser auf als große (laut). Damit ist eine Reduktion der Datenrate möglich, wie wir in diesem Abschnitt am Beispiel der digitalen Sprachübertragung im Festnetztelefon zeigen werden.

Die lineare Prädiktion nutzt die Tatsache, dass man langsam veränderliche Werte gut durch wenige Parameter prädizieren kann. Man berechnet aus vorherigen Abtastwerten einen Prädiktionswert, subtrahiert diesen vom wirklichen Abtastwert und erhält einen Differenzwert. Diese Differenzwerte besitzen viel kleinere Amplituden als die Abtastwerte und können daher mit weniger Bits quantisiert werden. Dieses Prinzip werden wir für Sprache beschreiben.

Eine Transformation berechnet ein „Spektrum" eines Signals. Bei der Fourier-Transformation stellen die Abtastwerte des Spektrums die Koeffizienten einer Fourier-Reihe dar. Wenn man einige Koeffizienten für hohe Frequenzen weglässt, verändert man zwar das Signal, macht jedoch nur einen kleinen Fehler. Dieses Prinzip werden wir am Beispiel JPEG ausführlicher erklären.

4.4.1 Abtastung und gleichmäßige Quantisierung

Die Abtastung eines Signals $s(t)$ wird durch die Multiplikation mit der Diracimpulsfolge

$$s(t) \cdot \text{Ш}_T(t) = s(t) \cdot \sum_{k=-\infty}^{\infty} \delta(t - kT).$$

beschrieben. Die Abtastfrequenz $f_a = \frac{1}{T}$ muss gemäß Abtasttheorem größer als die doppelte maximal auftretende Frequenz (Grenzfrequenz) des Signals $s(t)$ sein, damit das Signal wieder aus den Abtastwerten rekonstruiert werden kann. Sprache zur Telefonübertragung wird mit $3,4kHz$ Bandbreite angenommen und mit $8kHz$ abgetastet. Im

[1] häufig wird auch der Begriff nichtlineare Quantisierung verwendet.

Falle von Musik (CD Qualität) ist die Abtastfrequenz $44,1kHz$, was einer Bandbreite des Musiksignals von über $20kHz$ entspricht.

Die Abtastwerte werden quantisiert, man spricht von **Pulscodemodulation (PCM)**. Wir wollen hier einige Überlegungen zur Quantisierung angeben. Diese kann gleichmäßig oder nichtgleichmäßig erfolgen. Gemäß Abtasttheorem kann ein bandbegrenztes Signal aus seinen Abtastwerten wiederhergestellt werden. Jedoch bewirkt eine Diskretisierung im Wertebereich Qualitätsverluste, da nur endlich viele Quantisierungsstufen zur Verfügung stehen. Die Anzahl der Stufen hat damit Einfluss auf die Qualität von Sprache oder Musik.

Gleichmäßige Quantisierung

Wir gehen von einem normierten Signal aus, für das gilt

$$-1 \leq s(kT) \leq 1$$

Dieses Signal werde mit m bit quantisiert, d.h. es gibt 2^m Intervalle der Breite $L = \frac{2}{2^m} = 2^{-(m-1)}$. Damit ist der Fehler $e(kT)$, den man durch die Quantisierung macht durch $L/2$ beschränkt, also

$$-\frac{L}{2} \leq e(kT) \leq \frac{L}{2}$$

Nimmt man an, das Signal s sei im Wertebereich gleichverteilt, so ist auch der Fehler e gleichverteilt, d.h. e ist eine gleichverteilte Zufallsvariable mit der Dichte $1/L \cdot rect(e/L)$. Der quadratische Erwartungswert einer Gleichverteilung mit Mittelwert 0 entspricht der Varianz und ist $L^2/12$. Das Signal-Rauschverhältnis S/N bei voll ausgesteuertem sinusförmigen Signal ist damit

$$\frac{S}{N} = \frac{\frac{1}{2}}{\frac{L^2}{12}} = 3 \cdot 2^{2m-1}$$

In dB ausgedrückt ergibt dies

$$\left(\frac{S}{N}\right)_{dB} = 10 \log_{10}(3 \cdot 2^{2m-1}) = 1,77 + 2m10 \log_{10} 2 = 1,77 + 6m.$$

Bei der Musik CD werden die abgetasteten Wert mit 16 Bit gleichmäßig quantisiert. Dies entspricht einem S/N-Verhältnis von 4294967296 oder $97,8dB$. Die Datenrate ist $16 \cdot 44100 = 705600$ Bit pro Sekunde pro Stereokanal. Die Anzahl der Quantisierungsstufen, die man nummerieren kann, ist mit $2^{16} = 65536$ sehr groß. Damit kann die Musik von sehr leise bis extrem laut in sehr feinen Stufen aufgelöst werden.

4.4.2 Nichtgleichmäßige Quantisierung

Für die Telefonsprache fordert man ein S/N von $60dB$ was einer Quantisierung von mehr als 11 bit entspricht. Da man im Telefonnetz ein Gespräch mit $64kbps$ übertragen möchte, ergibt dies bei einer Abtastfrequenz von $8kHz$ nur 8 bit Quantisierung statt der

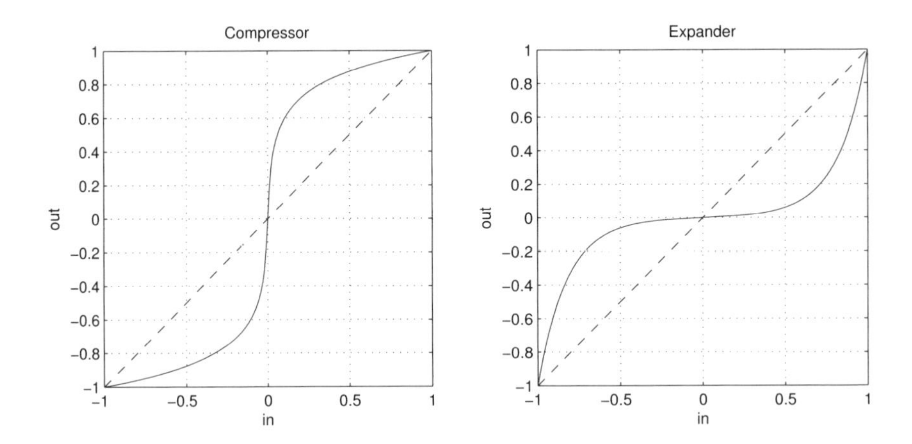

Bild 4.15: *A-law Compander*

notwendigen 12 bit. Die verwendete nichtgleichmäßige Quantisierungskennlinie, die auch als *A-Law* bezeichnet wird, ist in Bild 4.15 (links) dargestellt. Die Grundidee ist dabei, dass kleine Signalwerte besser aufgelöst werden als große. Dies wird deutlich, wenn man die gleichmäßige 12 bit Quantisierung der nichtgleichmäßigen 8 bit Quantisierung gegenüberstellt. Dies ist in Tabelle 4.2 dargestellt. Man erkennt, dass je größer der Abtastwert ist, umso mehr der niederwertigen Bits $b_0, b_1, \ldots$ werden abgeschnitten.

Bereich	12 bit gleichmäßig	8 bit nichtgleichmäßig
$0 \leq \lvert s(kT)\rvert < 2^{-7}$	$\pm 0000000 b_3 b_2 b_1 b_0$	$\pm 000 b_3 b_2 b_1 b_0$
$2^{-7} \leq \lvert s(kT)\rvert < 2^{-6}$	$\pm 0000001 b_3 b_2 b_1 b_0$	$\pm 001 b_3 b_2 b_1 b_0$
$2^{-6} \leq \lvert s(kT)\rvert < 2^{-5}$	$\pm 000001 b_4 b_3 b_2 b_1 b_0$	$\pm 010 b_4 b_3 b_2 b_1$
$2^{-5} \leq \lvert s(kT)\rvert < 2^{-4}$	$\pm 00001 b_5 b_4 b_3 b_2 b_1 b_0$	$\pm 011 b_5 b_4 b_3 b_2$
$2^{-4} \leq \lvert s(kT)\rvert < 2^{-3}$	$\pm 0001 b_6 b_5 b_4 b_3 b_2 b_1 b_0$	$\pm 100 b_6 b_5 b_4 b_3$
$2^{-3} \leq \lvert s(kT)\rvert < 2^{-2}$	$\pm 001 b_7 b_6 b_5 b_4 b_3 b_2 b_1 b_0$	$\pm 101 b_7 b_6 b_5 b_4$
$2^{-2} \leq \lvert s(kT)\rvert < 2^{-1}$	$\pm 01 b_8 b_7 b_6 b_5 b_4 b_3 b_2 b_1 b_0$	$\pm 110 b_8 b_7 b_6 b_5$
$2^{-1} \leq \lvert s(kT)\rvert < 1$	$\pm 1 b_9 b_8 b_7 b_6 b_5 b_4 b_3 b_2 b_1 b_0$	$\pm 111 b_9 b_8 b_7 b_6$

Tabelle 4.2: *Nichtgleichmäßige Quantisierung*

Die Umkehroperation ist in Bild 4.15 (rechts) dargestellt. Durch die nichtgleichmäßige Quantisierung wurde die Datenrate von 96 kbps auf 64 kbps reduziert, ohne dass die Sprachqualität zu sehr verschlechtert wurde.

4.4.3 Lineare Prädiktion

Wir haben im vorherigen Abschnitt erklärt, wie ein analoges Sprachsignal zeitlich abgetastet, wert-quantisiert und somit digitalisiert werden kann. Je größer die Dynamik des Signals, also je stärker die Schwankung der Signalamplituden, desto größer muss der Wertebereich sein, auf den die Quantisierungsstufen verteilt werden, und desto größer damit der Quantisierungsfehler und damit das Quantisierungsrauschen. Es stellt sich also die Frage, ob nicht die Dynamik des Signals reduziert werden kann, bevor es quantisiert wird.

Der lineare Prädiktor ist eine Methode, welche die Dynamik eines (unquantisierten) Signals $x(k)$ reduziert, indem man den Wert zum Zeitpunkt k mit Hilfe der Werte vorheriger Zeitpunkte und sogenannten Prädiktorkoeffizienten a_q, $q = 1, ..., Q$ prädiziert, also vorhersagt bzw. schätzt. Hierbei wird Q die Prädiktorordnung genannt. Der geschätzte Wert wird vom tatsächlichen Signalwert $x(k)$ abgezogen und man erhält den sogenannten Schätzfehler

$$d(k) = x(k) - \sum_{q=1}^{Q} a_q \cdot x(k-q),$$

welcher dann anstelle des ursprünglichen Signals quantisiert und übertragen werden soll. Auf der Empfängerseite kann das ursprüngliche Signal näherungsweise rekonstruiert werden mit der umgekehrten Vorschrift

$$\hat{x}(k) = \hat{d}(k) + \sum_{q=1}^{Q} a_q \cdot \hat{x}(k-q).$$

Die Werte der Prädiktorkoeffizienten spielen für die Qualität der Prädiktion eine wichtige Rolle. Sie lassen sich zurückführen auf die Form unseres Sprachtraktes, also Rachen, Mund, Zunge und Nase, und sind dementsprechend zeitveränderlich. Wir können unseren Sprachtrakt nur bedingt schnell bewegen, und daher ist es eine gängige Vorgehensweise, ein Sprachsignal in Segmente von z.B. 20 ms einzuteilen und innerhalb eines Segmentes die Prädiktorkoeffizienten als konstant anzunehmen. Um diese schließlich zu berechnen, minimiert man den quadratischen Prädiktionsfehler

$$\sum_{k=0}^{K-1} |d(k)|^2 = \sum_{k=0}^{K-1} \left| x(k) - \sum_{q=1}^{Q} a_q \cdot x(k-q) \right|^2 .$$

über jedes Segment der Länge K in Abhängigkeit der a_q. Während nun einerseits die Dynamik des zu übertragenden Signals stark reduziert wurde, müssen andererseits für jedes Segment zusätzlich die Parameter a_q übertragen werden. Trotzdem ergibt sich insgesamt eine geringere Datenrate, da die Ersparnis durch weniger Quantisierungstufen größer ist als die zusätzlichen Daten, um die a_q zu übertragen. Das Bild 4.16 zeigt beispielhaft das Sprachsignal $x(k)$ („Das Pferd frisst keinen Gurkensalat ")[1] sowie das zugehörige Prädiktionsfehlersignal.

[1] Dies ist einer der ersten Sätze die – der Legende zu Folge – bei der Vorführung von Philipp Reis' Tonapparat im Jahre 1860 übertragen wurden. Vom Nutzen des Telefons war damals jedoch nicht jeder überzeugt.

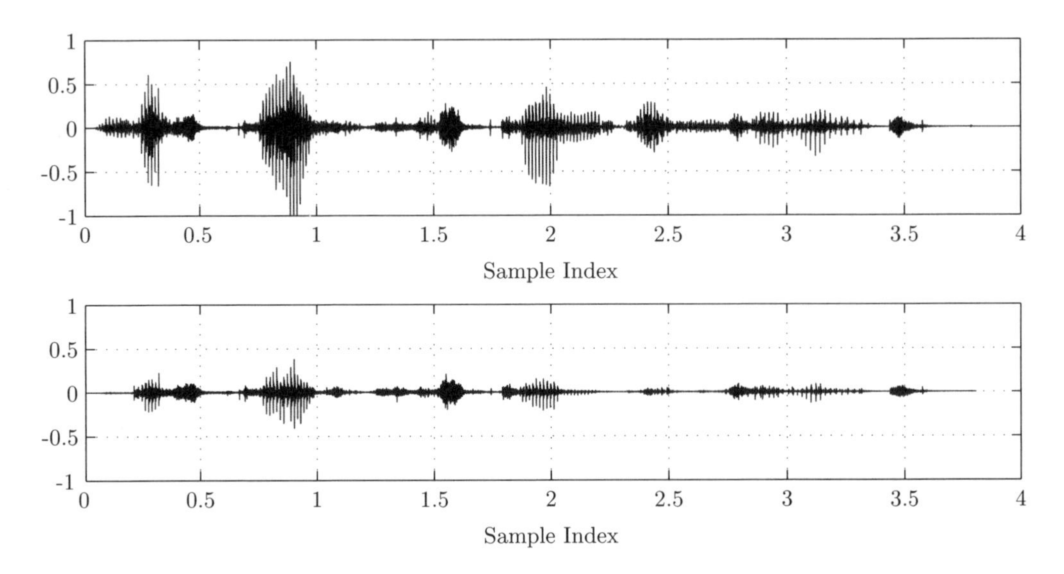

Bild 4.16: *Sprachsignal „Das Pferd frisst keinen Gurkensalat."(oben) sowie Prädiktorfehlersignal (unten)*

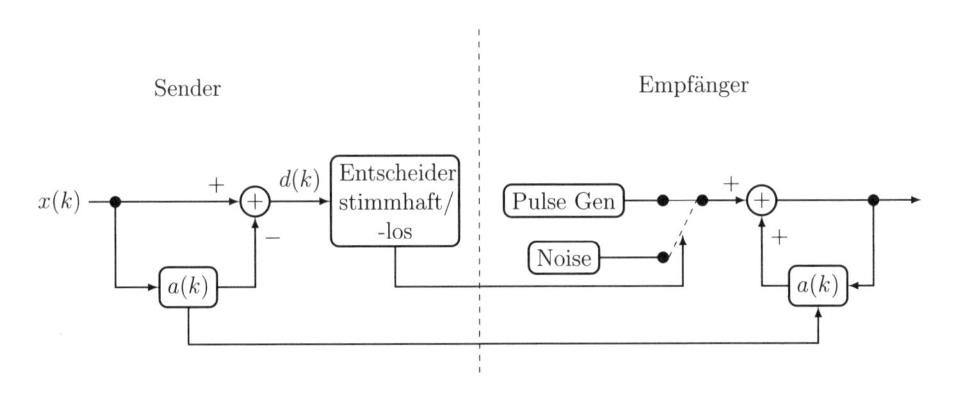

Bild 4.17: *Flussdiagramm eines Vocoders*

Weitere Verringerungen der Datenrate

Um die Idee hinter der Sprachcodierung zu verstehen (etwa im GSM-System), betrachten wir noch zusätzliche Eigenschaften der Sprache. Bei der Spracherzeugung unterscheidet man zwischen stimmhaften und stimmlosen Lauten. Stimmhafte Laute wie die Vokale a, e, i, o, u sind auf die periodische Bewegung der Stimmbänder zurückzuführen, während bei stimmlosen Lauten die Luft ungehindert zwischen den Stimmbändern hindurchfliesst, und erst Hindernisse wie die Zähnen erzeugen typisches Zischen. Die unterschiedliche Natur stimmhafter und stimmloser Laute spiegelt sich auch im Fehlersignal $\hat{d}(k)$ wieder. Während es für stimmhafte Laute eine periodische Folge von Pulsen ist, erscheint es für stimmlose Laute als nahezu Rauschen. Dies wird ausgenutzt beim sogenannten *Vocoder*. Der Vocoder funktioniert ähnlich wie das obige System, nur dass nicht das Fehlersignal übertragen wird, sondern für jedes Segment ausschließlich die Information ob es sich gerade um einen stimmhaften Laut handelt oder nicht, sowie gegebenenfalls die Frequenz der Anregung. Entsprechend dieser Information wird auf der Empfängerseite das Fehlersignal entweder mit periodischen Pulsen oder weißem Rauschen ersetzt. Dies ist zusammenfassend in Bild 4.17 dargestellt. Das Prinzip des Vocoders findet in verfeinerter Ausführung Anwendung im GSM-System. Z.B. werden die optimalen Prädiktorkoeffizienten mit einem Hypothesentest bestimmt, und es gibt zwei hintereinander geschaltete Prädiktorstufen. Für eine detailierte Analyse wird auf [VM06] verwiesen.

4.4.4 Codierung von Bildern und Filmen

In diesem Abschnitt wollen wir kurz auf das Prinzip der sogenannten *Transformationscodierung* eingehen, welche zur verlustbehafteten Kompression von Bildern oder Filmen verwendet wird. Konkrete Beispiele sind hier das JPEG (Joint Photographic Experts Group) oder das MPEG (Moving Picture Expert Group) Verfahren.

Betrachten wir vereinfachend ein Bild als eine Funktion (Signal)

$$f(x,y) : \mathbb{R} \times \mathbb{R} \to \mathbb{C},$$

die jedem Wert $f(x,y)$ einen im allgemeinen komplexen Zahlenwert zuordnet. Die Tatsache, dass eigentlich nur diskrete Werte möglich sind, werden wir im Folgenden vernachlässigen. Wir betrachten lediglich Signale mit beschränkter Energie, d.h.

$$\int_{-\infty}^{\infty} \int_{-\infty}^{\infty} ||f(x,y)||_2^2 \, dx \, dy < \infty.$$

Dabei ist $||f(x)||_2$ die sogenannte L_2-Norm.

Die Menge aller dieser Funktionen bildet bekanntlich einen linearen Vektorraum über dem Körper $\mathbb{C}$, und es existiert für Funktionen f, g ein Innenprodukt (Skalarprodukt)

$$\langle f, g \rangle = \int_{-\infty}^{\infty} \int_{-\infty}^{\infty} f^*(x,y) \cdot g(x,y) \, dx \, dy.$$

Die Funktionen f, g für die $\langle f, g \rangle = 0$ gilt, nennen wir orthogonal (vergleiche Kapitel 5). Offensichtlich gilt

$$||f||_2^2 = \langle f, f \rangle.$$

Die Grundidee der Transformationscodierung besteht nun darin, das Signal $f(x, y)$ in einer neuen *Basis* darzustellen, d.h. wir schreiben

$$f(x, y) = \int_u \int_v F(u, v) \cdot \Phi_{u,v}(x, y)\, du\, dv.$$

Die (im allgemeinen komplexwertige) Funktion $F(u, v)$ nennen wir die Transformierte der Funktion $f(x, y)$, das Tupel (u, v) werden wir als Frequenz bezeichnen. Die Basisfunktionen sind dabei idealerweise orthogonal, d.h. es gilt

$$\langle \Phi_{u,v}(x, y), \Phi_{u',v'}(x, y) \rangle = 0 \text{ für } (u, v) \neq (u', v').$$

Die allgemeine Beschreibung verwenden wir, da es für die Idee unerheblich ist, ob man Cosinus-, Wavelet- oder Fourier-Transformation verwendet. Ein Beispiel für die Basis-Funktionen $\Phi_{u,v}$ ist

$$\Phi_{u,v}(x, y) = c \cdot e^{-j2\pi(ux+vy)}.$$

In diesem Fall is $F(u, v)$ die zwei-dimensionale Fouriertransformierte von $f(x, y)$, wobei c eine Normierungskonstante ist.

Die Grundidee sieht so aus: Anstatt dem abgetasteten und anschließend quantisierten Signal $f(x, y)$ wird das abgetastete (und quantisierte) Spektrum gespeichert. Um eine Kompression der Daten zu erreichen, werden entsprechend der nichtgleichmäßigen Quantisierung bei Sprache die höheren Frequenzen mit weniger Quantisierungsstufen quantisiert.

Die Anwendbarkeit dieses Verfahrens beruht auf folgender Annahme: Wenn sich die Funktion $f(x, y)$ nur hinreichend langsam ändert, befindet sich der Großteil der Energie im unteren Teil des Spektrums. (wir werden diesen Sachverhalt später noch genauer betrachten). Formal können wir dies beschreiben, dass wir für ein kleines α zwei Konstanten u_0 und v_0 finden, für die gilt

$$\int_{|u| \leq u_o} \int_{|v| \leq v_0} |F(u, v)|^2\, du\, dv = (1 - \alpha) \cdot ||f||_2^2.$$

Das Bild 4.18 illustriert diesen Sachverhalt an einem eindimensionalen Beispiel. Die

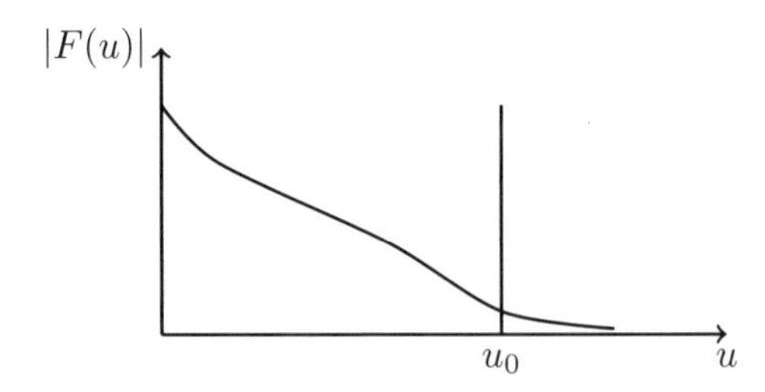

Bild 4.18: *Energie des Signals* $|F(u)|$

Fläche unter der dargestellten Kurve $|F(u)|$ links von u_0 repräsentiert einen großen Teil der Gesamtenergie des Signals.

Die unteren Frequenzen tragen also die „meiste Information ". Dies wird ersichtlich, wenn wir f mit der Funktion

$$h(x,y) := \int_{|u|<u_0} \int_{|v|<v_0} F(u,v) \cdot \Phi_{u,v}(x,y)\, du\, dv,$$

approximieren d.h. wir quantisieren die oberen Frequenzen mit der Quantisierungsstufe 0. Der mittlere quadratische Fehler e^2 dieser Approximation ist

$$\begin{aligned} e^2 &= \int\int (h(x,y) - f(x,y))^2\, dx\, dy = ||h(x,y) - f(x,y)||_2^2 \\ &= ||H(u,v) - F(u,v)||_2^2 \\ &= \int_{|u|>u_o} \int_{|v|>v_0} |F(u,v)|^2\, du\, dv \\ &= ||f(x)||_2^2 - (1-\alpha) \cdot ||f(x)||_2^2 \\ &= \alpha ||f(x)||_2^2. \end{aligned}$$

Klar ist, dass die Approximation nur verbessert werden kann, falls wir die Frequenzen mit mehr Stufen quantisieren. Wir wollen nun noch die oben verwendete Annahme untersuchen. Wir beschränken uns dabei auf den eindimensionalen Fall der Fourier-Transformation. Die Änderung eines Signal wird durch der Ableitung bestimmt. Ein Maß für die durchschnittliche Änderung ist dann die über den gesamten Defintionsbereich gemittelte quadratische Ableitung. Sei also $f(x)$ unser Signal, so betrachten wir

$$\begin{aligned} \int f'(x)^2 dx &= ||f'(x)||_2^2 \\ &= ||j2\pi u \cdot F(u)||_2^2 \\ &= 4\pi^2 \cdot ||u \cdot F(u)||_2^2 \\ &= 4\pi^2 \int |u|^2 |F(u)|^2\, du. \end{aligned}$$

Die linke Seite der Gleichung kann nur klein gemacht werden, falls $|F(u)|^2$ für große u klein wird, da $|F(u)|^2$ mit u^2 gewichtet ist. Eine Anwendung dieses Prinzips stellt das bereits erwähnte JPEG Verfahren dar. Ein zu komprimierendes Bild wird in Rechtecke unterteilt (in der Regel 8 mal 8 Pixel). Jedes dieser Rechtecke wird nun mit Hilfe der sogenannten diskreten Cosinus-Transformation in den Frequenzbereich überführt, d.h.

$$\begin{aligned} F(u,v) = \alpha(u)\alpha(v) \sum_{x=0}^{7} \sum_{y=0}^{7} f(x,y) \cos\left(\frac{\pi}{8}(x+\frac{1}{2})u\right) \cdot \\ \cdot \cos\left(\frac{\pi}{8}(x+\frac{1}{2})v\right) \end{aligned}$$

(α ist eine Funktion zur Normalisierung). Je nach Kompressionsfaktor werden dann die unterschiedlichen Spektral-Koeffizienten quantisiert zu

$$QF(u,v) = \text{round}\left(\frac{16F(u,v)}{W(v,u)q_s}\right).$$

Die Konstante $q_s \in [0, 100]$ nennen wir den *quantiser scale*, $W(u, v)$ ist eine vom JPEG Standard definierte 8×8 Matrix, deren Einträge jeweils monoton wachsend sind in u und v (für höhere Frequenzen werden weniger Quantisierungsstufen verwendet). Die so quantisierten Koeffizienten werden anschließend einer Codierung für gedächtnislose Quellen wie im vorigen Abschnitt beschrieben unterzogen. In Bild 4.19 sehen wir ein illustratives Beispiel. Das Bild wurde in 30 mal 8x8 Pixel breite Spalten unterteilt. Von links nach rechts wurde dabei die Kompressionsrate erhöht. Das unter dem Bild angegebene Diagramm zeigt den Wert q_s der von 80 auf ca. 2 abfällt.

Bild 4.19: *Energie des Signals* $|F(u)|$

Die Beobachtung, dass sich in fast allen Filmen von einem zum nächsten Bild nicht viel ändert, wird beim MPEG Standard ausgenutzt, indem die Differenz zum letzten Bild durch wenige Bits beschrieben wird. Auf dieser Tatsache beruht das Verfahren, zunächst ein komplettes Bild zu speichern und danach für einige Bilder nur die Änderungen zum letzten Bild. Dieses Verfahren bringt eine erhebliche Datenreduktion. Wie häufig das komplette Bild eingefügt werden muss, wurde bei der Standardisierung auf Grund vieler empirischer Versuche festgelegt, bei denen die subjektive Qualität durch Testseher bewertet wurde.

4.5 Anmerkungen

Wir haben in diesem Kapitel eine Einführung in die Problematik und Methoden der Quellencodierung gegeben. Im Mittelpunkt stand Shannons Quellencodiertheorem, welches eine fundamentale Schranke der Quellencodierung beschreibt. Die Verfahren zur verlustlosen Codierung von gedächtnislosen Quellen waren der Shannon-Fano-Codierer, der Huffman Codierer und die arithmetische Codierung. Die letzten beiden sind in sehr vielen Standards zu finden, wie etwa Fax, JPEG, MPEG. Sehr viele Quellen, wie Sprache oder Bilder sind jedoch nicht gedächtnislos, können dann aber verlustbehaftet codiert werden, ohne den subjektiven Eindruck zu stark zu verschlechtern. Dazu haben wir die drei Prinzipien nichtgleichmäßige Quantisierung, lineare Prädiktion und Transformationscodierung beschrieben. Wir sind jedoch nicht detailliert auf die Verfahren eingegangen, da dies den Rahmen sprengen würde.

Eine schöne Einführung in die Informationstheorie findet sich in [Ren82]. Sie ist aus Sicht eines Studenten geschrieben, der eine Vorlesung zur Informationstheorie besucht und seine Eindrücke schildert. Eine Einführung in elementare Informationstheorie und Quellencodierung für Gymnasiasten ist [BB10].

Wie bereits erwähnt sind die Sprach-, Bild- und Video-Codierung jeweils eigene wissenschaftliche Gebiete und deren Verfahren sind präzise in eigenen Lehrbüchern beschrieben. Weitere Verfahren zur Quellencodierung finden sich u.a. in [CT06], einem der Standardlehrbücher der Informationstheorie. Ein grundlegendes Lehrbuch zur Sprachcodierung ist [VHH98]. Die Bildcodierung wird in [Str09] genauer beschrieben, und weitere Verfahren zur Videocodierung sind dort ebenfalls zu finden.

4.6 Literaturverzeichnis

[BB10] Bossert, Martin ; Bossert, Sebastian: *Mathematik der digitalen Medien.* Berlin, Offenbach : VDE-Verlag, 2010. – ISBN 978-3800731374

[CT06] Cover, Thomas M. ; Thomas, Joy A.: *Elements of Information Theory 2nd Edition.* 2. Wiley-Interscience, 2006. – ISBN 978-0-471-24195-9

[Fan66] Fano, R. M.: *Informationsübertragung: Eine statistische Theorie der Nachrichtenübertragung.* München : Oldenburg Verlag, 1966

[Mas98] Massey, J. L.: *Applied Digital Information Theory.* Schweiz : Vorlesungsmanuskript, ETH Zürich, 1998

[Ren82] Renyi, Alfred: *Tagebuch über die Informationstheorie.* Basel : Birkäuser, 1982. – ISBN 978-3764310066

[Sha48] Shannon, C. E.: A Mathematical Theory of Communications. In: *Bell Syst. Tech. J.* 27 (1948), S. 379–423, 623–656

[Str09] Strutz, Tilo: *Bilddatenkompression: Grundlagen, Codierung, Wavelets, JPEG, MPEG, H.264.* Stuttgart : Teubner, Leipzig, 2009. – ISBN 978-3834804723

[VHH98] VARY, Peter ; HEUTE, Ulrich ; HESS, Wolfgang ; BOSSERT, Martin (Hrsg.) ; FLIEGE, Norbert (Hrsg.): *Digitale Sprachsignalverarbeitung.* Stuttgart, Leipzig : Teubner, 1998. – ISBN 978-3519061656

[VM06] VARY, Peter ; MARTIN, Rainer: *Digital Speech Transmission: Enhancement, Coding And Error Concealment.* John Wiley & Sons, 2006. – ISBN 0470031743

4.7 Übungsaufgaben

Codebaum

Aufgabe

Gegeben sei eine gedächtnislose Quelle, deren mögliche Ausgangssymbole x_i, $i = 1, \ldots, 8$ die Buchstaben A bis H sind. X sei dabei eine Zufallsvariable, die diese Quelle beschreibt. Die einzelnen Symbole treten dabei mit den folgenden Wahrscheinlichkeiten auf:

i	1	2	3	4	5	6	7	8
x_i	A	B	C	D	E	F	G	H
$P(X = x_i)$	0,2	0,05	0,01	0,1	0,4	0,1	0,06	0,08

Tabelle 4.3: *Aufgabe Codebaum*

a) Berechnen Sie die Unsicherheit $H(X)$ der Quelle bzw. der Zufallsvariablen X.

b) Konstruieren Sie einen präfixfreien Shannon-Fano Code um diese Quelle zu codieren. Geben Sie dabei für jedes Symbol x_i ($i = 1, \ldots, 8$) das zugehörige Codewort an und zeichnen Sie den Codebaum.

c) Bestimmen Sie die mittlere Codewortlänge $E(\omega_i)$ ihres Shannon-Fano Codes, wobei ω_i die Länge des Codewortes ist, das zum Symbol x_i gehört.

d) Welchen Buchstaben könnte man kürzere Codewörter zuordnen, ohne die Eigenschaft der Präfixfreiheit zu verletzen? Verschieben Sie in Ihrem Codebaum aus b) diese Buchstaben an dazu geeignete Knoten im Codebaum. Der Code, der durch den neuen Codebaum dargestellt wird, soll folgende Eigenschaften erfüllen:

- Der Code ist präfixfrei
- Die Kraft-Ungleichung ist mit Gleichheit erfüllt, d.h. $\sum_{i=1}^{8} 2^{-\omega_i} = 1$
- Die mittlere Codewortlänge $E(\omega_i)$ ist kleiner als die Ihres ursprünglichen Shannon-Fano Codes

Geben Sie außerdem die mittlere Codewortlänge $E(\omega_i)$ des neuen Codes an.

Lösung

a) $H(X) = 2,4751$

c) $E(\omega_i) = 3,1400$

Unsicherheit (Entropie) eines Würfel

Aufgabe

Gegeben sei ein normaler Würfel mit den Augenzahlen 1 bis 6, die alle gleich wahrscheinlich sind. X_i seien Zufallsvariablen, die die geworfene Augenzahl beim i-ten Wurf angeben.

a) Der Würfel wird einmal geworfen. Berechnen Sie die Unsicherheit $H(X_1)$ der Zufallsvariable X_1 und die Anzahl der im Mittel nötigen Bits, um die Zufallsvariable X_1 mit einem Shannon-Fano Codierer zu codieren.

b) Nun wird der Würfel zwei Mal geworfen. Berechnen Sie die Unsicherheit $H(X_1, X_2)$ des Vektors (X_1, X_2).

c) Wie groß ist im Unterschied zu Teilaufgabe b) die Unsicherheit der Zufallsvariable $Y = X_1 + X_2$, welche die Summe der geworfenen Augenzahlen angibt. Erklären Sie diesen Unterschied kurz. Berechnen Sie außerdem die Anzahl der im Mittel zur Codierung nötigen Bits, wenn zur Codierung von Y ein Shannon-Fano Codierer verwendet wird.

d) Der Würfel wird ein Mal geworfen. Ist die Augenzahl 6, dann wird erneut gewürfelt. Bei jeder weiteren 6 wird ebenfalls nochmal gewürfelt. Zeigt der Würfel eine Augenzahl von 1 bis 5 wird mit Würfeln aufgehört. Die Zufallsvariable Z gibt die Summe aller gewürfelten Zahlen an. Bestimmen Sie den Erwartungswert $E(Z)$ und die Unsicherheit $H(Z)$.

Lösung

a) $H(X_1) = 2,585$

$E(\omega_i) = 3$

b) $H(X_1, X_2) = 5,170$

c) $H(Y) = 3,2744$ $E(\omega_i) = 3,778$

d) $E(Z) = 4,2$

$H(Z) = 3,1020$

Unsicherheit und Huffman Code

Aufgabe

In der folgenden Aufgabe sollen Methoden der Quellencodierung betrachtet werden.

a) In der nachfolgenden Tabelle sind die Codewörter von drei unterschiedlichen Quellencodes A, B und C aufgeführt. Welcher bzw. welche der Codes ist eindeutig decodierbar?

Code A	{0 , 10 , 11}
Code B	{01 , 10 , 11}
Code C	{0 , 1 , 11}

Tabelle 4.4: *Aufgabe Huffman Code*

Code A aus Teilaufgabe a) kann zur Codierung einer gedächtnislosen, ergodischen Quelle mit Ausgangsalphabet $\{a, b, c\}$ und den zugehörigen Wahrscheinlichkeiten $P(a) = 0,7$, $P(b) = 0,25$ und $P(c) = 0,05$ verwendet werden, die durch eine Zufallsvariable U beschrieben werden kann.

b) Bestimmen Sie die Unsicherheit $H(U)$ der beschriebenen Quelle.

c) Ordnen Sie die Codeworte von Code A den Ausgangssymbolen zu, sodass sich eine möglichst geringe mittlere Codewortlänge ergibt. Diese Codierung entpricht einer Huffman Codierung der beschriebenen Quelle. Bestimmen Sie die mittlere Codewortlänge $E_1[W]$.

Ein erweiterter Huffman Code kann konstruiert werden, wenn immer zwei aufeinanderfolgende Ausgangssymbole gemeinsam codiert werden, d.h. man betrachtet eine Quelle mit den Ausgangssymbolen {aa , ab , ac, ba, bb, bc, ca, cb, cc}.

d) Mit welchen Wahrscheinlichkeiten treten die Buchstabenpaare bei der oben beschriebenen Quelle auf?

e) Konstruieren Sie nun einen binären Huffman Code, um die Buchstabenpaare zu codieren. Geben Sie für jedes Buchstabenpaar das zugehörige Codewort an.

f) Bestimmen Sie die mittlere Codewortlänge pro Symbol (einzelner Buchstabe!) $E_2[W]$ des erweiterten Huffman Codes.

g) Vergleichen Sie $E_1[W]$ mit $E_2[W]$ und erklären Sie die unterschiedlichen Werte.

Lösung

b) $H(U) = 1,076$

c) Codewortlängen $w_i = \lfloor \log_2 \left(\frac{1}{P(u_i)} \right) \rfloor$
Mittlere Codewortlänge:

Symbol	a	b	c
Codewort	0	10	11
Codewortlänge	1	2	2

Tabelle 4.5: *Aufgabe Codewortlänge*

$$E_1[W] = 1,3$$

d) Auftrittswahrscheinlichkeiten der Buchstabenpaare:

Symbol	Wahrscheinlichkeit	Codewort	w_i	Codewort	w_i
aa	0,49	0	1	0	1
ab	0,175	10	2	10	2
ac	0,035	11100	5	11110	5
ba	0,175	110	3	110	3
bb	0,0625	11101	5	1110	4
bc	0,0125	111110	6	1111110	7
ca	0,035	11110	5	111110	6
cb	0,0125	1111110	7	11111110	8
cc	0,0025	1111111	7	11111111	8

Tabelle 4.6: *Aufgabe Auftrittswahrscheinlichkeiten*

f) Mittlere Codewortlänge des erweiterten Huffman Codes pro Symbol:

$$E_2[W] = 1,104$$

Unsicherheit und Shannon-Fano Code

Aufgabe

In der folgenden Aufgabe sollen Methoden der Quellencodierung betrachtet werden.

a) In der nachfolgenden Tabelle sind die Codewörter von vier unterschiedlichen Quellencodes A, B, C und D aufgeführt. Welcher bzw. welche der Codes ist eindeutig decodierbar? Geben Sie für nicht eindeutig decodierbare Codes jeweils zwei unterschiedliche Codewortsequenzen für die folgende codierte Bitsequenz an: 0011010110.

Code A	{0, 10, 110, 1110, 11110}
Code B	{0, 1, 10, 01, 111}
Code C	{0, 10, 01, 101, 010, 110}
Code D	{00, 01, 10, 11}

Tabelle 4.7: *Aufgabe Auftrittswahrscheinlichkeiten*

Im folgenden sei eine gedächtnislose Quelle gegeben. Die möglichen Ausgangssymbole sowie die dazu gehörenden Auftrittswahrscheinlichkeiten sind in folgender Tabelle gegeben:

Symbol	u_1	u_2	u_3	u_4	u_5
Wahrscheinlichkeit $P(u_i)$	0,48	0,18	0,14	0,11	0,09

Tabelle 4.8: *Aufgabe gedächtnislose Quelle*

b) Bestimmen Sie die Unsicherheit (Entropie) $H(U)$ der Quelle.

c) Konstruieren Sie einen binären Shannon-Fano Code, um Symbole dieser Quelle zu codieren. Geben Sie dazu für jedes Symbol u_i das zugehörige Codewort an und zeichnen Sie den Codebaum.

d) Bestimmen Sie die mittlere Codewortlänge $E_{SF}[W]$ des in Teilaufgabe c) konstruierten Codes.

e) Konstruieren Sie nun einen binären Huffman Code, um Symbole dieser Quelle zu codieren. Geben Sie wiederum für jedes Symbol u_i das zugehörige Codewort an und zeichnen Sie den Codebaum.

f) Bestimmen Sie die mittlere Codewortlänge $E_H[W]$ des in Teilaufgabe e) konstruierten Huffman Codes.

Lösung

b) $H(U) = 2,014$

c) Codewortlängen $w_i = \lceil \log_2 \left(\frac{1}{P(u_i)} \right) \rceil$

Symbol	u_1	u_2	u_3	u_4	u_5
Wahrscheinlichkeit $P(u_i)$	0,48	0,18	0,14	0,11	0,09
Codewortlänge	2	3	3	4	4
Codewort	00	010	011	1000	1001

Tabelle 4.9: *Aufgabe Auftrittswahrscheinlichkeiten*

d) $E_{SF}[W] = 2,72$

f) $E_H[W] = 2,04$

5 Signale, Systeme und Modulationsverfahren

Wir haben im letzten Kapitel besprochen, dass wir Quellen betrachten können, die Daten in Form von Buchstaben aus Alphabeten liefern. Solche Quellen können wir mit Hilfe von Zufallsvariablen beschreiben. Hier werden wir zeigen, wie die Quellensymbole durch Signale repräsentiert und wie diese dann diskretisiert bzw. digitalisiert werden können. Die Digitalisierung wird hier durchgeführt, um die Signale digital zu verarbeiten, was schaltungstechnische Vorteile besitzt. Bei der verlustbehafteten Quellencodierung im vorherigen Kapitel wurde digitalisiert, um ein Signal mit möglichst wenig diskreten Werten genau genug reproduzieren zu können und dann digital übertragen zu können.

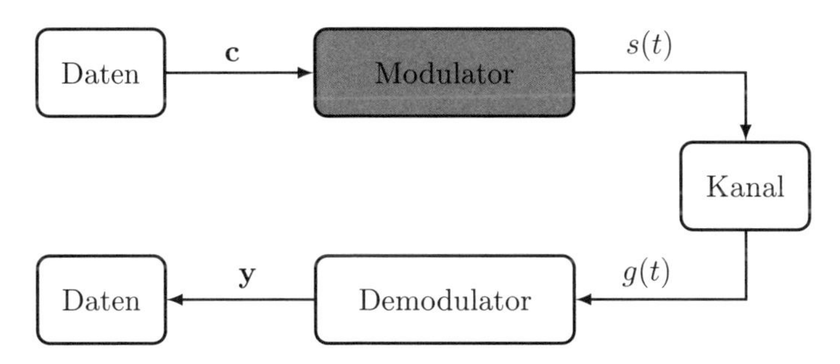

Bild 5.1: *Modulation im Modell der Signaltheorie*

In diesem Kapitel wird davon ausgegangen, dass Wahrscheinlichkeitsrechnung bekannt ist (Anhang A). Um die Signale und deren Eigenschaften mathematisch zu beschreiben und damit rechnen zu können, benötigt man Signal- und Systemtheorie, sowie die Fourier–Transformation, deren elementare Grundlagen in den Anhängen B, C und D eingeführt werden.

Dieses Kapitel ist wie folgt aufgebaut. Zuerst werden die benötigten Notationen zu Signalen und Systemen eingeführt. Danach werden wir uns mit verschiedenen Signalrepräsentationen beschäftigen. Zur Erzeugung von Signalen mit bestimmten Eigenschaften werden wir die Hilbert-Transformation einführen. Das Abtasttheorem wird aus zwei unterschiedlichen Sichtweisen beschrieben. Um die Verbindung zur Informationstheorie aufzuzeigen, werden wir neben der Fourier–Bandbreite zusätzlich die Shannon–Bandbreite definieren und auf deren Zusammenhang eingehen. Anschließend werden wir das relativ neue Verfahren des Compressed Sensing beschreiben. Dabei werden die Daten durch eine verallgemeinerte Abtastung digitalisiert. Die Signale, die auf Leitungen verwendet werden, sind unter dem Namen Leitungscodes bekannt. Einige werden wir erläutern und die unterschiedlichen Verfahren anhand einer beispielhaften Bitfolge veranschaulichen. Danach werden wir die Signale von binären und mehrwertigen digitalen Modulationsverfahren beschreiben, die auch bei drahtloser Übertragung eingesetzt werden. Dazu benötigen wir die Tiefpass–Bandpass–Transformation. Um auch analoge Modulationsverfahren kennenzulernen, die noch vor zwei Jahrzehnten im Mittelpunkt der Nachrichtentechnik standen, werden zum Schluß noch Amplituden- und Frequenzmodulation erörtert.

5.1 Signale und Systeme

Ein kontinuierliches Signal ist eine Funktion der kontinuierlichen (reelen) Zeit und der Wertebereich kann komplex, reel, rational oder ein ganze Zahl sein. Man kann ein Signal auch als Funktion von Ort und Zeit beschreiben, aber wir wollen den Ort als konstant annehmen. Diskrete Signale sind entsprechend eine Funktion der diskreten Zeit.

Definition 5.1 *Signal.*

Ein Signal ist eine Funktion der kontinuierlichen Zeit $t \in \mathbb{R}$ oder der diskreten Zeit $k \in \mathbb{Z}$:

$$s(t) \in \mathbb{C}, \mathbb{R}, \mathbb{Q}, \mathbb{Z}, \;\; t \in \mathbb{R} \quad \text{oder} \quad s[k] \in \mathbb{C}, \mathbb{R}, \mathbb{Q}.\mathbb{Z}, \;\; k \in \mathbb{Z}.$$

Zur Veranschaulichung zeigt Tabelle 5.1 die übliche Klassifizierung von Signalen. Daraus wird ersichtlich, dass analoge Signale zeit- und wertkontinuierlich und digitale Signale zeit- und wertdiskret sind.

Signale und Systeme aus Sicht der Informationstheorie

In Abschnitt 3.1 haben wir beschrieben, dass neben Text auch Sprache, Bilder und Filme als digitale Daten vorliegen, und in Kapitel 4 wurden die Prinzipien der Digitalisierung eingeführt. Wir wollen hier davon ausgehen, dass die Daten bereits quellencodiert sind und als diskrete Symbole $\mathbf{c}$ entsprechend Bild 5.1 vorliegen. Die anschließende Modulation bildet die Symbole auf kontinuierliche Signale ab. Signale werden also benutzt, um diskrete Symbole physikalisch zu realisieren. Dafür benötigt man ausschließlich deterministische Signale, denn jedes diskrete Symbol wird jeweils durch ein bestimmtes Signal, oft auch Elementarsignal genannt, realisiert, das vollständig bekannt ist. Wir können die Symbole c_i aus dem Alphabet $\mathcal{A}$ als Zufallsvariable auffassen. Die Kardinalität $|\mathcal{A}|$ des Alphabets ist die Anzahl der unterscheidbaren deterministischen Elementar-Signale, die man benötigt, um alle diskreten Symbole repräsentieren zu können. Die Wahrscheinlichkeit mit der die entsprechenden Signale auftreten, entspricht damit der Wahrscheinlichkeitsdichte der Zufallsvariablen.

Es sei angemerkt, dass diese informationstheoretische Betrachtungsweise eine Vereinfachung ergibt. Es werden stochastische diskrete Symbole betrachtet, die durch deterministische Signale repräsentiert werden. Daher kann man auf die Theorie der kontinuierlichen stochastischen Signale an dieser Stelle verzichten. Benötigt werden kontinuierliche stochastische Signale jedoch zur Beschreibung bestimmter Kanäle in Kapitel 6.

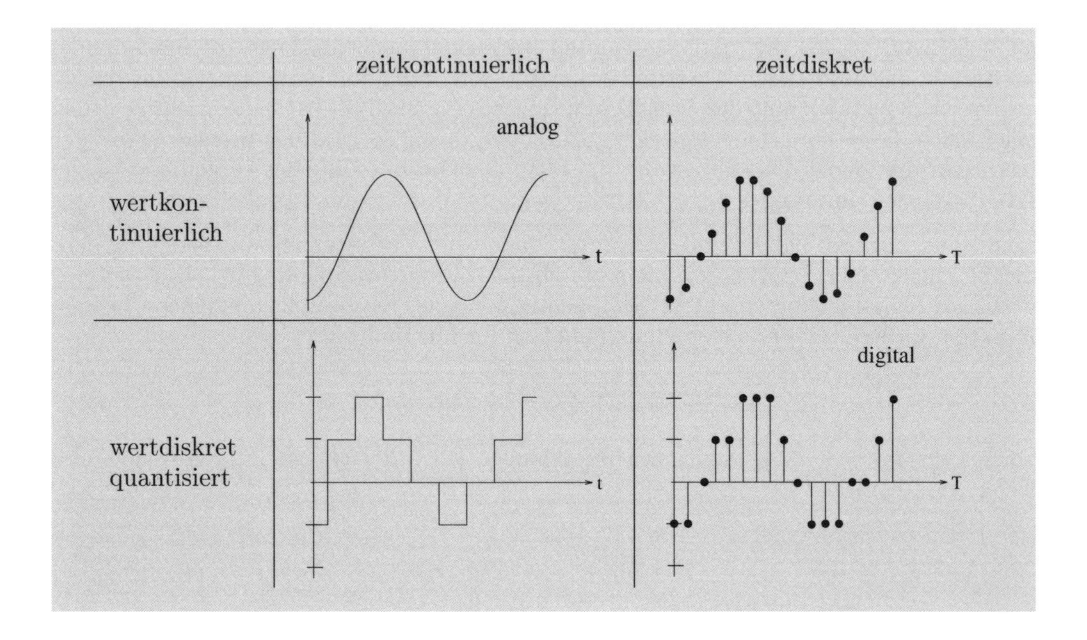

Tabelle 5.1: *Klassifizierung von Signalen*

Zur Repräsentation von diskreten Symbolen benötigt man nur deterministische Signale. Eine Folge von Daten–Symbolen ist eine Folge von Werten einer Zufallsvariable und somit ein diskretes stochastisches Signal mit endlich vielen Werten. Die Störungen bestimmter Übertragungskanäle werden durch diskrete und kontinuierliche stochastische Signale beschrieben.

Prinzipiell kann ein einzelnes deterministisches Signal entsprechend Definition 4.7 keine Information enthalten, denn das Signal ist vollständig bekannt. Die Wahrscheinlichkeit ist damit 1 und die Unsicherheit 0. Die Unsicherheit ergibt sich jedoch dadurch, dass unterschiedliche deterministische Signale Daten–Symbole repräsentieren, die Zufallsvariablen sind. Die Unsicherheit der Signale entspricht der Unsicherheit der Daten–Symbole und ist identisch mit der Unsicherheit der Zufallsvariablen.

Signale, die Daten–Symbole realisieren, besitzen sinnvollerweise nur eine endliche Energie. Damit brauchen wir nur sogenannte Energiesignale zu betrachten, die eine endliche Energie besitzen, wodurch wir nur einen Teil der Signal- und Systemtheorie benötigen. Außerdem werden Systeme als deterministisch angenommen.

Wir wollen nun die elementaren Signale auflisten, die wir in diesem Abschnitt benötigen. Distributionen als Signale sind für die Signal- und Systemtheorie essentiell. Dazu zählen insbesondere der Dirac–Impuls $\delta(t)$ bzw. $\delta[k]$ und die Sprungfunktion $\epsilon(t)$ bzw. $\epsilon[k]$ (siehe Seite 304). Der Dirac-Impuls als Eingangssignal genügt, um ein lineares zeitinvariantes (LTI) System vollständig zu charakterisieren, und die Sprungfunktion kann Signale an beliebigen Stellen an- und ausschalten und somit auch ideale Filter beschreiben. Weitere häufig verwendete Distributionen sind die Signumfunktion $\mathrm{sgn}(t)$, die Rechteckfunktion $\mathrm{rect}(\frac{t}{T})$ und die Dreieckfunktion $\mathrm{tri}(\frac{t}{T})$ bzw. $\Lambda(\frac{t}{T})$. Eine wichtige Rolle spielt auch die si–Funktion $\mathrm{si}(t)$ (siehe Seite 306), da sie die Fourier-Transformierte der Rechteckfunktion ist. Die Abtastung eines Signals wird mit Hilfe der Dirac–Impulsfolge $Ш_T(t)$, auch Kamm- oder Scha-Funktion genannt, durchgeführt (siehe Seite 306).

Sinus- und Cosinus-Signale sind Eigenfunktionen von LTI-Systemen, was bedeutet, dass die Frequenz einer Schwingung nicht durch das System verändert wird. Ein weiteres wichtiges Signal ist die komplexe Exponentialfunktion. Sie besteht aus einer Cosinus-Funktion im Realteil und einer Sinus-Funktion im Imaginärteil:

$$e^{j2\pi f_0 t} = \cos(2\pi f_0 t) + j\sin(2\pi f_0 t).$$

Setzen wir $f_0 t = 1/2$, so ergibt sich die schönste Form der Gleichung, die sogenannte Eulersche Identität[1].

Eulersche Identität: $e^{j\pi} + 1 = 0$

Die wichtigsten Rechenoperationen bei Signalen sind die Faltung, das Skalarprodukt und die Korrelation (siehe Seite 308). Für zwei Signale $x(t)$ und $y(t)$ werden wir die **Faltung** mit $x(t) * y(t)$ bezeichnen. Sie ist definiert durch

$$w(t) = x(t) * y(t), \qquad w(t) = \int_{-\infty}^{\infty} x(\tau)\, y(t-\tau)\, d\tau.$$

Die Faltung ist kommutativ, und der Dirac-Impuls ist das neutrale Element der Faltung, d.h.:

$$\delta(t) * x(t) \;=\; \int_{-\infty}^{\infty} \delta(\tau)\, x(t-\tau)\, d\tau \;=\; x(t).$$

Das **Skalarprodukt** wird mit $\langle x(t), y(t)\rangle$ bezeichnet und ist definiert durch

$$\langle x(t), y(t)\rangle = \int_{-\infty}^{\infty} x^*(t) y(t) dt.$$

[1]Diese Gleichung geht auf Euler zurück und die Mathematiker haben die Formel, die Euler im 18ten Jahrhundert in Berlin gefunden hat, zur schönsten bekannten Gleichung gewählt Die Gleichung verknüpft 5 fundamentale mathematische Größen: Die Eins und die Null, aus denen alle Zahlen gebildet werden können. Die Kreiszahl π, die man benötigt, um Eigenschaften von Kreisen zu beschreiben. Die natürliche Zahl e (= 2.7181...), die in sehr vielen Bereichen der mathematischen Modellierung eine zentrale Rolle spielt. Schießlich j, die Wurzel aus -1, zur Einführung der komplexen Zahlen, damit alle Gleichungen gelöst werden konnten.

Die **Korrelation** oder auch **Kreuzkorrelation** wird berechnet durch

$$\varphi_{xy}(\tau) = \langle x(t), y(t+\tau)\rangle = \int_{-\infty}^{\infty} x^*(t)\, y(t+\tau)\, dt = x^*(-t) * y(t)\Big|_{t=\tau}.$$

Speziell gilt

$$\varphi_{xy}(0) = \langle x(t),\, y(t)\rangle.$$

Wie bereits erwähnt, werden wir davon ausgehen, dass die Signale endliche Energie besitzen, also $\varphi_{xy}(0)$ endlich ist (siehe Seite 309).

Die Fourier-Transformation eines Signals (siehe Seite 311) liefert das Spektrum des Signals, das angibt, welche Frequenzanteile im Signal enthalten sind. Einige Eigenschaften der Fourier-Transformation sind in Tabelle 5.3 zusammengefasst. Besonders wichtige Eigenschaften in der Nachrichtentechnik sind:

- Modulation (Frequenzverschiebung),
- Faltungssatz (Multiplikation/Faltung im Zeit- und Frequenzbereich) und
- Theorem von Parseval.

Bei der *Modulation* (Frequenzverschiebungssatz) wird ein Zeitsignal mit einer komplexen Exponentialfunktion der Frequenz f_0 multipliziert, wodurch sich das Spektrum um f_0 verschiebt. Zur Analyse und Synthese von Systemen ist der Faltungssatz (Faltung und Multiplikation in Tabelle 5.3) der Fourier-Transformation extrem hilfreich. Er besagt, dass eine Faltung im Zeitbereich einer Multiplikation im Frequenzbereich entspricht und umgekehrt. Das *Theorem von Parseval* (Tabelle 5.3) besagt, dass die Energie eines Signals sowohl im Zeitbereich als auch im Frequenzbereich berechnet werden kann.

Die Eigenschaften der Fourier-Transformation können genutzt werden, um Korrespondenzen zu berechnen, die man nicht direkt bestimmen kann oder um aus bekannten Korrespondenzen neue abzuleiten. Die wichtigsten Korrespondenzen der Fourier-Transformation sind in Tabelle 5.2 angegeben.

Wir wollen nun lineare, zeitinvariante Systeme betrachten. Nach der englischen Übersetzung "Linear Time Invariant" heißen sie LTI-Syteme. Seien $x(t)$, $y(t), t \in \mathbb{R}$ analoge Signale, also wert- und zeitkontinuierlich. In Bild 5.2 ist ein LTI-System grafisch dargestellt. Das Eingangssignal $x(t)$ wird durch das System auf das Ausgangssignal $y(t)$ abgebildet. Die Systemantwort wollen wir im Folgenden formal durch die Abbildung $y(t) = \mathcal{H}\{x(t)\}$ beschreiben.

Wir werden zunächst Linearität und Zeitinvarianz zusammen mit weiteren Eigenschaften mathematisch definieren. In der Nachrichtentechnik werden LTI-Systeme zur Beschreibung von Filtern, Frequenzverschiebungen, Korrelatoren, Kanälen etc. benutzt.

$y(t)$	$Y(f)$
$\delta(t)$	1
1	$\delta(f)$
$\epsilon(t)$	$\frac{1}{2}\,\delta(f) + \frac{1}{j\,2\pi f}$
$\mathrm{sgn}(t)$	$\frac{1}{j\,\pi f}$
$\mathrm{rect}(\frac{t}{T})$	$\lvert T\rvert \cdot \mathrm{si}(\pi T f)$
$\Lambda(\frac{t}{T})$	$\lvert T\rvert \cdot \mathrm{si}^2(\pi T f)$
$\mathrm{si}(\pi\frac{t}{T})$	$\lvert T\rvert \cdot \mathrm{rect}(T f)$
$e^{-a^2t^2}$	$\mathrm{e}\frac{\sqrt{\pi}}{a} \cdot e^{-\frac{\pi^2 f^2}{a^2}}$
$e^{-\frac{\lvert t\rvert}{T}}$	$\frac{2\,T}{1+(2\pi T f)^2}$
$e^{j\,2\pi f_0 t}$	$\delta(f - f_0)$
$\cos(2\pi f_0\, t)$	$\frac{1}{2}\Big[\delta(f+f_0) \;+\; \delta(f-f_0)\Big]$
$\sin(2\pi f_0\, t)$	$\frac{1}{2}\,j\Big[\delta(f+f_0) \;-\; \delta(f-f_0)\Big]$
$Ш_T(t) = \sum_{k=-\infty}^{\infty} \delta(t-kT)$	$\frac{1}{\lvert T\rvert}\,Ш_{\frac{1}{T}}(f) = \frac{1}{\lvert T\rvert}\sum_{k=-\infty}^{\infty} \delta(f-\frac{k}{T})$

Tabelle 5.2: *Korrespondenzen der Fourier-Transformation*

	Zeitbereich	Frequenzbereich
Linearität	$c_1\, y_1(t) + c_2\, y_2(t)$	$c_1\, Y_1(f) + c_2\, Y_2(f)$
Faltung	$y_1(t) * y_2(t)$	$Y_1(f) \cdot Y_2(f)$
Multiplikation	$y_1(t) \cdot y_2(t)$	$Y_1(f) * Y_2(f)$
Verschiebung	$y(t - t_0)$	$Y(f) \cdot e^{-j\,2\pi f t_0}$
Modulation	$y(t) \cdot e^{j\,2\pi f_0 t}$	$Y(f - f_0)$
Differentiation	$\frac{d^n}{dt^n}\, y(t)$	$(j2\pi f)^n \cdot Y(f)$
Ähnlichkeit	$y(at)$	$\frac{1}{\lvert a \rvert} \cdot Y(\frac{f}{a})$
konj. kompl. Funktion	$y^*(\pm t)$	$Y^*(\mp f)$
Theorem von Parseval	$\langle x(t), y(t) \rangle \;=\; \langle X(f), Y(f) \rangle$	

Tabelle 5.3: *Eigenschaften der Fourier-Transformation*

Prinzipiell unterscheidet man FIR (finite impuls response) und IIR (infinite impuls response) Systeme, je nachdem ob die Impulsantwort endliche Länge besitzt oder nicht (siehe ab Seite 323). Mit Hilfe der Fourier-Transformation lassen sich auch IIR Systeme beschreiben. Dazu benutzt man die Übertragungsfunktion, die die Transformierte der Impulsantwort ist. Wie bereits erwähnt, sind Sinus- und Cosinus-Funktionen Eigenfunktionen von LTI-Systemen, und deren Frequenz wird damit nicht verändert.

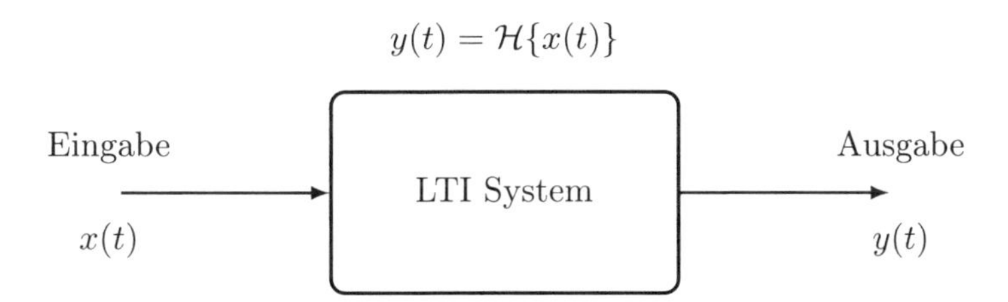

Bild 5.2: *LTI-System*

Wir beschreiben jetzt die Begriffe Linearität und Zeitinvarianz, die wir zunächst mathematisch definieren werden. Sei $y_1(t)$ die Antwort des Systems auf das Eingangssignal $x_1(t)$, d.h. $y_1(t) = \mathcal{H}\{x_1(t)\}$, entsprechend für $x_2(t), y_2(t)$.

Definition 5.2 *Linearität.*

Ein System ist linear, wenn die Antwort des Systems auf eine Linearkombination der Eingänge $x_1(t)$ und $x_2(t)$ gleich einer Linearkombination der Ausgänge $y_1(t) = \mathcal{H}\{x_1(t)\}$ und $y_2(t) = \mathcal{H}\{x_2(t)\}$ ist, d.h.

$$\mathcal{H}\{a_1\, x_1(t) + a_2\, x_2(t)\} \;=\; a_1\, \mathcal{H}\{x_1(t)\} + a_2\, \mathcal{H}\{x_2(t)\}.$$

Die Linearität ist eine wichtige Eigenschaft in den Ingenieurwissenschaften, da man damit einfacher rechnen kann.

Der Umgang mit Systemen, die ihr Verhalten mit der Zeit ändern, ist extrem schwierig. Deshalb arbeitet man mit zeitinvarianten Systemen.

Definition 5.3 *Zeitinvarianz.*

Ein System ist zeitinvariant, wenn es auf ein zeitverschobenes Eingangssignal mit dem gleichen, entsprechend verschobenen Ausgangssignal antwortet

$$\mathcal{H}\{x(t)\} \;=\; y(t) \quad \Longleftrightarrow \quad \mathcal{H}\{x(t-t_0)\} \;=\; y(t-t_0).$$

Impulsantwort, System-/Übertragungs-Funktion

Zur systemtheoretischen Charakterisierung von LTI-Systemen definieren wir nun die Impulsantwort und die Systemfunktion. Die Impulsantwort $h(t)$ bzw. $h[k]$ eines Systems ist das Ausgangssignal, wenn als Eingangssignal ein Dirac–Impuls angelegt wird, also $h(t) = \mathcal{H}\{\delta(t)\}$ bzw. $h[k] = \mathcal{H}\{\delta[k]\}$. Die Systemfunktion oder auch Übertragungsfunktion $H(f)$ ist die Fourier-Transformierte der Impulsantwort $h(t)$.

Unter Ausnutzung der beschriebenen Eigenschaften können wir die Antwort eines Systems auf eine Eingabe wie folgt ableiten. Ausgehend von der Impulsantwort

$$h(t) = \mathcal{H}\{\delta(t)\}$$

gilt wegen der Zeitinvarianz, dass ein um τ verschobener Dirac-Impuls die um τ verschobene Impulsantwort ergibt:

$$h(t-\tau) = \mathcal{H}\{\delta(t-\tau)\}.$$

Wegen der Linearität können wir mit dem konstanten Faktor $x(\tau)$ multiplizieren und erhalten:

$$x(\tau)h(t-\tau) = \mathcal{H}\{x(\tau)\delta(t-\tau)\}.$$

Wir integrieren nun über alle Werte und erhalten

$$\int_{-\infty}^{\infty} x(\tau)h(t-\tau)d\tau = \mathcal{H}\left\{\int_{-\infty}^{\infty} x(\tau)\delta(t-\tau)d\tau\right\} = \mathcal{H}\{x(t)\} = y(t).$$

Wir erkennen die Faltungsoperation und haben ausgenutzt, dass der Dirac-Impuls das neutrale Element der Faltung ist, also $x(t) * \delta(t) = x(t)$. Das Ausgangssignal $y(t)$ eines LTI-Systems im Zeitbereich kann damit aus der Faltung des Eingangssignals mit der Impulsantwort berechnet werden

$$y(t) = x(t) * h(t) = \int_{-\infty}^{\infty} x(\tau)\, h(t-\tau)\, d\tau.$$

Wie oben eingeführt, ist die Übertragungsfunktion (auch Systemfunktion) $H(f)$ die Fouriertransformation der Impulsantwort $h(t)$: $h(t) \circ\!\!-\!\!\bullet\, H(f)$, d.h.

$$H(f) = \int_{-\infty}^{\infty} h(t)\, e^{-j2\pi f t}\, dt.$$

Mit dem Faltungssatz der Fouriertransformation berechnet sich das Ausgangssignal des Systems im Frequenzbereich $Y(f)$ aus der Multiplikation des Zeitsignals im Frequenzbereich $X(f)$ und der Übertragungsfunktion $H(f)$.

$$y(t) = x(t) * h(t) \;\circ\!\!-\!\!\bullet\; Y(f) = X(f) \cdot H(f)$$

Die Übertragungsfunktion eines Systems ist der Quotient der Spektren (der Fourier-Transformierten) des Ausgangssignals und des Eingangssignals

$$H(f) = \frac{Y(f)}{X(f)}.$$

Mit der Übertragungsfunktion können IIR Systeme, die eine Unendlich lange Impulsantwort besitzen, kompakt beschrieben werden,

5.2 Signalrepräsentation und Abtastung

Die Symmetrie-Eigenschaften von Signalen lassen sich durch die Einführung der Hilbert-Transformation elegant beschreiben. Danach wollen wir auf die Abtastung eines Signals eingehen, damit wir ein Signal durch eine Menge von diskreten Werten repräsentieren können. Prinzipiell wird die Abtastung im letzten Kapitel zur Quellencodierung von Signalen aus dem gleichen Grund durchgeführt wie hier, bei der Übertragung, nämlich um digitale Signalverarbeitung anwenden zu können. Wir werden die Abtasung in diesem Kapitel beschreiben, obwohl sie im Empfänger zur Anwendung kommt, jedoch auch eine Möglichkeit der Signalrepräsentation darstellt. Die Ideen von Compressed Sensing werden durch eine allgemeine Abtastung eingeführt, die zukünftig eine wichtige Rolle spielen wird.

5.2.1 Hilbert-Transformation

Ist $x(t)$ ein reelles Zeitsignal, so kann es in ein gerades Signal $x_g(t)$ und ein ungerades Signal $x_u(t)$ aufgeteilt werden $x(t) = x_g(t) + x_u(t)$. Dabei gilt: $x_g(t) = x_g(-t)$ und $x_u(t) = -x_u(-t)$. Damit können wir die Fourier-Transformation wie folgt schreiben

$$
\begin{aligned}
X(f) &= \int_{-\infty}^{\infty} x(t)e^{-j2\pi ft}dt \\
&= \int_{-\infty}^{\infty} (x_g(t)+x_u(t))\cos(2\pi ft)dt - j\int_{-\infty}^{\infty} (x_g(t)+x_u(t))\sin(2\pi ft)dt \\
&= \underbrace{\int_{-\infty}^{\infty} x_g(t)\cos 2\pi ft\,dt}_{Re\{X(f)\}} - j\underbrace{\int_{-\infty}^{\infty} x_u(t)\sin 2\pi ft\,dt}_{Im\{X(f)\}}\,.
\end{aligned}
$$

Der Realteil der Fouriertransformierten eines reellen Signals ist eine gerade und der Imaginärteil eine ungerade Funktion, also $Re\{X(f)\} = Re\{X(-f)\}$ und $Im\{X(f)\} = -Im\{X(-f)\}$. Anders ausgedrückt $X(f) = X^*(-f)$ oder äquivalent $|X(f)| = |X(-f)|$, $\arg X(f) = -\arg X(-f)$.

Ein System mit der Impulsantwort $h(t) = \frac{1}{\pi t}$ führt eine Hilbert-Transformation[1] des Eingangssignals $x(t)$ durch. Wegen der Korrespondenzen

$$
\mathrm{sgn}(f) \;\bullet\!\!-\!\!\circ\; -\frac{1}{j\pi t} \quad \text{und} \mathrm{sgn}(t) \;\circ\!\!-\!\!\bullet\; \frac{1}{j\pi f}
$$

ist die Systemfunktion eines Hilbert-Transformators $-j\ \mathrm{sgn}(f)$. Die Faltung $\hat{x}(t) = x(t) * \frac{1}{\pi t}$ wird als Cauchyscher Hauptwert interpretiert, d.h.

$$
\begin{aligned}
x(t) * \frac{1}{\pi t} &= \frac{1}{\pi}\int_{-\infty}^{\infty} x(\tau)\,\frac{1}{t-\tau}\,d\tau \\
&= \lim_{\varepsilon\to 0}\left[\frac{1}{\pi}\int_{-\infty}^{t-\varepsilon} x(\tau)\,\frac{1}{t-\tau}\,d\tau + \frac{1}{\pi}\int_{t+\varepsilon}^{\infty} x(\tau)\,\frac{1}{t-\tau}\,d\tau\right].
\end{aligned}
$$

Wir nennen $\hat{x}$ die Hilbert-Transformierte von x. Im Frequenzbereich bedeutet dies

$$
\hat{X}(f) = -j\,X(f)\cdot \mathrm{sgn}(f) = Im\{X(f)\}\,\mathrm{sgn}(f) - j\,Re\{X(f)\}\cdot \mathrm{sgn}(f).
$$

Definition 5.4 *Hilbert-Transformation reeller Zeitsignale.*

$$
\hat{x}(t) = \mathcal{H}\{x(t)\} = x(t) * \frac{1}{\pi t} \;\circ\!\!\bullet\; -j\,X(f)\,\mathrm{sgn}(f) = \mathcal{H}\{X(f)\} = \hat{X}(f).
$$

[1] Es sei angemerkt, dass die Hilbert-Transformation ein Zeitsignal in ein Zeitsignal transformiert.

Mit Hilfe der Hilbert-Transformation lassen sich Eigenschaften von Signalen beschreiben. Wir wollen dies für analytische und kausale Signale durchführen.

Ein komplexes Signal heißt *analytisch*, wenn es keine negativen Frequenzen im Spektrum besitzt. Dies ist genau dann der Fall, wenn der Imaginärteil des Signals gleich der Hilbert-Transformierten des Realteils des Signals ist. Denn es gilt:

$$s(t) = x(t) + j\hat{x}(t) \quad \circ\!\!-\!\!\bullet \quad X(f) + j\left(-j\mathrm{sgn}(f)X(f)\right) = \begin{cases} 2X(f), & f > 0 \\ 0, & f < 0. \end{cases}$$

Wegen der Symmetrieeigenschaften der Fourier-Transformation ist ein Signal *kausal* (besitzt keine Werte in der negativen Zeit), wenn die Hilbert-Transformierte des Imaginärteils des Spektrums gleich dem Realteil des Spektrums des Signals ist.

$$X(f) + j\hat{X}(f) \quad \bullet\!\!-\!\!\circ \quad x(t) + j\left(-j\mathrm{sgn}(t)x(t)\right) \begin{cases} 2x(t), & t > 0 \\ 0, & t < 0. \end{cases}$$

Die Hilbert-Transformation wird bei diskreten Signalen oft folgendermaßen beschrieben: Sei $x(k)$ eine diskrete, reelle, kausale Folge und $x_g(k)$ deren gerader und $x_u(k)$ deren ungerader Anteil, also

$$\left.\begin{aligned} x_g(k) &= \tfrac{1}{2}\left(x(k) + x(-k)\right) \\ x_u(k) &= \tfrac{1}{2}\left(x(k) - x(-k)\right) \end{aligned}\right\} \text{ für beliebige reelle Folgen.}$$

Wenn $x(k)$ kausal ist gilt jedoch, dass $x(k < 0) = 0$ ist, und damit ist

$$x(k) = \begin{cases} 2\,x_g(k) & k > 0 \\ x_g(0) = x(0) & k = 0 \\ 0 & k < 0 \end{cases} \quad \text{bzw.} \quad x(k) = \begin{cases} 2\,x_u(k) & k > 0 \\ x(0) & k = 0 \\ 0 & k < 0 \end{cases}$$

und entweder $x_g(k)$ oder $x_u(k)$ und $x(0)$ genügen, um $x(k)$ zu bestimmen.

5.2.2 Das Abtasttheorem

Ein analoges Signal $x(t)$ mit einem Spektrum $X(f) = 0$ für $|f| > f_g$, heißt bandbegrenzt, und f_g wird Grenzfrequenz genannt.

Satz 11: *Abtasttheorem.*

Ein auf f_g bandbegrenztes Signal, welches mit einer Frequenz $f_a = \frac{1}{T}$ abgetastet wird, die größer als die doppelte Grenzfrequenz ist ($f_a > 2f_g$), kann eindeutig aus den Abtastwerten rekonstruiert werden. Die Rekonstruktion erfolgt durch Filterung mit einem idealen Tiefpass der Grenzfrequenz $\frac{f_a}{2}$.

Das auf f_g bandbegrenzte Spektrum $X(f)$ des Signals $x(t)$ ist in Bild 5.3 gezeigt.

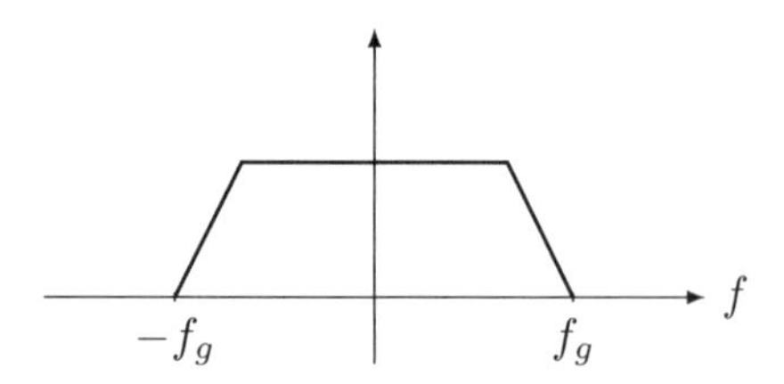

Bild 5.3: *Bandbegrenztes Spektrum eines Signals*

Wir werden die Abtastung im Folgenden veranschaulichen und danach noch beweisen. Eine Abtastung mit der Abtastfrequenz $f_a = \frac{1}{T}$ kann formal durch Multiplikation des Signals mit der Dirac-Impulsfolge geschrieben werden

$$\sum_{k=-\infty}^{\infty} x(kT)\,\delta(t-kT) \;=\; x(t)\cdot Ш_T(t) \;\circ\!\!-\!\!\bullet\; X(f) * \frac{1}{T} Ш_{\frac{1}{T}}(f).$$

Da die Transformierte der Diracimpulsfolge wieder eine Diracimpulsfolge ist, bedeutet eine Abtastung im Zeitbereich eine periodische Wiederholung des Spektrums im Frequenzbereich. Dies folgt aus der Tatsache, dass ein Diracimpuls das neutrale Element der Faltung ist und somit das Spektrum $X(f)$ an jedem Diracimpuls der Scha-Funktion auftritt. Zur Verdeutlichung des Abtasttheorems unterscheiden wir den Fall, dass die Abtastrate $\frac{1}{T}$ größer gleich der doppelten Grenzfrequenz $2f_g$ ist und dass sie kleiner ist.

1. Fall: Ein auf $f_g \leq \frac{1}{2T}$ bandbegrenztes Signal
Das Spektrum ist bandbegrenzt und es gelte:

$$X(f) = 0, \quad |f| > \frac{1}{2T} = f_g.$$

Wir nehmen zunächst an die Abtastfrequenz ist $f_a = \frac{1}{T} = 2f_g$, also gleich der doppelten Grenzfrequenz f_g. Man erkennt in Bild 5.4, dass sich die wiederholten Spektren, die als Aliase bezeichnet werden, in diesem Fall nicht überlappen. Für die Abtastfrequenz $f_a = \frac{1}{T} \geq 2f_g$ rücken die Aliase weiter auseinander und überlappen sich damit ebenfalls nicht.

Die Tatsache, dass bei Abtastung eines Signals in den Abtastwerten höhere Frequenzen stecken, die in dem ursprünglichen Signal selbst nicht vorkommen, war in den Anfängen der Digitalisierung ein nicht erklärbares Phänomen. Erst durch Einführung des Dirac-Impulses wurde dies mathematisch erklärbar. Um die periodischen Wiederholungen des Spektrums und damit die höheren Frequenzen wieder zu entfernen, multipliziert man das Spektrum mit einem Rechteck $\mathrm{rect}(fT)$ und erhält danach eindeutig das Spektrum des Signals $X(f)$.

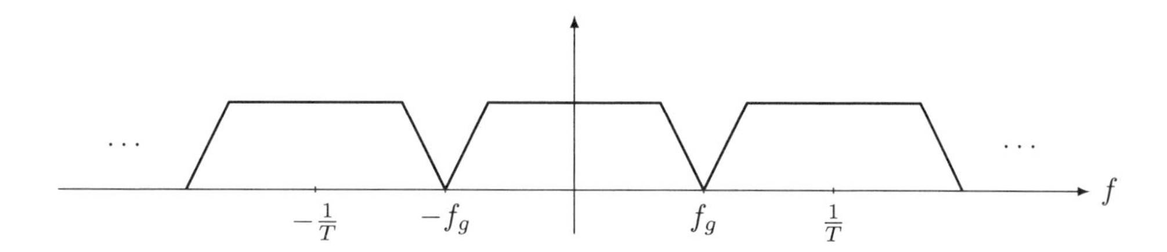

Bild 5.4: *Periodische Wiederholung des Spektrums eines abgetasteten Signals*

Die Multiplikation mit einem Rechteck im Frequenzbereich bedeutet im Zeitbereich eine Faltung mit der si–Funktion $\mathrm{si}(t)$ (siehe Abschnitt B.1.6).

Die Verwendung einer höheren Abtastfrequenz $f_a = \frac{1}{T} > 2f_g$ wird als Überabtastung bezeichnet und ist in Bild 5.5 dargestellt. Man erkennt, dass je höher die Überabtastung ist, desto weiter entfernt treten die Aliase auf. Dies hat praktische Bedeutung bei der Entfernung der höheren Frequenzanteile durch Filterung. Ein Rechteck ist ein idealer Tiefpass und praktisch nicht exakt realisierbar. Bei Überabtastung benötigt man nur nichtideale Filter, da die nächste auftretende Frequenz erst durch den ersten Alias bestimmt wird, der jedoch umso weiter weg liegt, je höher die Überabtastung gewählt wird. Ein nichtideales Filter dafür ist dann einfacher und somit billiger zu realisieren. Dies ist der Grund, warum häufig hohe Überabtastung verwendet wird.

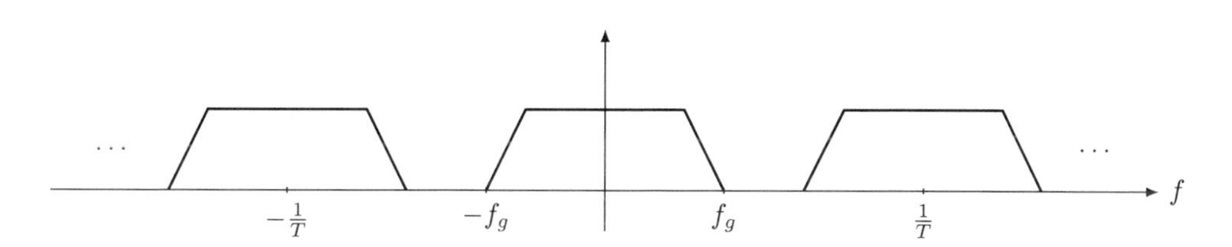

Bild 5.5: *Überabtastung*

2. Fall: Ein auf $f_g > \frac{1}{2T}$ bandbegrenztes Signal

$$X(f) \neq 0 \qquad |f| > \frac{1}{2T}$$

Wenn man unterabtastet, also mit einer Abtastfrequenz $f_a < 2f_g$ abtastet, so erhält man ein Spektrum entsprechend Bild 5.6. Man erkennt, dass sich die periodisch wiederholten Spektren überlappen, was als Aliasing bezeichnet wird. Dadurch kennt man an den Stellen der Überlappung nur die Summe der Spektren und aus einer Summe kann man nicht auf die Summanden schließen. Daher erhält man durch Multiplikation mit einem Rechteck nicht das Spektrum des abgetasteten Signals, sondern das eines anderen Signals. Dies hat als Konsequenz, dass man das abgetastete Signal $x(t)$ nicht mehr aus dem Spektrum berechnen kann.

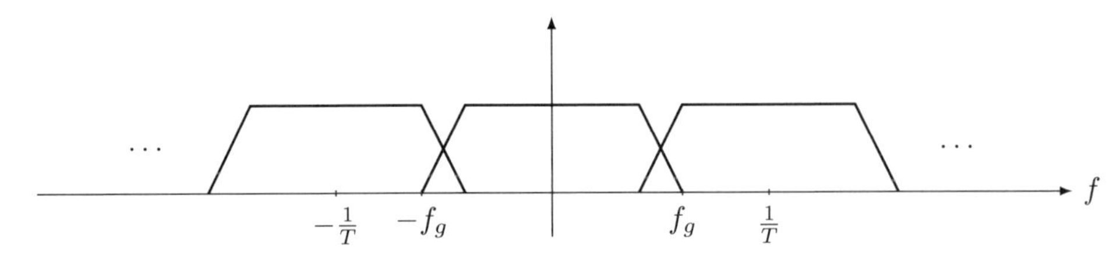

Bild 5.6: *Aliasing, Unterabtastung*

Die Rekonstruktion eines nicht unterabgetasteten bandbegrenzten Signals erfolgt durch Interpolation mit einer si-Funktion, was einer Filterung mit einem idealen Tiefpass (Rechteck) der Grenzfrequenz $\frac{f_a}{2}$ entspricht. Die Multiplikation des periodisch wiederholten Spektrums mit einem Rechteck ist das Spektrum

$$X(f) = \left(X(f) * \frac{1}{T} \text{Ш}_{\frac{1}{T}}(f) \right) \cdot T \operatorname{rect}(fT).$$

Im Zeitbereich entspricht dies

$$\begin{aligned} x(t) &= \sum_{k=-\infty}^{\infty} x(t) \cdot \delta(t - kT) * \operatorname{si}\left(\frac{\pi t}{T}\right) \\ &= \sum_{k=-\infty}^{\infty} x(kT) \operatorname{si}\left(\pi\left(\frac{t}{T} - k\right)\right). \end{aligned}$$

Im Folgenden wollen wir nun noch einmal das Abtasttheorem aus einer anderen Sicht betrachten. Wir definieren dazu eine Menge von orthonormalen Funktionen. Diese können genutzt werden, um ein Zeitsignal $x(t)$ zu approximieren. Wir wählen die Funktion $\phi(f)$ zu:

$$\phi(f) = \frac{1}{\sqrt{2W}} \cdot \operatorname{rect}\left(\frac{f}{2W}\right) = \begin{cases} \frac{1}{\sqrt{2W}}, & |f| < W \\ 0, & |f| > W \end{cases}$$

Damit ist das entsprechende Zeitsignal $\varphi(t)$ (die Fourier-Rücktransformierte)

$$\varphi(t) = \mathcal{F}^{-1}(\phi(f)) = \sqrt{2W} \operatorname{si}(\pi 2Wt)$$

bandbegrenzt auf das Intervall $[-W, W]$.

Verschieben wir diese Funktionen im Frequenzbereich nun um $\frac{k}{2W}$, $k \in \mathbb{R}$, so erhalten wir die Menge der orthonormalen Funktionen:

$$\begin{aligned} \varphi_k(t) &= \varphi\left(t - \frac{k}{2W}\right) = \sqrt{2W} \operatorname{si}\left(\pi 2W \left(t - \frac{k}{2W}\right)\right) \\ \phi_k(f) &= \phi(f) \cdot e^{-\frac{j2\pi fk}{2W}}. \end{aligned}$$

Die Orthonormalität lässt sich mit Hilfe des Parsevalschen-Theorems (von Seite 83) zeigen. Es gilt:

$$\begin{aligned}\int_{-\infty}^{\infty} \varphi_k^*(t) \cdot \varphi_l(t) dt &= \int_{-\infty}^{\infty} \phi_k^*(f) \cdot \phi_l(f) df \\ &= \frac{1}{2W} \int_{-W}^{W} e^{\frac{j2\pi f(l-k)}{2W}} df \\ &= \frac{2}{2W} \int_{0}^{W} \cos\left(\frac{2\pi f(l-k)}{2W}\right) df = \begin{cases} 1 & l = k \\ 0 & l \neq k. \end{cases}\end{aligned}$$

Außerdem erkennt man, dass die Energie zu 1 normiert ist. Damit ist die Menge dieser Funktionen orthogonal und normiert und ist damit eine Menge von *orthonormalen Funktionen*.

Satz 12: *Abtasttheorem (II).*

Ist $x(t)$ ein auf W bandbegrenztes Signal, d. h. $X(f) = 0$ für $|f| > W$, dann ist $x(t)$ durch Abtastwerte im Abstand $\frac{1}{2W}$ vollständig bestimmt durch

$$x(t) = \sum_{k=-\infty}^{\infty} x\left(\frac{k}{2W}\right) \text{si}\left(2W\pi\left(t - \frac{k}{2W}\right)\right).$$

Beweis: Die Abtastung beschreiben wir erneut durch die Multiplikation des Signals mit der Dirac-Impulsfolge

$$x(t) \cdot Ш_{\frac{1}{2W}}(t) = \sum_{k=-\infty}^{\infty} x\left(\frac{k}{2W}\right) \delta\left(t - \frac{k}{2W}\right).$$

Die Fourier-Transformation ergibt:

$$X(f) * 2W Ш_{2W}(f) = 2W \sum_{l=-\infty}^{\infty} X(f - l2W).$$

Die Summe der verschobenen $X(f)$ gefiltert mit $\frac{1}{2W} \cdot \text{rect}\left(\frac{f}{2W}\right)$ ergibt $X(f)$:

$$\begin{aligned}x(t) \;\circ\!\!-\!\!\bullet\; & 2W \sum_{l=-\infty}^{\infty} X(f - l2W) \cdot \frac{1}{2W} \cdot \text{rect}\left(\frac{f}{2W}\right) \\ x(t) &= \left(\sum_{k=-\infty}^{\infty} x\left(\frac{k}{2W}\right) \cdot \delta\left(t - \frac{k}{2W}\right)\right) * \text{si}(\pi 2Wt) \\ &= \sum_{k=-\infty}^{\infty} x\left(\frac{k}{2W}\right) \cdot \text{si}\left(2W\pi\left(t - \frac{k}{2W}\right)\right).\end{aligned}$$

Das Signal $x(t)$ wird damit durch die orthonormalen Basisfunktionen

$$\varphi_k(t) = \varphi\left(t - \frac{k}{2W}\right) = \sqrt{2W}\mathrm{si}\left(\pi 2W\left(t - \frac{k}{2W}\right)\right)$$

dargestellt, was die Behauptung ist.

□

Eine Abtastrate von $2W$ wird Nyquistrate genannt, wenn $X(f) = 0$ für $|f| > W$, also wenn das Signal bandbegrenzt auf W ist. Die Nyquistrate ist damit die kleinste Abtastrate, die das Abtasttheorem erfüllt.

Die Menge aller Signale $x_i(t)$, für die gilt $X_i(f) = 0$ für $|f| > W$, stellt einen reellen Vektorraum dar. Die Menge aller Signale $x_i(t)$ ist also eine Basis dieses reellen Vektorraums und jede Linearkombination $a_1x_1(t) + a_2x_2(t)$ dieser $x_i(t)$ ist aufgrund der Linearität der Fourier-Transformation ebenfalls bandbegrenzt.

Sei $x(t)$ nun ein solches Zeitsignal mit $X(f) = 0, |f| \geq W$ und die entsprechende Nyquistrate ist $2W$. Wir erhalten im Zeitintervall T genau $n = 2WT$ Abtastwerte von $-\frac{1}{2}\frac{1}{2W} = -\frac{1}{4W}$ ab, wenn wir das Signal exakt mit der Nyquistrate abtasten. Im Folgenden nehmen wir an, dass das abgetastete Zeitintervall T sehr lang ist, so dass $n \gg 1$.

Die Funktionen $\mathrm{si}(2\pi W(t - \frac{k}{2W}))$ sind außerhalb eines Intervalles der Dauer $\frac{1}{W}$ mit den Mittelpunkten $0, \frac{k}{2W}$ entsprechend Bild 5.7 nahezu 0. Damit können wir das Zeitsignal approximieren durch

$$x(t) \approx \sum_{k=0}^{n-1} x\left(\frac{k}{2W}\right) \cdot \mathrm{si}\left(2\pi W\left(t - \frac{k}{2W}\right)\right), \qquad -\frac{1}{4W} < t < T - \frac{1}{4W}. \tag{5.1}$$

$x(t)$ ist damit näherungsweise gleich der Linearkombination der n orthonormalen Funktionen $\phi_k(t) = \mathrm{si}(2\pi W(t - \frac{k}{2W}))$. Diesen Sachverhalt können wir in dem Dimensionalitätstheorem zusammenfassen.

Satz 13: *Dimensionalitätstheorem.*

Die Menge der Signale $s(t)$ mit $S(f) = 0, |f| > W$ auf ein Zeitintervall T beschränkt mit $2WR \gg 1$ bildet einen reellen Vektorraum der Dimension $n = 2WT$.

Der Grund für die Annahme $n = 2WT \gg 1$ ist, dass damit Randeffekte verhindert werden können. Die Basisfunktionen $\phi_k(t) = \mathrm{si}(2\pi W(t - \frac{k}{2W}))$ gehen gegen 0 (sind fast 0) außerhalb des Intervalls der Länge $\frac{1}{W}$, die Werte ungleich Null sind aber nicht auf ein endliches Zeitintervall begrenzt. Das bedeutet, dass Gleichung (5.1) eine Approximation des bandbegrenzten Zeitsignals $x(t)$ darstellt. Der Fehler entsteht durch die Zeitbeschränkung, also dadurch, dass die Basisfunktionen außerhalb des Zeitintervalls $-\frac{1}{4W} < t < T - \frac{1}{4W}$ vernachlässigt werden.

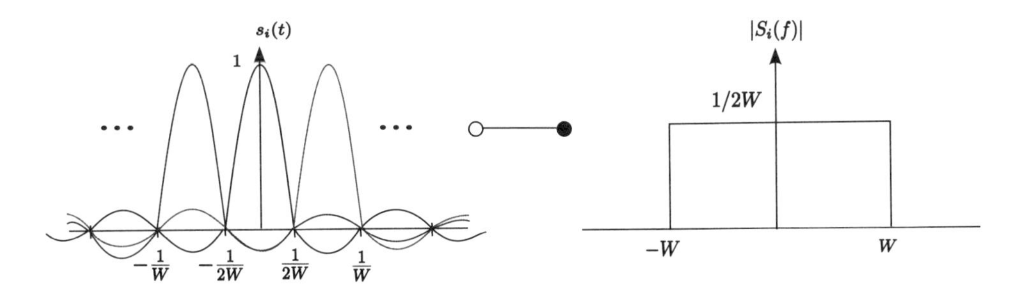

Bild 5.7: *Dimensionalitätstheorem*

5.2.3 Fourier- und Shannon Bandbreite

Im Folgenden wollen wir zwei verschiedene Interpretationen der Bandbreite von Signalen betrachten: die Fourier–Bandbreite und die Shannon–Bandbreite. Wir werden dabei entsprechend [AJ05] vorgehen, wo die Arbeit, die auf Jim Massey zurück geht, anschaulich erklärt ist. Die Fourier-Bandbreite basiert auf der Fourier-Transformation, die Shannon-Bandbreite auf dem Abtasttheorem.

Fourier-Bandbreite

Zunächst wollen wir noch einmal die si–Funktion betrachten (siehe Abschnitt B.1.6):

$$\mathrm{si}\left(\pi\frac{t}{T}\right) \circ\!\!-\!\!\bullet\ |T| \cdot \mathrm{rect}\,(Tf)\,.$$

Die Fourier–Transformation besitzt die Eigenschaft:

$$x(t) \circ\!\!-\!\!\bullet\ X(f) \Longleftrightarrow X(t) \circ\!\!-\!\!\bullet\ x(-f).$$

Da $\mathrm{rect}(t)$ ein gerades Signal ist, folgt:

$$s(t) = T \cdot \mathrm{si}(\pi T t) \circ\!\!-\!\!\bullet\ S(f) = \mathrm{rect}\left(\frac{f}{T}\right).$$

Ein si-Signal $\mathrm{si}(at)$ belegt entsprechend Bild 5.8 die Fourier-Bandbreite $W = \frac{\pi}{a}$.

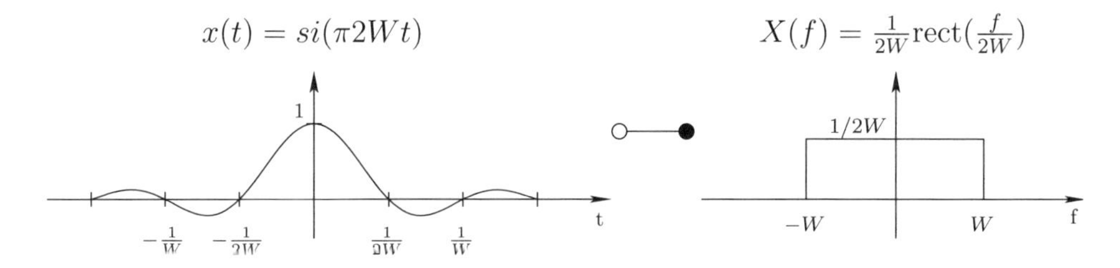

Bild 5.8: *Beispiel für Fourier-Bandbreite mit si-förmigem Elementarsignal*

Für das si-Signal ist die Fourier-Bandbreite eindeutig bestimmbar, da es im Frequenzbereich bandbegrenzt ist. Für andere Signale, z. B. für ein Rechtecksignal, ist die Fourier-Bandbreite nicht eindeutig bestimmbar, da sie im Frequenzbereich nicht begrenzt sind. Andererseits ist das si-Signal zeitlich nicht begrenzt und somit in der Praxis nicht verwendbar. Für jedes zeitbegrenzte Signal hingegen ist das Spektrum nicht begrenzt, und damit kann die Fourier-Bandbreite nicht angegeben werden.

In der Praxis können nur zeitbegrenzte Signale verwendet werden. Um auch für diese Signale eine Fourier-Bandbreite angeben zu können, definieren wir nun das Verhältnis η:

$$\eta = \frac{\int_{-W}^{W} |X(f)|^2 df}{\int_{-\infty}^{\infty} |X(f)|^2 df}.$$

Dieses Verhältnis η gibt an, wieviel Prozent der Energie des Signals in der Bandbreite $2W$ liegt.

Beispiel 5.5: *Bandbegrenzung eines Rechtecksignals.*

Betrachten wir das Rechtecksignal $s(t) = \text{rect}\left(\frac{t}{T}\right)$, das im Frequenzbereich einer si-Funktion $S(f) = T \cdot \text{si}\,(\pi f T)$ entspricht, so erhalten wir:

$$\eta = \frac{\int_{-1/T}^{1/T} T^2 \cdot \text{si}^2(\pi f T) df}{\int_{-\infty}^{\infty} T^2 \cdot \text{si}^2(\pi f T) df} = 0,903.$$

Das bedeutet, dass sich 90 Prozent der Energie des Rechtecksignals bereits im Bereich bis zur ersten Nullstelle im Spektrum der si-Funktion befinden.

Mit diesem Verhältnis η kann man z. B. eine 90%-Energie-Fourier-Bandbreite angeben, also den Frequenzbereich, in dem sich 90% der Energie befinden. Diese Bandbreite lässt sich damit auch für zeitbegrenzte Signale angeben.

Shannon-Bandbreite

Wir betrachten wiederum die si-Funktion. Sei $\psi(t)$ ein normiertes si-Signal der Bandbreite W. Sei T_N die kleinste Zeit τ, so dass $\psi(t)$ orthogonal zu allen verschobenen Signalen $\psi(t - k\tau)$ ist. T_N heißt Nyquist–Verschiebung zur Basis $\psi(t)$. Damit ist $\psi_k(t) = \psi(t - k\tau)$ eine orthonormale Basis von Signalen mit Fourier-Bandbreite W. Es gilt $T_N = \frac{1}{2W}$ für $\phi_k(t) = \text{si}(2\pi W(t - \frac{k}{2W}))$.

Ist $m \gg 1$, dann liegt das Signal

$$x(t) = \sum_{k=0}^{m-1} x\left(\frac{k}{2W}\right) \psi(2W(t - kT_N))$$

in einem Unterraum aller Signale, deren Fourier-Transformation 0 für $|f| > W$ ist. Es ergibt sich damit eine Menge von Signalen, die durch die Basisfunktionen $\psi_k(t) = \psi(t - kT_N)$ dargestellt werden können und auf ein Zeitintervall $T = mT_N$ beschränkt sind.

Die Anzahl an Basis-Funktionen pro Zeitintervall ist $\frac{m}{T} = \frac{1}{T_N}$. Damit ergibt sich die *Shannon-Bandbreite* des Basis-Signals $\psi(t)$:

$$B = \frac{1}{2T_N}.$$

Wegen der Approximation gilt $2BT \leq 2WT$, als $B \leq W$:

Satz 14: *Bandbreiten-Theorem.*

Die Shannon-Bandbreite B eines Basissignals ist kleiner gleich der Fourier-Bandbreite W. Gleichheit gilt, wenn das Basissignal eine si-Funktion ist.

Man kann sich die Shannon-Bandbreite vorstellen als die Bandbreite, die ein Signal braucht, und die Fourier-Bandbreite als die Bandbreite, die ein Signal nutzt. Bei der Auslegung von Kommunikationssystemen ist damit das Ziel, die Fourier-Bandbreite möglichst nah an die Shannon-Bandbreite heranzubringen.

Wir wollen zwei Beispiele untersuchen und die jeweilige Shannon-Bandbreite B und die Fourier-Bandbreite W berechnen. Wir bezeichnen mit $\gamma = \frac{W}{B} \geq 1$ den Spreizfaktor, der ja immer größer gleich 1 sein muss, da die Fourier-Bandbreite immer größer gleich der Shannon-Bandbreite ist.

Beispiel 5.6: *Time division multiple access, TDMA.*

Wir wollen annehmen, dass sich K Nutzer das gleiche Frequenzband teilen müssen und dazu reihum das Band für eine bestimmte Zeit exklusiv nutzen. Man benötigt dazu K Zeitschlitze, die sich periodisch wiederholen, entsprechend Bild 5.9. Das modulierte Signal ergibt sich in diesem Fall zu

$$s(t) = \sum_{i=1}^{L} b_i \operatorname{si}\left(\pi \cdot \frac{KL}{T}\left(t - i\frac{T}{KL}\right)\right), \ 0 \leq t \leq T.$$

Dabei sind die $b_i, i = 1, \ldots, L$ die Datensymbole, die in einem Zeitschlitz pro Nutzer übertragen werden sollen. Damit ergibt sich die Fourierbandbreite zu

$$W = \frac{KL}{2T}. \tag{5.2}$$

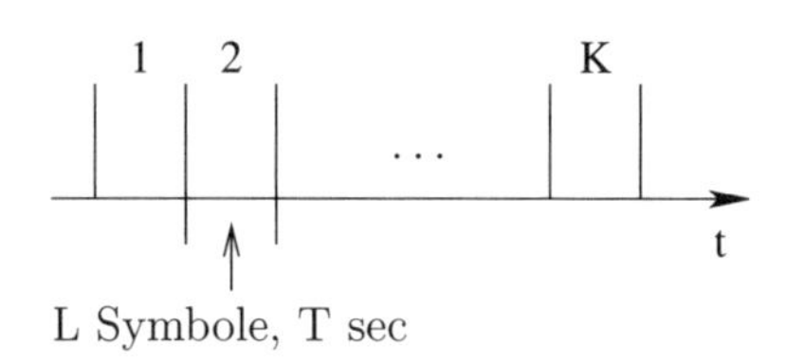

Bild 5.9: *TDMA mit K Nutzern*

Man erkennt, dass sich das modulierte Signal durch die L orthonormalen Funktionen $\phi_i(t) = \sqrt{2W} \cdot \mathrm{si}\left(\pi 2W\left(t - \frac{i}{2W}\right)\right)$ darstellen lässt, wobei W durch Gleichung (5.2) gegeben ist, d.h. $N = L$. Damit ist die Shannon-Bandbreite

$$B = \frac{L}{2T}$$

Der Spreizfaktor ist somit bei TDMA mit K Zeitschlitzen $\gamma = K$.

Beispiel 5.7: *Code division multiple access, CDMA.*

Im Falle von CDMA besitzt jeder Nutzer eine nutzerspezifische binäre Spreizsequenz $(a_1, \ldots, a_L)$ der Länge L. Möchte er das Datenbit b_1 übertragen, so ergibt sich das modulierte Signal zu

$$s(t) = b_1 \sum_{i=1}^{L} a_i \,\mathrm{si}\left(\pi \cdot \frac{L}{T}\left(t - i\frac{T}{L}\right)\right), \; 0 \leq t \leq T.$$

Die Fourierbandbreite errechnet sich zu

$$W = \frac{L}{2T}.$$

Zur Erzeugung des Sendesignals $s(t)$ wird hier nur eine Funktion und damit auch nur eine Dimension benötigt, d.h. $N = 1$. Damit ist die Shannon-Bandbreite

$$B = \frac{1}{2T}$$

und der Spreizfaktor ist $\gamma = L$.

5.2.4 Compressed Sensing

Vor einigen Jahren entstand ein neues Gebiet zur Digitalisierung und gleichzeitigen Kompression von Signalen, das als Compressed Sensing bezeicht wurde (manchmal auch Compressive Sampling). Es ermöglicht unter bestimmten Voraussetzungen eine (nahezu) verustfreie Signalrekonstruktion mit einer viel geringeren Abtastfrequenz, als das Abtast-Theorem vorgibt. Diese Abtastung weit unterhalb der Nyquist-Schranke reduziert das Datenaufkommen bei der Erfassung von Signalen erheblich. Jedoch ist die Signalrekonstruktion aus den Daten aufwändiger als beim Abtasten, da ein Optimierungsproblem gelöst werden muss und nicht nur eine Tiefpassfilterung durchgeführt werden muss, wie beim Abtasten. Im Folgenden sollen die grundlegenden Ideen von Compressed Sensing beschrieben werden.

Allgemeine Abtastung und Compressed Sensing

Sei $s(t)$ ein zeit- und wertkontinuierliches Signal, das außerhalb eines Zeitintervalles T identisch null ist. Die Signale $\Psi_i(t), i = 1, \ldots, N$ seien eine endliche Signalbasis, die bestimmte Eigenschaften (zufällig, orthogonal bzw. -normal, etc.) besitzen kann. Jedes Basissignal $\Psi_i(t)$ ist ebenfalls außerhalb des Intervalles T identisch null. Um eine Notation mit Vektoren und Matrizen für zeitkontinuierliche Signale verwenden zu können, kann die Menge der Basissignale als Matrix dargestellt werden durch

$$\underline{\Psi}(t) = \begin{bmatrix} \Psi_1(t) \\ \Psi_2(t) \\ \vdots \\ \Psi_N(t) \end{bmatrix} \quad \text{bzw.} \quad \underline{\Psi}^T(t) = \left[\Psi_1^T(t), \Psi_2^T(t), \ldots, \Psi_N^T(t)\right], \tag{5.3}$$

wobei $\Psi_i(t)$ „Zeilensignale“ und $\Psi_i^T(t)$ „Spaltensignale“ sind (Die Unterstreichung soll bedeuten, dass die Elemente der Matrix zeitkontinuierliche Signale sind).

Die **allgemeine Abtastung** ist die „Multiplikation“ (mit $\otimes$ bezeichnet) des Signals $s(t)$ (in Zeilenform) mit der Matrix $\underline{\Psi}^T(t)$ und soll die inneren Produkte des Signals mit den Basissignalen bedeuten

$$s(t) \otimes \underline{\Psi}^T(t) = (\langle s(t), \Psi_1(t)\rangle, \ldots, \langle s(t), \Psi_N(t)\rangle) = \mathbf{a}. \tag{5.4}$$

Das Ergebnis $\mathbf{a}$ ist eine Abtastung von $s(t)$ bezüglich der Basis $\underline{\Psi}(t)$, d.h. ein Zeilenvektor mit N diskreten reellen bzw. komplexen Werten a_i, da das innere Produkt

$$\langle s(t), \Psi_i(t)\rangle = \int_0^T s^*(t) \cdot \Psi_i(t) dt = a_i$$

eine reelle/komplexe Zahl darstellt.

Die **Signalrekonstruktion** ist dann durch die lineare Kombination

$$\mathbf{a} \cdot \underline{\Psi}(t) = \hat{s}(t) = a_1\Psi_1(t) + \ldots + a_N\Psi_N(t)$$

möglich, wobei $\hat{s}(t) \approx s(t)$ gilt. Die Qualität der Signalrekonstruktion, d.h. die Abweichung vom Originalsignal, kann durch den mittleren quadratischen Fehler (*Mean Square Error, MSE*) bestimmt werden und ist von der gewählten Signalbasis abhängig. Es sollte also gelten

$$\int_0^T |\hat{s}(t) - s(t)|^2 dt \leq \varepsilon.$$

Wenn für die Basissignale gilt

$$\langle \Psi_i(t), \Psi_j(t) \rangle = \begin{cases} 1, & i = j \\ 0, & i \neq j, \end{cases}$$

so heißt die Basis orthonormal.

Eine einfache orthonormale Basis der Dauer T erhält man, wenn man N Rechtecksignale der Breite $\tau \leq T/N$ und der Höhe $\frac{1}{\sqrt{\tau}}$ in äquidistanten Zeitpunkten $t_i = (i - \frac{1}{2})T/N$ wählt

$$\Psi_i(t) = \begin{cases} \frac{1}{\sqrt{\tau}}, & t_i - \frac{\tau}{2} \leq t \leq t_i + \frac{\tau}{2} \\ 0, & \text{sonst} \end{cases}, \quad i = 1, 2, \ldots, N.$$

Man kann damit auch das klassische Abtast-Theorem ableiten, wenn man die Rechtecke unendlich schmal werden lässt, d.h. den Grenzwert $\tau \to 0$ bildet. Dann ergibt sich nämlich eine Dirac-Impulsfolge, mit der die uniforme Abtasung beschrieben wird. Das Abtast-Theorem besagt, dass $T/N \leq 1/(2f_g)$ gelten muss, wenn f_g die Grenzfrequenz des Signals $s(t)$ ist.

Wählt man beispielsweise im Zeitintervall T als Basis Sinus- und Cosinus-Funktionen mit Vielfachen der Grundfrequenz $f_0 = 1/T$, so erhält man aus Gleichung (5.4) die Koeffizienten der Fourier-Reihe bis zur Grenzfrequenz f_g. Die Anzahl dieser Koeffizienten ist endlich und kann nicht größer als $2f_g/f_0+1$ sein, was die Schranke des Abtast-Theorems wiederspiegelt. Sind einige Koeffizienten null, kann man prinzipiell mit weniger Abtastungen das Signal exakt rekonstruieren. Compressed Sensing beschreibt Methoden, wie eine solche Rekonstruktion berechnet werden kann.

Die Matrix $\underline{\Psi}(t)$ aus Gleichung (5.3) wird als allgemeine Abtastmatrix bezeichnet. Wenn die Abtastung $\mathbf{a}$ des Signals $s(t)$ mit dieser Matrix dünnbesetzt ist, so besagt die Theorie zu Compressed Sensing, dass die vollständige Rekonstruktion von $\mathbf{a}$ aus einem wesentlich kürzeren Vektor $\mathbf{y} = (y_1, \ldots, y_M)$ möglich ist. Diesen Vektor $\mathbf{y}$ erhält man durch die Abtastung des Signals $s(t)$ mit einer sogenannten Messbasis

$$\underline{\Phi}^T(t) = \left[\Phi_1^T(t), \Phi_2^T(t), \ldots, \Phi_M^T(t)\right]$$

mit M zufälligen, zeit- und wertkontinuierlichen Signalen ($M < N$), durch

$$s(t) \otimes \underline{\Phi}^T(t) = (\langle s(t), \Phi_1(t) \rangle, \ldots, \langle s(t), \Phi_M(t) \rangle) = \mathbf{y}.$$

Der Vektor $\mathbf{y}$ wird als Messvektor bezeichnet. Wenn die Zahl der von null verschiedenen Koordinaten des dünnbesetzten Vektors $\mathbf{a}$ kleiner als $\overline{K}$ (obere Schranke) ist, dann muss die Messbasis $\underline{\Phi}(t)$ mindestens $M > \overline{K} \cdot \log N$ zufällige Signale besitzen. In vielen Anwendungen ist M wesentlich kleiner als N und damit bringt der Einsatz von Compressed Sensing erhebliche Gewinne bei der Erfassung und Kompression der Information. Leider ist die Rekonstruktion des dünnbesetzten Vektors $\mathbf{a}$ aus dem gemessenen Vektor $\mathbf{y}$ nicht so einfach wie bei der klassischen Abtastung (Tiefpassfilter), aber die Komplexität ist noch linear in N.

Zur Rekonstruktion von $\mathbf{a}$ betrachtet man zunächst die diskrete $N \times M$ Rekonstruktions-Matrix $\mathbf{A}$, gegeben durch

$$\mathbf{A} = \underline{\Psi}(t) \otimes \underline{\Phi}^T(t).$$

Der dünnbesetzte Vektor $\mathbf{a}$ ist dann eine von überabzählbar vielen Lösungen $\mathbf{x}$ des unterbestimmten linearen Gleichungssystems

$$\mathbf{x} \cdot \mathbf{A} = \mathbf{y}. \tag{5.5}$$

Es sei nochmals darauf hingewiesen, dass Abtast- und Messmatrizen aus zeit- und wertkontinuierlichen Funktionen bestehen, während die Rekonstruktions-Matrizen aus reellen bzw. komplexen Zahlen bestehen.

Mit Compressed Sensing kann man auch den rein zeitdiskreten Fall (die Datenkompression) betrachten. Das Signal $\mathbf{s}$ liegt dabei bereits zeitdiskret mit L Elementen vor. Die Transformation $\mathbf{a} = \mathbf{s} \cdot \mathbf{\Psi}^T$ bezüglich einer zeitdiskreten Vektorbasis $\mathbf{\Psi}$ soll ebenfalls dünnbesetzt sein. Die diskrete Messbasis $\mathbf{\Phi}$ besteht dann aus M Zeilenvektoren mit jeweils L zufälligen reellen/komplexen Elementen. Die Rekonstruktionsmatrix $\mathbf{A}$ ist dann das Matrixprodukt $\mathbf{A} = \mathbf{\Psi} \cdot \mathbf{\Phi}^T$.

Der bekannte Basis Pursuit Algorithmus [CDS98] zur Berechnung der dünnbesetzten Lösung $\mathbf{a}$ des Gleichungssystems (5.5) basiert auf der Minimierung der ℓ_1-Distanz zwischen dem Ursprung des N-dimensionalen kartesischen Koordinatensystems und allen (überabzählbar vielen) Lösungen im affinen Lösungsraum des Gleichungssystems (5.5). Die ℓ_1-Norm ist definiert durch

$$||\mathbf{x}||_{\ell_1} = |x_1| + |x_2| + \ldots + |x_N|.$$

Die „Kugel“ $\{\mathbf{x} \in \mathbb{R}^N : ||\mathbf{x}||_{\ell_1} \leq r\}$ mit Radius r in der ℓ_1-Norm ist ein *Crosspolytop* (N-dimensionale Verallgemeinerung des regelmäßigen Oktaeders). Seine Eigenschaft, dass bei Vergrößerung von r, sich die Ecken schneller als die Kanten, die Kanten schneller als die Seiten, usw. vom Ursprung entfernen, ist entscheidend bei der Suche nach der dünnbesetzten Lösung $\mathbf{a}$. Falls diese Lösung eindeutig ist, ist sie nämlich der Schnittpunkt des affinen Lösungsraum des Gleichungssystems (5.5) mit dem Unterraum des kartesischen Koordinatensystems, der durch die Koordinaten von $\mathbf{a}$ mit Wert null bestimmt ist. Anschaulich betrachtet erreicht ein wachsendes Crosspolytop eine dünnbesetzte Lösung desto früher, je dünner sie besetzt ist, d.h. diese Lösung kann durch ℓ_1-Minimierung gefunden werden. Die Wahrscheinlichkeit dafür ist sehr groß, falls die Messbasis zufällig gewählt wurde. Damit sind die dünnbesetzten Lösungen $\mathbf{x}$ von Gleichung (5.5) ungleich $\mathbf{a}$ sehr unwahrscheinlich, so dass die gesuchte Lösung $\mathbf{a}$ eindeutig rekonstruierbar ist. Der mathematische Teil von Compressed Sensing befasst sich mit den notwendigen und hinreichenden Bedingungen für die Existenz von eindeutig rekonstruierbaren dünnbesetzten Lösungen.

Das Gleichungssystem (5.5) von Compressed Sensing entspricht genau der Prüfgleichung eines linearen Blockcodes mit der Prüfmatrix $\mathbf{A}$, dem Fehlervektor $\mathbf{a}$ (dünnbesetzt) und dem Syndrom $\mathbf{y}$. Das Problem, aus dem gegebenen Syndrom (den komprimierten Daten) den Fehler (die Daten) zu berechnen, wird bei Compressed Sensing durch Optimierungsverfahren bezüglich der ℓ_1-Norm gelöst.

In Compressed Sensing wurde die *Restricted Isometry Property (RIP)* Eigenschaft von Rekonstruktions-Matrizen eingeführt. Die RIP-Eigenschaft dieser Matrizen entspricht der Fehlerkorrektureigenschaft von Codes. Sie sagt aus, dass der dünnbesetzte Vektor **a** eindeutig aus dem Vektor **y** berechnet werden kann. Man spricht von „$\overline{K}$-sparse isometry", wenn mittels der Rekonstruktions-Matrix **A** alle Vektoren mit dem Hamming-Gewicht $\mathrm{wt}(\mathbf{x}) \leq \overline{K}$ eindeutig aus **y** berechnet werden können.

Aus Sicht der Codierungstheorie müssen mit großer Wahrscheinlichkeit möglichst viele Fehler mit der Prüfmatrix **A** korrigierbar sein. Es geht dabei jedoch nicht notwendigerweise um die Mindestdistanz eines Codes, sondern um die eindeutige Korrigierbarkeit von möglichst vielen Fehlern.

Zusammenfassend sind die beiden Hauptfragestellungen bei Compressed Sensing:

- Konstruktion und Eigenschaften einer geeigneten Rekonstruktions-Matrix **A**.
- Rekonstruktion des dünnbesetzten Vektors **a** aus **y**.

Es handelt sich bei Compressed Sensing um ein sehr junges Fachgebiet, auf dem derzeit verschiedene Forschungsaktivitäten stattfinden. Es existieren bereits einige theoretische und praktische Ergebnisse, von denen jedoch nicht klar ist, welche sich durchsetzen werden. Deshalb soll auf diese hier nicht näher eingegangen werden.

5.3 Leitungscodes

Wir wollen in diesem Abschnitt Signale beschreiben, die in existierenden Kommunikationssystemen eingesetzt werden und beginnen mit den relativ einfachen Leitungscodes. Diese werden bei digitaler Übertragung verwendet, um in der Regel binäre Symbole über ein Kupferkabel als Spannungssignale zu übertragen. Durch die Wahl eines Leitungscodes kann man sich relativ einfach an die speziellen Eigenschaften eines Übertragungsmediums anpassen. Die Wahl eines geeigneten Leitungscodes hängt von verschiedenen Faktoren ab wie der Robustheit gegenüber speziellen Störungen, Redundanz, Gleichstromfreiheit, Synchronisation und Hardware-Realisierbarkeit.

Im Folgenden werden wir verschiedene Leitungscodes anhand eines Beispiels erläutern. Konkret werden wir NRZ (Non Return to Zero), Manchester, RZ (Return to Zero) und AMI (Alternate Mark Inversion) einführen. Bild 5.10 bis Bild 5.14 illustrieren anhand einer fest gewählten Bitfolge (101100011101) die nicht bandbegrenzten und die bandbegrenzten Signale der entsprechenden Leitungscodes.

Der **NRZ-Code** (Bild 5.10) verwendet ein rect-Elementarsignal. Dabei wird $+1$ auf -1 und 0 auf 1 abgebildet. Die linke Seite zeigt das nicht bandbegrenzte Signal und die rechte Seite zeigt das bandbegrenzte.

Im Frequenzbereich entspricht ein rect-Signal einer si-Funktion, die ein nicht begrenztes Spektrum besitzt. In praktischen Anwendungen werden bandbegrenzte Signale verwendet. Bild 5.11 zeigt auf der linken Seite das Spektrum eines nicht bandbegrenzten Rechtecksignals. Rechts ist dieses Spektrum nach Filterung mit einem Tiefpass (Sendefilter) dargestellt. Das Rechteck soll hierbei dieses Tiefpassfilter verdeutlichen. Die

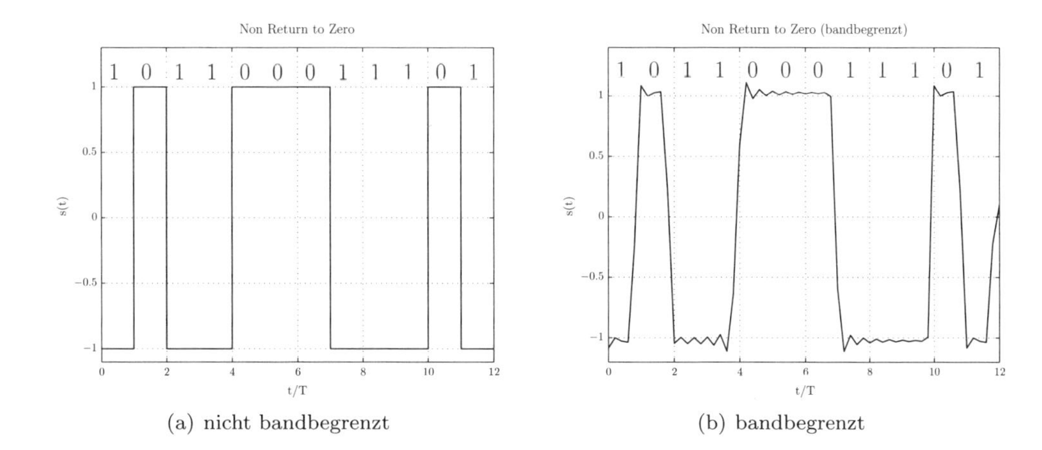

(a) nicht bandbegrenzt (b) bandbegrenzt

Bild 5.10: *Non Return to Zero*

Grenzfrequenz wurde so gewählt, dass das Abtasttheorem erfüllt ist. Hierzu wurden im Zeitbereich 128 Abtastwerte pro Symboldauer verwendet, d. h. $f_a = \frac{128}{T}$. Damit das Abtasttheorem erfüllt ist, muss für die Grenzfrequenz f_g gelten: $f_g \leq \frac{f_a}{2} = \frac{64}{T}$. Damit liegt eine doppelte Überabtastung vor.

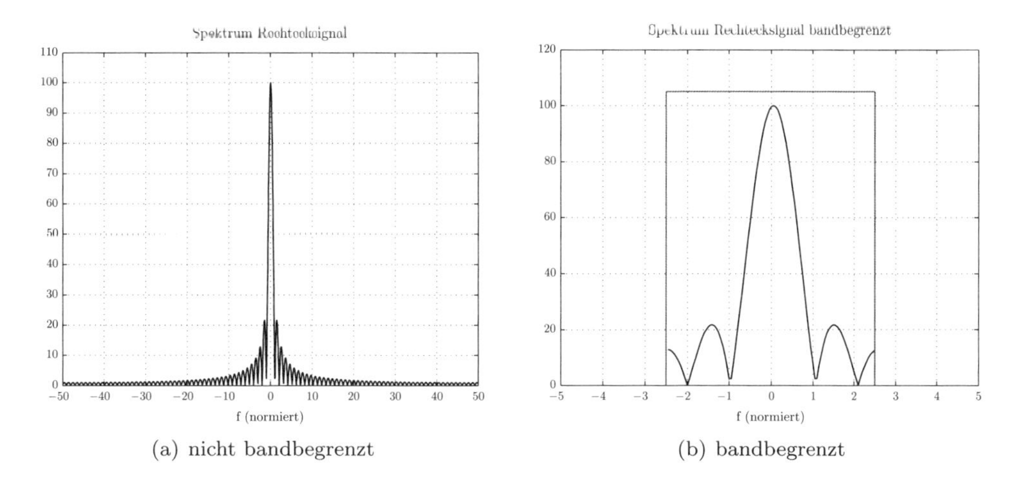

(a) nicht bandbegrenzt (b) bandbegrenzt

Bild 5.11: *Spektrum des Rechtecksignals*

Die Bandbegrenzung bewirkt, dass hohe Freqenzen weggefiltert werden. Transformiert man das bandbegrenzte Spektrum nun zurück in den Zeitbereich, so entsteht das Zeitsignal, welches in Bild 5.10 (b) dargestellt ist. Das Fehlen der hohen Frequenzen bewirkt, dass die Flanken nicht mehr so steil sind und Wellen (auch ripple genannt) entstehen. Trotzdem kann man im gezeigten Beispiel die Bits noch klar erkennen.

Um die Bitfolge aus dem Signal zu demodulieren benötigt man die Zeitdauer eines Bits, was auch als Bit-Takt bezeichnet wird. Dieser wird aus den Signal abgeleitet, speziell aus den Flanken. Denn ein Übergang von 1 auf -1, oder umgekehrt, markiert das Ende und auch den Beginn eines Bits. Die Ableitung des Bit-Taktes wird als Bit-Synchronisierung bezeichnet. Bei NRZ kann es zu Problemen bei der Synchronisierung kommen, wenn zu viele gleiche Bits in Folge auftreten und damit kein Vorzeichenwechsel stattfindet. Die Synchronisierung kann dann nicht nachgeführt werden, also können Bits verlorengehen bzw. fälschlicherweise eingefügt werden. Zur Erkennung eines Bits wird über die Zeitdauer des Bits integriert. Eine Integration kann schaltungstechnisch einfach realisiert werden. Aber auch hier entstehen Probleme, wenn zu viele gleiche Bits in Folge auftreten. Dann kann ein Gleichanteil entstehen, der schaltungstechnisch Potentialausgleichsströme erzeugt. Ein Signal das frei von Gleichanteilen ist, wird als DC-free (*direct current free*) bezeichnet.

Der **Manchester-Code** (Bild 5.12) wird unter anderem im Ethernet verwendet. Als Elementarsignal wird ein rect-Impuls verwendet, der jedoch mit einer Signumfunktion multipliziert wird. Dadurch wird sichergestellt, dass das Sendesignal immer gleichanteilsfrei ist und die Flanke zum Zeitpunkt $t = 0$ kann zur Realisierung von Synchronisation und suboptimaler Detektion verwendet werden. Der Manchester-Code weist gegenüber dem NRZ-Code den Nachteil auf, dass die benötigte Bandbreite doppelt so hoch ist. Der Grund dafür ist, dass für die Codierung eines Bits zwei Signale benötigt werden und damit die Rechtecksignale, im Vergleich zum NRZ-Code, im Zeitbereich nur die halbe Breite besitzen. Im Frequenzbereich hat ein Zeitsignal mit mehr Flanken ein breiteres Spektrum. Bild 5.12 zeigt das nicht bandbegrenzte und das bandbegrenzte Signal für unsere Bitfolge.

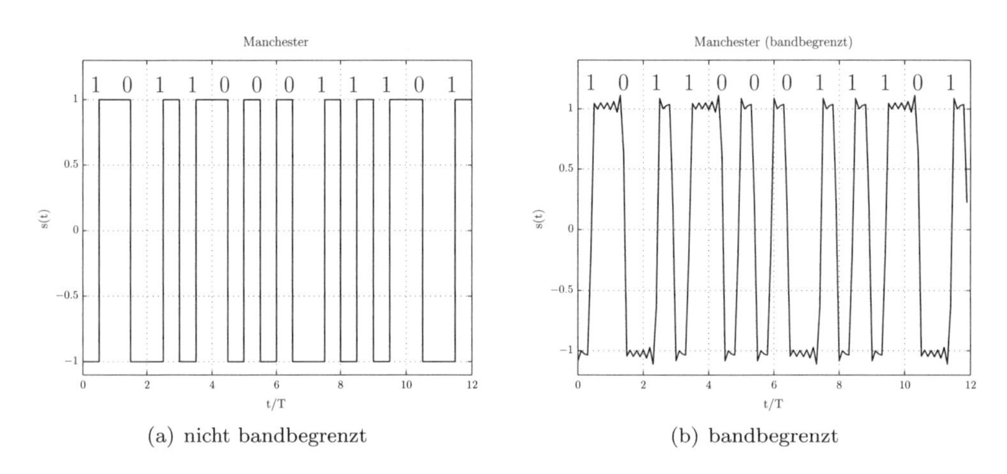

(a) nicht bandbegrenzt (b) bandbegrenzt

Bild 5.12: *Manchester*

Der **RZ–Code** (Bild 5.13) verwendet drei Amplituden $+1, 0, -1$. Bei einer logischen 1 mit dem Pegel -1 wird nach dem halben Takt zum Pegel 0 zurückgekehrt. Analog für die Übertragung einer logischen 0. Die Pegeländerung bei der Übertragung eines Bits kann der Empfänger zur Taktrückgewinnung nutzen. Der Nachteil am RZ-Code ist eine Verdoppelung der Bandbreite gegenüber dem NRZ-Code. Der RZ-Code ist im Gegensatz zum Manchester-Code nicht gleichanteilsfrei.

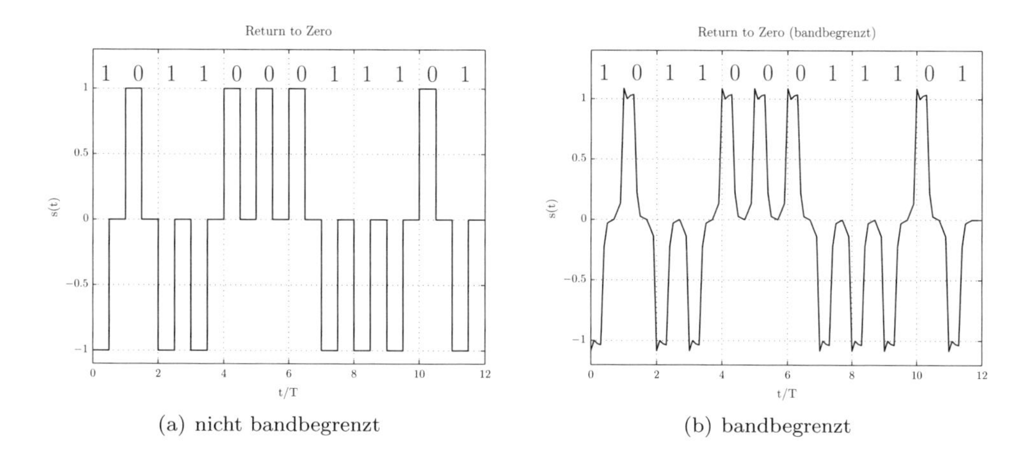

(a) nicht bandbegrenzt (b) bandbegrenzt

Bild 5.13: *Return To Zero*

Der **AMI–Code** (Bild 5.14) ist ein ternärer Code, der wie der RZ-Code drei Pegelwerte $+1, 0, -1$ zur Codierung der Bits 0 und 1 benutzt. Eine logische 0 wird dabei als eine physikalische 0 übertragen, eine logische 1 hingegen abwechselnd mit $+1$ und -1. Dadurch wird ist das Signal gleichanteilsfrei. Allerdings wirken sich lange Nullfolgen nachteilig aus, da der AMI-Code dann nur geringe Taktinformationen liefert, was die Taktrückgewinnung für den Empfänger erschwert. Bild 5.14 zeigt das nicht bandbegrenzte und das bandbegrenzte Signal unserer Bitfolge.

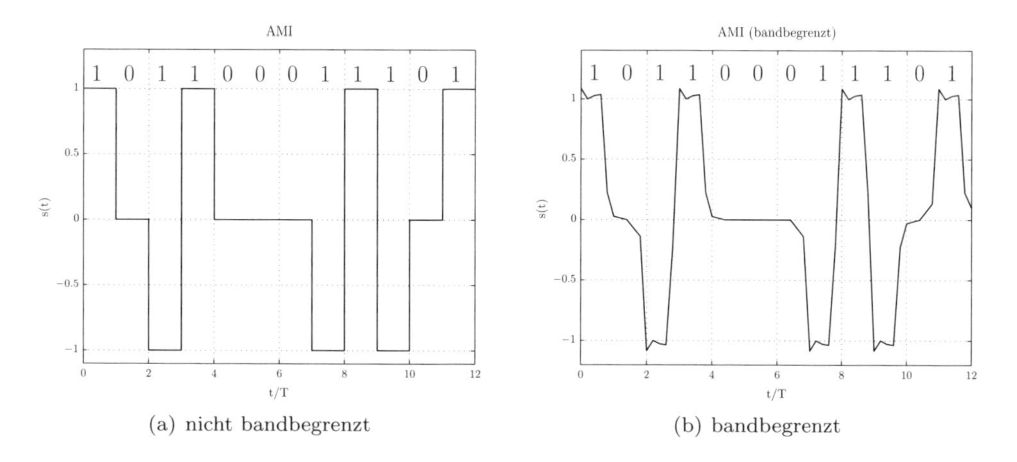

(a) nicht bandbegrenzt (b) bandbegrenzt

Bild 5.14: *Alternate Mark Inversion (AMI)*

5.4 Binäre Modulationsverfahren

Während Leitungscodes im Basisband verwendet werden können, da sie für leitungsgebundene Übertragung benutzt werden, muss man bei der Funkübertragung die Signale vom Basisband in einen höheren Frequenzbereich verschieben. Dies ist einerseits notwendig, da Antennen sehr groß sein müssten, um Signale niedriger Frequenzen abzustrahlen, und andererseits können nicht alle Teilnehmer gleichzeitig im gleichen Frequenzbereich in einem begrenzten Raum übertragen, da sie sich gegenseitig stören würden. Deshalb werden wir zunächst die Frequenzverschiebung einführen und danach die möglichen binären Modulationsverfahren erläutern.

5.4.1 Tiefpass-Bandpass-Transformation

Ein (im Allgemeinen komplexwertiges) Basisband–Signal $x_i(t)$ mit dem Spektrum $X_i(f)$ wird zunächst mit der komplexen Exponentialfunktion $e^{j2\pi f_0 t}$ multipliziert, wie in Bild 5.15 dargestellt. Entsprechend den Eigenschaften der Fourier-Transformation in Tabelle 5.3 auf Seite 83, entspricht dies einer Verschiebung im Frequenzbereich, d. h. das Spektrum von $x_i(t) \cdot e^{j2\pi f_0 t}$ ist $X_i(f - f_0)$. Das Signal nach der Multiplikation ist

$$x_i(t) \cdot e^{j2\pi f_0 t} = x_i(t) \cdot (\cos(2\pi f_0 t) + j \sin(2\pi f_0 t)).$$

Im Frequenzbereich ist dies eine Faltung mit dem Dirac-Impuls

$$X_i(f) * \delta(f - f_0) = X_i(f - f_0).$$

Um nun ein reellwertiges Sendesignal $s(t)$ zu erhalten, wird im Zeitbereich eine Realteilbildung vorgenommen

$$s(t) = Re\{x_i(t) \cdot e^{j2\pi f_0 t}\} = x_i(t) \cdot \cos(2\pi f_0 t) \;\circ\!\!-\!\!\bullet\; S(f).$$

Anmerkung: Die Leistung von $s(t)$ ist durch die Realteilbildung halbiert. Deswegen führen viele Autoren den Faktor $\sqrt{2}$ ein. Damit ergibt sich $s(t) = \sqrt{2}Re\{x_i(t) \cdot e^{j2\pi f_0 t}\} = \sqrt{2}x_i(t) \cdot \cos(2\pi f_0 t)$. Wir werden jedoch auf diesen Faktor verzichten.

Im Frequenzbereich entspricht dies einer konjugiert komplexen symmetrischen Ergänzung

$$S(f) = X_i(f) * \left[\frac{1}{2}(\delta(f + f_0) + \delta(f - f_0))\right].$$

Diese Transformation und die entsprechenden Spektren sind in Bild 5.15 dargestellt.

5.4.2 Spezielle binäre Verfahren

Im Folgenden werden drei binäre digitale Modulationsverfahren erläutert. Alle drei verwenden zwei unterschiedliche Signale $x_0(t)$ und $x_1(t)$ zur Übertragung von 0 bzw. 1. Der Unterschied dieser Verfahren liegt in der Wahl der Signale $x_i(t)$.

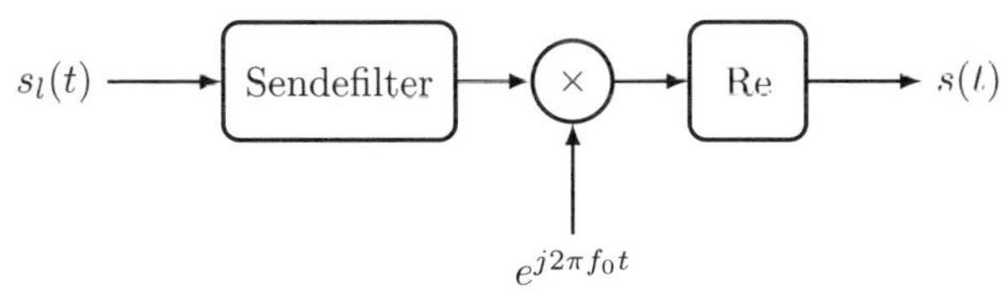

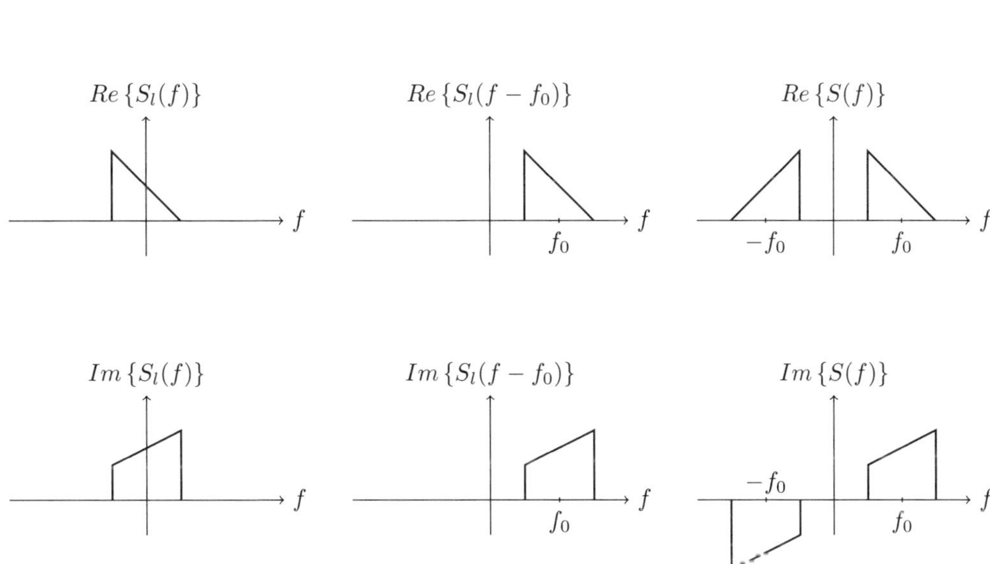

Bild 5.15: *Tiefpass-Bandpass-Transformation*

Bipolare Übertragung

Für eine bipolare binäre Übertragung gilt:

$$x_0(t) = x(t), \qquad x_1(t) = -x(t),$$

wobei für $x(t)$ prinzipiell ein beliebiges Signal gewählt werden kann, beispielsweise $\text{rect}(\frac{t}{T})$.

In Bild 5.16 wird links die Signalraum-Konstellation in der komplexen Ebene gezeigt und rechts der Signalverlauf im Zeitbereich, wenn als Signal $x(t)$ ein Rechteckimpuls verwendet wird. Die Invertierung $x_1(t) = -x(t)$ entspricht einer Phasenverschiebung von π. In diesem Beispiel gilt für $s_0(t)$

$$s_0(t) = Re\{x_0(t) \cdot e^{j2\pi f_0 t}\} = Re\{\text{rect}(\frac{t}{T}) \cdot e^{j2\pi f_0 t}\} = \text{rect}(\frac{t}{T}) \cdot \cos(2\pi f_0 t)$$

und für $s_1(t)$ entsprechend:

$$s_1(t) = Re\{x_1(t) \cdot e^{j2\pi f_0 t}\} = -\text{rect}(\frac{t}{T}) \cdot \cos(2\pi f_0 t).$$

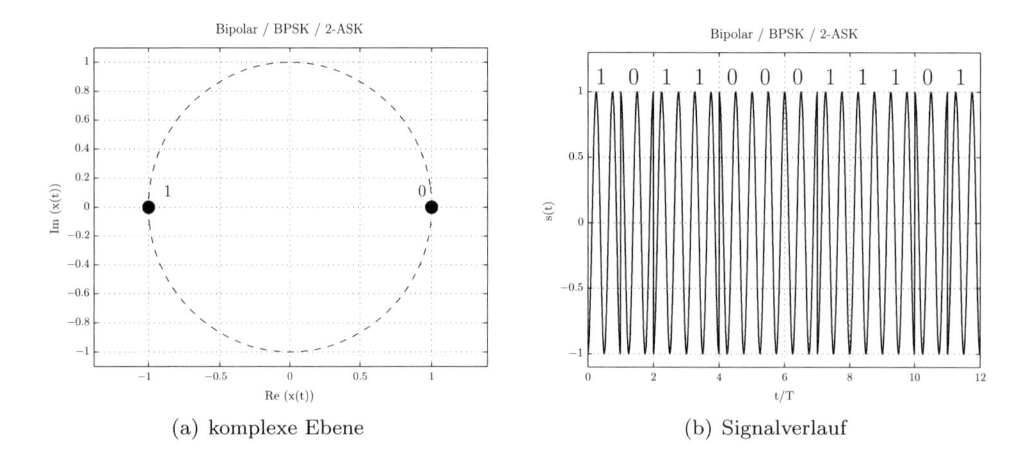

(a) komplexe Ebene

(b) Signalverlauf

Bild 5.16: *Bipolare Übertragung / BPSK / 2-ASK*

Bipolare Übertragung kann auch als BPSK (Binary Phase Shift Keying) und 2-ASK (Amplitude Shift Keying) interpretiert werden, die wir im nächsten Abschnitt einführen. Der Vorteil der bipolaren Übertragung gegenüber den zwei folgenden Verfahren, unipolare und orthogonale Übertragung, ist die größere Euklidische Distanz der Signalpunkte in der Signalraum-Konstellation. Dies führt bei einer Übertragung zu geringeren Symbolfehlerwahrscheinlichkeiten, die wir in Kapitel 7 berechnen werden.

Unipolare Übertragung

Für eine unipolare Übertragung gilt:

$$x_0(t) = 0, \qquad x_1(t) = x(t).$$

In Bild 5.17 wird wiederum links die Signalraum-Konstellation in der komplexen Ebene gezeigt und rechts der Signalverlauf im Zeitbereich, wenn als Signal $x(t)$ ein Rechteckimpuls verwendet wird.

Bei langen Nullfolgen in der Sendefolge wird bei unipolarer Übertragung lange Zeit kein Signal gesendet. Dies kann zu Problemen bei der Taktsynchronisation im Empfänger führen.

Übertragung mit orthogonalen Signalen

Für den Fall einer Binärübertragung mit orthogonalen Signalen benutzt man zwei orthogonale Signale

$$\langle s_0(t), s_1(t) \rangle = 0.$$

Bild 5.18 zeigt ein Beispiel einer binären Übertragung mit orthogonalen Signalen.

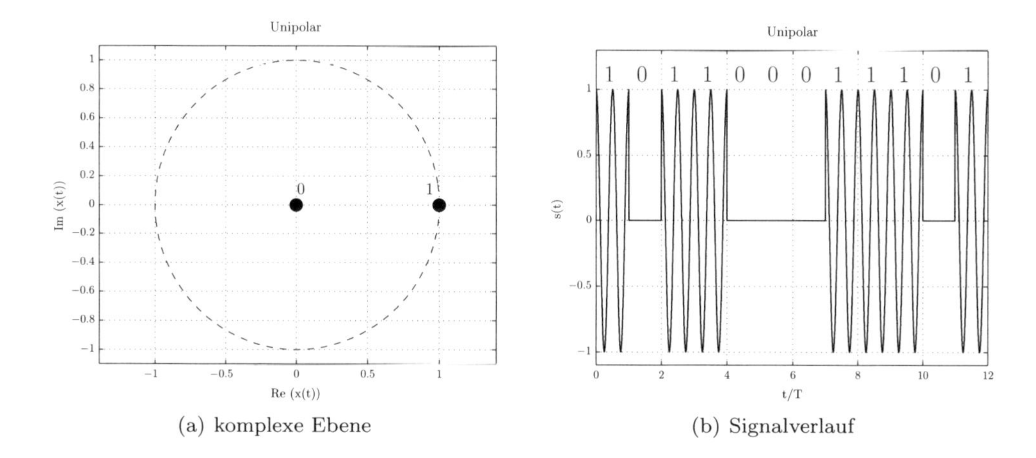

(a) komplexe Ebene (b) Signalverlauf

Bild 5.17: *Unipolare Übertragung*

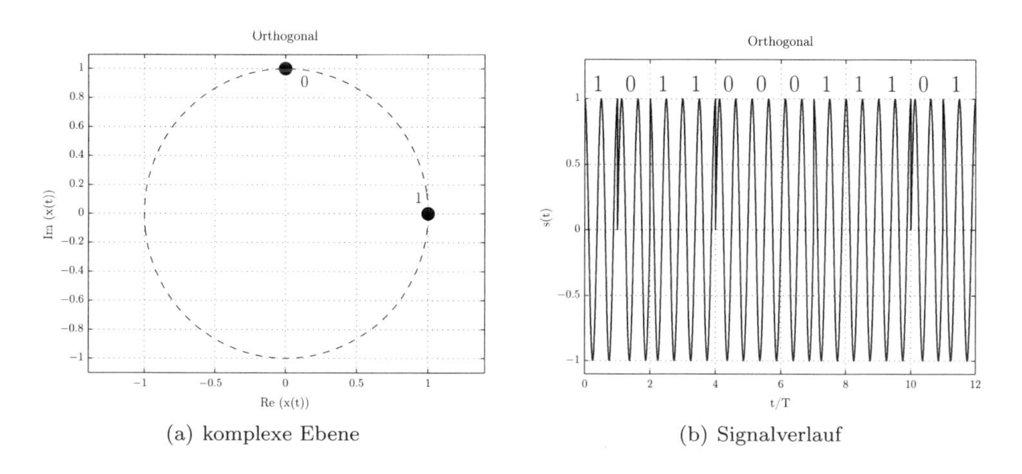

(a) komplexe Ebene (b) Signalverlauf

Bild 5.18: *Orthogonale Übertragung*

Die Orthogonalität ist hier erfüllt, da zwischen $s_0(t)$ und $s_1(t)$ eine Phasenverschiebung von $\frac{\pi}{2}$ besteht. In diesem Beispiel ist $x_1(t) = \text{rect}(\frac{t}{T})$ und $x_0(t) = \text{rect}(\frac{t}{T}) \cdot e^{+j\pi/2}$ ist ein komplexwertiges Signal. Damit gilt

$$\begin{aligned} s_0(t) =& Re\{x_0(t) \cdot e^{j2\pi f_0 t}\} = Re\{\text{rect}(\frac{t}{T}) \cdot e^{j(2\pi f_0 t + \pi/2)}\} \\ =& \text{rect}(\frac{t}{T}) \cdot \cos(2\pi f_0 t + \frac{\pi}{2}), \end{aligned}$$

was orthogonal ist zu $s_1(t)$:

$$s_1(t) = Re\{x_1(t) \cdot e^{j2\pi f_0 t}\} = Re\{\text{rect}(\frac{t}{T}) \cdot e^{j2\pi f_0 t}\} = \text{rect}(\frac{t}{T}) \cdot \cos(2\pi f_0 t).$$

5.5 Mehrwertige Digitale Modulationsverfahren

Die Information kann prinzipiell in der Amplitude, Phase oder Frequenz eines Signals codiert werden. Daraus ergeben sich die gängigen linearen digitalen Modulationsverfahren. Mehrwertig bedeutet dabei, dass ein bestimmtes Signal $s_i(t)$ aus M Signalen ausgewählt wird und somit $\log_2(M)$ Bits entspricht. Deshalb wird in der Regel $M = 2^m$ gewählt, d.h. ein Signal entspricht m-bit. Die Zuordnung der Bits zu den Signalen wird *Labeling* genannt und kann auf unterschiedliche Arten erfolgen. Das Labeling hat Einfluss bei der Detektion der Bits und dies wird im Kapitel 7 Detektionstheorie genauer betrachtet.

Bei der Verwendung von 2^m Signalen erhöht sich die binäre Datenübertragungsrate um den Faktor m gegenüber binären Modulationsverfahren. Deshalb kommen in Anwendungen zunehmend höherwertige Modulationsverfahren zum Einsatz.

Die Euklidische Distanz δ zwischen den Signalen im Signalraum ist eine mögliche Metrik, die die Signale eines bestimmten Modulationsverfahrens charakterisiert. Sie ist für zwei Signale $x_i(t)$ und $x_j(t)$ definiert durch

$$\delta = \sqrt{(Re\{x_i(t)\} - Re\{x_j(t)\})^2 + (Im\{x_i(t)\} - Im\{x_j(t)\})^2}.$$

Bei einem Vergleich unterschiedlicher Modulationen muss jedoch die (mittlere) Energie berücksichtigt werden.

5.5.1 Amplitude Shift Keying (ASK)

Bei der Amplitudenmodulation (Amplitude Shift Keying, ASK) nimmt nur die Amplitude verschiedene Werte an. In Bild 5.19 ist die Signalraumdarstellung von 4-ASK angegeben. Im Beispiel wurde das Labeling so gewählt, dass zwei benachbarte Signale sich nur in einem Bit im Label unterscheiden. Das Bandpass-Signal ist ebenfalls im Bild 5.19 angegeben. Man erkennt, dass die Signale unterschiedliche Energie besitzen, was in einigen Anwendungen nachteilig sein kann. Die minimale Euklidische Distanz ist bei 4-ASK $\delta = 2$.

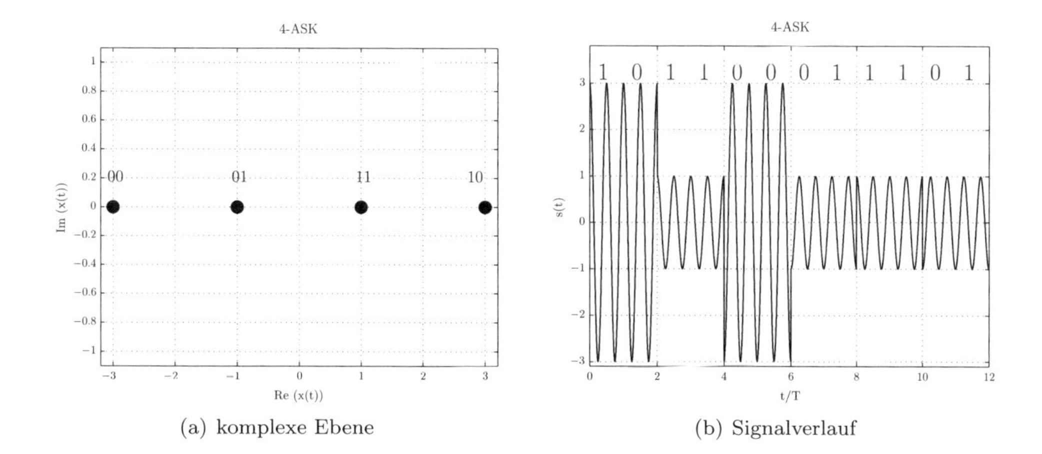

(a) komplexe Ebene (b) Signalverlauf

Bild 5.19: *4-ASK*

Wir können für 4-ASK die mittlere Energie ausrechnen unter der Annahme, dass alle vier Punkte gleichwahrscheinlich auftreten. Dann gilt

$$E[{x_i}^2] = \frac{1}{4}\left((-3)^2 + (-1)^2 + 1^2 + 3^2\right) = \frac{20}{4} = 5.$$

5.5.2 Phase Shift Keying (PSK)

Bei der PSK wird die Information in der Phase des Signals codiert. Die Information in die Phase eines Signals zu codieren hat den Vorteil, dass alle Signale konstante Energie besitzen. Die Phasenmodulation (Phase Shift Keying, PSK) ist eine weit verbreitete Modulationsart. In Bild 5.20 ist eine 4-PSK angegeben, die auch als Q-PSK bezeichnet wird.

Auch hier ist das Labeling so gewählt, dass die Label benachbarter Signalpunkte sich nur in einem Bit unterscheiden, was als Gray–Labeling bezeichnet wird. Die minimale Euklidische Distanz ist bei QPSK $\delta = \sqrt{2}$. Um dies zu sehen, drehen wir die Konstellation von Bild 5.20 um $\pi/4$ nach rechts. Dann liegt Signal 00 auf den Koordinaten $(1, 0)$ und 01 auf den Koordinaten $(0, 1)$. Damit ergibt sich die Distanz zu $\delta = \sqrt{1+1}$. Die Energie jedes Signals ist 1. QPSK kann als zweidimensionale BPSK aufgefasst werden und besitzt deswegen herausragende Eigenschaften.

5.5.3 Frequency Shift Keying (FSK)

Das Modulationsverfahren Frequency Shift Keying (FSK) benutzt Signale mit 2^m unterschiedlichen Frequenzen. Es wird u.a. in Faxgeräte angewandt wobei die Frequenzen im hörbaren Bereich sind und man kann die Bits als unterschiedliche Frequenzen hören.

Bild 5.21 zeigt das Zeitsignal einer 4-FSK für die Bitfolge, die auch schon für die vorherigen Verfahren verwendet wurde. Die 4-FSK stellt vier Signale mit verschiedenen

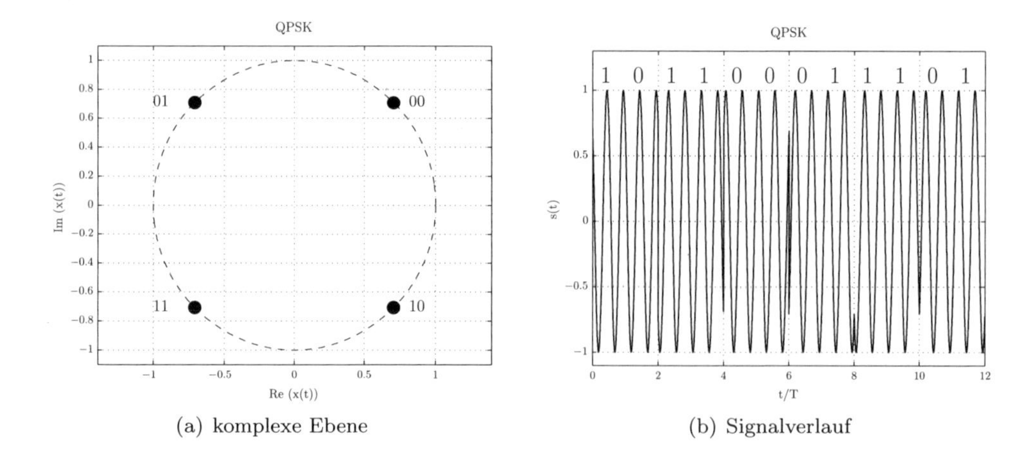

(a) komplexe Ebene (b) Signalverlauf

Bild 5.20: *QPSK*

Frequenzen zur Verfügung. Es können deshalb $\log_2 4 = 2$ Bit pro Signal übertragen werden.

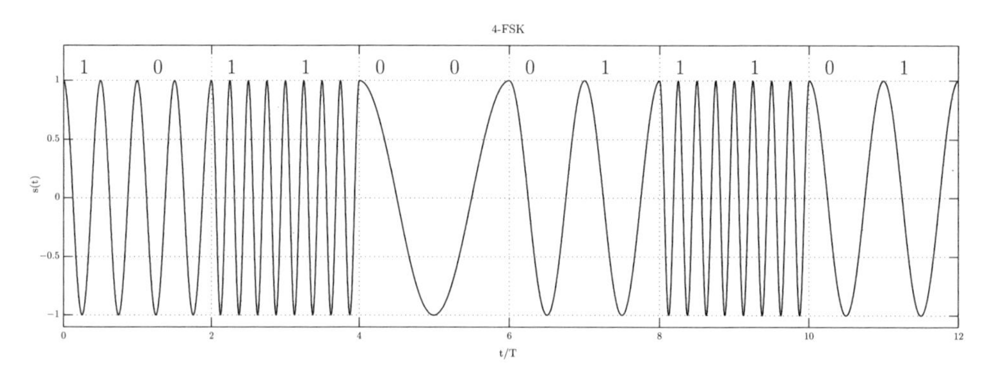

Bild 5.21: *4-FSK*

5.5.4 Quadrature Amplitude Modulation (QAM)

Im Signalraum kann Quadrature Amplitude Modulation (QAM) als zweidimensionales ASK aufgefasst werden. Entsprechend Bild 5.22 ergeben sich durch 4-ASK an vier Stellen die 16 Signalpunkte von 16-QAM. Jeder Signalpunkt wird mit vier Bits gelabelt. Man erkennt, dass es dabei Signale mit drei unterschiedlichen Energien gibt. Die minimale Euklidische Distanz ist bei 16-QAM genau $\delta = 2$. Die mittlere Energie bei gleichwahrscheinlichen Signalen ist 6.

Das Modulationsverfahren QAM wird inzwischen bei den meisten Übertragungsverfahren bevorzugt. Inzwischen werden bereits bis 4096-QAM Modulationsverfahren angewendet, bei denen ein Signal 12 Bit entspricht.

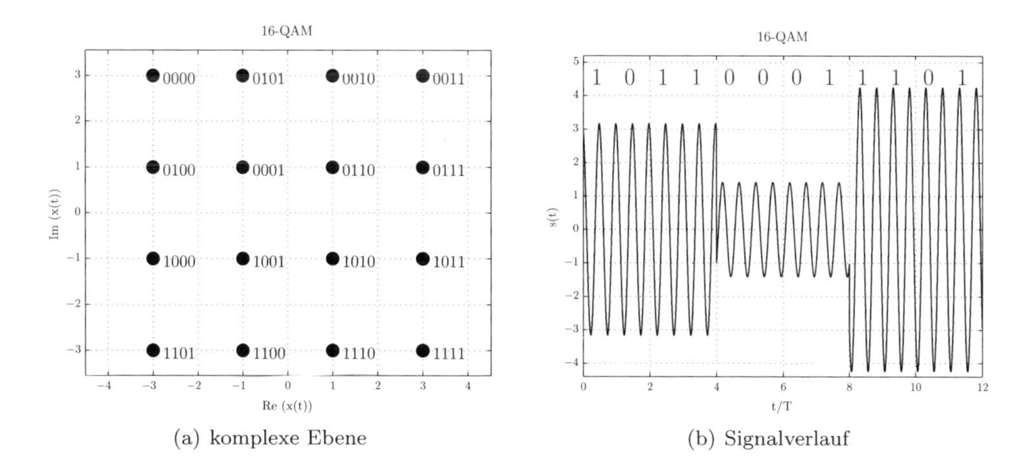

(a) komplexe Ebene (b) Signalverlauf

Bild 5.22: *16-QAM*

5.6 Analoge Signale und deren Modulation

Moderne Systeme werden heutzutage hauptsächlich mit digitalen Übertragungsverfahren realisiert. Dennoch existieren noch einige Anwendungen, die analoge Modulationsverfahren verwenden. Wie bei digitalen Modulationsverfahren ist die Aufgabe der analogen Verfahren das Verschieben von Tiefpasssignalen in den Bandpassbereich. Im folgenden werden Amplitudenmodulation (AM) und Frequenzmodulation (FM) erläutert.

5.6.1 Amplitudenmodulation (AM)

Sei $x(t)$ das zu übertragende analoge Quellensignal mit $x(t) \in [-1, 1]$. Das Quellensignal ist ein Tiefpasssignal, welches über einen Bandpasskanal übertragen werden soll. Das Quellensignal könnte beispielsweise ein Sprachsignal sein. Die Verschiebung in den Bandpassbereich erfolgt wie bei den digitalen Verfahren mittels einer Multiplikation mit einem sinusförmigen Träger. Wie in Tabelle 5.3 im Frequenzverschiebungssatz (Modulation) angegeben, entspricht dies einer Verschiebung im Frequenzbereich.

Der Träger sei gegeben als:

$$s_c(t) = a_0 \cdot \cos(2\pi f_0 t + \varphi_0),$$

wobei a_0 eine konstante Amplitude ist.

Das amplitudenmodulierte Signal ergibt sich dann zu:

$$s_{AM}(t) = (a_0 + a_1 \cdot x(t)) \cdot \cos(2\pi f_0 t + \varphi_0),$$

mit $a_1 > 0$. Der *Modulationsgrad* m ist definiert als:

$$m = \frac{a_1}{a_0}.$$

Bild 5.23 zeigt $s_{AM}(t)$ für zwei verschiedene Modulationsgrade. Das nach oben verschobene und skalierte Quellensignal $a_0 + a_1 \cdot x(t)$ ist gestrichelt dargestellt. Das linke Bild zeigt das AM-modulierte Sendesignal $s_{AM}(t)$ für $m = 1$, d. h. $a_1 = a_0$. Rechts ist $s_{AM}(t)$ für $m = 0.8$ dargestellt, d. h. $a_1 = 0,8 \cdot a_0$.

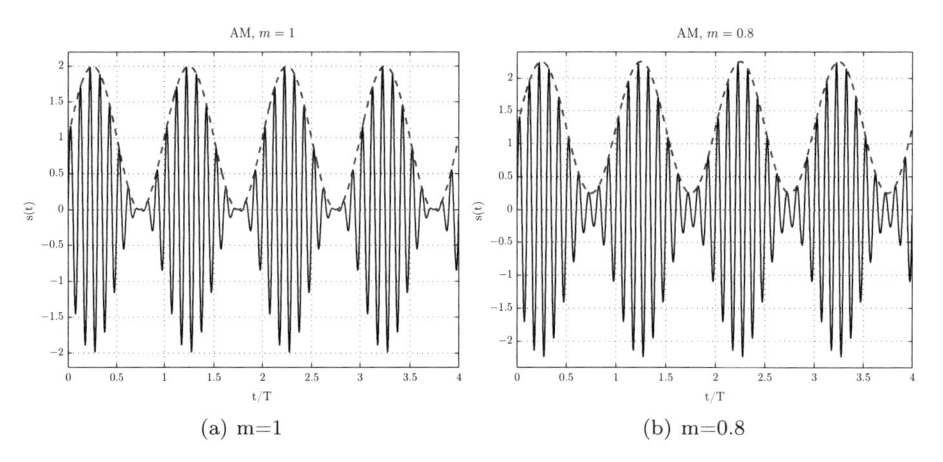

(a) m=1 (b) m=0.8

Bild 5.23: *AM*

Das beschriebene AM-modulierte Sendesignal enthält für $a_0 \neq 0$ den unmodulierten Träger. Dies wird auch als *Zweiseitenband-AM mit Träger* bezeichnet. Ist $a_0 = 0$, so enthält das Sendesignal kein unmoduliertes Trägersignal mehr und wird als *Zweiseitenband-AM ohne Träger* bezeichnet. Amplitudenmodulation ist ein lineares Modulationverfahren.

5.6.2 Frequenzmodulation (FM)

Die Frequenzmodulation gehört zu den Winkelmodulationsverfahren. Bei Winkelmodulationsverfahren wird generell die Phase verändert. FM ändert die Momentanfrequenz proportional zum Quellensignal, wohingegen die Phasenmodulation (PM) direkt den Phasenverlauf proportional zum Quellensignal ändert. In der Praxis ist die FM jedoch wichtiger als die PM, deshalb werden wir uns im Folgenden auf FM beschränken.

Die Trägerschwingung wird in ihrer Momentankreisfrequenz $\omega(t) = 2\pi f(t)$ wie folgt durch das Quellensignal $x(t)$ verändert:

$$\omega(t) = \omega_0 + \Delta\Omega \cdot x(t).$$

$\Delta\Omega = 2\pi\Delta F$ ist der Kreisfrequenzhub und ΔF die maximale Abweichung der Momentanfrequenz von der Frequenz des unmodulierten Trägers.

Das FM Sendesignal schreiben wir zunächst vereinfacht als:

$$s_{FM}(t) = a_0 \cdot \cos(\phi(t) + \varphi_0),$$

wobei $\phi(t)$ die Momentanphase darstellen soll.

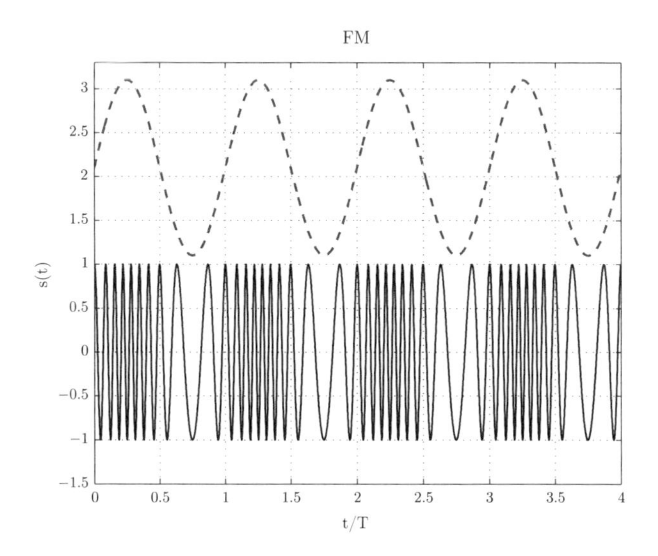

Bild 5.24: *FM*

Die Momentankreisfrequenz ist die Ableitung der Momentanphase:

$$\omega(t) = \frac{d\phi(t)}{dt}.$$

Damit gilt für die Momentanphase:

$$\phi(t) = \omega_0 + \Delta\Omega \cdot \int_0^t x(\tau)d\tau + \phi_0.$$

ϕ_0 ist der Anfangswert der Momentanphase zum Zeitpunkt $t = 0$. Fassen wir ϕ_0 und φ_0 in φ_0 zusammen, so erhalten wir für das FM-modulierte Sendesignal:

$$s_{FM}(t) = a_0 \cdot \cos(\omega_0 + \Delta\Omega \cdot \int_0^t x(\tau)d\tau + \varphi_0).$$

Bild 5.24 zeigt ein FM-moduliertes Signal, wobei das Quellensignal als rot gestricheltes Signal über dem FM-modulierten eingezeichnet ist.

5.7 Anmerkungen

Wir haben in diesem Kapitel die Realisierung der Alphabete von diskreten Quellen durch Signale besprochen. Nach einer Einführung in die Notationen und Begriffe der Theorie linearer zeitinvarianter Systeme haben wir die in der Nachrichtentechnik häufig vorkommenden Signalrepräsentationen erörtert. Wir haben die Hilbert-Transformation, die Abtastung, das Compressed Sensing beschrieben. Zusätzlich haben wir eine Definition der Shannon- und Fourier-Bandbreite angegeben. Der Themenkomplex Compressed Sensing hätte auch ins vorherige Kapitel Quellencodierung platziert werden können, jedoch hat die Interpretation als verallgemeinerte Abtastung nahe gelegt, ihn hier darzustellen. Danach wurden einige Leitungscodes untersucht, die in der Praxis verwendet werden. Bei der Modulation kann das Signal in den Bandpassbereich verschoben werden. Wir haben sowohl binäre als auch mehrwertige digitale Modulationverfahren erläutert. Zum Schluss wurde noch auf zwei analoge Modulationsverfahren eingegangen, die trotz der fortschreitenden Digitalisierung der (Radio-)Empfänger noch weit verbreitet sind.

Es wurde versucht, nur grundlegende Ideen darzustellen und auf elementare Konzepte einzugehen, weshalb viele Themen nicht behandelt wurden, die in anderen Büchern zur Nachrichtentechnik zu finden sind. Der Grund dafür ist, dass es andere, ebenfalls wichtige Dinge gibt, die wir in den folgenden Kapiteln einführen werden. Die Entscheidung, die Detektion von Signalen nicht hier, sondern in einem separaten Kapitel zu beschreiben, basiert auf der Tatsache, dass Entscheidungstheorie ein eigenständiges Gebiet ist und nicht nur zur Detektion von Signalen verwendet werden kann. Signalverarbeitung ist ebenfalls ein eigenständiges Gebiet, und es wurde bereits im letzten Kapitel zur verlustbehafteten Quellencodierung angewendet. Auch hier gilt, dass nur die notwendigen Konzepte eingeführt wurden.

Im Jahre 2006 erschienen die Arbeiten [CT06] und [Don06] für die E. Candes und T. Tao gemeinsam mit D. Donoho mit dem *IEEE Information Theory Society Best Paper Award 2008* ausgezeichnet wurden. Der interessierte Leser findet viele weitere Publikationen auf [Ric].

Aus mathematischer Sicht gehört Compressed Sensing zu dem Gebiet *Geometrische Funktionalanalysis*. Dort werden die geometrischen, kombinatorischen, probabilistischen und linearen Eigenschaften konvexer Körper in endlich-dimensionalen Banach-Räumen untersucht.

Als Anfang der Forschung in Compressed Sensing kann man die Arbeit von Kashin [Kas77] aus den 70ger Jahren des letzten Jahrhunderts bezeichnen. Er befasste sich mit dem Problem, wie viele und welche lineare Messungen, dargestellt mit der Matrix $\mathbf{A}$ in Gleichung (5.5), notwendig sind, um die Grenzräume (Kanten, dreieckige Seiten, Tetraeder, sowie alle anderen Grenzpolytope mit einer Dimension größer als 3) eines hochdimensionalen Crosspolytops (ℓ_1-Kugel) mit einer bestimmten Präzision zu rekonstruieren.

Eine der Grundideen hinter Compressed Sensing, die ℓ_1-Minimierung in hoch-dimensionalen randomisierten Räumen zur Suche von dünnbesetzten Lösungen von unterbestimmten linearen Gleichungssystemen zu nutzen, hat sich aus den oben erwähnten und einigen weiteren Forschungen (siehe [CT08] und [Don08]) Anfang 2000 herauskristallisiert. Seitdem hat sich dieses neue Forschungsgebiet sowie dessen zahlreiche Anwendungsbereiche explosionsartig entwickelt.

Eine Einführung in die Nachrichtentechnik für Studienanfänger liefert [AJ05]. Weitere Aspekte zur Signal- und Systemtheorie sowie zur Fourier-Transformation sind in [FB08],

[GRS05] oder [KK09] zu finden. Klassische Lehrbücher zu Nachrichtentechnik mit zahlreichen weiteren Übertragungsverfahren sind [Kam08, KK01], [OL10] und [Lin04].

5.8 Literaturverzeichnis

[AJ05] ANDERSON, John B. ; JOHANNESSON, Rolf: *Understanding Information Transmission (IEEE Press Understanding Science & Technology Series).* Wiley-IEEE Press, 2005. – ISBN 0471679100

[CDS98] CHEN, Scott S. ; DONOHO, David L. ; SAUNDERS, Michael A.: Atomic decomposition by basis pursuit. In: *SIAM Journal on Scientific Computing* 20 (1998), S. 33–61

[CT06] CANDES, E. ; TAO, T.: Near-Optimal signal recovery from random projections: Universal encoding strategies. In: *IEEE Trans. Inform. Theory* IT-52 (2006), December, Nr. 12, S. 5406–5425

[CT08] CANDES, E. ; TAO, T.: Information Theory Society Paper Award: Reflections on Compressed Sensing. In: *IEEE Information Theory Society Newsletter* 58 (2008), December, Nr. 4, S. 14–17

[Don06] DONOHO, D.: Compressed Sensing. In: *IEEE Trans. Inform. Theory* IT-52 (2006), Nr. 4, S. 1289–1306

[Don08] DONOHO, D.: Information Theory Society Paper Award: Reflections on Compressed Sensing. In: *IEEE Information Theory Society Newsletter* 58 (2008), December, Nr. 4, S. 18–23

[FB08] FREY, Thomas ; BOSSERT, Martin: *Signal- und Systemtheorie.* Stuttgart, Leipzig : Vieweg+Teubner, 2008. – ISBN 978-3835102491

[GRS05] GIROD, B. ; RABENSTEIN, R. ; STENGER, A.: *Einführung in die Systemtheorie.* Teubner, 2005 (Lehrbuch : Elektrotechnik). – ISBN 9783519261940

[Kam08] KAMMEYER, Karl-Dirk: *Nachrichtenübertragung.* Stuttgart, Leipzig : Vieweg+Teubner, 2008. – ISBN 978-3835101791

[Kas77] KASHIN, B.: The widths of certain finite dimensional sets and classes of smooth functions. In: *Izvestia* 41 (1977), S. 334–351

[KK01] KAMMEYER, Karl-Dirk ; KÜHN, Volker: *MATLAB in der Nachrichtentechnik.* Wilburgstetten : Schlembach, 2001. – ISBN 978-3935340052

[KK09] KAMMEYER, Karl-Dirk ; KROSCHEL, Kristian: *Digitale Signalverarbeitung: Filterung und Spektralanalyse.* Stuttgart, Leipzig : Vieweg+Teubner, 2009. – ISBN 978-3834806109

[Lin04] LINDNER, Jürgen: *Informationsübertragung: Grundlagen der Kommunikationstechnik.* Berlin : Springer, 2004. – ISBN 978-3540214007

[OL10] OHM, Jens-Rainer ; LÜKE, Hans D.: *Signalübertragung: Grundlagen der digitalen und analogen Nachrichtenübertragungssysteme.* Berlin : Springer, 2010. – ISBN 978-3642101991

[Ric] RICE UNIVERSITY: DIGITAL SIGNAL PROCESSING GROUP: *Compressive Sensing Resources.* http://dsp.rice.edu/cs

5.9 Übungsaufgaben

Elementarsignale und zeitdiskrete Übertragung

Aufgabe

Gegeben sei das folgende Spektrum $E_1(f)$ eines Elementarsignals.

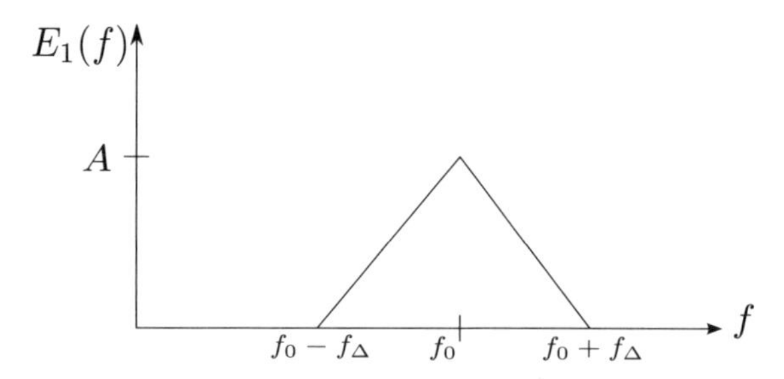

a) Geben Sie einen mathematischen Ausdruck für $E_1(f)$ an.

Nun steht ein Übertragungsband im Frequenzbereich $[f_0 - f_\Delta, f_0 + 3f_\Delta]$ zur Verfügung.

b) Skizzieren Sie das Spektrum **drei** weiterer Signale, so dass

- alle vier Spektren gleich breit und reellwertig sind
- und Orthogonalität zwischen allen Signalen besteht.

c) Berechnen Sie das Elementarsignal $e_1(t)$ im Zeitbereich.

d) Geben Sie zu $e_1(t)$ **ein** weiteres Elementarsignal $e_2(t)$ an, so dass man mit $e_1(t)$ und $e_2(t)$ eine bipolare Übertragung realisieren kann.

Die gesamte Übertragungsstrecke werde nun durch das folgende zeitdiskrete Übertragungsmodell beschrieben, wobei $x(k) \in \{-1, 1\}$. Es gelte für die Wahrscheinlichkeiten der Sendesymbole $f_X(x(k) = -1) = \frac{3}{4}$ und $f_X(x(k) = 1) = \frac{1}{4}$. Außerdem sei $n(k)$ eine zeitdiskrete Rauschfolge mit der Verteilungsdichtefunktion $f_N(n) = \frac{1}{2}e^{-|n|}$, $n \in \mathbb{R}$.

e) Skizzieren Sie in ein gemeinsames Diagramm die Verteilungsdichtefunktion von $y(k)$ für $x(k) = -1$ und $x(k) = 1$, also $f_{Y|X}(y|x(k) = -1)$ und $f_{Y|X}(y|x(k) = 1)$.

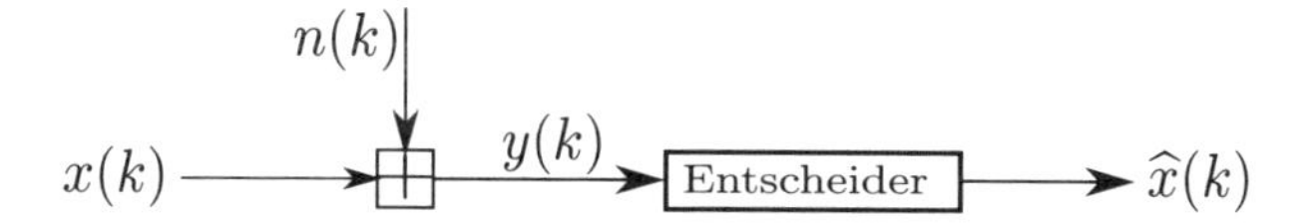

Hinweis: Für die folgenden Teilaufgaben werden Kenntnisse aus dem Kapitel *Detektion* benötigt.

f) Skizzieren Sie die optimale Entscheidungsgrenze für die Verteilungsdichten der vorherigen Teilaufgabe (in Ihre Zeichnung aus der vorherigen Aufgabe, mit Farbe). Wie nennt man einen solchen Entscheider?

Hinweis: Rechnen Sie die Entscheidungsgrenze **nicht** aus, ermitteln Sie diese nur grafisch aus den beiden bedingten Verteilungsdichtefunktionen.

Lösung

a) $E_1(f) = A \cdot \Lambda\left(\frac{f-f_0}{f_\Delta}\right)$

c) $e_1(t) = A \cdot f_\Delta \cdot \mathrm{si}^2(\pi f_\Delta t) \cdot e^{j2\pi f_0 t}$.

d) $e_2(t) = -e_1(t)$

Sendeleistung bei 4-ASK und 8-PSK

Aufgabe

Es soll der Unterschied zwischen einer 8-PSK und einer 4-ASK Übertragung untersucht werden, beide mit Gray-Codierung. Als Vergleichskriterium gilt die jeweils erforderliche Sendeleistung bei gleicher Fehlerwahrscheinlichkeit und gleicher minimaler euklidischer Distanz.

a) Wie viele Bit pro Sendesymbol können mit den beiden Verfahren übertragen werden?

b) Geben Sie für beide Modulationsverfahren die Signalraumdarstellung sowie die Gray-Codierung an.

c) Leiten Sie sowohl für 8-PSK als auch für 4-ASK eine Proportionalitätsbeziehung zwischen der Sendeleistung und der minimalen Distanz her.

d) Welche Energiedifferenz pro Bit (in dB) ist nötig, damit beide Modulationsverfahren die gleiche Bitfehlerwahrscheinlichkeit liefern?

e) Welches der beiden Modulationsverfahren liefert bei gleicher Sendeleistung die geringere Bitfehlerwahrscheinlichkeit (mit Begründung)?

Lösung

a) 8-PSK: 3 Bit, 4-ASK: 2 Bit

c) $\Rightarrow S_{4ASK} \sim \frac{5}{4} d_{min}^2$

d) $\frac{E_{Bit,4ASK}}{E_{bit,8PSK}} = 1.0983 \triangleq 0,407dB$

Elementarsignale und Modulation

Aufgabe

Gegeben seien die folgenden vier Elementarsignale:

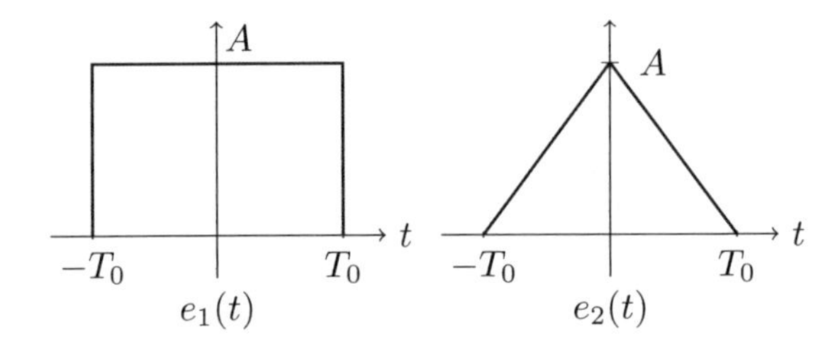

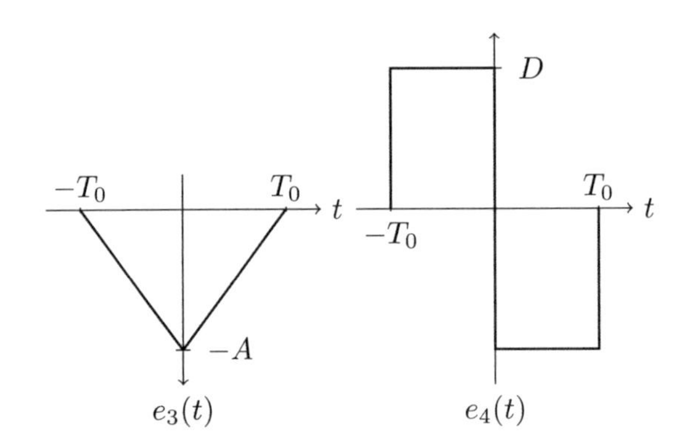

Zusätzlich sei als 5. Elementarsignal $e_5(t) = 0$ gegeben. Es soll eine binäre Übertragung durchgeführt werden.

a) Geben Sie alle möglichen Kombinationen von je 2 Elementarsignalen an, mit welchen eine unipolare, bipolare bzw. orthogonale Übertragung durchgeführt werden kann.

b) Geben Sie einen mathematischen Ausdruck für $e_1(t)$ an und berechnen Sie das zugehörige Spektrum $E_1(f)$.

c) Geben Sie einen mathematischen Ausdruck für $e_4(t)$ an und berechnen Sie das zugehörige Spektrum $E_4(f)$.

d) Bestimmen Sie A und D so, dass die Energien der Signale $e_2(t)$ und $e_4(t)$ gleich groß sind.

Im folgenden soll die Überlagerung (Superposition) von zwei Modulationsalphabeten a, b betrachtet werden. Die Sendefolge berechnet sie folglich zu:

$$s(k) = a(k) + b(k).$$

Hierbei soll das Modulationsalphabet a durch 2-ASK mit den komplexen Signalpunkten $\{-2; +2\}$ realisiert werden. Modulationsalphabet b sei eine QPSK Modulation mit den komplexen Signalpunkten $\{-0{,}5j; +0{,}5j; +0{,}5; -0{,}5\}$.

e) Skizzieren Sie die Signalraumdarstellung von $s(k)$.

f) Wieviele Bits können pro Sendesymbol übertragen werden?

g) Geben Sie eine geeignete Codierung, d.h. die Zuordnung von Bits zu den Sendesymbolen an, so dass die Anzahl der Bitfehler minimiert werden.(Begründung!)

Nehmen Sie nun an, dass Fehler nur im **Real** Teil des Signals auftreten können. Des weiteren sei p_1 die Wahrscheinlichkeit, dass ein Sendesymbol innerhalb eines ASK Symbols verfälscht wird. Die Wahrscheinlichkeit, dass ein Sendesymbol in eines der weiter entfernten Symbole verfälscht wird, sei p_2.

h) Berechnen Sie, ausgehend von Ihrer Codierung, die mittlere Bitfehlerwahrscheinlichkeit in Abhängigkeit von p_1 und p_2. Nehmen Sie an, dass alle Sendesymbole gleichwahrscheinlich auftreten.

Lösung

d) $|A| = |D|$

h) $P = 1/3 \cdot p_1 + 1/2 \cdot p_2$

Leitungscodes und Modulationsverfahren

Aufgabe

Gegeben ist das Spektrum eines Elementarsignales:

$$E_0(f) = \frac{4}{{f_0}^2} \cdot \left(\mathrm{si}^2 \left(\frac{2\pi f}{f_0} \right) * \mathrm{si} \left(\frac{2\pi f}{f_0} \right) \right).$$

a) Berechnen Sie das zu $E_0(f)$ gehörige Signal $e_0(t)$ und skizzieren Sie es.

b) Zeichnen Sie die Signalverläufe einer unipolaren, einer bipolaren und einer orthogonalen Übertragung der binären Sequenz 01101. Hierbei wird das Signal $e_0(t)$ verwendet. Wählen Sie das dazugehörige Signal $e_1(t)$ jeweils entsprechend.

c) Geben Sie einen Vorteil und einen Nachteil des Manchester Leitungscodes im Vergleich zum NRZ (Non Return to Zero) Leitungscode an.

d) In Bild 5.25 sind vier verschiedene Signalverläufe gegeben. Ordnen Sie jeweils das verwendete Übertragungsverfahren zu.

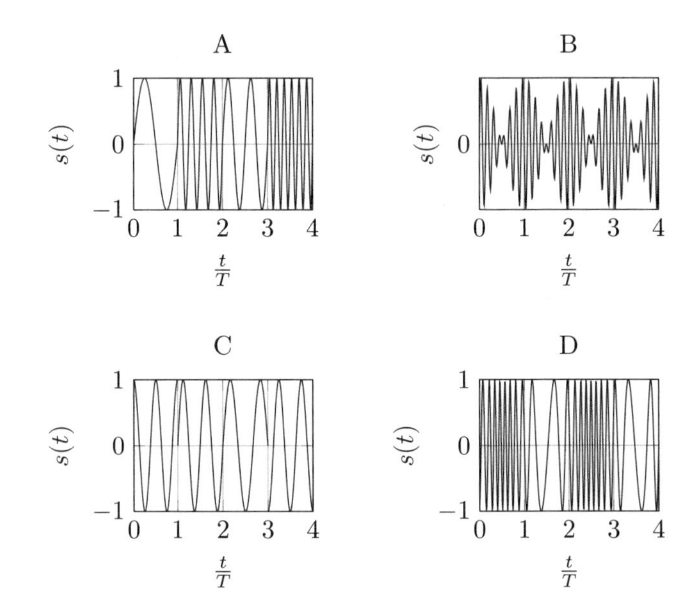

Bild 5.25: *Vier verschiedene Signalverläufe*

Lösung

a) $e_0(t) = \Lambda\left(\frac{f_0 \cdot t}{2}\right) \cdot \mathrm{rect}\left(\frac{f_0 \cdot t}{2}\right)$

d) A=4-FSK, B=AM, C=QPSK, D=FM.

6 Übertragungskanäle

Ein Kanal im informationstheoretischen Modell, siehe Bild 6.1, wird beschrieben durch das Eingangssignal $\boldsymbol{c}$, das Ausgangssignal $\boldsymbol{y}$ und die bedingten Übergangswahrscheinlichkeiten $f_{Y|C}(\boldsymbol{y}|\boldsymbol{c})$.

Das Eingangssignal und das Ausgangssignal sind in der Regel Vektoren der Länge n, d. h. $\boldsymbol{c} = (c_0, \ldots, c_{n-1})$ und $\boldsymbol{y} = (y_0, \ldots, y_{n-1})$, deren Symbole c_i und y_i Elemente des Eingangsalphabets $\mathcal{A}_c$ bzw. Ausgangsalphabets $\mathcal{A}_y$ sind. Diese beiden Alphabete müssen nicht notwendigerweise identisch sein oder dieselbe Kardinalität besitzen, jedoch muss für die Kardinalitäten gelten $|\mathcal{A}_c| \leq |\mathcal{A}_y|$. Dies ist offensichtlich, da sonst unterschiedliche Sendesymbole das gleiche Empfangssymbol haben müssen und damit nicht alle Symbole eindeutig übertragen werden können. Entsprechend gilt beim signaltheoretischen Modell in Bild 6.2, dass das Eingangssignal $s(t)$ durch den Kanal in das Ausgangssignal $g(t)$ verändert wird.

Kanäle können grundsätzlich in zwei Klassen eingeteilt werden, nämlich in *gedächtnislose* und *gedächtnisbehaftete* Kanäle. Bei einem Kanal mit Gedächtnis hängt das i-te Ausgangssymbol nicht nur von seinem „eigenen" i-ten Eingangsymbol ab, sondern auch von vorhergehenden Eingangsymbolen $c_{i-1}, c_{i-2}, \ldots$. Die Symbole stören sich also gegenseitig und man bezeichnet dies als Intersymbolinterferenz.

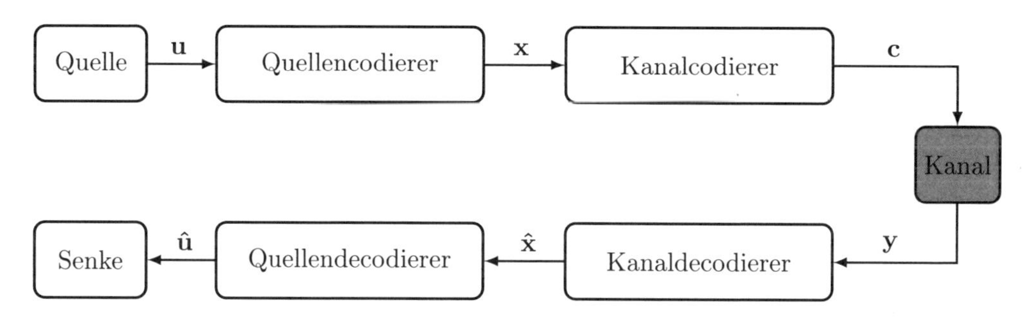

Bild 6.1: *Der Kanal im Modell der Informationstheorie*

In diesem Kapitel werden wir zunächst die informationstheoretische Sichtweise eines Kanals erläutern und dabei die wechselseitige Information zwischen zwei Zufallsvariablen einführen. Diese kann als Änderung der Unsicherheit einer Zufallsvariablen interpretiert werden, die sich durch Beobachtung der anderen Zufallsvariablen ergibt. Die Kanalkapazität wird als maximale wechselseitige Information definiert und ist damit eine obere Schranke, die angibt, wie viel Information über einen gegebenen Kanal (nahezu) fehlerfrei übertragen werden kann. Sie wird in Shannons Kanalcodiertheorem in Abschnitt 8.3

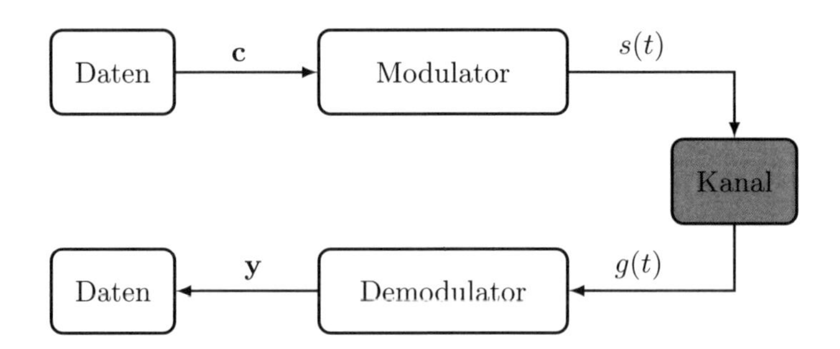

Bild 6.2: *Der Kanal im Modell der Signaltheorie*

verwendet werden, um zu beweisen, dass man mit einer Informationsrate unterhalb der Kanalkapazität Information mit beliebig kleiner Fehlerrate übertragen kann.

Danach werden wir einige diskrete Kanalmodelle einführen und deren Kanalkapazität berechnen. Anschließend wird der Gaußkanal, das wichtigste Kanalmodell der Nachrichtentechnik, erörtert. Außerdem beschreiben wir noch einen Interferenzkanal mit Hilfe eines FIR-Systems. Zum Schluss sollen noch Prinzipien der Kanalschätzung erläutert werden. Nur wenn der Kanal genau genug geschätzt wird, kann man seine Kanalkapazität gut genug schätzen und somit die Übertragungsverfahren und die Coderate an den Kanal adaptieren. Deshalb ist die Kanalschätzung in der Praxis sehr wichtig.

6.1 Kanäle aus Sicht der Informationstheorie

Wir betrachten zunächst ausschließlich gedächtnislose Kanäle. Diese werden wir definieren und danach die wechselseitige Information einführen, mit der dann die Kapazität dieser Kanäle bestimmt wird.

6.1.1 Gedächtnisloser Kanal (DMC)

Bei einem gedächtnislosen Kanal *(discrete memoryless channel, DMC)* hängt das i-te Ausgangsymbol nur vom i-ten Eingangsymbol ab. Deshalb genügt es, die bedingten Wahrscheinlichkeiten $p(y_i|c_i) = f_{Y|C}(y_i|c_i)$, $c_i \in \mathcal{A}_c$, $y_i \in \mathcal{A}_y$ für die Übertragung der einzelnen Symbole zu kennen. Die Übertragung eines Symbols ist also statistisch unabhängig von der Übertragung der anderen Symbole. Es gilt damit für die Übertragung eines Vektors von n Symbolen, dass die Wahrscheinlichkeit des Vektors als Produkt der Wahrscheinlichkeiten seiner Komponenten berechnet werden kann.

Definition 6.1 *Gedächtnisloser diskreter Kanal.*

Bei einem gedächtnislosen Kanal gilt $f_{Y|C}(y_i|c_i, c_{i-1,\ldots}) = f_{Y|C}(y_i|c_i)$. Als Konsequenz berechnet sich die Wahrscheinlichkeit $f_{Y|C}(\boldsymbol{y}|\boldsymbol{c})$ zu

$$f_{Y|C}(\boldsymbol{y}|\boldsymbol{c}) = \prod_{i=0}^{n-1} f_{Y|C}(y_i|c_i).$$

Als Beispiele für gedächtnislose Kanäle werden wir später den binäre Auslöschungskanal, den symmetrischen Binärkanal und den Gaußkanal einführen. Obwohl viele existierende Kanäle nicht gedächtnislos sind, kann man trotzdem viele Eigenschaften und Prinzipien am mathematisch einfacheren gedächtnislosen Kanal verstehen.

6.1.2 Wechselseitige Information

Wir wollen die wechselseitige Information schrittweise einführen. Dazu beginnen wir mit der wechselseitigen Information von Ereignissen zweier Zufallsexperimente.

Definition 6.2 *Wechselseitige Information zweier Ereignisse.*

Seien $\mathcal{A}$ und $\mathcal{B}$ zwei Ereignisse zweier Zufallsexperimente mit den Wahrscheinlichkeiten $P(\mathcal{A}) \neq 0$, $P(\mathcal{B}) \neq 0$, so ist die wechselseitige Information $I(\mathcal{A};\mathcal{B})$ definiert durch

$$I(\mathcal{A};\mathcal{B}) = \log_2 \frac{P(\mathcal{A}|\mathcal{B})}{P(\mathcal{A})} \qquad \text{in bit.}$$

Wenn die Ereignisse $\mathcal{A}$ und $\mathcal{B}$ statistisch unabhängig sind, ist die wechselseitige Information null, da bei statistischer Abhängigkeit gilt $P(\mathcal{A}|\mathcal{B}) = P(\mathcal{A})$ und $I(\mathcal{A};\mathcal{B}) = \log_2(1) = 0$ ist. Daher ist die wechselseitige Information ein Maß für die statistische Abhängigkeit von Ereignissen.

Eine Eigenschaft der wechselseitigen Information ist, dass sie *symmetrisch* ist, d.h. die Information über $\mathcal{A}$, wenn $\mathcal{B}$ beobachtet wurde, ist gleich der Information über $\mathcal{B}$, wenn $\mathcal{A}$ beobachtet wurde. Denn aus der Gleichung $P(\mathcal{A})P(\mathcal{B}|\mathcal{A}) = P(\mathcal{A}\mathcal{B}) = P(\mathcal{B}\mathcal{A}) = P(\mathcal{B})P(\mathcal{A}|\mathcal{B})$ folgt

$$I(\mathcal{A};\mathcal{B}) = I(\mathcal{B};\mathcal{A}), \quad \text{da} \quad \log_2 \frac{P(\mathcal{A}|\mathcal{B})}{P(\mathcal{A})} = \log_2 \frac{P(\mathcal{B}|\mathcal{A})}{P(\mathcal{B})}.$$

Wenn man das Ereignis $\mathcal{B}$ gleich dem Ereignis $\mathcal{A}$ wählt, so gelangt man zur Eigeninformation von Ereignissen, die oft auch als Selbstinformation bezeichnet wird.

Definition 6.3 *Eigeninformation eines Ereignisses.*

Ist $\mathcal{A}$ ein Ereignis eines Zufallsexperimentes mit der Wahrscheinlichkeit $P(\mathcal{A}) \neq 0$, dann ist die Eigeninformation dieses Ereignisses definiert durch

$$I(\mathcal{A}) = I(\mathcal{A};\mathcal{A}) = \log_2 \frac{P(\mathcal{A}|\mathcal{A})}{P(\mathcal{A})} = \log_2 \frac{1}{P(\mathcal{A})} = -\log_2 P(\mathcal{A}) \qquad \text{in bit.}$$

Wir wollen im Folgenden die Notation für Zufallsvariablen verwenden, d. h. wir schreiben die Eigeninformation und die wechselseitige Information zweier Ereignisse in der Form

$$\begin{aligned} I(X = x) &= -\log_2 f_X(x) \\ I(X = x; Y = y) &= \log_2 \frac{f_{X|Y}(x|y)}{f_X(x)}. \end{aligned}$$

Die Unsicherheit (Definition 4.7 von Seite 41) kann damit als Erwartungswert der Eigeninformationen von Ereignissen der Zufallsvariablen X interpretiert werden

$$\begin{aligned} H(X) = E[I(X = x)] &= - \sum_{x \in \operatorname{supp} f_X(x)} f_X(x) \log_2 f_X(x) \\ &= E\left[-\log_2 f_X(x)\right]. \end{aligned}$$

Dabei bezeichnet der Träger/Support $\operatorname{supp} f_X(x)$ die Menge aller X, für die $f_X(x) > 0$. Wegen der Eigenschaft

$$\lim_{f_X(x) \to 0+} f_X(x) \log_2 f_X(x) = 0,$$

kann alternativ auch über alle X summiert werden.

Als wechselseitige Information zwischen den Zufallsvariablen X und Y bezeichnet man den Erwartungswert der wechselseitigen Information von Ereignissen.

Definition 6.4 *Wechselseitige Information.*

Seien X und Y zwei Zufallsvariablen mit den Wahrscheinlichkeitsdichten $f_X(x)$ und $f_Y(y)$, dann ist die wechselseitige Information definiert durch

$$I(X;Y) = \sum_x \sum_y f_{XY}(xy) \log_2 \frac{f_{X|Y}(x|y)}{f_X(x)}.$$

Die wechselseitige Information zwischen den Zufallsvariablen X und Y ist ein zentrales Maß der Informationstheorie und deshalb wollen wir ihre Eigenschaften untersuchen und sie mit Hilfe der Unsicherheit darstellen.

Satz 15: *Eigenschaften der wechselseitigen Information.*

Die wechselseitige Information $I(X;Y)$ ist symmetrisch, d.h. $I(X;Y) = I(Y;X)$ und sie kann durch die Unsicherheit ausgedrückt werden:

$$I(X;Y) = H(X) + H(Y) - H(XY).$$

Beweis: Wir beginnen mit der zweiten Aussage, da daraus die erste direkt folgt. Dazu schreiben wir die wechselseitige Information als Erwartungswert

$$I(X;Y) = E\left[\log_2 \frac{f_{X|Y}(x|y)}{f_X(x)}\right] = E\left[\log_2 \frac{f_{XY}(xy)}{f_X(x)f_Y(y)}\right],$$

wobei wir benutzt haben, dass $f_{X|Y}(x|y) = \frac{f_{XY}(xy)}{f_Y(y)}$ gilt. Die Eigenschaft des Logarithmus $\log_2 1/x = -\log_2 x$ führt zu

$$E\left[\log_2 \frac{f_{XY}(xy)}{f_X(x)f_Y(y)}\right] = E[\log_2 f_{XY}(xy) - \log_2 f_X(x) - \log_2 f_Y(y)].$$

Da der Erwartungswert einer Summe gleich der Summe der Erwartungswerte der Summanden ist, können wir schreiben

$$\begin{aligned} I(X;Y) &= E[\log_2 f_{XY}(xy)] + E[-\log_2 f_X(x)] + E[-\log_2 f_Y(y)] \\ &= H(X) + H(Y) - H(XY). \end{aligned}$$

Damit folgt auch, dass die wechselseitige Information symmetrisch ist, da beim Vertauschen von X und Y der Ausdruck $H(Y) + H(X) - H(YX)$ identisch bleibt.

□

Wir führen nun die bedingte Unsicherheit ein, mit deren Hilfe wir die wechselseitige Information anders ausdrücken können.

Definition 6.5 *Bedingte Unsicherheit.*

Die verbleibende Unsicherheit der Zufallsvariablen X nach Kenntnis der Zufallsvariablen Y ist definiert durch

$$\begin{aligned} H(X|Y) &= \sum_y f_Y(y) H(X|Y=y) \\ &= -\sum_y f_Y(y) \sum_x f_{X|Y}(x|y) \log_2 f_{X|Y}(x|y). \end{aligned}$$

Die bedingte Unsicherheit ist eine Doppelsumme über alle Ereignisse der Zufallsvariablen X und Y. Mit ihrer Definition können wir nun die wechselseitige Information berechnen.

Satz 16: *Wechselseitige Information und bedingte Unsicherheit.*

Die wechselseitige Information ist

$$I(X;Y) = H(X) - H(X|Y) = H(Y) - H(Y|X).$$

Beweis: Wir berechnen $H(XY)$ durch

$$\begin{aligned} H(XY) &= E[-\log_2 f_{XY}(xy)] = E[-\log_2 f_{X|Y}(x|y) \cdot f_Y(y)] \\ &= E[-\log_2 f_{X|Y}(x|y)] + E[-\log_2 f_Y(y)] \\ &= H(Y) + H(X|Y), \end{aligned}$$

wobei wir die Beziehung $f_{XY}(xy) = f_{X|Y}(x|y) \cdot f_Y(y)$ benutzt haben. Dies setzen wir in Beziehung $I(X;Y) = H(X) + H(Y) - H(XY)$ ein und erhalten die Behauptung. Analog gilt dies für $I(X;Y) = H(Y) - H(Y|X)$.

□

Die Unsicherheit von Y setzt sich zusammen aus der wechselseitigen Information von X und Y und der bei Kenntnis von X verbleibende Unsicherheit von Y: $H(Y) = I(X;Y) + H(Y|X)$.

Um die Schranken der wechselseitigen Information angeben zu können, benötigen wir noch die Tatsache, dass die Unsicherheit $H(X)$ durch Kenntnis über Y nicht größer werden kann. Was der folgende Satz aussagt.

Satz 17: *Verminderung der Unsicherheit.*

Es gilt:

$$H(X|Y) \leq H(X).$$

Beweis: Wir nehmen an, die Zufallsvariablen X und Y bestehen aus L und M Ereignissen, d.h. $X = \{x_1, \ldots, x_L\}$, und $Y = \{y_1, \ldots, y_M\}$. Wir zeigen, dass die Differenz $H(X|Y) - H(X)$ kleiner gleich Null ist:

$$\begin{aligned} H(X|Y) - H(X) &= \\ &= -\sum_{i=1}^{L}\sum_{j=1}^{M} f_{XY}(x_i, y_j) \log_2 f_{X|Y}(x_i|y_j) + \sum_{i=1}^{L} f_X(x_i) \log_2 f_X(x_i) \\ &= \sum_{i=1}^{L}\sum_{j=1}^{M} f_{XY}(x_i, y_j) \left(-\log_2 \frac{f_{XY}(x_i, y_j)}{f_Y(y_j)} + \log_2 f_X(x_i) \right) \\ &= \sum_{i=1}^{L}\sum_{j=1}^{M} f_{XY}(x_i, y_j) \log_2 \frac{f_X(x_i) f_Y(y_j)}{f_{XY}(x_i, y_j)}. \end{aligned}$$

Anwendung der IT-Ungleichung Satz 3 auf Seite 41 ergibt

$$
\begin{aligned}
H(X|Y) - H(X) = \\
&\leq \sum_{i=1}^{L}\sum_{j=1}^{M} f_{XY}(x_i, y_j)\left(\frac{f_X(x_i)f_Y(y_j)}{f_{XY}(x_i, y_j)} - 1\right)\log_2 e \\
&= \left(\sum_{i=1}^{L}\sum_{j=1}^{M} f_X(x_i)f_Y(y_j) - \sum_{i=1}^{L}\sum_{j=1}^{M} f_{XY}(x_i, y_j)\right)\log_2 e \\
&= (1-1)\log_2 e = 0.
\end{aligned}
$$

□

Wir können weitere Aussagen zur Unsicherheit ableiten. Aus der Schranke $0 \leq H(X) \leq \log_2 L$ für $X = \{x_1, x_2, \ldots, x_L\}$ folgt sowohl

$$0 \leq H(X|Y = y) \leq \log_2 L,$$

als auch

$$0 \leq H(X|Y) \leq \log_2 L.$$

Damit können wir nun die Schranken der wechselseitigen Information angeben, indem wir die Eigenschaften der bedingten Unsicherheit anwenden.

Satz 18: *Schranken der wechselseitigen Information.*

Die wechselseitige Information zweier Zufallsvariablen X und Y ist nicht negativ und stets kleiner gleich dem Minimum der Unsicherheiten $H(X)$ und $H(Y)$, d.h.

$$0 \leq I(X;Y) \leq \min\{H(X), H(Y)\}.$$

Beweis: Die linke Seite folgt aus Satz 16 und Satz 17, denn aus $H(X|Y) \leq H(X)$ folgt $H(X) - H(X|Y) = I(X;Y) \geq 0$.

Die rechte Ungleichung folgt aus der Tatsache, dass sowohl $H(X|Y) \geq 0$ als auch $H(Y|X) \geq 0$ gilt. Für die wechselseitige Information gilt

$$I(X;Y) = H(X) - H(X|Y) = H(Y) - H(Y|X).$$

Wir ziehen also sowohl von $H(X)$ als auch von $H(Y)$ einen nicht negativen Wert ab, woraus die Behauptung folgt.

□

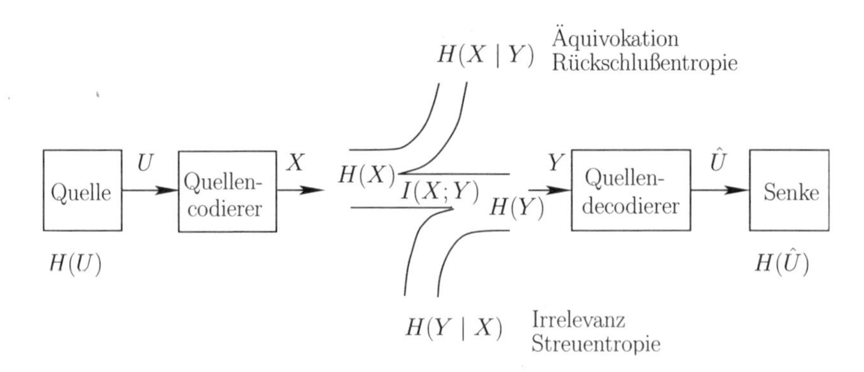

Bild 6.3: *Unsicherheits– und Informationsfluss*

6.1.3 Kanalkapazität

Zusammenfassend können wir die bisherigen Ergebnisse in Bild 6.3 betrachten. Die Quelle besitzt die Unsicherheit $H(U)$. Der Quellencodierer codiert die Quellensymbole in eine Folge von Symbolen der Zufallsvariablen X. Der Eingang des Kanals ist X (gesendet) und Y (empfangen) ist der Ausgang des Kanals. Die wechselseitige Information $I(X;Y)$ stellt anschaulich den Teil dar, der vom Eingang zum Ausgang des Kanals gelangt. Da wir gezeigt haben, dass gilt:

$$I(X;Y) = H(X) - H(X|Y) = H(Y) - H(Y|X),$$

wird $H(X)$ um die sogenannte Äquivokation $H(X|Y)$ vermindert. Beim Empfänger kommt zu $I(X;Y)$ noch die sogenannte Irrelevanz $H(Y|X)$ hinzu. Es gilt nun aus der Beobachtung der Zufallsvariablen Y auf die am wahrscheinlichst gesendeten Wert der Zufallsvariablen X zu schließen.

Als Kanalkapazität wird die maximal mögliche wechselseitige Information bezeichnet

$$C = \max_{f_X(x)} \{I(X;Y)\}.$$

Dabei ist offensichtlich, dass wir nur die Wahrscheinlichkeitsdichte der Sendesymbole, also $f_X(x)$, beeinflussen können, da $f_{Y|X}(y|x)$ durch den Kanal gegeben ist und damit nicht beeinflusst werden kann. Da auch $f_Y(y)$ nur indirekt über $f_X(x)$ beeinflussbar ist, wird über $f_X(x)$ maximiert.

Definition 6.6 *Kanalkapazität C.*

Für einen DMC (Definition 6.1) ist die Kanalkapazität C die maximal erreichbare wechselseitige Information

$$C = \max_{f_X(x)} \{I(X;Y)\} = \max_{f_X(x)} \{H(Y) - H(Y|X)\}$$
$$= \max_{f_X(x)} \{H(X) - H(X|Y)\}.$$

Die Kanalkapazität ist ein fundamentales Maß für einen gegebenen Kanal. Entsprechend Bild 6.3 ist dies die maximal mögliche wechselseitige Information, die übertragen werden kann. Erst in Kapitel 8 kann dann bewiesen werden, dass man mit einer Rate unterhalb der Kanalkapazität nahezu fehlerfrei Daten übertragen kann.

An dieser Stelle sei nochmals die Tragweite dieses fundamentalen Ergebnisses erwähnt, das die Nachrichtentechnik revolutioniert hat. Die Nachrichtentechniker wissen bereits, wenn der Kanal gegeben ist, welche Datenrate möglich ist. Sie können ihre Verfahren daran messen, wie dicht sie an die Kanalkapazität herankommen, falls diese für den vorliegenden Kanal berechnet werden kann. Es existieren jedoch noch viele Kanäle, für die bisher die Kanalkapazität noch nicht berechnet werden konnte.

6.2 Diskrete Kanalmodelle

In diesem Abschnitt sollen einige typische diskrete Kanäle vorgestellt und deren Kapazitäten berechnet werden.

6.2.1 Symmetrischer Binärkanal (BSC)

Der symmetrische Binärkanal (*binary symmetric channel, BSC*) ist ein einfaches Modell eines gedächtnislosen Kanals, das jedoch häufig ausreichend ist, um unterschiedliche Übertragungsverfahren zu vergleichen. Sowohl das Eingangsalphabet $\mathcal{A}_c = \{0, 1\}$ als auch das Ausgangsalphabet $\mathcal{A}_y = \{0, 1\}$ sind binär. Der Kanal ist in Bild 6.4 dargestellt. Die Wahrscheinlichkeit für einen Fehler, also dass eine Null gesendet wird und in eine Eins verfälscht wird (oder andersherum), wird mit p angegeben. Folglich wird ein Symbol wird der Wahrscheinlichkeit $1 - p$ korrekt übertragen. Man nennt p die Fehlerwahrscheinlichkeit des Kanals.

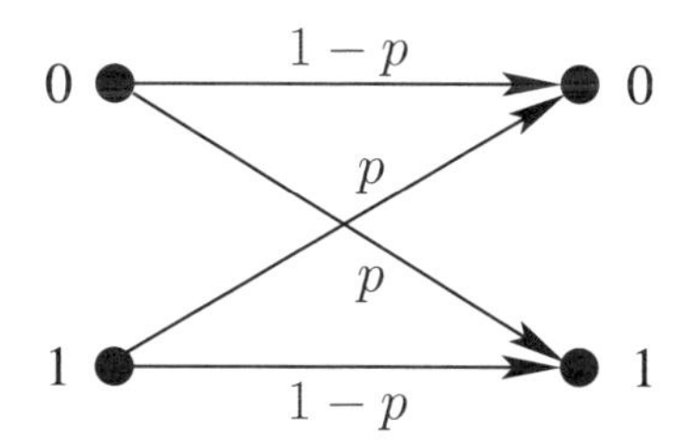

Bild 6.4: *Kanalmodell, Symmetrischer Binärkanal (BSC)*

Die Übergangswahrscheinlichkeiten $f_{Y|C}(y_i|c_i)$ sind:

$$f_{Y|C}(y_i = 0|c_i = 1) = f_{Y|C}(y_i = 1|c_i = 0) = p$$
$$f_{Y|C}(y_i = 1|c_i = 1) = f_{Y|C}(y_i = 0|c_i = 0) = 1 - p.$$

Die Wahrscheinlichkeit $P(e|n,p)$, dass bei Übertragung eines Vektors der Länge n über einen symmetrischen Binärkanal e Fehler auftreten, ist eine Binomialverteilung und berechnet sich zu

$$P(e|n,p) = \binom{n}{e} p^e (1-p)^{n-e}.$$

Der Erwartungswert für die Anzahl der Fehler in einem Codewort der Länge n beträgt demnach $E[e] = np$.

Um die Kanalkapazität des BSC zu berechnen, benötigen wir die bedingte Unsicherheit

$$H(Y|X) = h(p) = -p \, \log_2 p - (1-p) \, \log_2(1-p).$$

Es hat sich eingebürgert, die binäre Unsicherheit mit $h(p)$ zu bezeichnen. Ferner ergibt sich das Maximum $\max\limits_{f_X(x)} H(Y) = \log_2(2)$ bei Gleichverteilung der Sendesymbole, also $f_X(0) = f_X(1) = f_X(0) = 0.5$. Die Kanalkapazität des BSC ergibt sich damit zu

$$\begin{aligned} C_{BSC} &= \max_{f_X(x)} \left\{ H(Y) - H(Y|X) \right\} = 1 - h(p) \\ &= 1 + p \, \log_2 p + (1-p) \, \log_2(1-p). \end{aligned} \tag{6.1}$$

6.2.2 Binärer Auslöschungskanal (BEC)

Bei bestimmten Kanälen tritt die Situation ein, dass am Empfänger entweder keine Aussage über ein Symbol gemacht werden kann, oder dass das Symbol immer richtig entschieden wird. Dazu führt man eine sogenannte Auslöschung ein, um die Tatsache zu beschreiben, dass im Empfänger keine Entscheidung oder aber keine zuverlässige Entscheidung möglich ist. Dies wird im nächsten Kapitel besprochen. Das Modell kann jedoch bereits jetzt abstrakt eingeführt werden. Genau wie beim symmetrischen Binärkanal besitzt der binäre Auslöschungskanal (*binary erasure channel, BEC*) ein Eingangsalphabet mit Kardinalität zwei. Jedoch wird das Ausgangsalphabet um ein sogenanntes Auslöschungssymbol Δ ergänzt. Das Eingangssymbol wird im Gegensatz zum symmetrischen Binärkanal nicht verfälscht, sondern kann nur ausgelöscht werden. Eine solche Auslöschung tritt mit der Wahrscheinlichkeit ϵ auf. In Bild 6.5 ist das schematische Kanalmodell dargestellt. Die Übergangswahrscheinlichkeiten sind:

$$\begin{aligned} f_{Y|C}(y_i = \Delta|c_i = 1) &= f_{Y|C}(y_i = \Delta|c_i = 0) = \epsilon, \\ f_{Y|C}(y_i = 1|c_i = 1) &= f_{Y|C}(y_i = 0|c_i = 0) = 1 - \epsilon, \\ f_{Y|C}(y_i = 0|c_i = 1) &= f_{Y|C}(y_i = 1|c_i = 0) = 0. \end{aligned}$$

Die Wahrscheinlichkeit $P(e|n,\epsilon)$, dass bei Übertragung eines Vektors der Länge n über einen binären Auslöschungskanal e Auslöschungen auftreten, beträgt:

$$P(e|n,\epsilon) = \binom{n}{e} \epsilon^e (1-\epsilon)^{n-e}.$$

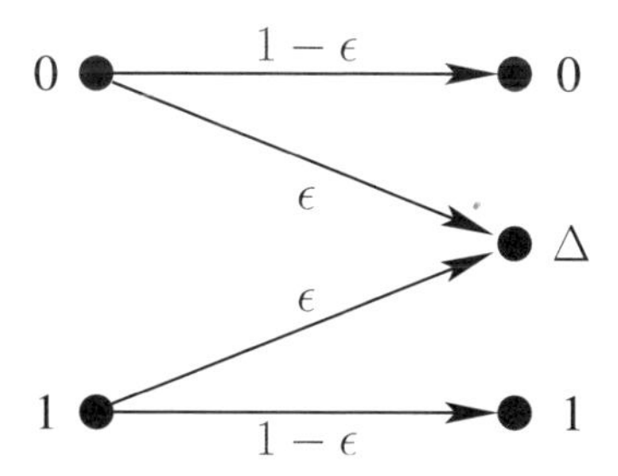

Bild 6.5: *Kanalmodell, binärer Auslöschungskanal (BEC)*

Zur Berechnung der Kapazität müssen zunächst die Unsicherheiten $H(Y|X)$ sowie $H(Y)$ bestimmt werden. Für $H(Y|X)$ gilt

$$H\left(Y|X\right) = h(\epsilon) = -\epsilon \ \log_2 \epsilon - (1-\epsilon) \ \log_2(1-\epsilon).$$

Mit der Wahrscheinlichkeit $f_X(x=1) = \rho$ ergibt sich

$$\begin{aligned} H(Y) =& -(1-\rho)(1-\epsilon) \ \log_2((1-\rho)(1-\epsilon)) \\ & -(1-\rho+\rho)\epsilon \ \log_2((1-\rho+\rho)\epsilon) - \rho(1-\epsilon) \ \log_2(\rho(1-\epsilon)) \\ =& (1-\epsilon)h(\rho) + h(\epsilon). \end{aligned}$$

Die Kapazität des BEC ist nun mit

$$\begin{aligned} C_{BEC} =& \max_{f_X(x)} \left\{ H(Y) - H(Y|X) \right\} = \max_{f_X(x)} \left\{ H(Y) \right\} - h(\epsilon) \\ =& (1-\epsilon) + h(\epsilon) - h(\epsilon) = 1-\epsilon \end{aligned}$$

gegeben.

6.2.3 Multi-Ausgangs Kanal

Ein weiterer interessanter Kanal, der im nächsten Kapitel benötigt wird, ist in Bild 6.6 dargestellt. Anhand dieses Kanals können die Prinzipien von Soft-Decision erklärt werden. Das Eingangsalphabet ist binär, während der Ausgang sechs Werte annehmen kann. Anhand des Wertes kann die Zuverlässigkeit der Entscheidung bestimmt werden. Nimmt der Ausgang den Wert 1 an, so ist es höchst wahrscheinlich, dass eine 0 übertragen wurde, da die Übergangswahrscheinlichkeit von 0 nach 1, $f_{Y|C}(y_i = 1|c_i = 0) = 0.4$ deutlich größer ist als die Übergangswahrscheinlichkeit von 1 nach 1, $f_{Y|C}(y_i = 1|c_i = 1) = 0.03$. Wurde eine 2 bzw. 5 empfangen, ist die Wahrscheinlichkeit für einen Fehler schon etwas höher, wogegen bei 3 und 4 keine Aussage gemacht werden kann, welches Signal gesendet wurde. Zur Berechnung der Kapazität eines allgemeinen Muli-Ausgangs-Kanals wird auf [CT06] verwiesen.

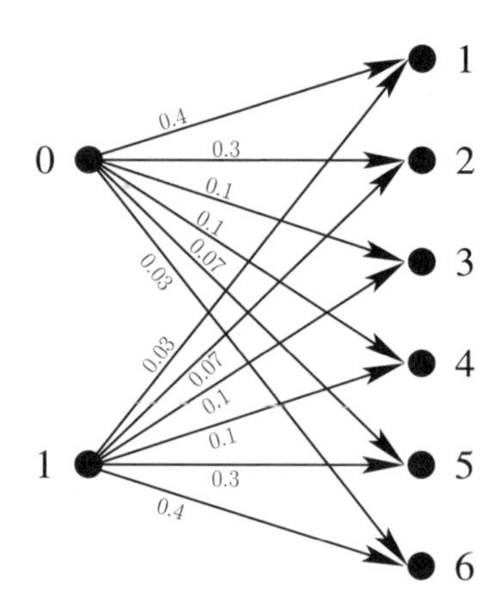

Bild 6.6: *Multi-Ausgangs Kanalmodell*

6.3 Gauß-Kanal

Die elektronischen Bauelemente zur Realisierung von Empfängern verursachen thermisches Rauschen. Ferner besagt der zentrale Grenzwertsatz, dass die Addition von unabhängig gleichverteilten Zufallsvariablen durch eine Gaußverteilung (oft auch als Normalverteilung bezeichnet) angenähert werden kann. Vor allem zur Beschreibung des ersten Aspekts spielt die Gaußverteilung und damit der Gauß-Kanal eine zentrale Rolle in der Nachrichtentechnik. Wir müssen bei der Beschreibung des Gauß-Kanals eine wertkontinuierliche, jedoch zeitdiskrete, reelwertige Zufallsvariable verwenden.

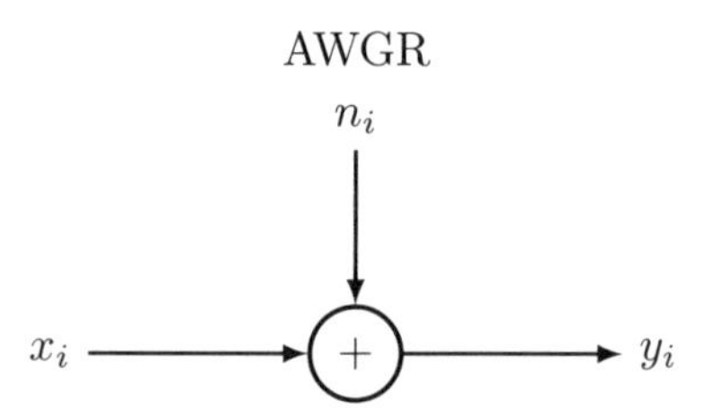

Bild 6.7: *Additives Weißes Gaußsches Rauschen (AWGR)*

Man beschreibt den empfangenen Wert y_i bei Additivem Weißen Gaußschen Rauschen (AWGR)(*Additive White Gaussian Noise (AWGN)*) (vgl. auch Bild 6.7) durch

$$y_i = x_i + n_i, \tag{6.2}$$

wobei n_i eine gaußverteilte (zeitdiskrete, wertkontinuierliche) und vom Sendesymbol $x_i \in \mathbb{R}$ statistisch unabhängige Zufallsvariable ist (siehe Anhang A.2.2). Der Mittelwert ist $\mu = 0$ und die Varianz ist σ^2. Das Ausgangssignal ist somit auch wertkontinuierlich. Die Übergangswahrscheinlichkeit des Gaußkanals kann wie folgt angegeben werden:

$$f_{Y|X}(y_i|x_i) = \frac{1}{\sqrt{2\pi\sigma^2}} \cdot e^{-\frac{(y_i - x_i)^2}{2\sigma^2}}.$$

Nehmen wir eine bipolare Übertragung an, d.h. $x_i \in \mathcal{A} = \{-1, 1\}$, dann sind die Übergangswahrscheinlichkeiten der Empfangswerte y zwei Gaußglocken um die Punkte -1 und 1. Mathematisch kann dies auch als Faltung zweier Dirac Impulse $\delta(1)$ und $\delta(-1)$ mit der Dichte einer Gaußverteilung interpretiert werden. Dies ist in Bild 6.8 dargestellt, wobei $\sigma = 0.5$ gewählt wurde.

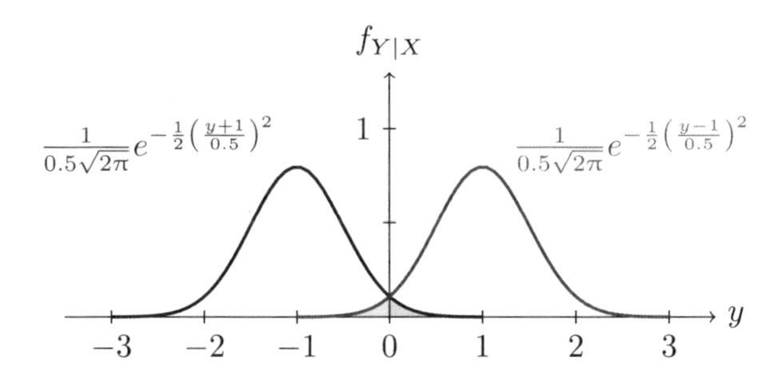

Bild 6.8: *Wahrscheinlichkeitsverteilungsdichten im binären Gaußkanal*

Um das gesendete Signal wieder herzustellen, wird in der Regel das Sendesymbol gewählt, welches dem Empfangssignal am nächsten liegt. Offensichtlich können hierbei Fehler entstehen, und zwar dann, wenn das Rauschen größer ist als der halbe Abstand zwischen den beiden Sendepunkten. Beispielsweise (vgl. Bild 6.8) könnte eine gesendete $x_i = -1$ durch ein Rauschen von $n_i = 1,2$ in $y_i = 0,2$ verfälscht werden. Dies würde zu $+1$ entschieden werden und damit wäre ein Fehler entstanden. Die Wahrscheinlichkeit eines solchen Fehlers kann also beschrieben werden als das Integral über die Wahrscheinlichkeiten, welche zu einem Fehler führen (schattierte Fläche in Bild 6.8). Die Fehlerwahrscheinlichkeit berechnet sich zu:

$$f_{Error} = 2 \cdot \int_{y_i=0}^{\infty} \frac{1}{\sqrt{2\pi\sigma^2}} \cdot e^{-\frac{(y_i)^2}{2\sigma^2}} = \operatorname{erfc}\left(\frac{y_i}{\sqrt{2\sigma^2}}\right).$$

In Bild 6.9 sieht man beispielhaft die Auswirkungen von Rauschen auf QPSK Signale mit unterschiedlicher Varianz des Rauschens. Der Einfluss des Rauschens wird häufig durch das Verhältnis der Energie pro Informationsbit E_b und der einseitigen Rauschleistungsdichte N_0 im Weißen Gaußschen Rauschmodell, also durch $\frac{E_b}{N_0}$ ausgedrückt. Dabei ist die Varianz σ^2 des additiven Weißen Gaußschen Rauschens in Gleichung (6.2) $\sigma^2 = \frac{N_0}{2}$. Da durch einen Signalpunkt mehrere Bits übertragen werden (hier zwei), erhält man die Energie pro Informationsbit E_b, indem man die mittlere Signalenergie $\overline{E}$ durch den Logarithmus der Gesamtzahl M der Signale teilt, also

$$E_b = \frac{\overline{E}}{\log_2 M}.$$

Dabei entspricht $\log_2 M$ der maximalen Unsicherheit einer Informationsquelle, bei der alle Signale gleichwahrscheinlich sind. Bei QPSK werden zwei Bit pro Signalpunkt zu-

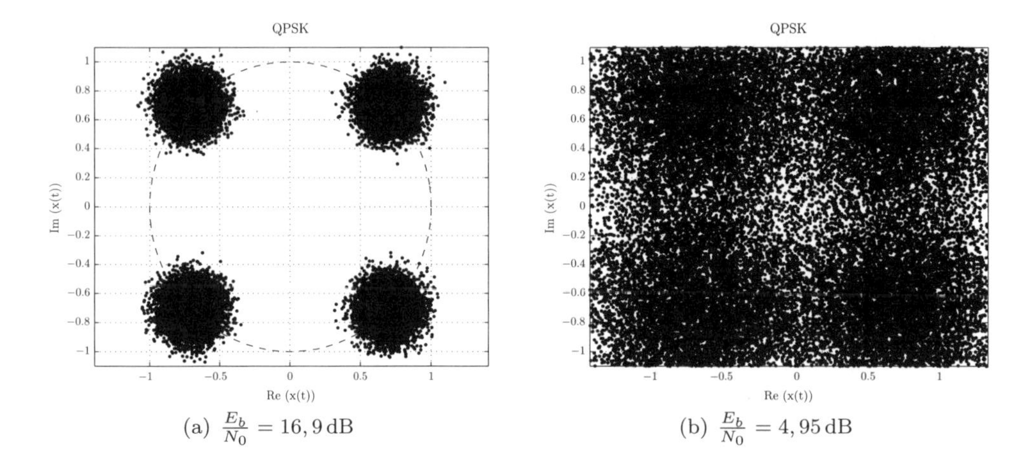

(a) $\frac{E_b}{N_0} = 16,9\,\mathrm{dB}$ (b) $\frac{E_b}{N_0} = 4,95\,\mathrm{dB}$

Bild 6.9: *QPSK mit Rauschen*

geordnet, deshalb gilt für die mittlere Signalenergie $\overline{E}$ und die Energie pro Bit E_b: $E_b = \frac{\overline{E}}{2}$. Wenn $\overline{E} = 1$ gewählt wird, gilt damit für das $\frac{E_b}{N_0}$ in dB:

$$\frac{E_b}{N_0} = 10\log_{10}\frac{\overline{E}}{4\cdot\sigma^2} = 10\log_{10}\frac{1}{4\cdot\sigma^2}. \tag{6.3}$$

Die Gleichung (6.3) kann man verallgemeinern für mehrdimensionale (mehr als zwei, wie bei QPSK) Signalkonstellationen, wie sie bei Verwendung von Kanalcodierung entstehen können. Man definiert die Rate R zu:

$$R = \frac{\log_2 M}{n},$$

wobei M die Anzahl der Signalpunkte im n-dimensionalen Signalraum ist. Dann ist

$$\frac{E_b}{N_0} = \frac{SNR}{2R},$$

wobei das Signal-Rausch-Verhältnis $SNR = \frac{\overline{E}}{n\sigma^2} = \frac{2\overline{E}}{nN_0}$ ist. Für QPSK gilt damit: $n = 2$, $SNR = \frac{\overline{E}}{2\sigma^2}$ und $R = \frac{\log_2 4}{2} = 1$, also $\frac{E_b}{N_0} = \frac{SNR}{2}$. Wir erhalten für $\overline{E} = 1$ und Berechnung in dB genau Gleichung (6.3).

Die linke Seite in Bild 6.9 wurde mit $\sigma = 0,1$, d.h. $\frac{E_b}{N_0} = 16,9\,\mathrm{dB}$ simuliert. Die vier Rauschkugeln um die QPSK-Symbole sind deutlich zu erkennen, daher ist eine korrekte Wiederherstellung des gesendeten Symbols sehr wahrscheinlich. Das bedeutet, dass Fehlentscheidungen sehr unwahrscheinlich sind, da wenig verrauschte Symbole im falschen Quadranten landen. Auf der rechten Seite hingegen, ist das Rauschen sehr stark mit $\sigma = 0,4$, d. h. $\frac{E_b}{N_0} = 4,95\,\mathrm{dB}$. Die Rauschkugeln überlappen sich stark, was eine korrekte Wiederherstellung deutlich unwahrscheinlicher macht.

Im Folgenden wird schrittweise die Kapazität des zeitdiskreten AWGN-Kanals berechnet. Hierfür wird die differentielle Entropie für wertkontinuierliche Zufallsvariablen benötigt:

$$\begin{aligned}
H(X) &= -\int_{-\infty}^{\infty} f_X(x)\log_2 f_X(x)\,dx \quad \text{(kann } < 0 \text{ sein)},\\
I(X;Y) &= H(X) - H(X|Y) \geq 0\\
&= \int_{-\infty}^{\infty}\int_{-\infty}^{\infty} f_{XY}(x,y)\log_2\frac{f_{X|Y}(x|y)}{f_X(x)}\,dx\,dy,\\
H(X|Y) &= -\int_{-\infty}^{\infty}\int_{-\infty}^{\infty} f_{XY}(x,y)\log_2 f_{X|Y}(x|y)\,dx\,dy.
\end{aligned}$$

Beispiel 6.7: *Gaußkanal*

Sei X eine Gaußsche Zufallsvariable mit Mittelwert μ und Varianz σ^2:

$$f_X(x) = \frac{1}{\sqrt{2\pi\sigma^2}}e^{-\frac{(x-\mu)^2}{2\sigma^2}}.$$

Dann ergibt sich die differentielle Entropie:

$$\begin{aligned}
H(X) &= -\int_{-\infty}^{\infty}\frac{1}{\sqrt{2\pi\sigma^2}}e^{-\frac{(x-\mu)^2}{2\sigma^2}}\log_2\left(\frac{1}{\sqrt{2\pi\sigma^2}}e^{-\frac{(x-\mu)^2}{2\sigma^2}}\right)dx\\
&= \frac{1}{2}\log_2\left(2\pi\sigma^2\right) + \frac{\log_2 e}{2\sigma^2}\sigma^2 = \frac{1}{2}\log_2\left(2\pi\sigma^2 e\right),
\end{aligned} \tag{6.4}$$

mit $\sigma^2 = \int_{-\infty}^{\infty}(x-\mu)^2\frac{1}{\sqrt{2\pi\sigma^2}}e^{-\frac{(x-\mu)^2}{2\sigma^2}}\,dx$. Demnach kann $H(X)$ größer oder kleiner 0 sein!

Für zwei Wahrscheinlichkeitsdichtefunktionen $f_X(x)$ und $g_X(x)$ mit gleichem Mittelwert und gleicher Varianz gilt:

$$-\int_{-\infty}^{\infty} f_X(x)\log_2 h_X(x)dx = -\int_{-\infty}^{\infty} g_X(x)\log_2 h_X(x)dx,$$

wobei $h_X(x) = \frac{1}{\sqrt{2\pi\sigma^2}}e^{-\frac{(x-\mu)^2}{2\sigma^2}}$ ist.

Um die Kapazität des zeitdiskreten AWGN-Kanals zu berechnen, benötigen wir noch eine wichtige Eigenschaft der Normalverteilung: Sie maximiert die differentielle Entropie über die Menge *aller* Wahrscheinlichkeitsfunktionen mit Mittelwert μ und Varianz σ^2. Dies ist im folgenden Satz zusammen gefasst.

Satz 19: *Maximale differentielle Entropie (ohne Beweis).*

$H(X)$ ist maximal, wenn X normalverteilt ist.

Wir nehmen an $Y = X + Z$, wobei X und Z unabhängige stetige Zufallsvariablen sind, dann gilt:

$$\begin{aligned} H(Y|X) &= H(Z), \\ I(X;Y) &= H(Y) - H(Y|X) = H(Y) - H(Z). \end{aligned}$$

Sind X und Z gaußverteilt und bezeichnet $\sigma_X^2 = S$ die Varianz von X und $\sigma_Z^2 = N$ die Varianz von Z; (Varianz Y : $S + N$), dann gilt mit Gleichung (6.4):

$$\begin{aligned} I(X;Y) &= \frac{1}{2}\log_2(2\pi e(S+N)) - \frac{1}{2}\log_2(2\pi eN) \\ &= \frac{1}{2}\log_2\left(1 + \frac{S}{N}\right). \end{aligned}$$

Das Verhältnis $\frac{S}{N}$ wurde von Shannon als Signal-zu-Rausch-Verhältnis SNR bezeichnet. Damit ergibt sich die Kanalkapazität des zeitdiskreten AWGN-Kanals zu

$$C_{AWGN} = \frac{1}{2} log_2(1 + SNR).$$

6.4 Rayleigh Kanal

Wir wollen noch ein Kanalmodell beschreiben, das eine multiplikative Komponente enthält. Das Modell eines Rayleigh-Kanals entsprechend Bild 6.10 multipliziert das Eingangssymbol c_i mit einem komplexen Koeffizienten h_i, der eine Zufallsvariable darstellt. Diese ist Rayleigh verteilt, was dem Modell seinen Namen gibt.

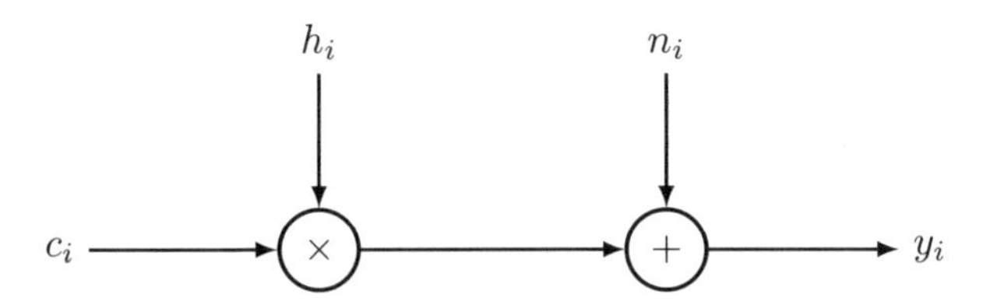

Bild 6.10: *Rayleigh Kanal*

Rayleigh Kanäle stellen ein einfaches Modell dar, um so genannte Fading-Kanäle zu modellieren. Sie werden also verwendet, um komplexe Kanäle mathematisch einfach anzunähern.

Für einen Kanalkoeffizienten h_i und die dazugehörige Eingangsleistung P_i beträgt die momentane Kapazität des Rayleigh Kanals mit Rauschleistungsdichte N_0

$$C_{mom} = \frac{1}{2}\log_2\left(1 + \frac{|h_i|^2 P_i}{N_0}\right).$$

In zeitveränderlichen Kanälen kann durch Anpassung der Eingangsleistung an den jeweiligen Kanalkoeffizienten die mögliche Übertragungsrate beeinflusst werden.

6.5 Mobilfunkkanal

In Mobilfunkkanälen breitet sich das Sendesignal über verschiedene Pfade zum Empfänger aus. Dies wird als Mehrwegeausbreitung bezeichnet. Diese Pfade entstehen durch Reflexion, Streuung oder Beugung an unterschiedlichen Gegenständen, wie Häusern, Bergen, Autos, Vegetation, usw. Unterschiedliche Pfade besitzen unterschiedliche Laufzeiten, da das Signal entsprechend Bild 6.11 unterschiedliche Entfernungen zurücklegen muss. Des Weiteren werden die Signale unterschiedlich gedämpft, je nachdem an welchem Gegenstand sie reflektiert, gebeugt oder gestreut werden. Dabei wird sowohl die Amplitude als auch die Phase des Signals geändert. Am Empfänger kommt damit das Signal in Form von unterschiedlich zeitlich verschobenen und jeweils unterschiedlich gedämpften Kopien an, die sich überlagern. Da ein Symbol eine endliche Zeitdauer besitzt, kann das Signal für das Symbol x_i auf dem direkten Pfad mit dem Signal für das Symbol $x_{i-\ell}$ überlagert werden. Man spricht von Intersymbolinterferenz, da ankommende Symbole durch verzögerte vorherige Symbole gestört werden. Wie viele verzögerte Symbole sich überlagern hängt von den gewählten Parametern des Systems ab. Jedoch ist offensichtlich, dass der Mehrwegekanal Gedächtnis besitzt, da das zum Zeitpunkt i empfangene Signal von der Vergangenheit abhängt.

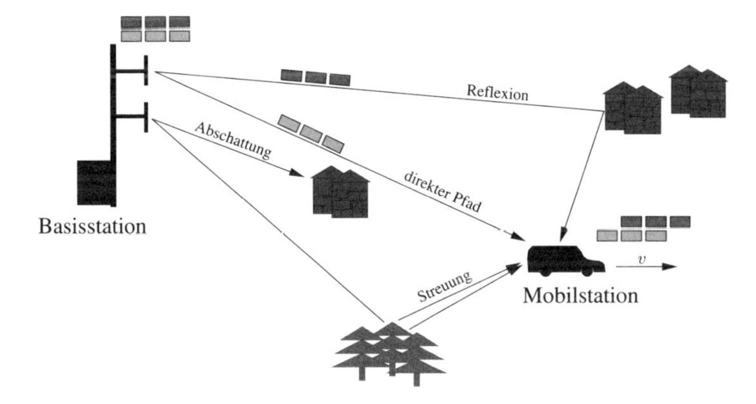

Bild 6.11: *Mehrwegeausbreitung*

Da sich der Teilnehmer bewegen kann, können sich die Pfade in ihrer Zahl und ihrer Dämpfung ständig ändern. Jedoch nimmt man an, dass der Mehrwegekanal für ein kurzes Zeitintervall konstant ist, so dass er in diesem Zeitintervall durch ein LTI-System mit der Impulsantwort $h(t)$ beschrieben werden kann (siehe Bild 6.12). Die Impulsantwort $h(t)$ des Mehrwegekanals ist damit gegeben durch

$$h(t) = \sum_{i=0}^{l-1} a_i \cdot \delta(t - \tau_i),$$

wobei a_i der Dämpfungskoeffizient und τ_i die Verzögerung des i-ten Pfads ist. Die Anzahl der Pfade ist mit l gegeben. Das Empfangssignal ist damit

$$y(t) = s(t) * h(t) + n(t).$$

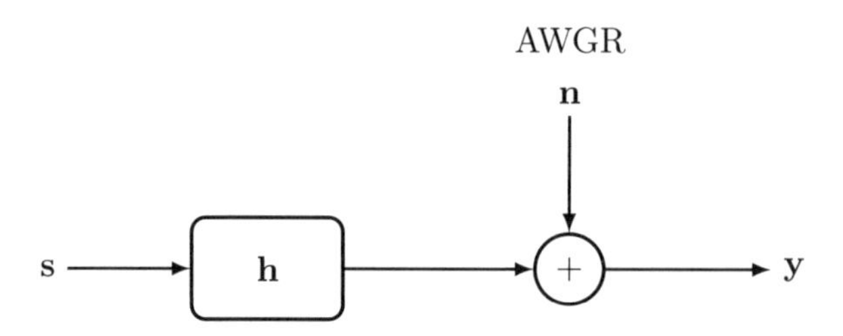

Bild 6.12: *Mehrwegekanal als LTI System*

Ein schmalbandiger Mehrwegekanal mit vielen Pfaden kann auch als Rayleigh Kanal (siehe Abschnitt 6.4) approximiert werden. Die geringe Bandbreite hat zur Folge, dass kein frequenzselektives Fading sondern Flatfading vorliegt, somit kann das Spektrum des Kanals nur durch einen komplexwertigen Koeffizienten ausgedrückt werden. Wenn die Anzahl der Pfade gegen unendlich geht, ist sowohl Real- als auch Imaginärteil des Koeffizienten gaußverteilt (vgl. Bild 6.10).

6.6 Kanalschätzung

In Kommunikationssystemen kennt der Empfänger in der Regel weder die Fehlerrate, das Signal-Rausch-Verhältnis (SNR) noch die Impulsantwort des Mehrwege-Kanals. Diese Kanalparameter können jedoch geschätzt werden. Gängige Methoden der Kanalschätzung benutzen sogenannte Trainingssequenzen, die dem Empfänger bekannt sind.

Schätzung der Kanalfehlerrate

Die Kanalfehlerrate kann nach der Decodierung geschätzt werden, unter der Annahme, dass die Fehler korrekt decodiert wurden. Dies wird jedoch erst in Kapitel 8 verständlich.

Schätzung des SNR

Die Kenntnis des SNR im Empfänger kann sehr hilfreich sein, da sie einerseits in den Entscheidungsprozess miteinbezogen werden und zum anderen auch zurück zum Sender übertragen werden kann, um die Leistung des Sendesignals zu regulieren. Zur Schätzung der mittleren Rauschleistung N_0 eines AWGR Kanals wird eine dem Empfänger bereits bekannte Symbolfolge $\boldsymbol{c}$ gesendet. Der Empfänger erhält folglich die verrauschte Sequenz

$$\boldsymbol{y} = \boldsymbol{c} + \boldsymbol{n}.$$

Ist $\boldsymbol{c}$ dem Empfänger bekannt, so kann er diese vom Empfangssignal abziehen:

$$\tilde{\boldsymbol{y}} = \boldsymbol{y} - \boldsymbol{c} = \boldsymbol{c} + \boldsymbol{n} - \boldsymbol{c} = \boldsymbol{n}.$$

Durch Bildung der Autokorrelation von $\tilde{\boldsymbol{y}}$ erhält man die Rauschleistung:

$$N_0 = \phi_{\tilde{\boldsymbol{y}}\tilde{\boldsymbol{y}}}(0) = \phi_{\boldsymbol{n}\boldsymbol{n}}(0).$$

Schätzung der Impulsantwort

Der Empfänger kann die Trainingssequenz $s_T(t)$ und das empfangene Signal $y_T(t) = s_T(t) * h(t) + n(t)$ nutzen, um daraus die Kanalimpulsantwort bzw. die Kanalübertragungsfunktion zu berechnen. Ist die Trainingssequenz $s_T(t)$ und damit $S_T(f)$ bekannt, kann die Kanalübertragungsfunktion einfach mittels

$$\tilde{H}(f) = \frac{Y_T(f)}{S_T(f)}$$

berechnet werden. Im Anschluss daran kann ein beliebiges, dem Empfänger unbekanntes Signal $x(t)$ mit

$$\tilde{X}(f) = \frac{Y(f)}{\tilde{H}(f)}$$

rekonstruiert werden.

Alternativ kann das Empfangssignal mit der Trainingssequenz korreliert werden (siehe Bild 6.13).

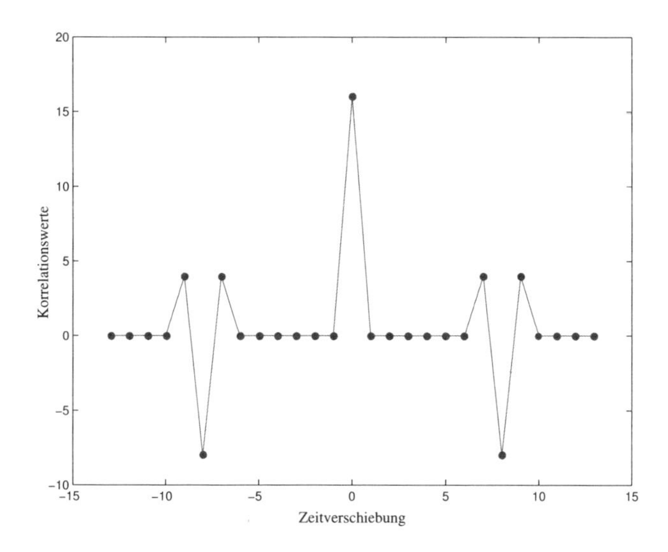

Bild 6.13: *Korrelation mit der Trainingssequenz*

Beispiel 6.8: *Impulsantwortschätzung im GSM Mobilfunksystem*

In der Tabelle 6.1 sind die acht im GSM-Handy verwendeten Sequenzen aufgelistet. Diese ausgewählten Sequenzen besitzen spezielle Autokorrelationseigenschaften, durch welche sie zur Messung der momentanen Impulsantwort besonders geeignet sind. Die Autokorrelation ist in Bild 6.13 angegeben und man erkennt, dass sechs

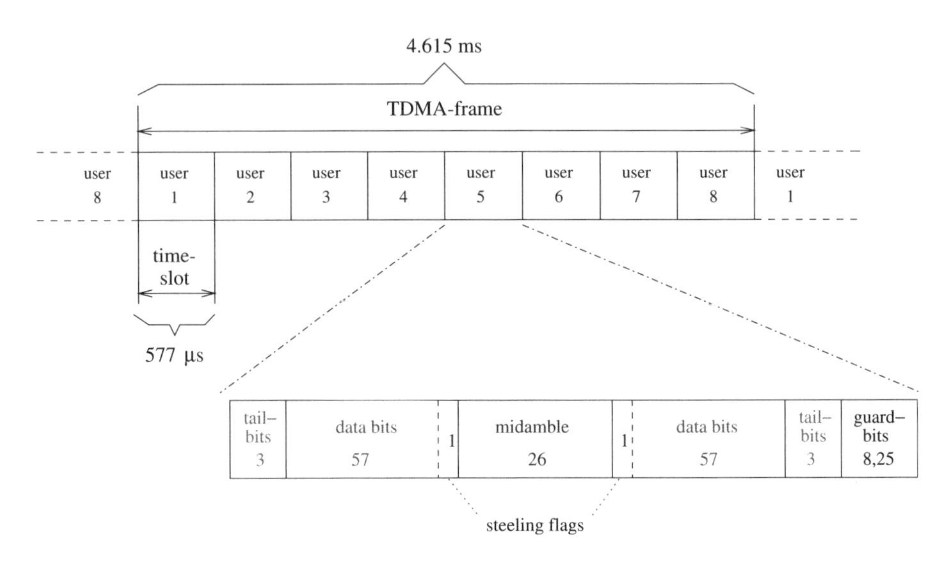

Bild 6.14: *Nutzertrennung durch TDMA und Datenformat eines Nutzers*

Werte rechts und links vom Maximum 0 sind. Damit lassen sich Umweglaufzeiten von sechsmal der Symboldauer (entspricht $\approx$ 7km) auflösen. Die Frage warum man acht Sequenzen gewählt hat und nicht eine Sequenz genügt, beantwortet sich durch die Tatsache, dass es sowohl mehrere Netzbetreiber, als auch Ländergrenzen gibt, und jeder Netzbetreiber eine eigene Sequenz verwenden wollte.

In Bild 6.14 ist gezeigt, wie die Kanalschätzung im Handy eingesetzt wird. Die Nutzer (user) sind durch ein so genanntes Zeitmultiplex (Time Division Multiple Access, TDMA) getrennt, was bedeutet, dass die Zeit in acht Zeitschlitze aufgeteilt wird. Diese acht Zeitschlitze werden auch TDMA-Rahmen (im Bild als TDMA-frame bezeichnet) genannt. Diese Zeitschlitzstruktur wird im GSM-System in mehreren Frequenzbändern parallel eingesetzt, so dass auch mehr als acht Nutzer gleichzeitig

Nr.	Symbole der Trainingssequenzen
0	(-1, +1, -1, -1, -1, +1, +1, +1, +1, -1, +1, +1, +1, -1, +1, +1)
1	(-1, +1, -1, -1, -1, +1, -1, -1, -1, -1, +1, +1, +1, -1, +1, -1)
2	(+1, -1, -1, -1, +1, -1, -1, -1, +1, -1, +1, +1, -1, +1, +1, +1)
3	(-1, -1, -1, -1, +1, -1, -1, +1, -1, +1, +1, +1, -1, +1, +1, +1)
4	(+1, -1, +1, -1, -1, -1, +1, +1, -1, +1, +1, +1, +1, +1, -1, -1)
5	(-1, -1, +1, -1, +1, -1, -1, +1, +1, +1, +1, +1, -1, +1, +1, -1)
6	(-1, -1, -1, -1, -1, +1, -1, -1, +1, +1, +1, -1, +1, -1, +1, +1)
7	(-1, -1, -1, +1, +1, +1, -1, +1, +1, -1, +1, -1, -1, -1, +1, -1)

Tabelle 6.1: *Trainingssequenzen im GSM Mobilfunksystem*

telefonieren können. Ein Nutzer erhält in jedem TDMA-Rahmen einen Zeitschlitz, also alle 4,615 msec. In seinem Zeitschlitz befinden sich seine Nutzdaten (Sprache, SMS), sowie zusätzliche Daten, wie im Bild skizziert. Diese bestehen aus der Trainingssequenz (auch midamble genannt) in der Mitte. Sie besteht aus 26 Bits und wird aus den Sequenzen von Tabelle 6.1 gebildet, indem die letzten fünf Bit der 16 vorne und die ersten fünf hinten angehängt werden. Man überlegt sich, dass ein Vorbeischieben und die jeweilige Korrelation genau die elf mittleren Werte aus Bild 6.13 ergibt. Rechts und links befindet sich je ein Bit, das so genannte *steeling flag*, mit dem, wie der Name sagt, Sprachdaten gestohlen werden können, falls dringende Signalisierungsdaten zur Steuerung notwendig sind. Dann kommen die 114 Datenbits, die sich in Form von zwei Blöcken von je 57 Bits rechts und links der Trainingssequenz befinden. Danach kommen noch einige Bits (tail und guard), die zur Synchronisierung notwendig sind, auf die wir hier nicht eingehen können. Die Datenrate insgesamt beträgt also 114 Bits pro 4,615 msec, jedoch nur in 12 von 13 TDMA Rahmen. Dies entspricht einer Datenrate von $\approx$ 22800 Bits pro Sekunde. Für die Sprache werden 13000 Bits pro Sekunde genutzt, der Rest wird mit Redundanz zur Fehlerkorrektur aufgefüllt, die wir in Kapitel 8 erläutern werden. In jedem 13. TDMA Rahmen werden keine Daten übertragen; trotzdem hat das Handy nicht frei. In diesem Rahmen beobachtet das Handy seine Umgebung und misst, welche weiteren Sender seines Netzbetreibers es wie gut empfangen kann. Sogar während eines Telefongespräches empfängt das Handy bis zu sechs Nachbarsender und deren Identifikationsdaten. Das Ergebnis der Qualitätsmessung dieser sechs Nachbarsender wird in einem begleitenden Kontrolldatenkanal an dic Basistation gemeldet. Damit kann gegebenenfalls die Basisstation gewechselt werden, falls der Empfang und damit die Sprachqualitat besser wird.

In 4,615 msec hat man sich, selbst bei Tempo 250 km/h im Auto, gerade mal ca. 30 cm bewegt. Erst wenn man sich einen Kilometer bewegt hat, kommt das Signal folglich ein Symbol später an. Deshalb kann man davon ausgehen, dass man die Lage der Trainingssequenz des nächsten Zeitschlitzes (ein TDMA-Rahmen später) sehr genau kennt. Ganz zu Beginn der Datenübertragung, wenn die Lage noch nicht bekannt ist, verwendet man noch eine andere Prozedur mit wesentlich längeren Trainingssequenzen, um die erste Zeitsynchronisation durchzuführen, die jedoch prinzipiell genauso funktioniert. Wir haben hier nur die Stufe erläutert, in der das Handy bereits synchronisiert ist und nur noch die Synchronisation nachführen muss. Da jedoch die Messung 200 mal in der Sekunde durchgeführt wird, ist diese Nachführung sehr gut möglich.

6.7 Anmerkungen

Wir haben gedächtnislose und gedächtnisbehaftete, additive und multiplikative Kanäle beschrieben. Jeder Kanal besitzt eine Kanalkapazität, die das Maximum der möglichen wechselseitigen Information zwischen Eingang und Ausgang des Kanals ist. Das wichtigste Kanalmodell der Nachrichtentechnik ist der Gauß-Kanal und diesen haben wir ausführlich erörtert. Wir werden im nächsten Kapitel sehen, dass das SNR direkt mit der Fehlerwahrscheinlichkeit verknüpft ist. Mit den Kanalmodellen können wir verschiedene praktische Systeme modellieren. Das Schreiben und Lesen von der Festplatte kann mit einem BSC modelliert werden, oder die Übertragung vom WLAN-Router zum Laptop kann mit dem Mehrwege-Modell modelliert werden. Die Modelle sind universell einsetzbar. Die Frage ist jedoch immer, wie genau die Realität mit den jeweiligen Modell beschrieben werden kann. Gegebenenfalls muss das Modell verfeinert werden, aber mit den Modellen in diesem Kapitel können wir bereits sehr viele Situationen abdecken, bzw. mit ausreichender Genauigkeit beschreiben.

Die zwei Konzepte der Kanalschätzung sind ebenfalls elementar und werden bereits im nächsten Kapitel Anwendung finden. Nicht behandelt haben wir die Konzepte der sogenannten blinden Kanalschätzung, bei denen eine Schätzung aus den unbekannten Daten durchgeführt wird. Diese Methoden kann man erst sinnvoll beschreiben, wenn man sämtliche Grundlagen von Kommunikationssystemen benutzen kann.

Kanäle aus Sicht der Informationstheorie findet man in [CT06]. Auch Kapazitäten von sehr vielen Kanälen. Für Kapazitäten von Funkkanälen wird auf [TV05] verwiesen. Ausführliche Beschreibungen vom Gauß-Kanal findet man in [Kam08].

6.8 Literaturverzeichnis

[CT06] Cover, Thomas M. ; Thomas, Joy A.: *Elements of Information Theory 2nd Edition*. 2. Wiley-Interscience, 2006. – ISBN 978–0–471–24195–9

[Kam08] Kammeyer, Karl-Dirk: *Nachrichtenübertragung*. Stuttgart, Leipzig : Vieweg+Teubner, 2008. – ISBN 978-3835101791

[TV05] Tse, D. ; Viswanath, P.: *Fundamentals of wireless communication*. Cambridge University Press, 2005. – ISBN 9780521845274

6.9 Übungsaufgaben

Elementarsignale und Vorzeichenentscheider

Aufgabe

Gegeben sei das Elementarsignal $e_0(t) = \text{si}(\pi\frac{t}{2T}) \cdot \left(e^{j2\pi\frac{t}{4T}} - e^{j2\pi\frac{3t}{4T}}\right)$.

a) Berechnen und skizzieren Sie das Spektrum $E_0(f)$.

b) Berechnen Sie die Elementarsignalenergie E_{e_0} des Signals $e_0(t)$.

c) Skizzieren Sie das Spektrum $E_1(f)$ eines mögliches Elementarsignal $e_1(t)$ wenn eine

- bipolare
- orthogonale

Übertragung mit $e_0(t)$ und $e_1(t)$ realisiert werden soll.

d) Wie muss $e_1(t)$ gewählt werden, wenn $E_{e_0} = E_{e_1}$ gilt und die Bitfehlerwahrscheinlichkeit der binären Übertragung minimiert werden soll?

Betrachtet man nur die Sendesymbole $x(k)$ und die nach dem Empfänger abgetasteten Werte $y(k)$, kann eine kontinuierliche Übertragung als eine diskrete Übertragung über einen diskreten Kanal betrachtet werden.

Gegeben sei nun folgende diskrete Kanalimpulsantwort:

$$h(k) = \delta(k) + a \cdot \delta(k-1) + b \cdot \delta(k-2).$$

e) Skizzieren Sie $h(k)$ für $0 < a, b < 1$.

Nun werden bipolare Sendesymbole $x(k) \in \{-1, 1\}$ über diesen Kanal übertragen.

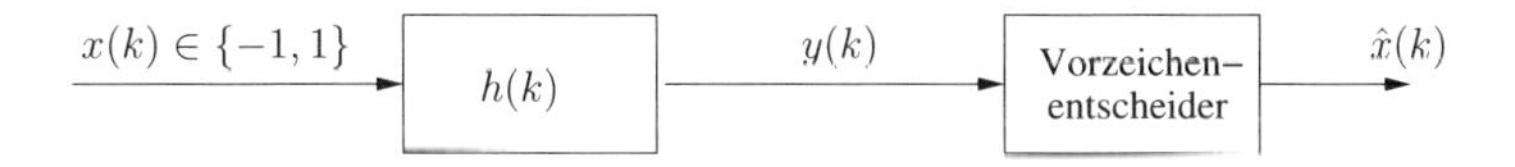

f) Geben Sie $y(k)$ in Abhängigkeit von $x(k)$ an.

Detektion benötigt.

Die diskreten Werte $y(k)$ werden nun mit einem Vorzeichenentscheider wieder auf bipolare Werte $\hat{x}(k)$ abgebildet:

$$\hat{x}(k) = \begin{cases} -1 & \text{falls} \quad y(k) < 0, \\ 1 & \text{falls} \quad y(k) \geq 0. \end{cases}$$

g) In dieser Teilaufgabe sei $a = 0,7$ und $b = 0,5$. Welche Werte von $x(k), x(k-1), \ldots$ führen zu einer falschen Entscheidung des Vorzeichenentscheiders?
Hinweis: Erstellen Sie eine Tabelle mit allen Kombinationen der zu berücksichtigenden $x(k), x(k-1), \ldots$ und den daraus resultierenden $y(k)$ und $\hat{x}(k)$.

h) Es gilt $a, b > 0$. Wie groß darf $a + b$ maximal sein, damit der Vorzeichenentscheider **nie** falsch entscheidet? (mit Begründung)

Lösung

a) Spektrum:

$$E_0(f) = |2T| \cdot \left[\text{rect}\left(\frac{f - \frac{1}{4T}}{\frac{1}{2T}}\right) - \text{rect}\left(\frac{f - \frac{3}{4T}}{\frac{1}{2T}}\right)\right]$$

b) Elementarsignalenergie:

$$E_{e_0} = 4T$$

d) minimale Bitfehlerwahrscheinlichkeit:

$$e_1(t) = -e_0(t)$$

g) mit $a = 0,7$ und $b = 0,5$:

$$\Rightarrow \quad y[k] = x[k] + 0,7 \cdot x[k-1] + 0,5 \cdot x[k-2]$$

$x[k-2]$	$x[k-1]$	$x[k]$	$y[k]$	$\hat{x}[k]$	
1	1	1	2,2	1	
1	1	-1	0,2	1	f ←
1	-1	1	0,8	1	
1	-1	-1	-1,2	-1	
-1	1	1	1,2	1	
-1	1	-1	-0,8	-1	
-1	-1	1	-0,2	-1	f ←
-1	-1	-1	-2,2	-1	

Tabelle 6.2: *Aufgabe Autokorrelation*

h) $a + b < 1$

Elementarsignale und AWGN-Kanal

Aufgabe

Gegeben seien die zwei folgenden Elementarsignale $e_0(t)$ und $e_1(t)$.

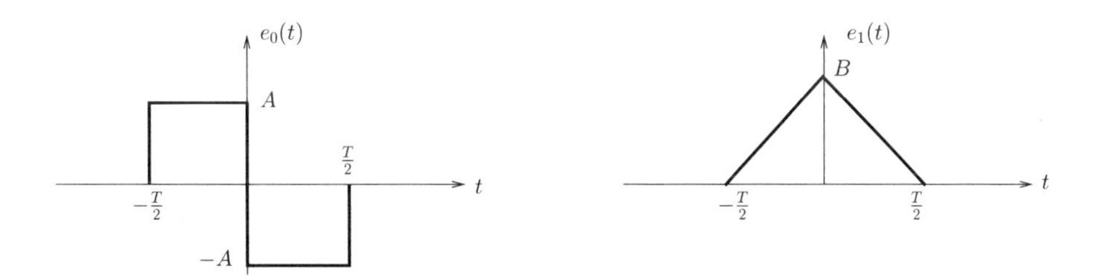

a) Geben Sie die mathematische Beschreibung der beiden Elementarsignale an.

b) Berechnen Sie die Spektren $E_0(f)$ und $E_1(f)$ der Elementarsignale.

c) Berechnen Sie die Amplituden $A, B > 0$ so, dass die Energien der Elementarsignale gleich sind, d.h. $E_{e_0} = E_{e_1}$.

d) Nehmen Sie an, $e_0(t)$ und $e_1(t)$ werden zur binären Übertragung genutzt.

- Handelt es sich um eine bipolare, eine unipolare oder eine orthogonale Übertragung oder keins davon?
- Skizzieren Sie je ein mögliches Elementarsignal $e_2(t)$ zu den verbleibenden zwei bzw. drei binären Verfahren, wenn $e_0(t)$ und $e_2(t)$ als Elementarsignale genutzt werden.

Nun werden $b_0(t) = \frac{e_0(t)}{\sqrt{E_{e_0}}}$ und $b_1(t) = \frac{e_1(t)}{\sqrt{E_{e_1}}}$ als Basis eines Signalraums gewählt.

e) Skizzieren Sie die Signalraumdarstellung des Signalraums und zeichnen Sie die beiden Elementarsignalvektoren von $e_0(t)$ und $e_1(t)$ ein.

Die beiden Elementarsignale $e_0(t)$ und $e_1(t)$ werden zur binären Übertragung über einen AWGN-Kanal genutzt. Der Rauschprozess des AWGN-Kanals kann in der Signalraumdarstellung als zwei statistisch unabhängige **ein**dimensionale gaußsche Rauschprozesse in der b_0- und b_1-Komponente mit $\sigma_{b_0} = \sigma_{b_1}$ und $\mu_{b_0} = \mu_{b_1} = 0$ aufgefasst werden. Die Empfangswerte ergeben sich als additive Überlagerung des gesendeten Elemenatarsignals und des additiven Rauschprozesses, d.h.: $\mathbf{y} = \mathbf{e}_i + \mathbf{n}$.

f) Wie lautet die **zwei**dimensionale Verteilungsdichte des Empfangswertes $p_Y(\mathbf{n}|\mathbf{e}_i)$ in Abhängigkeit von $\sigma := \sigma_{b_0} = \sigma_{b_1}$? Hierbei stellt $\mathbf{n} = (n_{b_0}, n_{b_1})$ den Vektor mit den Rauschkomponenten dar und $\mathbf{e}_i = (e^i_{b_0}, e^i_{b_1}), i = 0, 1$ die Koordinaten des gesendeten Elementarsignals $e_i(t)$.

g) Skizzieren und kennzeichnen Sie in der Signalraumdarstellung Linien konstanter Rauschverteilungsdichte wenn $e_0(t)$ gesendet wurde.

h) Es sei $P(e_0(t)) = P(e_1(t))$. Skizzieren und kennzeichnen Sie in der Signalraumdarstellung die Entscheidungsgrenze eines Maximum-Likelihood-Empfängers.

i) Wie verändert sich die Entscheidungsgrenze für $P(e_0(t)) > P(e_1(t)$? Wie nennt man einen solchen Empfänger?

Lösung

a)

$$e_0(t) = A \cdot \operatorname{rect}\left(\frac{t + \frac{T}{4}}{\frac{T}{2}}\right) - A \cdot \operatorname{rect}\left(\frac{t - \frac{T}{4}}{\frac{T}{2}}\right)$$

$$e_1(t) = B \cdot \Lambda\left(\frac{t}{\frac{T}{2}}\right)$$

b)

$$E_0(f) = A \cdot \left|\frac{T}{2}\right| \cdot \operatorname{si}\left(\pi \frac{T}{2} f\right) \cdot e^{j2\pi f \frac{T}{4}} - A \cdot \left|\frac{T}{2}\right| \cdot \operatorname{si}\left(\pi \frac{T}{2} f\right) \cdot e^{-j2\pi f \frac{T}{4}}$$

$$E_1(f) = B \cdot \left|\frac{T}{2}\right| \cdot \operatorname{si}^2\left(\pi \frac{T}{2} f\right)$$

c)

$$E_{e_0} = A^2 T$$

$$E_{e_1} = \frac{B^2 T}{3}$$

$$E_{e_0} \stackrel{!}{=} E_{e_1} \Rightarrow A^2 = \frac{B^2}{3}$$

7 Entscheidungstheorie

Im letzten Kapitel haben wir Kanalmodelle kennengelernt, welche die physikalischen Effekte bei der Übertragung und/oder Speicherung von Information modellieren. Das Ziel der Entscheidungstheorie ist es, den Wert zu entscheiden, den die Zufallsvariable X am Eingang des Kanals hatte, wenn am Ausgang des Kanals ein bestimmter Wert der Zufallsvariablen Y beobachtet wird. Wir gehen zu Beginn von Kanälen mit diskreten Wahrscheinlichkeitsverteilungen aus und werden die Ergebnisse auf kontinuierliche Verteilungen erweitern. Die Kanalcodierung betrachten wir zunächst nicht, d. h. es gilt $\mathbf{x} = \mathbf{c}$ im oberen Teil von Bild 7.1. Weiterhin wird vorausgesetzt, dass die bedingten Wahrscheinlichkeiten $f_{Y|X}(\mathbf{y}|\mathbf{x})$, die den Kanal beschreiben, bekannt sind.

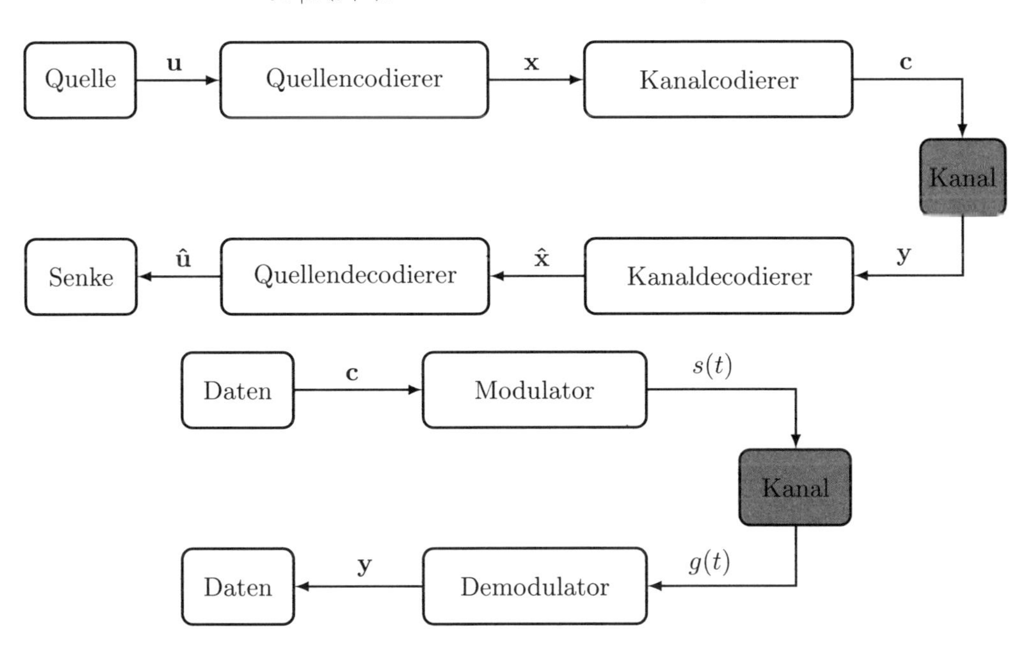

Bild 7.1: *Modelle zur Entscheidungstheorie*

Wir beginnen mit einer informationstheoretischen Betrachtungsweise. Danach werden wir praktische Realisierungen von Entscheidern angeben. Die Qualität dieser Realisierungen können wir durch Vergleich mit den Aussagen der Informationstheorie bewerten. Außerdem werden wir die Fehlerraten von Entscheidern berechnen und abschätzen. Diese Fehlerraten dienen ebenfalls zur Bewertung unterschiedlicher Verfahren.

7.1 Entscheidungsregeln der Informationstheorie

Nehmen wir an, der Eingang des Kanals sei eine binäre Zufallsvariable X mit dem Alphabet $\mathcal{A}_X = \{0, 1\}$ und der Ausgang sei eine Zufallsvariable Y mit dem Alphabet $\mathcal{A}_Y = \{1, 2, \ldots, 6\}$, d.h. wir betrachten das Kanalmodell aus Bild 6.6. Wir beobachten beispielsweise den Wert $y_b = 4$ am Ausgang des Kanals und können nun zwei Hypothesen aufstellen (im allgemeinen Fall $|\mathcal{A}_X| = |\{x_1, \ldots, x_L\}|$ Hypothesen), diese lauten $X = 0$ bzw. $X = 1$. Offensichtlich sollten wir uns für die Hypothese mit der größten Wahrscheinlichkeit entscheiden. Diese hängt sowohl von der a-priori Wahrscheinlichkeit $f_X(x)$ der Zufallsvariablen X, als auch von den bedingten Wahrscheinlichkeiten $f_{Y|X}(y_b|x)$ des Kanals ab. Die sogenannte a-posteriori Wahrscheinlichkeit $f_{X|Y}(x|y_b)$ stellt die Wahrscheinlichkeit für x dar, unter der Bedingung, dass y_b eingetreten ist (beobachtet wurde). Damit ergeben sich die Wahrscheinlichkeiten für die Hypothesen x_h gemäß folgendem Satz.

Satz 20: *Wahrscheinlichkeiten von Hypothesen.*

Seien X und Y zwei Zufallsvariablen mit den Wahrscheinlichkeitsdichten $f_X(x)$ und $f_Y(y)$, sowie der bedingten Wahrscheinlichkeitsdichte $f_{Y|X}(y|x)$. Wenn der Wert y_b beobachtet wurde, ist die Wahrscheinlichkeit, dass die Zufallsvariable X den Wert x_h hat, mit der Regel von Bayes:

$$f_{X|Y}(x_h|y_b) = \frac{f_{Y|X}(y_b|x_h) \cdot f_X(x_h)}{f_Y(y_b)}.$$

Die beste Entscheidung ist, die wahrscheinlichste Hypothese zu wählen. Sind mehrere Hypothesen gleich wahrscheinlich, so wird zufällig eine davon gewählt. Wir maximieren also die Wahrscheinlichkeit $f_{X|Y}(x_h|y_b)$ über alle möglichen Hypothesen x_h und entscheiden uns für das Argument x_d dieser Maximierung.

Satz 21: *Entscheidung durch Berechnung der wahrscheinlichsten Hypothese.*

Die Maximierung über alle möglichen Hypothesen ergibt die Entscheidung x_d mit

$$x_d = \arg \max_{x_h \in \mathcal{A}_X} f_{X|Y}(x_h|y_b).$$

Das Maximum muss nicht eindeutig sein, d.h. es können mehrere Werte mit gleichem Wert existieren. In diesem Fall kann zufällig einer dieser maximalen Werte gewählt werden, da alle die gleiche Wahrscheinlichkeit besitzen.

7.1.1 Maximum a-posteriori Entscheider

Wenn wir y_b beobachtet haben, hängt die Maximierung bzgl. X nicht von der Wahrscheinlichkeit $f_Y(y_b)$ in Satz 20 ab, da dieser Wert für alle $x_h \in \mathcal{A}_X$ gleich ist. Damit erhalten wir den sogenannten MAP Entscheider.

Satz 22: *Maximum a-posteriori Entscheider, MAP.*

Die MAP Entscheidung, unter der Annahme, dass die bedingten Wahrscheinlichkeiten des Kanals exakt bekannt sind, ergibt sich durch die folgende Maximierung

$$x_d = \arg \max_{x_h \in \mathcal{A}_X} f_{X|Y}(x_h|y_b) = \arg \max_{x_h \in \mathcal{A}_X} f_{Y|X}(y_b|x_h) \cdot f_X(x_h).$$

Ist das Maximum nicht eindeutig, so wird zufällig unter den Maxima gewählt.

Beispiel 7.1: *MAP-Entscheider.*

Betrachten wir den Kanal aus Bild 6.6 und nehmen an, dass wir $y_b = 3$ beobachtet haben. Die a-priori Wahrscheinlichkeiten seien $f_X(1) = 0.55$ und $f_X(0) = 0.45$. Der MAP-Entscheider berechnet

$$\begin{aligned} x_d &= \arg \max_{x_h \in \{0,1\}} \{f_X(0) f_{Y|X}(3|0), f_X(1) f_{Y|X}(3|1)\} \\ &= \arg \max_{x_h \in \{0,1\}} \{0.45 \cdot 0.1, 0.55 \cdot 0.1\} = 1 \end{aligned}$$

und entscheidet sich eindeutig für die 1 als gesendetes Symbol. Obwohl die bedingten Wahrscheinlichkeiten des Kanals gleich groß sind, kann mit Hilfe der a-priori Wahrscheinlichkeiten eine eindeutige Entscheidung getroffen werden.

7.1.2 Maximum-Likelihood Entscheider

Oft kennt man die a-priori Verteilung nicht und nimmt dann an, dass $f_X(x_h)$ gleichverteilt ist, oder aber man weiß, dass $f_X(x_h)$ gleichverteilt ist. In beiden Fällen verzichtet man bei der Maximierung auf $f_X(x)$ und gelangt zur sogenannten ML Entscheidung.

Satz 23: *Maximum-Likelihood Entscheider, ML.*

Die ML-Entscheidung unter der Annahme, dass X gleichverteilt ist, ergibt sich durch

$$x_d = \arg \max_{x_h \in \mathcal{A}_X} f_{X|Y}(x_h|y_b) = \arg \max_{x_h \in \mathcal{A}_X} f_{Y|X}(y_b|x_h).$$

Ist das Maximum nicht eindeutig, so wird zufällig unter den Maxima gewählt.

Unter der Annahme der Gleichverteilung von $f_X(x)$ ist die ML-Entscheidung äquivalent zur MAP-Entscheidung und somit die beste Entscheidung, die getroffen werden kann.

Beispiel 7.2: *ML-Entscheidung.*

Betrachten wir erneut den Kanal aus Bild 6.6 und nehmen an, dass wir $y_b = 3$ beobachtet haben. Der ML-Entscheider benutzt die a-priori Wahrscheinlichkeiten nicht und berechnet

$$x_d = \arg \max_{x_h \in \{0,1\}} \{f_{Y|X}(3|0), f_{Y|X}(3|1)\} = \arg \max_{x_h \in \{0,1\}} \{0.1, 0.1\}.$$

Da beide Argumente gleich wahrscheinlich sind, erfolgt die Entscheidung durch Zufall.

7.1.3 Neyman–Pearson Theorem

Das grundlegende Theorem zu den Fehlerwahrscheinlichkeiten bei einer Entscheidung stammt von Neyman und Pearson [NP33] aus dem Jahre 1933. Man geht von zwei Hypothesen $x_h = 0$ und $x_h = 1$ und von Messungen $y \in \mathcal{A}_Y$ aus und kennt die bedingten Wahrscheinlichkeiten $f_{Y|X}(y|0)$ und $f_{Y|X}(y|1)$. Ein mögliches Beispiel ist der Kanal von Bild 6.6. Wir wählen Entscheidungsgebiete $\mathcal{A}_0$ und $\mathcal{A}_1$ und entscheiden im Falle $y \in \mathcal{A}_0$ auf 0 und für $y \in \mathcal{A}_1 = \overline{\mathcal{A}}_0 = \{1, 2, \ldots, 6\} \setminus \mathcal{A}_0$ auf 1. Die Menge $\mathcal{A}_0 \cup \mathcal{A}_1 = \mathcal{A}_Y = \{1, 2, \ldots, 6\}$ beinhaltet alle möglichen Messungen von y und es gilt $\mathcal{A}_0 \cap \mathcal{A}_1 = \emptyset$. Neyman und Pearson definieren die Fehlerwahrscheinlichkeiten Typ I (α) und Typ II (β) durch

$$\alpha = \sum_{y \in \mathcal{A}_1} f_{Y|X}(y|0) \quad \text{und} \quad \beta = \sum_{y \in \mathcal{A}_0} f_{Y|X}(y|1).$$

Im Falle der Übertragung gibt α die Fehlerwahrscheinlichkeit an, dass 0 übertragen und 1 entschieden und β, dass 1 übertragen und 0 entschieden wurde.

Satz 24: *Neyman–Pearson Theorem.*

Sei $\Theta \in \mathbb{R}$ eine Schwelle und die Entscheidungsregionen seien

$$\begin{aligned}\mathcal{A}_0(\Theta) &= \left\{y : f_{Y|X}(y|1) \leq f_{Y|X}(y|0)e^{-\Theta}\right\}\\ \mathcal{A}_1(\Theta) &= \left\{y : f_{Y|X}(y|1) > f_{Y|X}(y|0)e^{-\Theta}\right\}.\end{aligned}$$

Für die damit definierten Fehlerwahrscheinlichkeiten Typ I und Typ II (α und β) gilt, dass für jedes $\Theta' \neq \Theta$ entweder

$$\alpha' < \alpha \quad \text{und} \quad \beta' > \beta$$

oder

$$\alpha' > \alpha \quad \text{und} \quad \beta' < \beta$$

ist.

Beweis: Seien $\mathcal{A}'_0$ und $\mathcal{A}'_1$ Entscheidungsgebiete für die gilt $\alpha' < \alpha$. Wir definieren zwei Indikatorfunktionen

$$\mathbb{I}_y = \begin{cases} 0, & y \in \mathcal{A}_0 \\ 1, & y \in \mathcal{A}_1 \end{cases}$$

und

$$\mathbb{I}'_y = \begin{cases} 0, & y \in \mathcal{A}'_0 \\ 1, & y \in \mathcal{A}'_1 \end{cases}.$$

Damit gilt

$$(\mathbb{I}_y - \mathbb{I}'_y)\left(f_{Y|X}(y|1) - f_{Y|X}(y|0)e^{-\Theta}\right) \geq 0,$$

denn für $y \in \mathcal{A}_0$ ist $(\mathbb{I}_y - \mathbb{I}'_y) \in \{0, -1\}$ und $\left(f_{Y|X}(y|1) - f_{Y|X}(y|0)e^{-\Theta}\right) < 0$ und für $y \in \mathcal{A}_1$ ist $(\mathbb{I}_y - \mathbb{I}'_y) \in \{0, 1\}$ und $\left(f_{Y|X}(y|1) - f_{Y|X}(y|0)e^{-\Theta}\right) > 0$. Somit können wir über alle y summieren und erhalten

$$\sum_y (\mathbb{I}_y - \mathbb{I}'_y)\left(f_{Y|X}(y|1) - f_{Y|X}(y|0)e^{-\Theta}\right) \geq 0.$$

Ausmultipliziert und als vier Summen geschrieben ergibt sich

$$\sum_y \mathbb{I}_y (f_{Y|X}(y|1) - \sum_y \mathbb{I}'_y (f_{Y|X}(y|1) \geq$$
$$e^{-\Theta} \sum_y \mathbb{I}_y f_{Y|X}(y|0) - e^{-\Theta} \sum_y \mathbb{I}'_y f_{Y|X}(y|0),$$

was gemäß Definition der Fehlerwahrscheinlichkeiten

$$(1-\beta) - (1-\beta') \geq e^{-\Theta}(\alpha - \alpha')$$

ist. Da $(\alpha - \alpha') > 0$ gilt, folgt $(\beta' - \beta) > 0$ und somit die Behauptung. Der umgekehrte Fall $(\alpha - \alpha') < 0$ folgt analog.

□

Die Hauptaussage des Neyman–Pearson Theorems ist der Abtausch von Fehlerwahrscheinlichkeiten vom Typ I und II. Wenn man die Fehlerwahrscheinlichkeit vom Typ I kleiner macht, wird diejenige vom Typ II größer. Die Entscheidungsgebiete, die das Minimum der Summe $\alpha + \beta$ liefern, werden bei der Datenübertragung verwendet.

Eine interessante Eigenschaft ergibt sich, wenn wir die Bedingung eines Entscheidungsgebiets als sogenanntes *Log-Likelihood Verhältnis* schreiben, d.h.

$$\mathcal{A}_0(\Theta) = \left\{ y : \ln\left(\frac{f_{Y|X}(y|0)}{f_{Y|X}(y|1)}\right) \geq \Theta \right\}.$$

Der Erwartungswert bezüglich der bedingten Wahrscheinlichkeitsdichte $f_{Y|X}(y|0)$ des Log-Likelihood Verhältnisses ergibt die sogenannte Kullback–Leibler Distanz

$$D(f_{Y|X}(y|0) \,||\, f_{Y|X}(y|1)) = \sum_y f_{Y|X}(y|0) \ln\left(\frac{f_{Y|X}(y|0)}{f_{Y|X}(y|1)}\right)$$

(siehe hierzu auch [CT06]). Es sei angemerkt, dass die Kullback–Leibler Distanz nicht symmetrisch ist, d.h.

$$D(f_{Y|X}(y|0) \,||\, f_{Y|X}(y|1)) \neq D(f_{Y|X}(y|1) \,||\, f_{Y|X}(y|0)).$$

7.1.4 Fehlerwahrscheinlichkeit der Entscheidung

Die Fehlerwahrscheinlichkeit bei der Übertragung ergibt sich entsprechend dem vorigen Abschnitt zu $P_E = \alpha f_X(0) + \beta f_X(1)$. Um die Fehlerwahrscheinlichkeit zu berechnen, muss man die Entscheidungsregel und den Kanal kennen. Wir betrachten erneut den Kanal aus Bild 6.6 und gehen davon aus, dass eine ML-Entscheidung getroffen wird, da eine Gleichverteilung der a-priori Wahrscheinlichkeiten $f_X(0) = f_X(1) = 1/2$ vorliegt. Da der Kanal symmetrisch ist, genügt es dann auch zur Bestimmung der Fehlerwahrscheinlichkeit die Übertragung einer 0 (oder einer 1) zu betrachten.

Dann errechnet sich die Entscheidungs-Fehlerwahrscheinlichkeit P_E zu

$$\begin{aligned} P_E = f_X(1) & \left(f_{Y|X}(1|1) + f_{Y|X}(2|1) + \frac{1}{2} f_{Y|X}(3|1) + \frac{1}{2} f_{Y|X}(4|1) \right) + \\ & f_X(0) \left(f_{Y|X}(6|0) + f_{Y|X}(5|0) + \frac{1}{2} f_{Y|X}(4|0) + \frac{1}{2} f_{Y|X}(3|0) \right) \\ = & f_{Y|X}(1|1) + f_{Y|X}(2|1) + \frac{1}{2} f_{Y|X}(3|1) + \frac{1}{2} f_{Y|X}(4|1) \\ = & f_{Y|X}(6|0) + f_{Y|X}(5|0) + \frac{1}{2} f_{Y|X}(4|0) + \frac{1}{2} f_{Y|X}(3|0). \end{aligned}$$

Der Faktor $1/2$ ergibt sich durch die Regel, dass man bei gleich wahrscheinlichen Hypothesen zufällig eine Lösung wählt. Es sei angemerkt, dass es bei $f_X(0) = f_X(1) = 1/2$ keinen Unterschied macht, ob man zufällig eine Lösung wählt oder immer auf 0 (oder immer auf 1) entscheidet.

Im allgemeinen Fall kann man die Entscheidungs-Fehlerwahrscheinlichkeit berechnen zu

$$P_E = \sum_{x \in \mathcal{A}_X} f_X(x) \cdot \sum_{y \in \mathcal{A}_Y} f_{Y|X}(y|x) \cdot \delta(x, y),$$

wobei $\delta(x, y) = 1$, wenn x eindeutig falsch entschieden wird und $\delta(x, y) = 0$, wenn x eindeutig richtig entschieden wird. Bei Mehrdeutigkeit der Entscheidung entspricht $\delta(x, y)$ der Wahrscheinlichkeit, dass x falsch entschieden wird.

Die Wahrscheinlichkeit einer korrekten Entscheidung P_C ist $1 - P_E$ und errechnet sich für den MAP Entscheider zu

$$P_C = \sum_{x \in \mathcal{A}_X} f_X(x) \cdot \sum_{y \in \mathcal{A}_Y} f_{Y|X}(y|x) \cdot \delta_C(x, y)$$

wobei $\delta_C(x, y) = 0$, wenn x eindeutig falsch entschieden wird, $\delta_C(x, y) = 1$, wenn x eindeutig richtig entschieden wird, und $\delta_C(x, y)$ entspricht der Wahrscheinlichkeit, dass bei Mehrdeutigkeit der Entscheidung x richtig entschieden wird. Der MAP Entscheider maximiert die Wahrscheinlichkeit einer korrekten Entscheidung P_C. Dies ist einsichtig, da die Wahrscheinlichkeit für jede Hypothese berechnet wird und diejenige mit maximaler Wahrscheinlichkeit ausgewählt wird.

7.1.5 Zuverlässigkeit der Entscheidung und L-Werte

Im Folgenden analysieren wir die Zuverlässigkeit der Entscheidung. Dazu betrachten wir das folgende Wahrscheinlichkeits-Verhältnis einer binären Zufallsvariablen X:

$$L_a = \log_2 \left(\frac{f_X(0)}{f_X(1)} \right).$$

Für die Werte von L_a gilt $-\infty \leq L_a \leq \infty$. Weiterhin ist $L_a > 0$, wenn $f_X(0) > f_X(1)$ gilt, $L_a = 0$ wenn $f_X(0) = f_X(1)$ gilt und $L_a < 0$, wenn $f_X(0) < f_X(1)$ gilt. Das Vorzeichen von L_a kann damit zur Entscheidung benutzt werden, und der Betrag $|L_a|$ stellt ein Maß dafür dar, wie viel größer eine der beiden Wahrscheinlichkeiten gegenüber der anderen ist. Damit kann der Betrag $|L_a|$ des sogenannten a-priori L-Wertes L_a als Maß für die Zuverlässigkeit benutzt werden.

Entsprechend können wir den a-posteriori L-Wert $L_d(y)$ für die Zuverlässigkeit der Entscheidung berechnen.

$$\begin{aligned} L_d(y) &= \log_2 \left(\frac{f_{X|Y}(0|y)}{f_{X|Y}(1|y)} \right) \\ &= \log_2 \left(\frac{f_{Y|X}(y|0) \cdot f_X(0)}{f_{Y|X}(y|1) \cdot f_X(1)} \right) \\ &= \underbrace{\log_2 \left(\frac{f_{Y|X}(y|0)}{f_{Y|X}(y|1)} \right)}_{=L_{ch}} + \underbrace{\log_2 \left(\frac{f_X(0)}{f_X(1)} \right)}_{=L_a} \\ &= L_{ch} + L_a. \end{aligned}$$

Die Verwendung des Logarithmus besitzt die Eigenschaft, dass das Produkt in eine Summe übergeht. Und somit ist der a-posteriori L-Wert $L_d(y)$ die Summe aus Kanal L-Wert L_{ch} und a-priori L-Wert L_a.

7.1.6 Vektoren von Zufallsvariablen

Wir wollen nun zeigen, wie die Entscheidungsregeln (MAP und ML) für Vektoren von diskreten Zufallsvariablen aussehen. Dabei genügt die Betrachtung von Vektoren der Länge zwei, die Verallgemeinerung auf beliebige Längen ist dann offensichtlich. Seien (X_1, X_2) und (Y_1, Y_2) zwei Vektoren von Zufallsvariablen. Die entsprechenden Alphabete sind $\mathcal{A}_{X_1}, \mathcal{A}_{X_2}, \mathcal{A}_{Y_1}$ und $\mathcal{A}_{Y_2}$. Unter der Annahme der statistischen Unabhängigkeit von X_1 und X_2 gilt

$$f_{X_1,X_2}(x_1, x_2) = f_{X_1}(x_1) \cdot f_{X_2}(x_2).$$

Wenn X_1 und X_2 aus einer identischen Verteilung stammen, so kann der Vektor (X_1, X_2) als neue Zufallsvariable aufgefasst werden, mit $|\mathcal{A}_{X_1}|^2$ möglichen Werten. Stammen X_1 und X_2 aus unterschiedlichen Verteilungen, so besitzt die neue Zufallsvariable $|\mathcal{A}_{X_1}| \cdot |\mathcal{A}_{X_2}|$ mögliche Werte.

Bei statistischer Unabhängigkeit und gedächtnislosem Kanal gilt ferner für die Hypothesen x_{h1} und x_{h2}, wenn y_{b1} und y_{b2} beobachtet wurden,

$$f_{X_1,X_2|Y_1,Y_2}(x_{h1}, x_{h2}|y_{b1}, y_{b2}) = f_{X_1|Y_1}(x_{h1}|y_{b1}) \cdot f_{X_2|Y_2}(x_{h2}|y_{b2}).$$

Vektoren von Zufallsvariablen können damit wie eine einzige neue Zufallsvariable betrachtet werden, deren Wahrscheinlichkeiten sich als Produkte der Wahrscheinlichkeiten der einzelnen Zufallsvariablen berechnen lassen. Wir können daher nun die MAP Entscheidungsregel für Vektoren formulieren. Dabei benutzen wir wieder die Regel von Bayes und erhalten

$$f_{X_1,X_2|Y_1,Y_2}(x_{h1}, x_{h2}|y_{b1}, y_{b2}) = \frac{f_{Y_1,Y_2|X_1,X_2}(y_{b1}, y_{b2}|x_{h1}, x_{h2}) f_{X_1,X_2}(x_{h1}, x_{h2})}{f_{Y_1,Y_2}(y_{b1}, y_{b2})}.$$

Satz 25: *Maximum a-posteriori Entscheidung bei Vektoren, MAP.*

Die optimale MAP Entscheidung unter den Annahmen, dass die Zufallsvariablen X_1 und X_2 statistisch unabhängig sind und die bedingten Wahrscheinlichkeiten des Kanals exakt bekannt sind, ergibt sich durch die folgende Maximierung

$$(x_{d1}, x_{d2}) = \arg \max_{(x_{h1},x_{h2}) \in (\mathcal{A}_{X_1}, \mathcal{A}_{X_2})} f_{Y_1|X_1}(y_{b1}|x_{h1}) f_{X_1}(x_{h1}) f_{Y_2|X_2}(y_{b2}|x_{h2}) f_{X_2}(x_{h2}).$$

Auch hier gilt: Wenn das Maximum nicht eindeutig ist, so wird zufällig unter den Maxima gewählt.

Entsprechend erhält man die ML Entscheidung.

Satz 26: *Maximum-Likelihood Entscheidung bei Vektoren, ML.*

Die optimale ML Entscheidung unter der Annahme, dass die bedingten Wahrscheinlichkeiten des Kanals exakt bekannt sind und dass X_1 und X_2 gleichverteilt und statistisch unabhängig sind, ergibt sich durch

$$(x_{d1}, x_{d2}) = \arg \max_{(x_{h1},x_{h2}) \in (\mathcal{A}_{X_1}, \mathcal{A}_{X_2})} f_{Y_1|X_1}(y_{b1}|x_{h1}) \cdot f_{Y_2|X_2}(y_{b2}|x_{h2}).$$

Ist das Maximum nicht eindeutig, so wird zufällig unter den Maxima gewählt.

Die Fehlerwahrscheinlichkeit kann man bei Vektoren von statistisch unabhängigen Zufallsvariablen berechnen zu

$$P_E = \sum_{\substack{x_i \in \mathcal{A}_{X_i} \\ y_i \in \mathcal{A}_{Y_i}}} f_{X_1,X_2}(x_1, x_2) f_{Y_1,Y_2|X_1,X_2}(y_1, y_2|x_1, x_2) \cdot \delta(x_1, x_2, y_1, y_2),$$

wobei $\delta(x_1, x_2, y_1, y_2) = 1$ gilt, wenn x_1, x_2 eindeutig falsch entschieden wird, $\delta(x_1, x_2, y_1, y_2) = 0$, wenn x_1, x_2 eindeutig richtig entschieden wird und $\delta(x_1, x_2, y_1, y_2)$ entspricht der Wahrscheinlichkeit, dass bei Mehrdeutigkeit der Entscheidung x_1, x_2 falsch gewählt wird. Die Zuverlässigkeit der Entscheidung bei Vektoren kann ebenfalls berechnet werden. Dies wollen wir jedoch im folgenden Kapitel 8 zur Kanalcodierung behandeln.

7.1.7 Schätztheorie und Minimum Mean Square Error, MMSE

Während es bei der Entscheidungstheorie darum geht, einen Wert einer Zufallsvariable X zu entscheiden, der mit größter Wahrscheinlichkeit gesendet wurde, geht es bei der Schätztheorie darum, den mittleren quadratischen Fehler der Schätzung einer Zufallsvariablen zu minimieren. Eine Entscheidung liefert damit immer einen Wert aus dem Alphabet $\mathcal{A}_X$, jedoch gilt dies nicht für die Schätzung.

Schätzung und MMSE

Die Schätzung einer Zufallsvariable muss als Ergebnis nicht den tatsächlichen Wert der Zufallsvariable besitzen. Ein Beispiel hierfür ist die Augensumme beim Würfeln mit 5 Würfeln (siehe Beispiel 7.4). Die beste Schätzung ist $5 \cdot 3,5 = 17,5$, was jedoch nie auftreten wird. Das Ziel einer Schätzung ist, den mittleren quadratischen Fehler (**MSE**, mean square error) zwischen Schätzung und aufgetretenen Werten im Mittel zu minimieren (**MMSE**, minimum mean square error).

Definition 7.3 *Mittlerer quadratischer Fehler, MSE.*

Sei X eine Zufallsvariable und $\hat{X}$ die Schätzung dieser Zufallsvariable, so ist der MSE der Erwartungswert von $\left(X - \hat{X}\right)^2$, also

$$\text{MSE} = E\left\{\left(X - \hat{X}\right)^2\right\}.$$

Dies entspricht der Energie des Fehlers.

Beispiel 7.4: *MSE beim Würfeln.*

Beim Würfeln ergibt sich der MSE zu

$$1/6\left(1 - \hat{X}\right)^2 + 1/6\left(2 - \hat{X}\right)^2 + \ldots 1/6\left(6 - \hat{X}\right)^2 = \hat{X}^2 - 7\hat{X} + 91/6.$$

Die Ableitung nach $\hat{X}$ ergibt

$$2\hat{X} - 7$$

und besitzt eine Nullstelle bei 3,5, die einem Minimum entspricht. Damit haben wir gezeigt, dass der mittlere quadratische Fehler am kleinsten wird, wenn wir die Augenzahl beim Würfeln mit 3,5 schätzen.

In der Tat besitzt der MSE ein Minimum, wenn als Schätzwert der lineare Erwartungswert eingesetzt wird. Dann ist der MSE gleich der Varianz σ_X^2 der Zufallsvariable X.

Satz 27: *Minimum MSE bei linearem Erwartungswert.*

Es gilt für beliebige Schätzwerte $\hat{X}$

$$E\left\{\left(X-\hat{X}\right)^2\right\} \geq E\left\{(X-E\{X\})^2\right\} = \sigma_X^2.$$

Beweis: Mit der Kurzschreibweise $\hat{X} = c$ und $E\{X\} = m$ gilt

$$\begin{aligned} E\left\{(X-c)^2\right\} &= E\left\{(X-m+m-c)^2\right\} \\ &= E\left\{(X-m)^2 + 2(X-m)(m-c) + (m-c)^2\right\} \\ &= E\left\{(X-m)^2\right\} + 2(m-c)\left(E\{X\}-m\right) + (m-c)^2 \\ &= \sigma_X^2 + (m-c)^2. \end{aligned}$$

Dies besitzt den kleinsten Wert für $c = m$, d. h. $\hat{X} = E\{X\}$.

□

In der Anwendung kennt man jedoch die Verteilung $f_X(x)$ nicht und will trotzdem X möglichst gut schätzen, wenn man die Messwerte $x_1, x_2, \ldots, x_n$ beobachtet hat. Für die Schätzung $\hat{X}$ verwendet man in diesem Fall eine Mittelung der beobachteten Werte, d.h.

$$\hat{X} = \frac{1}{n}\sum_{i=1}^{n} x_i.$$

7.2 Korrelation und Matched Filter

Die informationstheoretische Analyse einer Entscheidung hat ergeben, dass wir die Wahrscheinlichkeit einer Hypothese benötigen. Wir brauchen daher ein realisierbares Maß, mit dem wir diese Wahrscheinlichkeit messen können. Die Korrelation ist eine von verschiedenen Möglichkeiten, sie misst die Ähnlichkeit von Signalen. Man kann das empfangene Signal mit allen möglichen gesendeten Signalen korrelieren. Jede Korrelation ergibt dann ein Maß für die entsprechende Hypothese. Auf das Signal, dem das empfangene Signal am ähnlichsten ist, d.h. den maximalen Korrelationswert aufweist, wird entschieden. Diese Hypothese besitzt dann die größte Wahrscheinlichkeit, wenn alle Signale die gleiche Energie aufweisen.

Die Korrelation mit einem Signal $s(t)$ entspricht der Faltung mit $s^*(-t)$. Damit kann die Korrelation durch ein LTI System mit Impulsantwort $h(t) = s^*(-t)$ durchgeführt werden, was als Matched Filter bezeichnet wird. Entsprechend Bild 7.2 empfangen wir das mit $n(t)$ verrauschte Signal $y(t) = s(t) + n(t)$. Da die Faltung sowohl kommutativ als auch distributiv ist, erhalten wir mit $y(t) = s(t) + n(t)$ am Ausgang des Matched Filters

$$y(t) * s^*(-t) = s(t) * s^*(-t) + n(t) * s^*(-t),$$

wobei der erste Summand der Autokorrelation des Signals entspricht und der zweite eine Störung darstellt. Wenn das Signal $s(t)$ ein Rechteck ist, so ist der Ausgang des Matched Filters ein Dreieck entsprechend Bild 7.3.

Beispiel 7.5: *Matched Filter bei orthogonalen Signalen.*

Seien $s_1(t)$ und $s_2(t)$ orthogonale Signale. Dann gilt $s_1(t) * s_2(t) = 0$. Nehmen wir an, $s_1(t)$ wurde gesendet und $y(t) = s_1(t) + n(t)$ empfangen. Ein Matched Filter mit der Impulsantwort $h_1(t) = s_1^*(-t)$ ergibt

$$y(t) * s_1^*(-t) = \underbrace{s_1(t) * s_1^*(-t)}_{=E_{s_1}} + n(t) * s_1^*(-t) = E_{s_1} + n(t) * s_1^*(-t),$$

wobei E_{s_1} die Energie des Signals $s_1(t)$ ist. Andererseits ergibt ein Matched Filter mit der Impulsantwort $h_2(t) = s_2^*(-t)$ für das empfangene Signal

$$y(t) * s_2^*(-t) = s_1(t) * s_2^*(-t) + n(t) * s_2^*(-t) = 0 + n(t) * s_2^*(-t).$$

Wenn das Rauschsignal $n(t)$ nicht zu viel Energie besitzt ist eine korrekte Entscheidung möglich, da dann

$$E_{s_1} + n(t) * s_1^*(-t) > n(t) * s_2^*(-t)$$

sein wird.

7.2.1 Erstes Nyquist-Kriterium

Bei der Datenübertragung besteht das Empfangssignal aus einer Folge von gestörten Sendesignalen und das Matched Filter liefert eine Folge von gestörten Korrelationen. Wir sind interessiert an dem Maximum der Korrelation. Dieses können wir entsprechend Bild 7.2 zu den Abtastzeitpunkten kT erhalten, wobei wir von perfekter Synchronisation ausgehen. Am Ausgang des Matched Filters steht ein Wert zur Verfügung, der mit anderen abgetasteten Korrelationen verglichen werden kann. Wir entscheiden uns dann für das Signal, bei welchem dieser Wert am größten ist.

Das erste Nyquist-Kriterium ist eine Art Abtasttheorem. Es besagt, dass T die Abtastrate nach dem Matched Filter sein muss, da der Ausgang des vorherigen fehlerfreien Signals bereits null ist. Die Korrelation des Signals bei $t = 0$ ist gemäß Bild 7.3 bei $t = T$ und auch bei $t = -T$ bereits null. Damit kann man eine Folge von Signalen der Dauer T aneinander reihen, ohne dass sie sich gegenseitig beeinflussen. Würde man den Wert früher abtasten, so wäre der Einfluss des vorherigen Symbols noch nicht abgeklungen, und man hätte sogenannte Intersymbol-Interferenz.

Für ein Elementarsignal $e(t)$ mit Autokorrelation $\varphi_{ee}(t)$ kann man damit das erste Nyquist-Kriterium formulieren als

$$\varphi_{ee}(kT) = \begin{cases} E_e \text{ für } k = 0 \\ 0 \text{ sonst,} \end{cases}$$

wobei E_e die Energie des Elementarsignals $e(t)$ angibt.

7.2.2 Augendiagramm

Das Augendiagramm wird benutzt, um die Einhaltung des ersten Nyquist-Kriteriums zu überprüfen. Gleichzeitig zeigt das Augendiagramm, ob der Abtastzeitpunkt korrekt

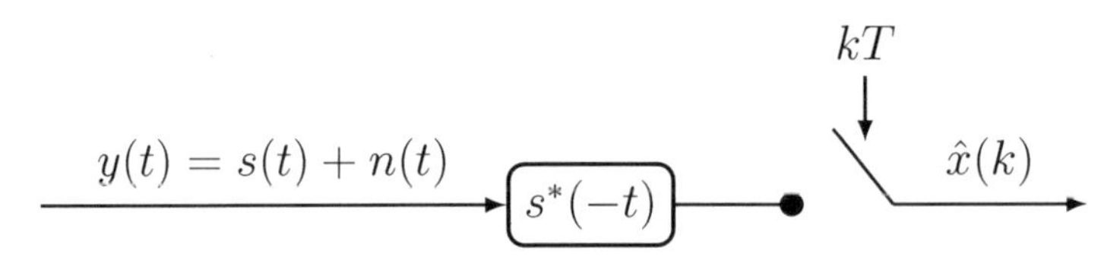

Bild 7.2: *Empfängerstruktur*

ist. Wir wollen hierzu wiederum das NRZ-Signal im Tiefpassbereich aus Bild 5.10(a) auf Seite 101 ohne Rauschen betrachten. Da es sich bei beiden übertragenen Elementarsignalen um Rechteckimpulse handelt, benötigen wir nur ein einziges Matched Filter statt mehreren. Die Autokorrelation des Rechtecksignals ist eine Dreiecksfunktion entsprechend Bild 7.3. Die korrelierten und abgetasteten Werte werden dann entsprechend

Bild 7.3: *Korrelation Rechtecksignal*

ihres Vorzeichens entschieden. Nach dem Matched Filter addieren sich die Korrelationen der Signale zu verschiedenen Zeitpunkten. Diese einzelnen Korrelationen sind in Bild 7.4 schwarz eingezeichnet. Das Signal am Ausgang des Matched Filters ist die Addition dieser Korrelationen und als durchgezogene Linie dargestellt. Beispielhaft sind drei Korrelationen gestrichelt dargestellt. Anschließend wird dieses korrelierte Signal

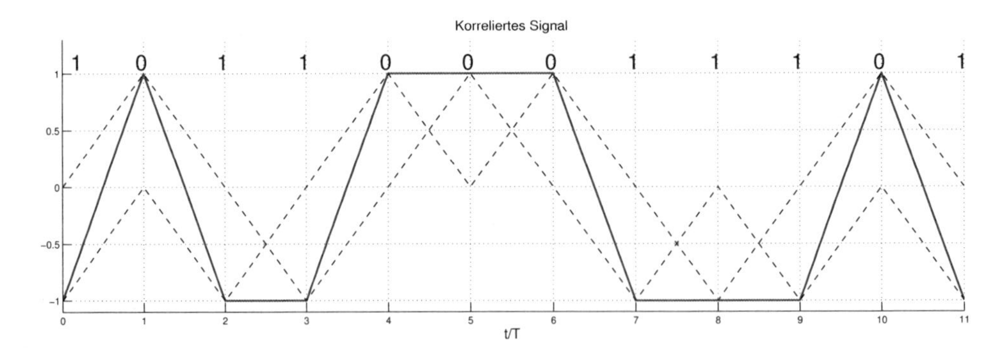

Bild 7.4: *Am Empfänger korreliertes Signal*

abgetastet, was in Bild 7.5 dargestellt ist. Aus diesen Werten kann eindeutig die gesendete Bitfolge rekonstruiert werden, da nur -1 auf 1 und 1 auf 0 abgebildet werden muss. Im Folgenden wollen wir nun das sogenannte *Augendiagramm* einführen. Das Augendia-

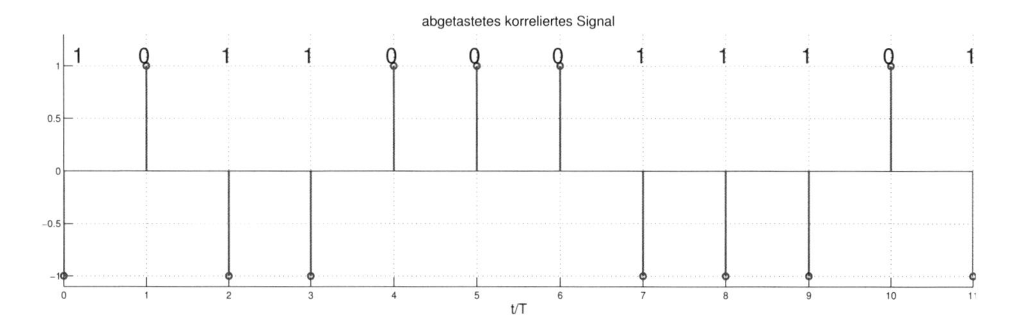

Bild 7.5: *Am Empfänger korreliertes und abgetastetes Signal*

gramm erhält man, wenn man das korrelierte Signal für alle Intervalle der Dauer $2T$ in ein einziges Diagramm übereinander zeichnet. Dabei entsteht ein augenähnliches Muster. Wir wollen nun die Entstehung eines Augendiagramms anhand der beispielhaften Bitfolge $1, 0, 1, 1, 0, 0, 0, 1, 1, 1, 0, 1 \leftrightarrow -1, 1, -1, -1, 1, 1, 1, -1, -1, -1, 1, -1$ aus Bild 7.4 erläutern. Dies ist in Bild 7.6 dargestellt. Links ist die Korrelationen der Bitfolge '-1 1 -1' (die ersten drei Werte) gestrichelt und deren Addition durchgezogen dargestellt. Diese Addition ist nun eine der Linien, die ins Augendiagramm eingezeichnet werden. Im zweiten Schritt werden nun die Korrelationen der Werte 2 bis 4 $(1, -1, -1)$ der Bitfolge addiert und im dritten Schritt die der Werte 3 bis 5 $(-1, -1, 1)$. Im Allgemeinen müssen die Additionen aller möglichen Kombinationen betrachtet werden. In unserem Beispiel genügt es jedoch, die Korrelationen des aktuellen, des vorhergehenden und des nachfolgenden Signals zu betrachten.

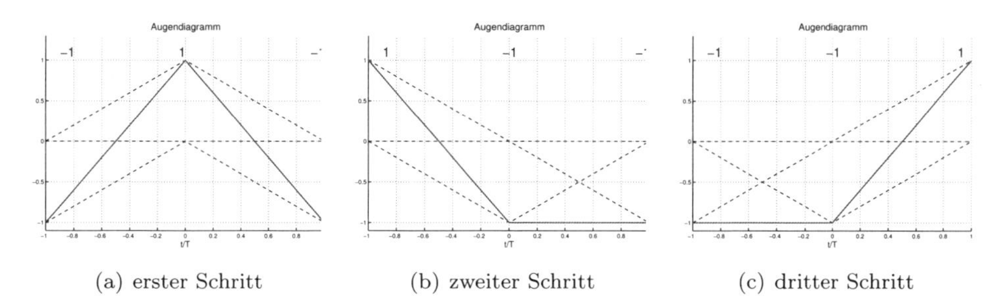

(a) erster Schritt (b) zweiter Schritt (c) dritter Schritt

Bild 7.6: *Entstehung des Augendiagramms*

Bild 7.7 zeigt das komplette Augendiagramm, das durch die Überlagerung der Korrelationen aller möglichen Bitfolgen entstanden ist. Hierbei sind wiederum die Korrelationen gestrichelt und das Augendiagramm durchgezogen dargestellt. Die Bilder 7.8 und 7.9 zeigen zwei anwendungsnähere Augendiagramme. Hierbei wurde als Elementarsignal

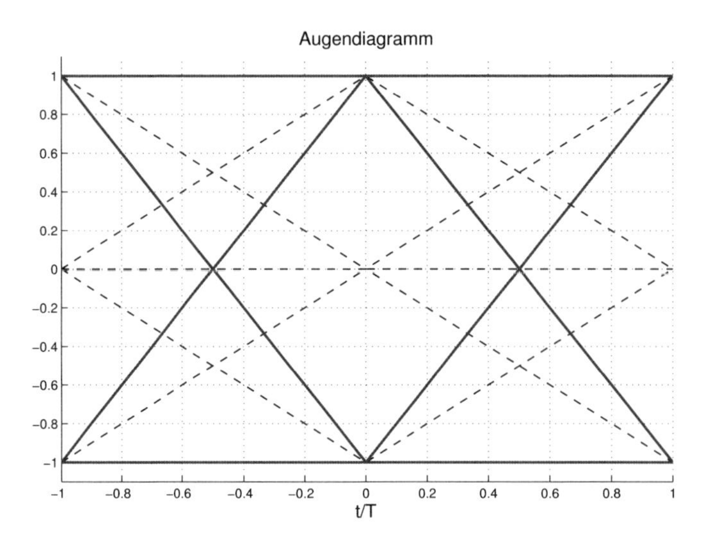

Bild 7.7: *Theoretisches Augendiagramm*

ein sogenanntes *Root Raised Cosine*-Signal [Lin04] verwendet. Dieses Signal kann man sich als ein abgerundetes Rechtecksignal vorstellen. Bild 7.8 zeigt das Augendiagramm ohne Rauschen und Bild 7.9 zeigt das Augendiagramm mit Rauschen. Je größer die

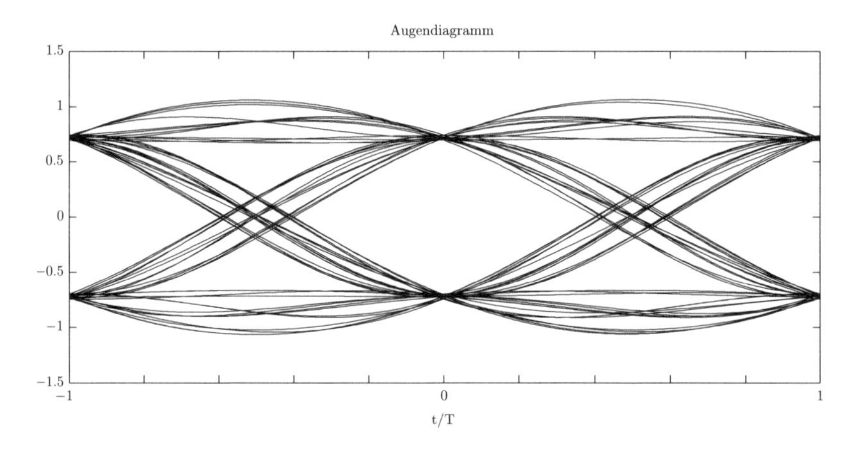

Bild 7.8: *Augendiagramm ohne Rauschen für Root Raised Cosine-Signal*

horizontale Augenöffnung ist, desto weniger genau muss der Abtastzeitpunkt gewählt werden. Die vertikale Augenöffnung kann man als Maß für die noch zulässigen additiven Störungen ansehen. Man erkennt deutlich, dass die Augenöffnung im verrauschten Fall wesentlich kleiner ist als im rauschfreien Fall.

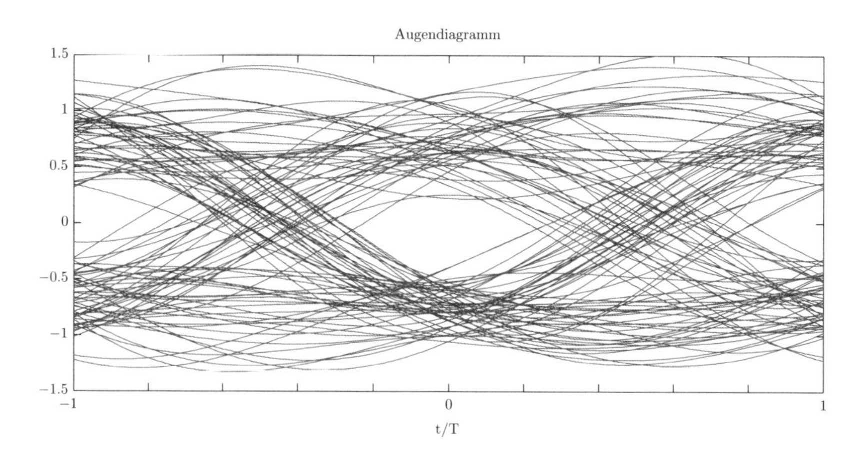

Bild 7.9: *Augendiagramm mit Rauschen für Root Raised Cosine-Signal*

7.2.3 Euklidische Distanz

Die Euklidische Metrik kann ebenfalls zur Messung der Wahrscheinlichkeit einer Hypothese verwendet werden. Dies wollen wir am Beispiel des Gaußschen Rauschens entsprechend Bild 6.9 erläutern. Darin sind viele Empfangssignale als „Wolke " um die vier QPSK Signalpunkte eingezeichnet. Es ist einsichtig, dass die Euklidische Distanz eines Empfangspunktes zu jedem der vier gültigen Signalpunkte direkt proportional zur entsprechenden Wahrscheinlichkeit ist.

Betrachten wir einen empfangenen Signalpunkt $y(t)$ mit $\mathrm{Re}(y(t)) = y_r$ und $\mathrm{Im}(y(t)) = y_i$. Seine Euklidische Distanz zu den vier Signalpunkten $s_1(t) = (00) = e^{j\pi/4} = (\sqrt{2}/2, \sqrt{2}/2)$, $s_2(t) = (01) = e^{j3\pi/4} = (-\sqrt{2}/2, \sqrt{2}/2)$, $s_3(t) = (11) = e^{j5\pi/4} = (-\sqrt{2}/2, -\sqrt{2}/2)$ und $s_4(t) = (10) = e^{j7\pi/4} = (\sqrt{2}/2, -\sqrt{2}/2)$ kann berechnet werden durch

$$
\begin{aligned}
d_{s_1} &= \sqrt{(y_r - \sqrt{2}/2)^2 + (y_i - \sqrt{2}/2)^2} \\
d_{s_2} &= \sqrt{(y_r + \sqrt{2}/2)^2 + (y_i - \sqrt{2}/2)^2} \\
d_{s_3} &= \sqrt{(y_r + \sqrt{2}/2)^2 + (y_i + \sqrt{2}/2)^2} \\
d_{s_4} &= \sqrt{(y_r - \sqrt{2}/2)^2 + (y_i + \sqrt{2}/2)^2}.
\end{aligned}
$$

Eine Entscheidung ist auch einfach dadurch möglich, dass man nur das Vorzeichen von y_r und y_i betrachtet. Denn für $y_r > 0$ und $y_i > 0$ ist d_{s_1} das Minimum, für $y_r < 0$ und $y_i > 0$ ist d_{s_2} das Minimum, für $y_r < 0$ und $y_i < 0$ ist d_{s_3} das Minimum und schließlich für $y_r > 0$ und $y_i < 0$ ist d_{s_4} das Minimum aller Euklidischen Distanzen.

Wir können uns hier auch die Frage nach der Zuverlässigkeit der Entscheidung stellen. Eine offensichtliche Feststellung ist, dass der Empfangspunkt $(\sqrt{2}/2-1/2, \sqrt{2}/2-1/2) \approx (0.21, 0.21)$ einer sehr viel unzuverlässigeren Entscheidung entspricht als der Punkt

$(\sqrt{2}/2+1/2, \sqrt{2}/2+1/2) \approx (1.21, 1.21)$, obwohl beide die gleiche Euklidische Distanz zu $s_1(t)$ besitzen. Der erste Punkt liegt nahe an der Entscheidungsgrenze während der zweite Punkt weit weg von der Entscheidungsgrenze liegt. Entsprechend Abschnitt 7.1.5 zu den L-Werten können wir die Zuverlässigkeit $Z(s_1)$ einer Entscheidung für $s_1(t)$ definieren zu

$$Z(s_1) = \frac{d_{s_1}}{d_{s_2} + d_{s_3} + d_{s_4}}.$$

Analog kann die Zuverlässigkeit für die Entscheidungen für die anderen Signale berechnet werden.

7.3 Berechnung von Fehlerwahrscheinlichkeiten

In diesem Abschnitt wird die Leistungsfähigkeit einiger Modulationsverfahren analysiert. Modulationsverfahren werden in der Regel durch die Fehlerwahrscheinlichkeiten verglichen, die bei gleichem Kanal erreicht werden. Eine kleinere Fehlerwahrscheinlichkeit ist selbstverständlich besser. Man unterscheidet die Bitfehlerwahrscheinlichkeit (BER) und die Symbolfehlerwahrscheinlichkeit (SER), wobei ein Symbol aus m Bits besteht. Die Berechnung der BER aus der SER hängt vom Labeling (oft auch als Mapping bezeichnet) ab und ist in der Regel schwierig. Bei Gray-Labeling macht man häufig die Annahme, dass die BER gleich der SER/m ist, da ein Symbol-Fehler meistens die Entscheidung für ein benachbarte Symbol bedeutet, das sich dann nur in einem von m Bits unterscheidet. Wir werden ausschließlich den Gaußkanal aus Abschnitt 6.3 betrachten.

7.3.1 BER bei bipolarer Übertragung

Bipolare Modulation, 2-ASK und BPSK besitzen identische Signalraumdarstellungen. Man kann sie durch zwei Signalpunkte beschreiben, deren Abstand vom Ursprung $\sqrt{E_b}$ ist, also

$$\mathcal{A}_{\mathcal{X}} = \{-\sqrt{E_b}, \sqrt{E_b}\}.$$

Sie entsprechen den beiden möglichen Bitwerten 1 und 0. Die (mittlere) Energie pro Bit ist daher E_b. Unter der Annahme eines Gaußkanals wird ein beliebiger Wert y auf der reellen Achse empfangen als

$$y = \pm\sqrt{E_b} + n \sim \mathcal{N}\left(\pm\sqrt{E_b}, \sigma^2\right).$$

Die Verteilungsdichte setzt sich aus zwei Gaußverteilungen zusammen, jeweils mit Varianz σ^2 und den Mittelwerten $\pm\sqrt{E_b}$. Entsprechend des vorherigen Abschnitts können wir die Entscheidung basierend auf dem Vorzeichen des empfangenen Symbols y treffen. Da Modulationsverfahren und Kanal symmetrisch sind, ist die Fehlerwahrscheinlichkeit für $-\sqrt{E_b}$ identisch zur Fehlerwahrscheinlichkeit von $\sqrt{E_b}$. Ein Fehler tritt ein, wenn ein $y > 0$ empfangen wird unter der Bedingung, dass das Signal $-\sqrt{E_b}$ gesendet wurde. Entsprechend tritt ein Fehler ein, wenn ein $y < 0$ empfangen wird unter der

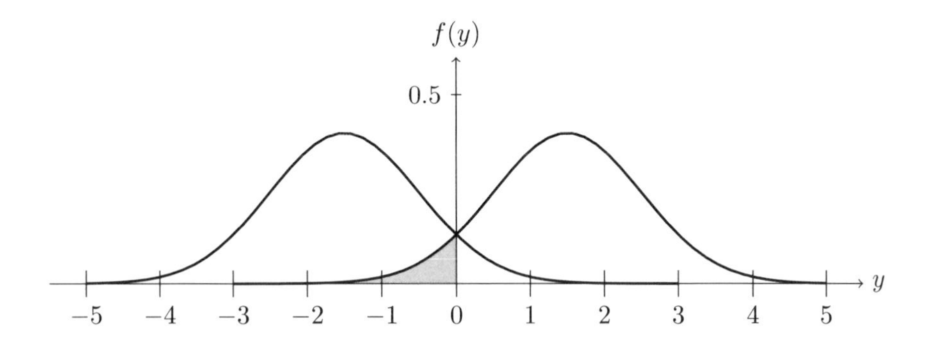

Bild 7.10: *Zur Berechnung der Fehlerwahrscheinlichkeit bei bipolarer Übertragung*

Bedingung, dass das Signal $\sqrt{E_b}$ gesendet wurde. Die beiden Punkte $\pm\sqrt{E_b}$ werden bei Gleichverteilung mit der a-priori Wahrscheinlichkeit $1/2$ gesendet. Die Berechnung der Fehlerwahrscheinlichkeit erfolgt entsprechend Bild 7.10.

Die Varianz $\sigma^2 = N_0/2$ des Rauschens bestimmt das Signal-Rauschleistungsverhältnis (SNR) $E_b/(N_0/2) = 2E_b/N_0$.

Gleichung A.4 auf Seite 299 definiert die *error function* $\text{erf}(y)$ und mit der *komplementären error function* $\text{erfc}(y) = 1 - \text{erf}(y)$ ergibt sich die Wahrscheinlichkeitsfunktion einer Gaußverteilung zu

$$F_Y(y) = \int_{-\infty}^{y} f_Y(t)dt = \frac{1}{2}\,\text{erfc}\left(\frac{\mu - y}{\sqrt{2\sigma^2}}\right).$$

Damit können wir die Fehlerwahrscheinlichkeit berechnen, indem wir in $\text{erfc}(y)$ den Mittelwert $\mu = \sqrt{E_b}$ und $y = 0$ setzen. Es ergibt sich

$$\text{BER} = \frac{1}{2}\,\text{erfc}\left(\sqrt{\frac{E_b}{N_0}}\right).$$

Betrachtet man nur die Fehlerrate, so entspricht der Gaußkanal einem BSC aus Bild 6.4 mit Fehlerwahrscheinlichkeit BER. Plottet man die Fehlerwahrscheinlichkeit entsprechend Bild 7.11 als eine Funktion von E_b/N_0, so ergibt sich bei einem E_b/N_0 von 9.6 dB eine Fehlerwahrscheinlichkeit von ungefähr 10^{-5}. Die Berechnung der BER von QPSK werden wir später herleiten. Durch Anwendung von Fehlervorwärtskorrekturverfahren kann die Fehlerwahrscheinlichkeit verringert werden. Dies werden wir im nächsten Kapitel 8 zur Kanalcodierung genauer beschreiben.

Anmerkung: Manchmal wird statt des gebräuchlichen Wertes $\sigma^2 = N_0/2$ auch $\sigma^2 = N_0$ als Varianz des Rauschens verwendet, wobei sich eine um 3 dB schlechtere BER ergibt. Während sich im ersten Fall eine BER von 10^{-5} bei 9.6 dB ergibt, ist dies im zweiten Fall bei 12.6 dB.

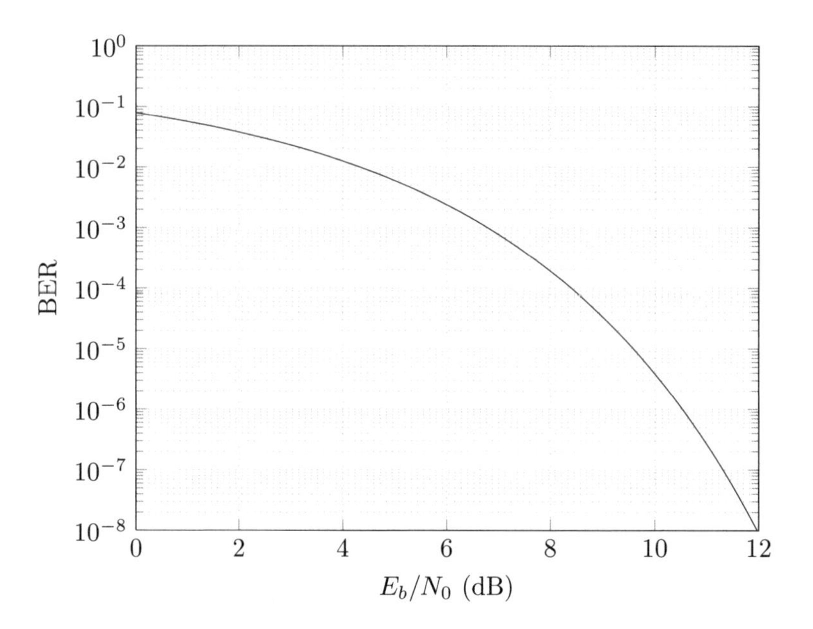

Bild 7.11: *Bitfehlerwahrscheinlichkeit BPSK / QPSK*

7.3.2 BER und SER für M-ASK, M-PSK und M-QAM

Wir wollen $M = 2^m$ annehmen, d.h. pro Symbol werden $m = \log_2 M$ Bit übertragen. M ist die Anzahl der möglichen Sendesignale.

In der Signalraumdarstellung für M-ASK entsprechend Bild 5.19 auf Seite 109 sind die M Punkte

$$\sqrt{E_a}\{\pm 1, \pm 3, \pm 5, \ldots, \pm(M-1)\}$$

auf der reellen Achse. Dabei wurde hier die Energie E_a eingeführt und der Abstand zweier benachbarter Signalpunkte ist $2\sqrt{E_a}$, wie in Bild 7.12 zu sehen ist. Die mittlere Energie pro M-ASK Symbol E_s ist im Falle gleich wahrscheinlicher Symbole

$$E_s = \frac{1}{M} \sum_{l=-M/2}^{M/2-1} (2l+1)^2 E_a = \frac{M^2-1}{3} E_a.$$

Dabei haben wir benutzt, dass gilt:

$$\sum_{i=0}^{n} i^2 = \frac{n(n+1)(2n+1)}{6} \quad \text{und} \quad \sum_{i=0}^{n} i = \frac{n(n+1)}{2}.$$

Damit errechnen wir:

$$\begin{aligned}\sum_{l=0}^{M/2-1}(2l+1)^2 &= 4\sum_{l=0}^{M/2-1} l^2 + 4\sum_{l=0}^{M/2-1} l + \sum_{l=0}^{M/2-1} 1 \\ &= 4\frac{(M/2-1)(M/2)(M-1)}{6} + 4\frac{(M/2-1)(M/2)}{2} + \frac{M}{2} \\ &= \frac{(M-2)(M)(M-1)}{6} + \frac{3(M-2)(M)}{6} + \frac{3M}{6} \\ &= \frac{M(M^2-1)}{6}.\end{aligned}$$

Da m bit pro Symbol übertragen werden, ist die mittlere Energie E_b pro Bit

$$E_b = \frac{E_s}{m}.$$

Der empfangene Wert y lässt sich dabei schreiben als

$$y = \pm(2l+1)\sqrt{E_a} + n \sim \mathcal{N}\left(\pm(2l+1)\sqrt{E_a}, \sigma^2\right), \quad l = 0, 1, \dots \frac{M}{2} - 1.$$

Die Entscheidungsgrenzen sind für die zwei äußeren Signale $\pm(M-1)\sqrt{E_a}$ anders, als für die $M-2$ inneren Signale. Für $y > (M-2)\sqrt{E_a}$ ist die Entscheidung $(M-1)\sqrt{E_a}$ und für $y < -(M-2)\sqrt{E_a}$ ist die Entscheidung $-(M-1)\sqrt{E_a}$. Für die inneren Signale ist die Entscheidung $2l+1$ wenn $(2l)\sqrt{E_a} < y < (2l+2)\sqrt{E_a}$ gilt, mit $l = 0, \pm 1, \dots$ Die SER für die inneren Punkte ist identisch, denn es gilt entsprechend Bild 7.12

$$\frac{1}{2}\text{erfc}\left(\sqrt{\frac{(2l+1)E_a - 2lE_a}{N_0}}\right) = \frac{1}{2}\text{erfc}\left(\sqrt{\frac{E_a}{N_0}}\right). \tag{7.1}$$

Aufgrund der Grenzen links und rechts ergibt sich für die Symbolfehlerwahrscheinlichkeit SER_i das doppelte der Fehlerwahrscheinlichkeit bei bipolarer Modulation, nämlich

$$\text{SER}_i = \text{erfc}\left(\sqrt{\frac{E_a}{N_0}}\right).$$

Die Symbolfehlerwahrscheinlichkeit SER_a für die beiden äußeren Punkte ist identisch der BER bei bipolarer Modulation und damit

$$\text{SER}_a = \frac{1}{2}\text{erfc}\left(\sqrt{\frac{E_a}{N_0}}\right).$$

Mit der Annahme, dass alle Signale gleich wahrscheinlich sind, ergibt sich für M-ASK

$$\text{SER} = \frac{M-2}{M}\text{erfc}\left(\sqrt{\frac{E_a}{N_0}}\right) + \frac{2}{M}\frac{1}{2}\text{erfc}\left(\sqrt{\frac{E_a}{N_0}}\right) = \frac{(M-1)}{M}\text{erfc}\left(\sqrt{\frac{E_a}{N_0}}\right).$$

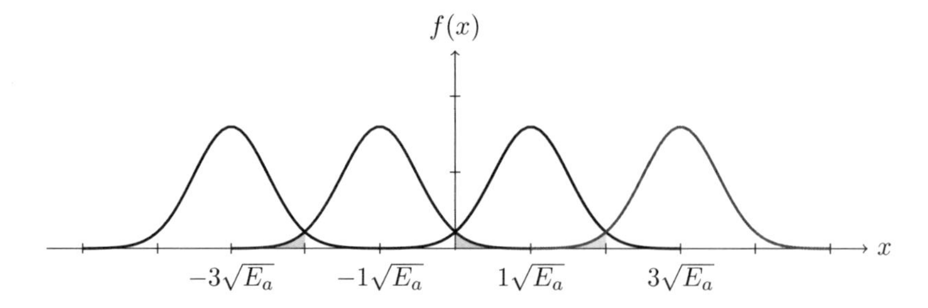

Bild 7.12: *Zur Berechnung der Fehlerwahrscheinlichkeit bei 4-ASK*

Für $M = 2$ ergibt sich der Wert für bipolare Modulation. Für große M, konvergiert der Wert $(M-1)/M$ gegen 1, so dass die Symbolfehlerwahrscheinlichkeit mit

$$\mathrm{SER} \approx \operatorname{erfc}\left(\sqrt{\frac{E_a}{N_0}}\right)$$

approximiert werden kann.

Wir können die Fehlerwahrscheinlichkeit als Funktion der mittleren Energie E_b pro Bit angeben als

$$\mathrm{SER} \approx \operatorname{erfc}\left(\sqrt{\frac{E_b \frac{3m}{M^2-1}}{N_0}}\right).$$

Für die BER gilt bei Gray-Labeling näherungsweise:

$$\mathrm{BER} \approx \frac{\mathrm{SER}}{\log_2 M} = \frac{\mathrm{SER}}{m}.$$

Für 4-ASK ist die BER in Bild 7.13 eingezeichnet. Dabei wurde die Näherung verwendet, dass ein Symbolfehler immer genau einen Bitfehler zur Folge hat. Selbstverständlich ist es auch bei Gray-Labeling möglich, dass bei entsprechend hohem Rauschwert ein Symbolfehler mehr als einen Bitfehler verursacht. Die Wahrscheinlichkeit dafür ist jedoch bei vernünftigen SNR so klein, dass sie vernachlässigt werden kann. Man erkennt, dass die Kurve bei 16-QAM identisch ist, worauf wir später eingehen werden.

Wir wollen nun die Fehlerwahrscheinlichkeiten bei M-QAM berechnen. Man kann M-QAM als unabhängige $\sqrt{M}$-ASK betrachten, denn entsprechend Bild 5.22 auf Seite 111 kann man QAM als mehrere ASK mit unterschiedlichem Imaginärteil interpretieren. Eine weitere Interpretation beschreibt QAM als unterschiedliche PSK Modulationen mit verschiedenen Energien (Radien der Kreise, auf denen die Signale liegen). Die minimale Euklidische Distanz zwischen zwei Signalpunkten beträgt auch hier $2\sqrt{E_a}$, wie im ASK Fall. Deshalb ergibt sich die gleiche Bitfehlerwahrscheinlichkeit entsprechend Bild 7.13 für 4-ASK und 16-QAM.

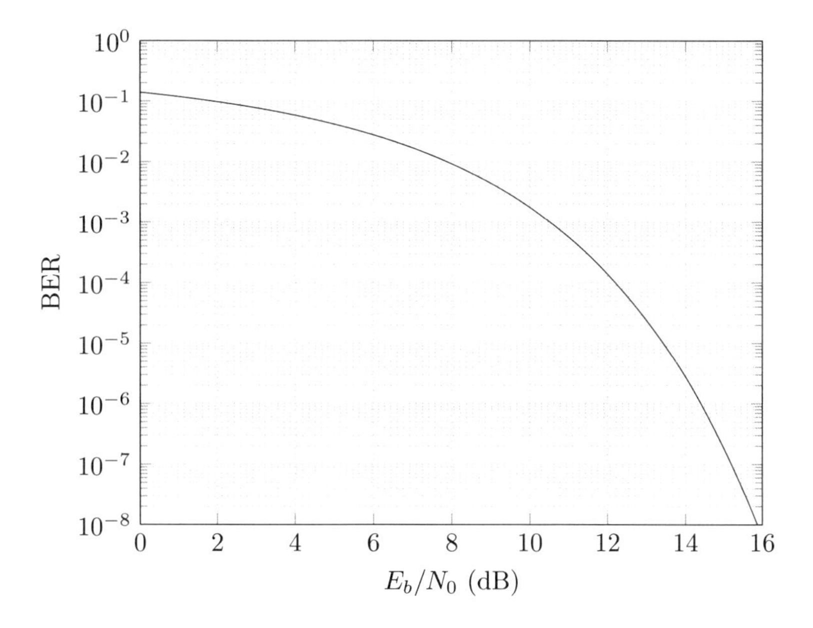

Bild 7.13: *Bitfehlerwahrscheinlichkeit 4-ASK / 16-QAM*

Zur Berechnung der mittleren Energie überlegt man sich, dass die Punkte 0001, 0110, 1001 und 0110 in Bild 5.22 auf einem Kreis mit konstantem Radius liegen (entspricht PSK), dies gilt auch für die Punkte 0010, 0101, 0100, 1000, 1100, 1110, 1011 , 0111, sowie die vier Eckpunkte 0011, 0000, 1101 und 1111. Die inneren vier Signalpunkte besitzen die Energie $2E_a$ und die äußeren vier Signalpunkte besitzen die Energie $\left(3\sqrt{2}\sqrt{E_a}\right)^2 = 18E_a$, während die anderen acht Signalpunkte die Energie $10E_a$ besitzen. Damit berechnet sich die mittlere Energie pro 16-QAM Signal zu

$$E_s = \frac{1}{4}2E_a + \frac{1}{2}10E_a + \frac{1}{4}18E_a = 10E_a$$

Die mittlere Energie pro Bit für 16-QAM ist dann

$$E_b = \frac{E_s}{4} = 2.5E_a.$$

Für die SER kann man wegen der statistischen Unabhängigkeit der ASK die Wahrscheinlichkeit P_c, dass korrekt entschieden wird, schreiben als

$$P_c = (1 - \mathrm{SER_{ASK}})^2$$

Damit ergibt sich

$$\begin{aligned}\mathrm{SER_{M-QAM}} &= 1 - (1 - \mathrm{SER}_{\sqrt{\mathrm{M}}-\mathrm{ASK}})^2 = \mathrm{SER}_{\sqrt{\mathrm{M}}-\mathrm{ASK}}(2 - \mathrm{SER}_{\sqrt{\mathrm{M}}-\mathrm{ASK}}) \\ &\approx 2\mathrm{SER}_{\sqrt{\mathrm{M}}-\mathrm{ASK}}\end{aligned}$$

Da jedoch doppelt so viele Bit pro Symbol übertragen werden ist die BER nahezu gleich groß, wie in Bild 7.13 zu erkennen ist.

Wir werden nun die Fehlerwahrscheinlichkeiten bei M-PSK berechnen. Wir beginnen mit QPSK entsprechend Bild 5.20 auf Seite 110. Diese Modulationsart kann als zwei unabhängige BPSK-Übertragungen betrachtet werden. Die minimale Euklidische Distanz zwischen zwei Signalpunkten ist dabei $\sqrt{2E_s}$ statt $2\sqrt{E_s}$ bei BPSK Signalen. Damit ist die Symbolfehlerwahrscheinlichkeit

$$\mathrm{SER} = \frac{1}{2}\mathrm{erfc}\left(\sqrt{\frac{E_s/2}{N_0}}\right).$$

Da jedoch die mittlere Energie E_b pro Bit gleich $E_b = E_s/2$ ist, da zwei Bit pro Symbol gesendet werden, ergibt sich die Bitfehlerrate bei Gray-Labeling

$$\mathrm{BER} = \frac{1}{2}\mathrm{erfc}\left(\sqrt{\frac{E_b}{N_0}}\right)$$

und ist damit gleich wie bei BPSK, was in Bild 7.11 eingetragen ist.

Wir haben zu Beginn des Kapitels die Zuverlässigkeit (L-Werte) angegeben und wollen hier nochmals exemplarisch am Beispiel von QPSK die Zuverlässigkeit der Entscheidung analysieren. Dazu betrachten wir in Bild 5.20 zwei empfangene Punkte $y_1 = (1/\sqrt{2}E_s + a, 1/\sqrt{2}E_s + a)$ und $y_2 = (1/\sqrt{2}E_s - a, 1/\sqrt{2}E_s - a)$. Beide Punkte besitzen die gleiche Euklidische Distanz zum Signalpunkt 00. Die Entscheidung $y_1 = (1/\sqrt{2}E_s + a, 1/\sqrt{2}E_s + a)$ zu 00 ist jedoch sehr viel zuverlässiger als $y_2 = (1/\sqrt{2}E_s - a, 1/\sqrt{2}E_s - a)$ zu 00, da y_1 eine größere Distanz zu den Nachbarpunkten 10 und 01 aufweist.

Der Fall für beliebige M ist schwieriger zu berechnen, und hier soll nur das Ergebnis angegeben werden (siehe [Kam08])

$$\mathrm{SER} = \mathrm{erfc}\left(\sqrt{\frac{E_s}{N_0}}\sin\left(\frac{\pi}{M}\right)\right) = \mathrm{erfc}\left(\sqrt{\frac{\log_2(M)E_b}{N_0}}\sin\left(\frac{\pi}{M}\right)\right).$$

Für die Bitfehlerrate gilt näherungsweise (siehe Bild 7.14 für 8-PSK):

$$\mathrm{BER} = \frac{1}{\log_2(M)}\mathrm{erfc}\left(\sqrt{\frac{\log_2(M)E_b}{N_0}}\sin\left(\frac{\pi}{M}\right)\right).$$

7.4 Übersicht der Fehlerwahrscheinlichkeiten

In Tabelle 7.1 werden die Ergebnisse zu den Parametern und den Bitfehlerraten der verschiedenen Modulationsverfahren zusammengefasst.

In Bild 7.15 sind die BER für unterschiedliche Modulationsarten eingezeichnet. Dabei ist zu bedenken, dass unterschiedliche Datenraten vorliegen, was in dem Bild nicht

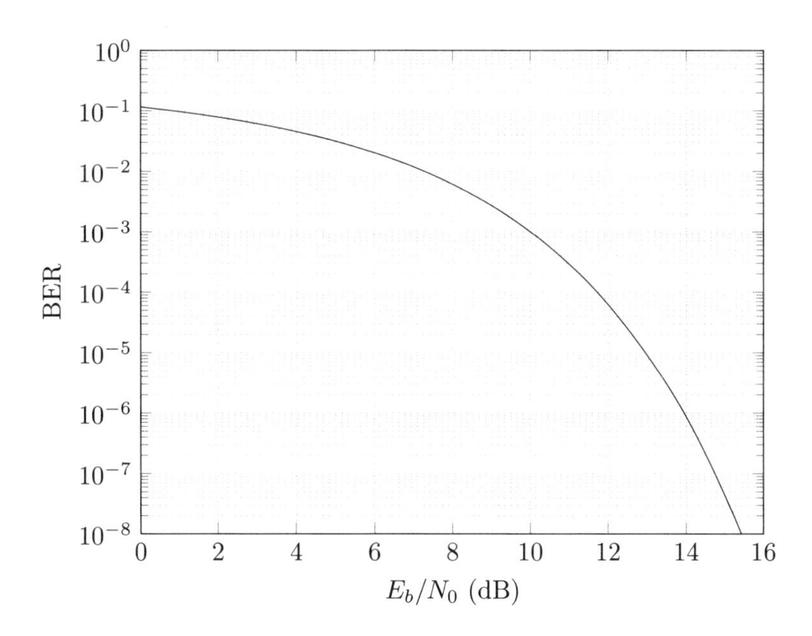

Bild 7.14: *Bitfehlerwahrscheinlichkeit 8-PSK*

berücksichtigt ist. Diese Tatsache kann erst im nächsten Kapitel zur Kanalcodierung benutzt werden und dadurch werden sich die Kurven relativ zueinander verändern. Ohne Kanalcodierung besitzen BPSK und QPSK die geringsten Bitfehlerraten gefolgt von 8-PSK, 4-ASK und 16-QAM.

7.5 Anmerkungen

Wir haben die elementaren Grundlagen der Entscheidungstheorie besprochen. Weitere Grundlagen findet man im Lehrbuch [Bla83].

Die Entscheidungstheorie wird in den meisten Nachrichtentechnik-Büchern nicht separat behandelt, sondern implizit durch Matched Filter und Korrelation. Diese haben wir als Anwendung der Entscheidungstheorie eingeführt und danach einige Bit- und Symbolfehlerwahrscheinlichkeiten für unterschiedliche Modulationsverfahren berechnet. Fehlerwahrscheinlichkeiten für weitere Modulationsarten und Kanäle findet man in den Lehrbüchern [Kam08], [Pro95], [Gal68] und [Lin04].

Auf die Fehlerwahrscheinlichkeiten bei Intersymbolinterferenz wurde hier nicht eingegangen, da dieses Themenfeld durch die notwendige Entzerrung relativ komplex ist. Entzerrung bedeutet prinzipiell, dass die Faltung, die der Kanal (FIR System mit Impulsantwort $h_k(t)$) mit dem Signal $s(t)$ durchführt, vor der Entscheidung rückgängig gemacht werden muss. Im transformierten Bereich muss $Y(f)$ durch $H_k(f)$ dividiert werden. Als weiterführende Literatur wird auf [Kam08] verwiesen.

Modulationsart	$\mathrm{SER}(\frac{E_s}{N_0})$	$\mathrm{BER}(\frac{E_b}{N_0})$
BPSK, 2-ASK	$\frac{1}{2}\mathrm{erfc}\left(\sqrt{\frac{E_s}{N_0}}\right)$	$\frac{1}{2}\mathrm{erfc}\left(\sqrt{\frac{E_b}{N_0}}\right)$
QPSK	$\approx \mathrm{erfc}\left(\sqrt{\frac{E_s/2}{N_0}}\right)$	$\frac{1}{2}\mathrm{erfc}\left(\sqrt{\frac{E_b}{N_0}}\right)$
M-ASK	$\frac{M-1}{M}\mathrm{erfc}\left(\sqrt{\frac{3E_s}{N_0(M^2-1)}}\right)$	$\approx \frac{M-1}{Mm}\mathrm{erfc}\left(\sqrt{\frac{3mE_b}{N_0(M^2-1)}}\right)$
M-QAM	$\approx 2\frac{\sqrt{M}-1}{\sqrt{M}}\mathrm{erfc}\left(\sqrt{\frac{3E_s}{2N_0(M-1)}}\right)$	$\approx 2\frac{\sqrt{M}-1}{\sqrt{M}m}\mathrm{erfc}\left(\sqrt{\frac{3mE_b}{2N_0(M-1)}}\right)$
M-PSK	$\approx \mathrm{erfc}\left(\sqrt{\frac{E_s}{N_0}}\sin\left(\frac{\pi}{M}\right)\right)$	$\approx \frac{1}{m}\mathrm{erfc}\left(\sqrt{\frac{mE_b}{N_0}}\sin\left(\frac{\pi}{M}\right)\right)$

Tabelle 7.1: *Übersicht der Fehlerwahrscheinlichkeiten*

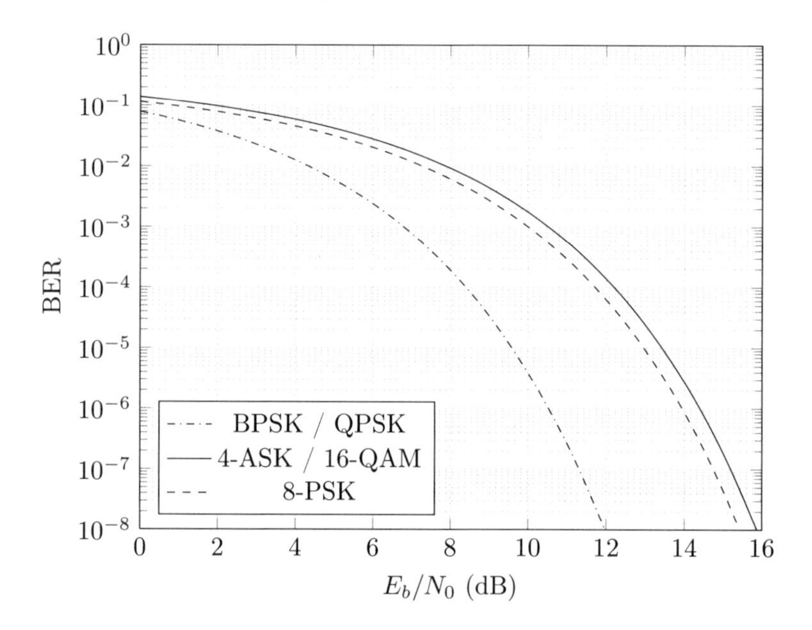

Bild 7.15: *Bitfehlerwahrscheinlichkeiten für verschiedene Modulationsverfahren*

7.6 Literaturverzeichnis

[Bla83] BLAHUT, R. E.: *Theory and Practice of Error Control Codes.* Reading, Massachusetts : Addison-Wesley Publishing Company, 1983. – ISBN 0-201-10102-5

[CT06] COVER, Thomas M. ; THOMAS, Joy A.: *Elements of Information Theory 2nd Edition.* 2. Wiley-Interscience, 2006. – ISBN 978–0–471–24195–9

[Gal68] GALLAGER, R. G.: *Information Theory and Reliable Communication.* New York : John Wiley & Sons, 1968. – ISBN 0-471-29048-3

[Kam08] KAMMEYER, Karl-Dirk: *Nachrichtenübertragung.* Stuttgart, Leipzig : Vieweg+Teubner, 2008. – ISBN 978-3835101791

[Lin04] LINDNER, Jürgen: *Informationsübertragung: Grundlagen der Kommunikationstechnik.* Berlin : Springer, 2004. – ISBN 978-3540214007

[NP33] NEYMAN, J. ; PEARSON, E.: On the Problem of the Most Efficient Tests of Statistical Hypotheses. In: *Philosophical Transactions of the Royal Society of London. Series A, Containing Papers of a Mathematical or Physical Character.* 231 (1933), S. 289–337

[Pro95] PROAKIS, J. G.: *Digital Communications.* third edition. Singapore : McGraw-Hill, 1995. – ISBN 0-07-113814-5

7.7 Übungsaufgaben

Detektion Binärübertragung

Aufgabe

Betrachten Sie eine Binärübertragung über einen AWGR-Kanal mit einem einmaligen Aussenden eines der beiden folgenden Elementarsignale:

$$
\begin{aligned}
e_0(t) &= a \cdot \mathrm{rect}\left(\frac{t}{T_s}\right) \\
e_1(t) &= b \cdot \mathrm{rect}\left(\frac{2t}{T_s} + \frac{1}{2}\right) - b \cdot \mathrm{rect}\left(\frac{2t}{T_s} - \frac{1}{2}\right)
\end{aligned}
$$

mit $a, b, T_s \in \mathbf{R}$; $\quad a > 0, \ b > 0, \ T_s > 0$. Nehmen Sie an, dass $E_{e_0} = E_{e_1} = 1$ ist.

a)
- Skizzieren Sie ein Blockbild für einen Empfänger, der **zwei** Korrelationsfilter verwendet.
- Müssen in diesem Fall vor der Entscheidung die Energien der Elementarsignale berücksichtigt werden?

b)
- Skizzieren Sie ein Blockbild für einen Empfänger mit nur **einem** Korrelationsfilter.
- Bestimmen Sie die Werte a und b und berechnen Sie die Impulsantwort $w(t)$ des Korrelationsfilters.
- Geben Sie die Entscheidungsgrenze für diesen ML-Empfänger an.

c) Welche Bedingung muß für die A-priori-Wahrscheinlichkeiten der Elementarsignale $\text{Prob}(e_0(t))$ und $\text{Prob}(e_1(t))$ gelten, damit eine MAP-Entscheidung und eine ML-Entscheidung äquivalent sind?

d) Nun gelte: $\text{Prob}(e_0(t)) = \text{Prob}(e_1(t))$. Durch eine fehlerhaft implementierte Entscheidungsgrenze im Empfänger betragen die Wahrscheinlichkeiten für eine Fehlentscheidung nun:

$P_{e_0} = 0{,}45$ für den Fall, dass e_0 gesendet wurde und auf e_1 entschieden wurde
$P_{e_1} = 0{,}3$ für den Fall, dass e_1 gesendet wurde und auf e_0 entschieden wurde.

Berechnen Sie die resultierende Bitfehlerwahrscheinlichkeit.

Lösung

b) $\Delta e_{10}^*(-t) = e_1^*(-t) - e_0^*(-t)$

Bestimmung von a und b:

$$a = \frac{1}{\sqrt{T_s}} \qquad\qquad b = a = \frac{1}{\sqrt{T_s}}$$

- Impulsantwort des Korrelationsfilters:

$$w(t) = -\frac{2}{\sqrt{T_s}} \cdot \text{rect}\left(\frac{2t}{T_s} + \frac{1}{2}\right)$$

- Entscheidungsgrenze:

$c = 0$

c) $\text{Prob}\left[e_0(t)\right] = \text{Prob}\left[e_1(t)\right] = \frac{1}{2}$

d) Resultierende Bitfehlerwahrscheinlichkeit:

$P_b = 0,375$

Detektion bipolare Übertragung

Aufgabe

Betrachten Sie eine bipolare Übertragung über einen ungestörten Kanal mit dem Elementarsignal

$$e_0(t) = \text{rect}\left(\frac{t}{2T}\right).$$

Für das das Symbolintervall gelte $T_s = T$. Der Empfänger besteht aus einem Matched-Filter und einem Entscheider.

a) Berechnen Sie die Autokorrelationsfuktion von $e_0(t)$.

b) Geben Sie die möglichen Abtastwerte vor dem Entscheider an. (Mit Begründung!)

c) Tritt Intersymbolinterferenz auf? Begründen Sie Ihre Antwort.

Betrachten Sie nun eine Binärübertragung mit zwei gleich wahrscheinlichen Elementarsignalen. Dabei sei $e_0(t)$ wie bisher

$$e_0(t) = \text{rect}\left(\frac{t}{2T}\right), \quad T > 0$$

$$e_1(t) = -\text{rect}\left(\frac{t + \frac{T}{2}}{T}\right) + \text{rect}\left(\frac{t - \frac{T}{2}}{T}\right), \quad T > 0$$

d) Welche Art der Übertragung liegt nun vor? Begründen Sie Ihre Antwort!

e) Skizzieren Sie ein Blockbild für einen optimalen Empfänger für die vorliegende Übertragung, der nur ein Korrelationsfilter verwendet. Geben Sie die Entscheidungsregel mit an.

Lösung

a) $\varphi_{e_0 e_0}(t) = 2T \cdot \Lambda\left(\frac{t}{2T}\right)$

b) $\tilde{x}[k] = \varphi[-1] \cdot x[k-1] + \varphi[0] \cdot x[k] + \varphi[1] \cdot x[k+1]$

c) Ja, siehe AKF

d) Übertragung mit orthogonalen Elementarsignalen:
$\langle e_0(t), e_1(t) \rangle = 0$

e) Vorzeichen-Entscheider:
$> 0 \rightarrow e_1(t)$ gesendet
$< 0 \rightarrow e_0(t)$ gesendet

$x[k-1]$	$x[k]$	$x[k+1]$	$\tilde{x}[k]$
1	1	1	4T
1	1	-1	2T
1	-1	1	0
1	-1	-1	-2T
-1	1	1	2T
-1	1	-1	0
-1	-1	1	-2T
-1	-1	-1	-4T

Tabelle 7.2: *Aufgabe Autokorrelation*

Detektion Gray-Codierung

Aufgabe

Gegeben sind die folgenden Elementarsignale:

$$e_i(t) = A_i \cdot \Lambda\left(\frac{t+t_i}{t_\Delta}\right) + B_i \cdot \Lambda\left(\frac{t-t_i}{t_\Delta}\right),$$

$$\text{mit } A_0 = B_0 = 1,\ t_0 = t_\Delta,\ A_i \neq 0, B_i \neq 0,\ t_i \geq t_\Delta.$$

a) Skizzieren Sie $e_0(t)$.

b) Bestimmen Sie A_i, B_i, t_i für $i = 1, 2, 3$, so dass die folgenden Voraussetzungen erfüllt sind:

- die Energie aller vier Elementarsignale gleich ist,
- eine Übertragung mit vier orthogonalen Signalen vorliegt.

Jetzt sei $A_i = B_i = 1$ und $t_i = (2i+1) \cdot t_\Delta$, für $i = 0, 1, 2, 3$.

c) Welches Übertragungsverfahren liegt vor und wieviel Bit pro Elementarsignal können übertragen werden?

Nun wird als Sendesymbolalphabet eine Q-PSK (4-PSK) gewählt.

d) Skizzieren Sie die Signalraumdarstellung mit Gray-Codierung.

Die Wahrscheinlichkeit, dass eines der Sendesymbole der Q-PSK in eines der beiden näheren Sendesymbole verfälscht wird, sei p_1. Die Wahrscheinlichkeit, dass ein Sendesymbol in das weiter entfernte Sendesymbol verfälscht wird, sei p_2.

e) Berechnen Sie die mittlere **Bit**fehlerwahrscheinlichkeit in Abhängigkeit von p_1 und p_2, wenn Gray-Codierung verwendet wird.

f) Berechnen Sie die mittlere **Bit**fehlerwahrscheinlichkeit in Abhängigkeit von p_1 und p_2, wenn **keine** Gray-Codierung verwendet wird.

g) Erklären Sie anhand Ihrer vorheringen Ergebnisse, welche Voraussetzung für p_1 und p_2 gelten muss, damit die Gray-Codierung die Bitfehlerwahrscheinlichkeit minimiert. Nennen Sie ein Kanalmodell, bei welchem dies erfüllt ist.

Lösung

b) $A_1 = 1, B_1 = -1, t_1 = t_\Delta$
$A_2 = 1, B_2 = 1, t_1 = 3t_\Delta$
$A_3 = 1, B_3 = -1, t_1 = 3t_\Delta$

c) Orthogonale Übertragung, 2Bit

e) Mit Gray-Codierung: $P_{b,e} = p_1 + p_2$

f) Ohne Gray-Codierung: $P_{b,f} = 1,5p_1 + 0,5p_2$

g) Es muss $P_{b,e} \leq P_{b,f}$ sein, also $p_2 \leq p_1$. Dies ist z.B. für einen AWGN-Kanal erfüllt.

Nyquist-Kriterium, Augendiagramm und Kanalmodelle

Aufgabe

Gegeben ist das Elementarsignal mit Sendesymboldauer T:

$$e_1(t) = \text{rect}\left(\frac{t}{T}\right) - 2 \cdot \text{rect}\left(\frac{3t}{T}\right).$$

a) Skizzieren Sie das Elementarsignal $e_1(t)$.

b) Skizzieren Sie die Autokorrelationsfunktion von $e_1(t)$ und leiten Sie anhand der Skizze eine dazugehörige Funktion $\varphi_{e_1e_1}(t)$ her.
(**Hinweis:** Es ist nicht nach der Definition der Autokorrelationsfunktion gefragt.)

c) Ist das erste Nyquist-Kriterium erfüllt (Begründung!)?

Wir verwenden nun ein neues Elementarsignal

$$e_2(t) = \text{rect}\left(\frac{4t}{5T}\right).$$

d) Skizzieren Sie das Elementarsignal $e_2(t)$, dessen Autokorrelationsfunktion $\varphi_{e_2e_2}(t)$ und das Augendiagramm für eine bipolare Übertragung mit dem Elementarsignal $e_2(t)$.

e) Zeigen Sie anhand des Augendiagramms, ob Intersymbol-Interferenz auftritt, welche die Kommunikation beeinträchtigt, und markieren Sie die entsprechende Stelle(n) im Diagramm.

f) Ist eine fehlerfreie Übertragung mit dem hier beschriebenen System trotz möglicher Interferenz realisierbar (Begründung!)?

g) Worüber gibt die horizontale Augenöffnung Auskunft?

Es ist die Impulsantwort eines Kanals gegeben:

$$h(t) = \delta(t) + 0{,}6\delta(t - 0{,}3T_s) + 0{,}4\delta(t - 1{,}2T_s) + 0{,}23\delta(t - 2{,}6T_s)$$

h) Wie heißt das gegebene Kanalmodell?

i) Wie viele Reflexionen sind in dem durch $h(t)$ beschriebenen Kanal enthalten?

Lösung

b)

$$\varphi_{e_1e_1}(t) = \left(\Lambda\left(\frac{t}{T}\right) - 2 \cdot \Lambda\left(\frac{3t}{2T}\right) + 2 \cdot \Lambda\left(\frac{3t}{T}\right)\right) \cdot T$$

i) 3 Reflexionen

8 Kanalcodierung

Bei der Quellencodierung haben wir gesehen, dass von Quellen erzeugte Daten Redundanz beinhalten können. In diesem Fall konnte man die Daten der Quelle komprimieren, d.h. mit weniger Symbolen codieren. Im Rahmen der Kanalcodierung wird jedoch Redundanz benötigt, um Fehler erkennen und/oder korrigieren zu können. Aus diesem Grund besitzt auch jede natürliche Sprache Redundanz. In der Nachrichtentechnik ist dieses Konzept unverzichtbar, da man sonst nicht entscheiden kann, ob eine Nachricht korrekt ist oder nicht. Redundanz wird dabei gezielt, strukturiert und wohl dosiert eingeführt. Wir werden uns in diesem Kapitel mit der Kanalcodierung beschäftigen, die Verfahren und Methoden zur Erzeugung von Redundanz bereitstellt. Dabei werden wir uns auf binäre Codes beschränken, aber die Ergebnisse lassen sich auf höherwertige Alphabete verallgemeinern.

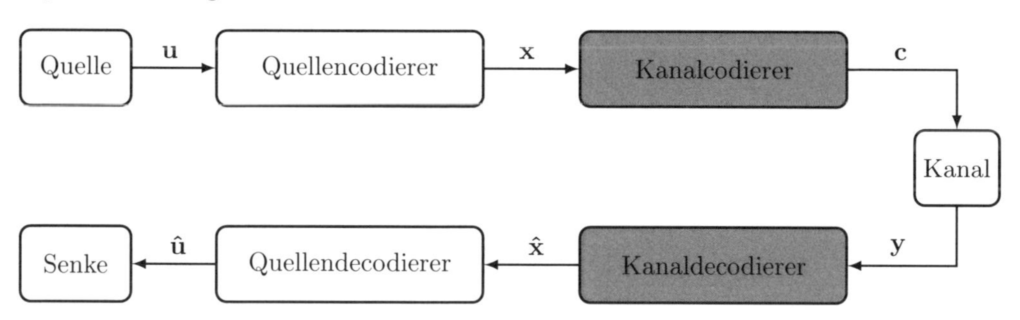

Bild 8.1: *Modell der Informationstheorie*

8.1 Redundanz und Cyclic Redundancy Check

Betrachten wir die Folge von Buchstaben „deige“ und die Folge von Zahlen „42“. Bei den Buchstaben können wir, wenn wir wissen, dass es sich bei unserem Code um die deutsche Sprache handelt, sagen, dass ein Fehler an der ersten Stelle aufgetreten ist. Denn „Feige“ und „Geige“ wären korrekte Codeworte. Es könnten jedoch auch zwei Fehler aufgetreten sein, denn mit zwei Änderungen könnten wir zu „Felge“ gelangen. Bei der Zahl können wir keine Aussage machen, da keine Redundanz enthalten ist. Mit Redundanz können wir also Fehler erkennen und auch korrigieren.

Realisieren kann man Redundanz dadurch, dass man aus den Daten eine *Prüfsumme* berechnet und diese den Daten anhangt. Aus den Daten und der angehängten Prüfsumme kann man dann im Empfänger überprüfen, ob bei der Übertragung Fehler aufgetreten sind, indem man die Redundanz aus den Daten mit der gleichen Vorschrift erneut berechnet und mit der empfangenen Redundanz vergleicht. Stimmen beide überein, so kann man nicht sagen, dass kein Fehler aufgetreten ist, sondern nur mit welcher Wahrscheinlichkeit kein Fehler aufgetreten ist. Dies wird später einsichtig werden.

Einer Folge von k Bits sollen $n-k$ Bits Redundanz hinzugefügt werden. Dazu werden die k Bits als Koeffizienten eines binären Polynoms $\hat{c}(x)$ betrachtet. Die Daten werden in die oberen k Koeffizienten geschrieben und die unteren Koeffizienten werden zu null gesetzt, also

$$\hat{c}(x) = 0 + 0x + 0x^2 + \ldots + 0x^{n-k-1} + \hat{c}_{n-k}x^{n-k} + \ldots + \hat{c}_{n-1}x^{n-1}.$$

Die Redundanz wird mit Hilfe einer Polynomdivision berechnet. Nehmen wir dazu an, wir haben ein binäres *Generatorpolynom* $g(x)$ vom Grad $n-k$, d. h. $g(x) = g_0 + g_1x + \ldots + g_{n-k}x^{n-k}$. Wir teilen nun $\hat{c}(x)$ durch das Generatorpolynom $g(x)$ und erhalten einen Quotienten $q(x)$ und einen Rest $r(x)$ mit Grad $< n-k$. Es gilt $\hat{c}(x) : g(x) = q(x)$ Rest $r(x)$. Nun berechnen wir das Codewort $c(x)$ durch

$$c(x) = \hat{c}(x) - r(x).$$

Die Daten bleiben unverändert, da der Grad des Restes kleiner als $n-k$ ist, und diese Koeffizienten haben wir zu null gesetzt. Die Subtraktion ist bei binären Koeffizienten gleich der Addition. Dadurch haben wir erreicht, dass das Generatorpolynom $g(x)$ das Codewort $c(x)$ ohne Rest teilt, denn es gilt $c(x) = \hat{c}(x) - r(x) = g(x)q(x)$. Haben wir eine empfangene Folge von Bits vorliegen, so können wir überprüfen, ob sie durch das Generatorpolynom $g(x)$ ohne Rest teilbar ist. Wenn ja, so können wir sagen, dass es sich um ein gültiges Codewort handelt.

Beispiel 8.1: *Berechnung des Cyclic Redundancy Check (CRC).*

Gegeben sei das Generatorpolynom $g(x) = x^3 + x + 1$. Wir wollen nun die Daten 101101 durch einen CRC mit $k = 6$ und $n = 9$ schützen. Wir bestimmen $\hat{c}(x)$ zu

$$\hat{c}(x) = x^8 + x^6 + x^5 + x^3.$$

Wir teilen $\hat{c}(x)$ durch $g(x)$ und berechnen den Rest

$$(x^8 + x^6 + x^5 + x^3) : (x^3 + x + 1) = x^5 + 1 \quad \text{Rest} \quad x + 1,$$

also $q(x) = x^5 + 1$ und $r(x) = x + 1$. Das Codewort mit angehängten CRC ist somit

$$c(x) = (x^8 + x^6 + x^5 + x^3) + (x + 1).$$

Als Vektor lautet das Codewort also 101101|011. Das Codewort $c(x)$ ist ohne Rest durch $g(x)$ teilbar, denn

$$(x^8 + x^6 + x^5 + x^3 + x + 1) : (x^3 + x + 1) = x^5 + 1.$$

Sind Fehler bei der Übertragung aufgetreten, so wird das empfangene Polynom im Allgemeinen nicht ohne Rest durch das Generatorpolynom teilbar sein.

Beispiel 8.2: *Fehlererkennung mit CRC.*

Nehmen wir an, bei der Übertragung der Folge vom vorherigen Beispiel sei ein Fehler an der Stelle $e(x) = x^4$ aufgetreten, d.h. der entsprechende Koeffizient ist nicht 0 sondern 1. Wir empfangen also $y(x) = c(x) + e(x)$ und überprüfen, ob $y(x)$ ein gültiges Codewort ist. Die Division durch das Generatorpolynom $g(x) = x^3 + x + 1$ ergibt

$$(x^8 + x^6 + x^5 + x^4 + x^3 + x + 1) : (x^3 + x + 1) = x^5 + x + 1 \quad \text{Rest} \quad x^2 + x.$$

Der Rest ist ungleich 0. Daher ist $y(x)$ kein gültiges Codewort, und wir haben somit einen Fehler erkannt.

Mit dem CRC können sowohl Fehler in den Daten, als auch im CRC erkannt werden. Es existieren jedoch Fehler, die nicht erkannt werden können.

Satz 28: *Nicht erkennbare Fehler bei CRC.*

Fehler $e(x) \neq 0$, die durch das Generatorpolynom $g(x)$ ohne Rest teilbar und damit gültige Codeworte sind, können nicht erkannt werden.

Beweis:

Wir zeigen zunächst, dass die Summe zweier gültiger Codeworte $c_1(x)$ und $c_2(x)$ ohne Rest durch das Generatorpolynom $g(x)$ teilbar ist. Für die Codeworte gilt $c_1(x) = q_1(x)g(x)$ und $c_2(x) = q_2(x)g(x)$. Damit folgt mit dem Distributivgesetz $c_1(x)+c_2(x) = q_1(x)g(x)+q_2(x)g(x) = (q_1(x)+q_2(x))g(x)$. Für alle Fehler $e(x) = q_e(x)g(x)$ ergibt sich damit $y(x) = e(x) + c(x)$, was ohne Rest durch das Generatorpolynom $g(x)$ teilbar ist.

□

Die Eigenschaft, dass die Linearkombination von zwei Codeworten wieder ein Codewort ist, bezeichnet man als Linearität. Im binären Fall sind die Skalare der Linearkombination nur 0 oder 1. Ein CRC Code ist damit ein linearer Code. Die Wahrscheinlichkeit, dass wir einen Fehler nicht erkennen, entspricht der Wahrscheinlichkeit, dass der Fehler ein gültiges Codewort ist. Dies ist genau dann der Fall, wenn das empfangene Polynom $y(x)$ vom Grad $n-1$ durch $g(x)$ vom Grad $n-k$ ohne Rest geteilt wird. Die Wahrscheinlichkeit, dass diese Fehlererkennung falsch ist, dass also der Fehler ein gültiges Codewort ist, werden wir in Abschnitt 8.2.9 erörtern. In gängigen Kommunikationssystemen sind die Polynome

$$x^{16} + x^{12} + x^5 + 1 \quad \text{und} \quad x^{32} + x^{12} + x^5 + 1$$

als Generatorpolynome für den CRC standardisiert. Die Fehlerwahrscheinlichkeit P_e ist dafür auf alle Fälle kleiner als $\approx 1.5 \cdot 10^{-5}$ bzw. $\approx 2.3 \cdot 10^{-10}$. In Wirklichkeit sind die Werte jedoch sehr viel kleiner, da die damit verbundene Annahme einer Kanal-Bitfehlerwahrscheinlichkeit von 1/2 viel zu pessimistisch ist. Bei typischen Leitungen ist die Bitfehlerwahrscheinlichkeit kleiner als 10^{-5}.

Der CRC ist ein Spezialfall eines binären linearen Blockcodes, wie wir sie im folgenden Abschnitt einführen werden. Das Attribut zyklisch (cyclic) eines Codes bedeutet, dass ein zyklischer Shift eines Codewortes ebenfalls ein gültiges Codewort ist. Ein zyklischer shift des Codewortes $c_0, c_1, \ldots, c_{n-1}$ ist beispielsweise $c_1, \ldots, c_{n-1}, c_0$. Algebraisch ist ein zyklischer Shift die Multiplikation eines Codewortes mit Potenzen von x modulo $x^n - 1$ gerechnet. Das Rechnen modulo $x^n - 1$ bedeutet, dass der Koeffizient bei n zu dem Koeffizienten bei 0 addiert wird, der Koeffizient bei $n+1$ wird zu dem Koeffizienten bei 1 addiert, der bei $n + 2$ zu 2, usw.. Damit ist ein zyklischer Shift ohne Rest durch das Generatorpolynom $g(x)$ teilbar ist, denn es gilt:

$$c(x) = q(x)g(x) \quad \text{und} \quad x^i c(x) = x^i q(x)g(x) \mod (x^n - 1).$$

8.2 Lineare Blockcodes

Zunächst wollen wir Vektoren mit binären Komponenten aus $\mathbb{F}_2 = \{0, 1\}$ einführen, die eine zentrale Rolle in der Kanalcodierung spielen.

Definition 8.3 *Binärer Vektorraum $\mathbb{F}_2^n$.*

Alle Vektoren $\boldsymbol{a}$ der Länge n und Komponenten aus $\mathbb{F}_2$ stellen den binären Vektorraum $\mathbb{F}_2^n$ über $\mathbb{F}_2$ dar. Wir schreiben

$$\boldsymbol{a} = (a_0, a_1, \ldots, a_{n-1}) \in \mathbb{F}_2^n, \; a_i \in \mathbb{F}_2, \; i = 0, 1, 2, \ldots, n-1\,.$$

Die Menge $\mathbb{F}_2 = \{0, 1\}$ bildet einen Körper bezüglich Addition und Multiplikation. Die Eigenschaften eines Körpers sind auf Seite 257 aufgelistet. Hier benötigen wir jedoch die exakte Definition nicht, sondern nur die bereits bekannten Rechenregeln.

8.2.1 Hamming-Metrik

Die Hamming-Distanz gibt an, in wie vielen Stellen sich zwei Vektoren gleicher Länge unterscheiden. Sie ist ein Abstandsmaß zwischen zwei Vektoren.

Definition 8.4 *Hamming-Distanz und Hamming-Gewicht.*

Seien $\boldsymbol{a} = (a_0, a_1, \ldots, a_{n-1})$ und $\boldsymbol{b} = (b_0, b_1, \ldots, b_{n-1})$ zwei binäre Vektoren der Länge n. Die Hamming-Distanz zwischen $\boldsymbol{a}$ und $\boldsymbol{b}$ ist definiert durch:

$$\operatorname{dist}(\boldsymbol{a}, \boldsymbol{b}) = \sum_{i=0}^{n-1} \operatorname{dist}(a_i, b_i) \quad \text{mit} \quad \operatorname{dist}(a_i, b_i) = \begin{cases} 1 & \text{für } a_i \neq b_i \\ 0 & \text{für } a_i = b_i. \end{cases}$$

Die Distanz eines Vektors $\boldsymbol{a}$ zum Nullvektor, d.h. $\operatorname{dist}(\boldsymbol{a}, \boldsymbol{0})$, bezeichnet man als sein Hamming-Gewicht $\operatorname{wt}(\boldsymbol{a})$. Das Hamming-Gewicht eines Vektors ist also die Anzahl seiner Komponenten ungleich null.

Offensichtlich können die Hamming-Distanz und das Hamming-Gewicht nur ganzzahlige Werte zwischen 0 und n annehmen, d.h.

$$0 \leq \text{dist}(\boldsymbol{a}, \boldsymbol{b}) \leq n \quad \text{und} \quad 0 \leq \text{wt}(\boldsymbol{a}) \leq n.$$

Beispiel 8.5: *Hamming-Distanz.*

Gegeben seien zwei binäre Vektoren der Länge 8, nämlich $\boldsymbol{a} = (0,0,0,0,1,1,1,1)$ und $\boldsymbol{b} = (0,1,0,1,0,1,0,1)$. Ihre Hamming-Distanz beträgt

$$\text{dist}(\boldsymbol{a}, \boldsymbol{b}) = \sum_{i=0}^{7} \text{dist}(a_i, b_i) = 0+1+0+1+1+0+1+0 = 4.$$

Die Hamming-Distanz ist eine Metrik. Metriken besitzen die folgenden Eigenschaften:

i) Positive Definitheit: $\text{dist}(\boldsymbol{a}, \boldsymbol{b}) \geq 0$, und $\text{dist}(\boldsymbol{a}, \boldsymbol{b}) = 0$ genau dann, wenn $\boldsymbol{a} = \boldsymbol{b}$.

ii) Symmetrie: $\text{dist}(\boldsymbol{a}, \boldsymbol{b}) = \text{dist}(\boldsymbol{b}, \boldsymbol{a})$.

iii) Es gilt die Dreiecksungleichung: $\text{dist}(\boldsymbol{a}, \boldsymbol{b}) \leq \text{dist}(\boldsymbol{a}, \boldsymbol{c}) + \text{dist}(\boldsymbol{c}, \boldsymbol{b})$.

Die Hamming-Distanz erfüllt alle diese Eigenschaften und ist damit eine Metrik. Offensichtlich ist sie positiv definit, da sie immer größer oder gleich Null ist. Ihre Symmetrie ist ebenfalls offensichtlich.

Um zu zeigen, dass die Dreiecksungleichung erfüllt ist, beobachten wir zunächst, dass sich die Hamming-Distanz nicht ändert, wenn man zu beiden Vektoren einen beliebigen Vektor addiert (was binär das gleiche ist wie subtrahiert). Es gilt

$$\text{dist}(\boldsymbol{a}, \boldsymbol{b}) = \sum_{i=0}^{n-1} \text{dist}(a_i, b_i) = \text{dist}(\boldsymbol{a}+\boldsymbol{c}, \boldsymbol{b}+\boldsymbol{c}) = \sum_{i=0}^{n-1} \text{dist}(a_i + c_i, b_i + c_i),$$

denn wenn $c_i = 1$, werden beide Werte a_i und b_i invertiert, was nichts an der Distanz ändert, und bei $c_i = 0$ bleiben sie gleich, was ebenfalls nichts an der Distanz ändert. Eine Konsequenz daraus ist, dass gilt

$$\text{dist}(\boldsymbol{a}, \boldsymbol{b}) = \text{dist}(\boldsymbol{a}+\boldsymbol{b}, \boldsymbol{b}+\boldsymbol{b}) = \text{dist}(\boldsymbol{a}+\boldsymbol{b}, \boldsymbol{0}),$$

was dem Hamming-Gewicht von $\boldsymbol{a}+\boldsymbol{b}$ entspricht, denn $\boldsymbol{b}+\boldsymbol{b} = 0$. Die Hamming-Distanz zweier Vektoren ist also gleich dem Hamming-Gewicht ihrer Summe (Differenz).

Wir können also schreiben

$$\text{dist}(\boldsymbol{a}, \boldsymbol{b}) = \text{dist}(\boldsymbol{a}+\boldsymbol{c}, \boldsymbol{b}+\boldsymbol{c})$$

und

$$\text{dist}(\boldsymbol{a}, \boldsymbol{c}) + \text{dist}(\boldsymbol{c}, \boldsymbol{b}) = \text{dist}(\boldsymbol{a}+\boldsymbol{c}, \boldsymbol{0}) + \text{dist}(\boldsymbol{b}+\boldsymbol{c}, \boldsymbol{0}).$$

Damit ist klar, dass die Dreiecksungleichung erfüllt ist, denn $\text{dist}(\boldsymbol{a}+\boldsymbol{c},\mathbf{0})$ ist die Anzahl der Einsen im Vektor $\boldsymbol{a}+\boldsymbol{c}$ und entsprechend $\text{dist}(\boldsymbol{b}+\boldsymbol{c},\mathbf{0})$ im Vektor $\boldsymbol{b}+\boldsymbol{c}$. Die Distanz zweier Vektoren kann nicht größer sein als die Summe ihrer Gewichte, d.h.

$$\text{dist}(\boldsymbol{a},\boldsymbol{b}) \leq \text{dist}(\boldsymbol{a},\mathbf{0}) + \text{dist}(\boldsymbol{b},\mathbf{0}).$$

Denn bei der Addition von binären Vektoren wird eine 1 in derselben Koordinate beider Vektoren zu einer 0 im Summenvektor. Damit kann der Summenvektor nicht mehr Einsen enthalten, als die Summe der Einsen beider Vektoren.

8.2.2 Parameter linearer Blockcodes

Ein linearer Blockcode $\mathcal{C}$ ist die Menge der Vektoren – die Codeworte – eines linearen k-dimensionalen Unterraumes des Vektorraumes $\mathbb{F}_2^n$. Der k-dimensionale Unterraum besitzt 2^k Vektoren. Ein Codewort besitzt die Länge n, und somit werden den k Informationsbits $n-k$ Redundanzbits zugefügt. Da die Abbildung von Information auf Codewort auf sehr viele Arten erfolgen kann, ergibt sich hier ein allgemeineres Konzept der Redundanz als das Anhängen der Redundanz. Es existiert jedoch der Sonderfall, dass die Informationsbits unverändert im Codewort auftauchen, was als systematische Codierung bezeichnet wird. Dies werden wir später genauer erörtern.

Bei der Multiplikation eines Vektors $\mathbf{c}$ mit einem Skalar u wird jede Koordinate mit dem Skalar multipliziert, also $uc_i, i = 0,\ldots,n-1$. Dabei sind u und c_i aus dem gleichen Körper $\mathbb{F}$. Im binären Fall ist damit $u \in \mathbb{F}_2$.

Definition 8.6 *Linearität eines Codes.*

Ein Code heißt linear, wenn die Linearkombination von zwei beliebigen Codeworten $\mathbf{a},\mathbf{c} \in \mathcal{C} \subseteq \mathbb{F}_2^n$ ebenfalls ein Codewort ist. Also muss im binären Fall gelten:

$$\forall\ \mathbf{a},\mathbf{c} \in \mathcal{C} : u\mathbf{a} + v\mathbf{c} \in \mathcal{C},\quad u,v \in \mathbb{F}_2.$$

Eine Konsequenz der Linearität ist, dass der Allnullvektor immer ein gültiges Codewort sein muss.

Ein wichtiger Parameter eines Codes ist die minimale Hamming-Distanz zwischen zwei beliebigen unterschiedlichen Codeworten, welche als Mindestdistanz des Codes bezeichnet wird.

Definition 8.7 *Mindestdistanz d.*

$\mathcal{C} \subseteq \mathbb{F}_2^n$ sei ein Code. Dann heißt

$$d = \min \text{dist}(\mathbf{a},\mathbf{c}),\quad \mathbf{a},\mathbf{c} \in \mathcal{C},\quad \mathbf{a} \neq \mathbf{c}$$

die Mindestdistanz des Codes.

Für lineare Codes ist die Mindestdistanz gleich dem minimalen Hamming-Gewicht > 0, denn es gilt $\forall \mathbf{a}, \mathbf{c} \in \mathcal{C}, \mathbf{a} \neq \mathbf{c}$

$$d = \min \operatorname{dist}(\mathbf{a}, \mathbf{c}) = \min \operatorname{dist}(\mathbf{a} + \mathbf{c}, \mathbf{0}) = \min \operatorname{wt}(\mathbf{a} + \mathbf{c}).$$

Die Menge $\mathbf{a} + \mathbf{c} \in \mathcal{C}, \mathbf{a} \neq \mathbf{c}$ besteht aus allen Codewörtern $\neq \mathbf{0}$ und damit ist die Minimierung

$$d = \min \operatorname{wt}(\mathbf{c}), \quad \mathbf{c} \in \mathcal{C}, \mathbf{c} \neq \mathbf{0}$$

äquivalent. Die Parameter eines Codes sind die Länge n der Codeworte, die Länge k der Informationsworte und die Mindestdistanz d. Der Parameter k wird Dimension des Codes genannt. Fassen wir dies noch in einer Definition zusammen.

Definition 8.8 *Parameter eines binären linearen Blockcodes* $\mathcal{C}(n, k, d)$.

Ein binärer linearer Blockcode $\mathcal{C}(n, k, d) \subseteq \mathbb{F}_2^n$ über dem Alphabet $\mathbb{F}_2$ hat die Länge n und die Dimension k, d.h. $|\mathcal{C}| = 2^k$. Die Mindestdistanz ist $d = \min \operatorname{dist}(\mathbf{a}, \mathbf{c}),\ \mathbf{a}, \mathbf{c} \in \mathcal{C},\ \mathbf{a} \neq \mathbf{c}$.

Eine wichtige Eigenschaft von Codes ist die Gewichtsverteilung, die wie folgt definiert ist.

Definition 8.9 *Gewichtsverteilung eines linearen Blockcodes* $\mathcal{C}(n, k, d)$.

Ein linearer Blockcode $\mathcal{C}(n, k, d) \subseteq \mathbb{F}_2^n$ besitzt A_w Codeworte mit Hamming-Gewicht w. Der Vektor $\mathbf{A} = (A_0, A_1, \ldots, A_n)$ wird Gewichtsverteilung genannt.

Die Gewichtsverteilung der meisten Codes ist nicht bekannt, jedoch gilt für lineare Codes $\mathcal{C}(n, k, d)$ stets $A_0 = 1$ und $A_1 = A_2 = \ldots = A_{d-1} = 0$.

8.2.3 Generator- und Prüfmatrix

Einen Vektorraum kann man durch eine Basis beschreiben. Im Fall der Dimension k benötigt man dazu k linear unabhängige Vektoren. Eine solche Basis kann man als Generatormatrix anordnen.

Definition 8.10 *Generatormatrix* $\mathbf{G}$.

Mit der $k \times n$ Generatormatrix $\mathbf{G}$ vom Rang k werden die 2^k Codewörter $\mathbf{c}$ durch Multiplikation der 2^k möglichen Informationswörter $\mathbf{i} \in \mathbb{F}_2^k$ mit der Generatormatrix $\mathbf{G}$ erzeugt

$$\mathcal{C} = \{\mathbf{c} \in \mathbb{F}_2^n |\ \mathbf{c} = \mathbf{i} \cdot \mathbf{G}\}.$$

Wir betrachten die Multiplikation des Zeilenvektors $\mathbf{i} = (i_0, i_1, \ldots, i_{k-1})$ mit der Generatormatrix $\mathbf{G}$ genauer. Dazu beschreiben wir die Matrix durch ihre Zeilen (die linear unabhängigen Basisvektoren)

$$\mathbf{G} = \begin{pmatrix} \mathbf{g}_0 \\ \mathbf{g}_1 \\ \vdots \\ \mathbf{g}_{k-1} \end{pmatrix}.$$

Mit Hilfe dieser Darstellung lautet die Codiervorschrift: Addiere die Zeilen der Generatormatrix, an denen das Informationswort eine 1 besitzt, d.h.

$$\mathbf{c} = i_0 \cdot \mathbf{g}_0 + i_1 \cdot \mathbf{g}_1 + \ldots + i_{k-1} \cdot \mathbf{g}_{k-1}, \; i_j \in \{0, 1\}.$$

Die eineindeutige Abbildung $\mathbf{i} \rightarrow \mathbf{c}$ wird als Codierung bzw. Codiervorschrift bezeichnet und durch die Generatormatrix definiert. Da sehr viele verschiedene Basen für einen linearen Vektorraum existieren, gibt es verschiedene Generatormatrizen, die alle den gleichen Code codieren. Wir müssen daher klar trennen zwischen dem Code einerseits und Codierung (Codiervorschrift) andererseits. Der Code ist die Menge aller Codeworte und die Codiervorschrift gibt an, welches Informationswort $\mathbf{i} \in \mathbb{F}_2^k$ auf welches Codewort $\mathbf{c} \in \mathbb{F}_2^n$ abgebildet wird. Die Codeeigenschaften, insbesondere auch die Mindestdistanz, sind unabhängig von der verwendeten Codierung.

Neben der Generatormatrix kann man auch eine Prüfmatrix definieren. Sie ist eine $(n - k) \times n$ Matrix, die eine Abbildung eines Codewortes auf null durchführt. Man bezeichnet den Code auch als Kern der Abbildung, die die Prüfmatrix durchführt.

Definition 8.11 *Prüfmatrix* $\mathbf{H}$.

Mit der $k \times n$ Generatormatrix $\mathbf{G}$ vom Rang k werden die 2^k Codewörter $\mathbf{c}$ durch Multiplikation der 2^k möglichen Informationswörter $\mathbf{i} \in \mathbb{F}_2^k$ mit der Generatormatrix $\mathbf{G}$

Eine $(n - k) \times n$ Matrix $\mathbf{H}$ definiert einen Code durch

$$\mathcal{C} = \left\{ \mathbf{c} \in \mathbb{F}_2^n | \; \mathbf{H} \cdot \mathbf{c}^T = \mathbf{0}^T \right\},$$

wobei $\mathbf{c}^T$ der transponierte Vektor ist, d.h. ein Spaltenvektor.

Auch hier können wir eine Interpretation der Multiplikation des Spaltenvektors $\mathbf{c}^T$ mit der Prüfmatrix angeben, indem wir die Prüfmatrix durch ihre Spalten beschreiben

$$\mathbf{H} = \left(\mathbf{h}_0^T \mathbf{h}_0^T \ldots \mathbf{h}_{n-1}^T \right).$$

Damit kann man die Prüfgleichung schreiben als

$$c_0 \cdot \mathbf{h}_0^T + c_1 \cdot \mathbf{h}_1^T + \ldots + c_{n-1} \cdot \mathbf{h}_{n-1}^T = \mathbf{0}^T.$$

Wir addieren also die Spalten, an denen $\mathbf{c}$ eine 1 besitzt.

Aus den Eigenschaften der Prüfmatrix kann man Eigenschaften des Codes ableiten. Wir wollen speziell die Mindestdistanz eines Codes betrachten.

Satz 29: *Prüfmatrix und Mindestdistanz.*

Ein Code $\mathcal{C}(n,k,d) \subseteq \mathbb{F}_2^n$ besitzt die Mindestdistanz d genau dann, wenn beliebige $d-1$ Spalten der Prüfmatrix $\mathbf{H}$ linear unabhängig sind und d Spalten existieren, die linear abhängig sind.

Beweis: Aus der Definitionsgleichung (8.11) eines Codes folgt, dass die Addition von Spalten der Prüfmatrix $\mathbf{H}$ gleich $\mathbf{0}^T$ geben muss. Die Multiplikation $\mathbf{H} \cdot \mathbf{c}^T$ kann man interpretieren als die Addition der Spalten von $\mathbf{H}$ an denen $\mathbf{c}$ eine 1 besitzt. Wenn aber beliebige $d-1$ Spalten linear unabhängig sind, kann man sie nicht zu $\mathbf{0}^T$ addieren, d.h. ein Vektor mit weniger als $d-1$ Einsen kann kein Codewort sein.

Andererseits gibt es d linear abhängige Spalten und damit einen Vektor, der d Einsen an den entsprechenden Stellen besitzt und damit, da die Multiplikation $\mathbf{H} \cdot \mathbf{c}^T = \mathbf{0}^T$ ergibt, ein gültiges Codewort darstellt.

Da für lineare Codes die Mindestdistanz dem Minimalgewicht entspricht, haben wir damit den Satz bewiesen. □

8.2.4 Wiederholungs-Codes und Parity-Check-Codes

Bei diesen beiden Codeklassen handelt es sich um sehr einfache Codes, die wir direkt in der jeweiligen Definition einführen wollen.

Definition 8.12 *Parity-Check- (PC)-Code* $\mathcal{C}(n, n-1, 2)$.

Ein Parity-Check-Code hängt an die $k = n-1$ Bits des Informationswortes ein Bit an, so dass das Hamming-Gewicht des Codewortes gerade ist. Also kann die Codierung durch folgende Vorschrift durchgeführt werden:

$$c_{n-1} = \sum_{j=0}^{n-2} i_j \mod 2, c_j = i_j, j = 0, 1, \ldots, n-2.$$

Die Generatormatrix und Prüfmatrix sind

$$\mathbf{G} = (\mathbf{1}^T \mid \mathbf{I}_{n-1}) \text{ und } \mathbf{H} = (111\ldots 1),$$

wobei $\mathbf{I}_{n-1}$ die $(n-1) \times (n-1)$ Einheitsmatrix und $\mathbf{1}^T$ ein Alleins-Spaltenvektor der Länge $n-1$ ist.

Definition 8.13 *Wiederholungs-Code oder Repetition-Code* $\mathcal{C}(n, 1, n)$.

Der Wiederholungscode besteht aus zwei Codeworten, dem Allnullwort und dem Alleinswort. Das Informationsbit 0 oder 1 wird n-mal wiederholt. Die Dimension ist damit $k = 1$ und die Mindestdistanz ist $d = n$. Die Generatormatrix und Prüfmatrix lauten

$$\mathbf{G} = (111\ldots1) \quad \text{und} \quad \mathbf{H} = (\mathbf{1}^T \mid \mathbf{I}_{n-1}),$$

wobei $\mathbf{I}_{n-1}$ die $(n-1) \times (n-1)$ Einheitsmatrix und $\mathbf{1}^T$ ein Alleins-Spaltenvektor der Länge $n-1$ ist.

Wir beobachten, dass die Generatormatrix des Parity-Check-Codes die Prüfmatrix des Wiederholungscodes ist und umgekehrt. Codes mit dieser Eigenschaft werden als duale Codes bezeichnet; wir werden sie in Abschnitt 8.2.7 allgemein einführen.

8.2.5 Hamming-Codes

Die Spalten der Prüfmatrix eines Hamming-Codes sind alle binären Vektoren der Länge h Bit außer $\mathbf{0}^T$. Damit besitzt die Prüfmatrix $n-k = h$ Zeilen und $n = 2^h-1$ Spalten, da $\mathbf{0}^T$ nicht benutzt wird. Da alle Spalten unterschiedlich sind, kann die Addition von zwei Spalten nie $\mathbf{0}^T$ ergeben. Zwei beliebige Spalten sind daher linear unabhängig. Da man die Spalten als Dualzahlen interpretieren kann, ist klar, dass drei Spalten existieren, die linear abhängig sind. Denn beispielsweise gilt $1+4=5$ und damit $0001+0100=0101$, und daher sind diese drei Spalten linear abhängig. Die Parameter eines Hamming-Codes sind $\mathcal{C}_H(n = 2^h-1, k = n-h = 2^h-h-1, d = 3)$.

Definition 8.14 *Hamming-Codes.*

Ein Code, dessen Prüfmatrix $\mathbf{H}$ aus allen binären Vektoren außer dem Nullvektor $\mathbf{0}^T$ besteht heißt Hamming-Code

$$\mathcal{C}_H(n = 2^h-1, k = n-h = 2^h-h-1, d = 3).$$

Beispiel 8.15: *Der Hamming Code* $\mathcal{C}_H(7, 4, 3)$.

Wählen wir $h = 3$, so erhalten wir den Hamming Code $\mathcal{C}_H(7, 4, 3)$. Eine mögliche Prüfmatrix ist

$$\mathbf{H} = (\mathbf{A} \mid \mathbf{I}_3) = \left(\begin{array}{cccc|ccc} 0 & 1 & 1 & 1 & 1 & 0 & 0 \\ 1 & 0 & 1 & 1 & 0 & 1 & 0 \\ 1 & 1 & 0 & 1 & 0 & 0 & 1 \end{array}\right).$$

Permutationen der Spalten ergeben sogenannte äquivalente Codes. Aus der Prüfmatrix, in der rechts die Einheitsmatrix steht, kann man eine Generatormatrix berechnen:

$$\mathbf{G_a} = (\mathbf{I}_4 \mid -\mathbf{A}^T) = \left(\begin{array}{cccc|ccc} 1 & 0 & 0 & 0 & 0 & 1 & 1 \\ 0 & 1 & 0 & 0 & 1 & 0 & 1 \\ 0 & 0 & 1 & 0 & 1 & 1 & 0 \\ 0 & 0 & 0 & 1 & 1 & 1 & 1 \end{array}\right).$$

Eine andere Generatormatrix erhält man, wenn man die erste Zeile durch die Addition der ersten und zweiten Zeile ersetzt:

$$\mathbf{G_b} = (\mathbf{I}_4 \mid -\mathbf{A}^T) = \left(\begin{array}{cccc|ccc} 1 & 1 & 0 & 0 & 1 & 1 & 0 \\ 0 & 1 & 0 & 0 & 1 & 0 & 1 \\ 0 & 0 & 1 & 0 & 1 & 1 & 0 \\ 0 & 0 & 0 & 1 & 1 & 1 & 1 \end{array}\right).$$

Diese Generatormatrix erzeugt den gleichen Code, d.h. die Menge aller Codeworte ist identisch. Aber die Codierung, d. h. die Zuordnung von Informationsworten zu Codeworten, ändert sich. Ein bestimmtes Codewort besitzt bei der Codierung mit $\mathbf{G_a}$ und $\mathbf{G_b}$ unterschiedliche Informationsworte.

8.2.6 Systematische Codierung und zyklische Codes

Wir haben gesehen, dass unterschiedliche Codierungen des gleichen Codes möglich sind. Eine besondere Codierung ist die systematische.

Definition 8.16 *Systematische Codierung.*

Eine Codierung heißt systematisch, wenn in jedem Codewort $\mathbf{c}$ das zugehörige Informationswort $\mathbf{i}$ unverändert vorkommt. Eine mögliche systematische Codierung kann durch die Generatormatrix $\mathbf{G} = (\mathbf{I}_k \mid -\mathbf{A}^T)$ erreicht werden. Die zugehörige Prüfmatrix ist dann $\mathbf{H} = (\mathbf{A} \mid \mathbf{I}_{n-k})$.

Man nennt jedoch eine Codierung auch dann systematisch, wenn die Komponenten von $\mathbf{i}$ nicht an aufeinanderfolgenden Komponenten von $\mathbf{c}$ stehen.

Damit ist die Codierung aus dem letzten Beispiel mit der Generatormatrix $\mathbf{G_a}$ systematisch und die Codierung mit $\mathbf{G_b}$ nicht. Es gilt, dass jeder lineare Code systematisch codiert werden kann.

Beispiel 8.17: *Systematisch und nicht-systematische Codierung.*

In Beispiel 8.1 war das Generatorpolynom $g(x) = x^3 + x + 1$. Wir wollen nun die Information 101101 systematisch codieren. Wir teilen $\hat{c}(x) = x^8 + x^6 + x^5 + x^3$ durch $g(x)$ und erhalten als Rest $r(x) = x + 1$. Das Codewort ist somit

$$c(x) = (x^8 + x^6 + x^5 + x^3) + (x + 1).$$

und die Information befindet sich unverändert im Codewort. Codieren wir jedoch durch Multiplikation mit dem Generatorpolynom $c(x) = i(x)g(x)$, so liefert die Information $i(x) = x^5 + 1$, also 100001 das gleiche Codewort. Diese Codierung ist nicht-systematisch.

Definition 8.18 *Zyklische Codes.*

Ein Code $\mathcal{C}$ heißt zyklisch, wenn für alle Codeworte $\mathbf{c} \in \mathcal{C}$ gilt

$$(c_0, c_1, \ldots, c_{n-1}) \in \mathcal{C} \Longleftrightarrow (c_{n-1}, c_0, c_1, \ldots, c_{n-2}) \in \mathcal{C}.$$

Zyklische Codes können auch durch Polynome statt Matrizen beschrieben werden, und bieten daher in der Praxis Vorteile, da weniger Speicher notwendig ist, um ein Polynom statt einer Matrix abzuspeichern. Zu Beginn dieses Kapitels haben wir beim CRC ein Generatorpolynom verwendet. Damit sind die CRC Codes eine Unterklasse der linearen zyklischen Blockcodes.

8.2.7 Dualer Code

Das Konzept der Dualität in der Codierungstheorie ist das Analogon zur Orthogonalität von Signalen. Das Skalarprodukt zwischen zwei Vektoren ist definiert durch

$$< \mathbf{c}, \mathbf{b} >= \left(\sum_{i=0}^{n-1} c_i \cdot b_i \right) \mod 2.$$

Zwei Vektoren heißen dual, wenn ihr Skalarprodukt 0 ist.

Es folgt direkt, dass die Generatormatrix eines Codes die Prüfmatrix des dualen Codes ist. Dies folgt aus der Tatsache, dass die Zeilen der Generatormatrix selbst Codeworte sind. Damit ergibt das Skalarprodukt von jeder Zeile mit jeder Zeile der Prüfmatrix 0. Andererseits ergeben alle Linearkombinationen von Zeilen der Prüfmatrix mit jedem Codewort des Codes ebenfalls das Skalarprodukt 0.

Definition 8.19 *Dualer Code.*

Der duale Code $\mathcal{C}^\perp$ ist definiert durch die Eigenschaft, dass das Skalarprodukt eines Codewortes des dualen Codes mit allen Codeworten des Codes 0 ergibt. Für $\mathbf{c} \in \mathcal{C}, \mathbf{b} \in \mathcal{C}^\perp$ gilt $< \mathbf{c}, \mathbf{b} >= \mathbf{c} \cdot \mathbf{b}^T = 0$. Der zu $\mathcal{C}(n, k, d)$ duale Code ist $\mathcal{C}^\perp(n, k^\perp = n - k, d^\perp)$, wobei $d^\perp$ nicht direkt bestimmbar ist.

Für die entsprechenden Generator- und Prüfmatrizen gilt: $\mathbf{G} = \mathbf{H}^\perp, \quad \mathbf{H} = \mathbf{G}^\perp$.

Ein Beispiel von dualen Codes haben wir bereits bei den Definitionen 8.12 von Parity-Check-Codes und 8.13 von Wiederholungscodes kennengelernt.

8.2.8 Decodierung und Entscheidungstheorie

Wir wollen einen BSC Kanal aus Kapitel 6 annehmen und ein Codewort $\mathbf{c} \in \mathcal{C}(n,k,d)$ übertragen. Im Kanal tritt der Fehler $\mathbf{e}$ auf und wir empfangen den Vektor $\mathbf{y} = \mathbf{c} + \mathbf{e}$. Mit Hilfe der Prüfmatrix können wir testen, ob der empfangene Vektor $\mathbf{y}$ ein gültiges Codewort ist. Denn es gilt

$$\mathbf{H} \cdot \mathbf{y}^T = \mathbf{H} \cdot \mathbf{c}^T + \mathbf{H} \cdot \mathbf{e}^T = \mathbf{H} \cdot \mathbf{e}^T = \mathbf{s}^T.$$

Der Vektor $\mathbf{s}$ wird Syndrom genannt. Das Syndrom ist nur vom Fehler und nicht vom gesendeten Codewort abhängig. Mit anderen Worten: Das Syndrom enthält nur Information vom Fehler und kann deshalb zur Decodierung des Fehlers benutzt werden.

Der Decodierer beobachtet $\mathbf{y}$, kennt den Code $\mathcal{C}(n,k,d)$ und kann nun verschiedene Fragestellungen beantworten. Bei Fehlererkennung ist die Frage: Ist der beobachtete Vektor $\mathbf{y}$ ein gültiges Codewort? Bei Fehlerkorrektur mit binären Codes ist die Frage: Wenn der beobachtete Vektor $\mathbf{y}$ kein gültiges Codewort ist, an welchen Stellen sind Fehler aufgetreten? Der Decodierer muss die Entscheidung $\hat{\mathbf{c}}$ treffen, welches Codewort $\mathbf{c}$ mit größter Wahrscheinlichkeit gesendet wurde, wenn $\mathbf{y}$ beobachtet wurde. Wir werden später sehen, dass wir auch Entscheidungen über einzelne Symbole treffen können, wollen uns aber zunächst mit ganzen Codeworten beschäftigen. Der Ausgang der Decodierung (Fehlererkennung und Fehlerkorrektur) kann richtig oder falsch sein. Im Falle der Fehlerkorrektur kann die Decodierung auch ohne Ergebnis bleiben, was als Decodierversagen bezeichnet wird. Der Ausgang der Decodierung hängt vom verwendeten Verfahren ab. Bei der Fehlererkennung können wir erkennen, dass ein Fehler aufgetreten ist, wenn der Fehler kein Codewort ist. Wir entscheiden also richtig, wenn kein Fehler aufgetreten ist ($\mathbf{e} = \mathbf{0}$)oder der Fehler kein Codewort ist. Andererseits entscheiden wir falsch, wenn der Fehler ein Codewort mit Gewicht ungleich 0 ist. Damit gilt:

$$\hat{\mathbf{c}} = \begin{cases} \text{Richtig, wenn} & \mathbf{e} = \mathbf{0} \text{ oder } \mathbf{e} \notin \mathcal{C} \\ \text{Falsch, wenn} & \mathbf{e} \in \mathcal{C} \text{ und } \mathbf{e} \neq \mathbf{0}. \end{cases}$$

Bei der Fehlerkorrektur trifft der Decodierer eine Entscheidung für das Codewort $\hat{\mathbf{c}}$. In manchen Fällen kann der Decodierer keine Entscheidung treffen, was wir als Decodierversagen bezeichnen wollen. Damit gilt:

$$\hat{\mathbf{c}} = \begin{cases} \text{Richtig,} & \text{wenn } \hat{\mathbf{c}} = \mathbf{c} \\ \text{Falsch,} & \text{wenn } \hat{\mathbf{c}} \neq \mathbf{c} \\ \text{Versagen,} & \text{wenn keine Entscheidung möglich.} \end{cases} .$$

Wenn der Decodierer eine Entscheidung $\hat{\mathbf{c}}$ getroffen hat, so hat er den Fehler $\hat{\mathbf{e}} = \mathbf{y} + \hat{\mathbf{c}}$ berechnet. Dabei gilt

$$\mathbf{y} + \hat{\mathbf{e}} = \mathbf{c} + \mathbf{e} + \hat{\mathbf{e}} \in \mathcal{C} \implies \mathbf{e} + \hat{\mathbf{e}} \in \mathcal{C}. \tag{8.1}$$

D. h. die Addition des im Kanal aufgetretenen Fehlers und des korrigierten Fehlers ist immer ein gültiges Codewort. Wenn diese Addition das Nullcodewort ist, so wurde korrekt korrigiert.

Betrachten wir zunächst die Fälle, bei denen wir beweisbare Aussagen über die Decodierung machen können.

Satz 30: *Fehlererkennung und Fehlerkorrektur.*

Ein Code $\mathcal{C}(n,k,d) \subseteq \mathbb{F}_2^n$ mit der Mindestdistanz d kann beliebige $0 \leq t \leq d-1$ Fehler sicher erkennen. Man kann $0 \leq t \leq \lfloor \frac{d-1}{2} \rfloor$ Fehler eindeutig korrigieren.

Beweis: Zunächst betrachten wir die Fehlererkennung. Ein Vektor $\mathbf{e}$ vom Gewicht t mit $0 < t \leq d-1$ kann kein gültiges Codewort sein, da das Minimalgewicht d ist. Die Multiplikation mit der Prüfmatrix ergibt sicher ein Syndrom ungleich $\mathbf{0}$ und ein solcher Fehler wird damit immer erkannt. Im Fall $t = 0$ sind keine Fehler aufgetreten.

Als nächstes betrachten wir die Fehlerkorrektur. Sei ein Fehler $\mathbf{e}$ mit Gewicht t aufgetreten. Der Decoder vergleicht alle Codeworte $\mathbf{c}$ mit dem empfangenem Vektor $\mathbf{y}$ und berechnet $\text{dist}(\mathbf{c}, \mathbf{y})$. Wir unterscheiden zwei Fälle: d ungerade und d gerade.

a) d ungerade, d.h. $t \leq \frac{d-1}{2}$.

Nehmen wir an der Decodierer vergleicht alle Codeworte mit dem empfangenen Vektor und berechnet die Distanz

$$\text{dist}(\mathbf{c}, \mathbf{y}) = \begin{cases} = t, & \mathbf{c} \text{ gesendet} \\ \geq \frac{d+1}{2}, & \mathbf{c} \text{ nicht gesendet.} \end{cases}$$

Entsprechend Gleichung (8.1) benötigt man einen Vektor $\mathbf{f}$ mit Gewicht mindestens $\frac{d+1}{2}$ um $\mathbf{e} + \mathbf{f} \in \mathcal{C}$ zu erreichen, da d das minimale Gewicht des Codes ist. Denn es gilt $\frac{d+1}{2} + \frac{d-1}{2} = d$. Da wir $t \leq \frac{d-1}{2}$ vorausgesetzt haben, ist die Entscheidung eindeutig.

b) d gerade, d.h. $t \leq \frac{d-2}{2}$.

In diesem Falle gilt

$$\text{dist}(\mathbf{c}, \mathbf{y}) = \begin{cases} = t, & \mathbf{c} \text{ gesendet} \\ \geq \frac{d+2}{2}, & \mathbf{c} \text{ nicht gesendet.} \end{cases}$$

Man benötigt einen Vektor $\mathbf{f}$ mit Gewicht mindestens $\frac{d+2}{2}$ um $\mathbf{e} + \mathbf{f} \in \mathcal{C}$ zu erreichen, da $\frac{d+2}{2} + \frac{d-2}{2} = d$ gilt. □

Diese eindeutige Decodierung kann man benutzen, um eine Schranke für die Parameter eines Codes abzuleiten.

Satz 31: *Hamming-Schranke, Sphere packing bound.*

Für die Parameter eines Codes $\mathcal{C}(n,k,d) \subseteq \mathbb{F}_2^n$ muss gelten

$$2^k \cdot \sum_{l=0}^{\lfloor \frac{d-1}{2} \rfloor} \binom{n}{l} \leq 2^n.$$

Beweis: Es gibt $2^k \cdot \binom{n}{0} = 2^k \cdot 1$ Codeworte. Legt man um jedes Codewort eine Kugel mit Radius 1, dann befinden sich genau $1 + \binom{n}{1}$ binäre Vektoren in jeder der 2^k Kugeln.

In einer Kugel mit Radius 2 befinden sich genau $1 + \binom{n}{1} + \binom{n}{2}$ Vektoren. Der Radius der Kugeln kann bis $\lfloor \frac{d-1}{2} \rfloor$ erhöht werden, ohne dass sich die Kugeln überlappen können, da ja die Mindestdistanz d ist. Wenn sich die Kugeln nicht überlappen, kann die Zahl der Vektoren in den Kugeln (linke Seite der Ungleichung) nicht größer sein, als die Anzahl der Vektoren im gesamten Raum (rechte Seite). Damit haben wir die Hamming-Schranke bewiesen. □

Ein Code, der die Hamming-Schranke mit Gleichheit erfüllt, heißt perfekt, da es keine Vektoren gibt, die nicht in einer Kugel mit Radius $\lfloor \frac{d-1}{2} \rfloor$ um ein Codewort liegen. Die Hamming-Codes $\mathcal{C}(n = 2^h - 1, k = n - h, d = 3)$ erfüllen die Hamming-Schranke mit Gleichheit und sind damit perfekt, denn

$$2^k \left(1 + \binom{n}{1}\right) = 2^{n-h}(1+n) = 2^{n-h}(1 + 2^h - 1) = 2^n.$$

Entsprechend der Entscheidungstheorie aus Kapitel 7 können wir den optimalen Decodierer formulieren. Er vergleicht alle Codeworte mit dem empfangenen Vektor. Für die Anwendung sind solche Decodierer allerdings in fast allen Fällen nicht benutzbar, da die Anzahl der Codeworte 2^k viel zu groß ist. Heute durchaus gebräuchliche Codes besitzen Dimension 1000, also 2^{1000} Codeworte. Um sich eine Vorstellung von der Größe solcher Räume zu machen, stellt man dem gegenüber, dass man annimmt, dass die Anzahl aller Protonen in unserem gesamten Universum 2^{263} beträgt. Betrachten wir zunächst die Decodierung von Codeworten als Entscheidungsproblem.

Definition 8.20 *Maximum a-posteriori Decodierung von Codeworten, MAP.*

Die optimale MAP Decodierentscheidung unter der Annahme, dass die bedingten Wahrscheinlichkeiten des Kanals und die Quellenstatistik exakt bekannt sind, ergibt sich durch die folgende Maximierung

$$\hat{\mathbf{c}} = \arg \max_{\mathbf{c} \in \mathcal{C}} f_{C|Y}(\mathbf{c} \mid \mathbf{y}) = \arg \max_{\mathbf{c} \in \mathcal{C}} f_{Y|C}(\mathbf{y} \mid \mathbf{c}) \cdot f_C(\mathbf{c}).$$

Ist das Maximum nicht eindeutig, so wird zufällig eines davon gewählt.

Definition 8.21 *Maximum-Likelihood Decodierung von Codeworten, ML.*

Die optimale ML Decodierentscheidung unter der Annahme, dass die bedingten Wahrscheinlichkeiten des Kanals exakt bekannt sind und unter der Annahme, dass $f_C(\mathbf{c})$ gleichverteilt ist, ergibt sich durch

$$\hat{\mathbf{c}} = \arg \max_{\mathbf{c} \in \mathcal{C}} f_{C|Y}(\mathbf{c} \mid \mathbf{y}) = \arg \max_{\mathbf{c} \in \mathcal{C}} f_{Y|C}(\mathbf{y} \mid \mathbf{c}).$$

Ist das Maximum nicht eindeutig, so wird zufällig eines davon gewählt.

Oft kennt man die a-priori Verteilung nicht und nimmt dann an, dass $f_C(\mathbf{c})$ gleichverteilt ist, oder aber $f_C(\mathbf{c})$ ist gleichverteilt. In beiden Fällen kann man bei der Maximierung

$f_C(\mathbf{c})$ weglassen und gelangt zur ML Entscheidung. Unter Annahme einer Gleichverteilung ist die ML Entscheidung dann die beste Entscheidung, die man treffen kann.

Beispiel 8.22: *Decodierung von Wiederholungscodes*

Da ein Wiederholungscode nur zwei Codeworte besitzt, kann man eine optimale MAP Decodierung durchführen. Wir benutzen einen Code $\mathcal{C}(7,1,7)$ und nehmen zunächst einen BSC mit Fehlerwahrscheinlichkeit $p = 10^{-1}$ an. Empfangen wurde $\mathbf{y} = (0110010)$. Damit ergibt sich

$$\begin{aligned} f_{C|Y}(0000000 \mid 0110010) &= f_{Y|C}(0110010 \mid 0000000) \cdot f_C(0) \\ &= (1-p)(p)(p)(1-p)(1-p)(p)(1-p) \cdot f_C(0) \\ &= (1-p)^4 p^3 f_C(0) \approx 0,6610^{-3} \cdot f_C(0) \end{aligned}$$

und

$$\begin{aligned} f_{C|Y}(1111111 \mid 0110010) &= f_{Y|C}(0110010 \mid 1111111) \cdot f_C(1) \\ &= (1-p)^3 p^4 \cdot f_C(1) \approx 0,7310^{-4} \cdot f_C(1). \end{aligned}$$

Die Entscheidung ist (0000000), wenn $f_C(0) > 0.1$ gilt. Die ML-Decodierung liefert (0000000), da die a-priori Wahrscheinlichkeit unberücksichtigt bleibt.

Betrachten wir nun ein Beispiel mit BPSK-Modulation und einem AWGN-Kanal. Dabei ist $y_l = x_l + n_l$, $l \in [0,6]$ wobei $x_l \in \{-1,1\}$ und n_l den Rauschwert darstellt. Ein ML-Decodierer entscheidet durch

$$\sum_{l=0}^{6} y_l \quad \begin{cases} > 0 & \text{Entscheidung} \quad 0000000 \\ < 0 & \text{Entscheidung} \quad 1111111. \end{cases}$$

Beispiel 8.23: *Decodierung von Parity-Check-Codes*

Im Falle eines BSC-Kanals werden alle Fehler mit ungeradem Hamming-Gewicht erkannt. Es können aber keine Fehler korrigiert werden.

Im Falle von BPSK-Modulation und einem AWGN-Kanal kann zur ML-Decodierung eines $\mathcal{C}(n, n-1, 2)$ Codes folgender Algorithmus verwendet werden. Zuerst wird die Stelle mit der kleinsten Zuverlässigkeit ermittelt:

$$j = \arg \min_{l=0,\dots,n-1} \{|y_l|\}.$$

Jetzt werden zwei Fälle unterschieden. Im ersten Fall ist die Anzahl der Einsen gerade, d.h. es liegt ein gültiges Codewort vor:

$$\operatorname{sign}\left(\prod_{l=0}^{n-1} y_l\right) > 0 \implies \forall_i : c_i = \begin{cases} 0 & \operatorname{sign}(y_i) > 0 \\ 1 & \operatorname{sign}(y_i) < 0. \end{cases}$$

Im zweiten Fall liegt kein gültiges Codewort vor und man flippt das unzuverlässigste Bit:

$$\operatorname{sign}\left(\prod_{l=0}^{n-1}\right) < 0 \implies y_j = -y_j \implies \forall_i : c_i = \begin{cases} 0 & \operatorname{sign}(y_i) > 0 \\ 1 & \operatorname{sign}(y_i) < 0. \end{cases}$$

Man kann die Entscheidung auch symbolweise treffen, berücksichtigt aber trotzdem, dass ein Code benutzt wird. Dabei verwendet man die Hypothese, dass das i-te Symbol 0 ist und summiert über die Wahrscheinlichkeiten von allen Codeworten, in denen dieses Symbol 0 ist:

$$\sum_{\mathbf{c}\in\mathcal{C},c_i=0} f_{C|Y}(\mathbf{c} \mid \mathbf{y}) = \sum_{\mathbf{c}\in\mathcal{C},c_i=0} f_{Y|C}(\mathbf{y} \mid \mathbf{c}) \cdot f_{C_i}(0).$$

Definition 8.24 *Symbolweise Maximum a- posteriori Decodierung, s-MAP.*

Die optimale s-MAP Decodierentscheidung für die Stelle i, unter der Annahme, dass die bedingten Wahrscheinlichkeiten des Kanals exakt bekannt sind, ergibt sich durch die folgende Maximierung

$$\begin{aligned}\hat{c}_i &= \arg\max\left\{\sum_{\mathbf{c}\in\mathcal{C},c_i=0} f_{C|Y}(\mathbf{c} \mid \mathbf{y}),\ \sum_{\mathbf{c}\in\mathcal{C},c_i=1} f_{C|Y}(\mathbf{c} \mid \mathbf{y}),\right\} \\ &= \arg\max\left\{\sum_{\mathbf{c}\in\mathcal{C},c_i=0} f_{Y|C}(\mathbf{y} \mid \mathbf{c}) f_C(0),\ \sum_{\mathbf{c}\in\mathcal{C},c_i=1} f_{Y|C}(\mathbf{y} \mid \mathbf{c}) f_C(1)\right\}.\end{aligned}$$

Ist das Maximum nicht eindeutig, so wird zufällig eines davon gewählt. Dies wird für alle n Codestellen durchgeführt. Man beachte jedoch, dass die n Decodierergebnisse nicht notwendigerweise ein gültiges Codewort ergeben müssen, d.h. es gilt entweder $(\hat{c}_0, \hat{c}_1, \hat{c}_2, \ldots, \hat{c}_{n-1}) \notin \mathcal{C}$ oder $\in \mathcal{C}$.

Die symbolweise s-ML Decodierung ergibt sich, wenn man die a-priori Wahrscheinlichkeit nicht benutzt, bzw. gleich 0.5 setzt.

8.2.9 Decodierfehlerwahrscheinlichkeit

Die Blockfehlerwahrscheinlichkeit P_B gibt an, wie viel Codeworte im Mittel falsch decodiert werden. Sie hängt nur vom verwendeten Code ab und nicht davon, wie der Code codiert wurde. Sie ist also unabhängig davon, welches Informationswort auf welches Codewort abgebildet wird. Die Berechnung oder Abschätzung von P_B für einen gegebenen Code ist ein zentraler Punkt der Codierungstheorie. Im Gegensatz dazu hängt die Bitfehlerwahrscheinlichkeit P_b, die angibt wie viel Bits der Information im Mittel falsch decodiert werden, von der verwendeten Codierung ab. Deshalb wird P_b meistens durch Simulation ermittelt, während bei analytischen Ableitungen P_B benutzt wird. Bei systematischer Codierung kann man folgende Approximation für den Zusammenhang von P_B und P_b verwenden:

$$P_b \approx \frac{d}{n} R P_B.$$

Dabei geht man davon aus, dass wenn ein Decodierfehler gemacht wird, am häufigsten auf ein Codewort entschieden wird, das in Distanz d zum gesendeten liegt. Damit hat man im Codewort d/n Bitfehler. Bei systematischer Codierung kann man die Information direkt aus dem Codewort ablesen. Die Informationsbits sind also k aus den n Codebits und k/n ist die Coderate R.

Wir betrachten einen BSC aus Bild 6.4 auf Seite 129 mit Fehlerwahrscheinlichkeit p und übertragen darüber ein Codewort $\mathbf{c} \in \mathcal{C}(n, k, d)$. Im Kanal tritt der Fehler $\mathbf{e}$ auf und wir empfangen $\mathbf{y} = \mathbf{c}+\mathbf{e}$. Die Wahrscheinlichkeit, dass t Fehler auftreten, ist binomialverteit und gegeben durch

$$P(n, p, t) = \binom{n}{t} p^t (1-p)^{n-t}.$$

Wir benutzen die Abkürzung $\lfloor \frac{d-1}{2} \rfloor = e$. Da für viele Codes keine ML- oder MAP-Decodierer bekannt sind, wollen wir noch einen weiteren Decodierer einführen, der Fehler mit Gewicht t mit $0 \leq t \leq e$ korrigieren kann. Ein solcher Decodierer wird *Bounded Minimum Distance* (BMD) Decodierer genannt. Falls mehr als e Fehler im Kanal aufgetreten sind, so hängt das Ergebnis des BMD-Decodierers davon ab, ob es ein Codewort mit Distanz $\leq e$ zum empfangenen Vektor gibt oder nicht. Denn entsprechend Gleichung (8.1) kann es einen Vektor $\mathbf{f}$ mit Gewicht $\leq e$ geben, der zusammen mit dem Fehler im Kanal $\mathbf{e}$ mit Gewicht $> e$ ein gültiges Codewort ergibt, also gilt $\mathbf{e} + \mathbf{f} \in \mathcal{C}$. Dies ist genau dann der Fall, wenn $\mathbf{y} = \mathbf{c} + \mathbf{e}$ innerhalb einer benachbarten Korrekturkugel entsprechend Satz 31 liegt. Bei fast allen Codes ist die Zahl der Vektoren des Raumes $\mathbb{F}_2^n$

$$2^n - 2^k \sum_{i=0}^{e} \binom{n}{i}$$

außerhalb von Korrekturkugeln sehr groß. Bei perfekten Codes liegen keine Vektoren des Raumes außerhalb von Korrekturkugeln. Die Zahl der perfekten Codes ist jedoch extrem klein.

Man kann die Decodierfehlerwahrscheinlichkeit nur für eine kleine Menge von Codes und Decodierern exakt berechnen, aber man kann sie abschätzen.

Satz 32: *Block-Fehlerwahrscheinlichkeit bei der Decodierung.*

Die Block-Fehlerwahrscheinlickeit P_B von ML-, MAP- und BMD-Decodierern für einen Code $\mathcal{C}(n, k, d)$ kann abgeschätzt werden durch:

$$P_B \leq \sum_{i=e+1}^{n} \binom{n}{i} p^i (1-p)^{n-i} = 1 - \sum_{i=0}^{e} \binom{n}{i} p^i (1-p)^{n-i}.$$

Beweis:

Entsprechend Satz 30 können t Fehler mit $0 \leq t \leq \lfloor \frac{d-1}{2} \rfloor = e$ immer eindeutig zu einem Codewort decodiert werden. Nur wenn mehr als e Fehler im Kanal aufgetreten sind, kann bei allen drei Decodierern eine Falschkorrektur oder beim BMD ein Decodierversagen auftreten. Die Wahrscheinlichkeit, dass mehr als e Fehler im BSC auftreten ist

$$\sum_{i=e+1}^{n} \binom{n}{i} p^i (1-p)^{n-i}.$$

Die Decodierfehlerwahrscheinlichkeit ist dann sicher kleiner gleich dieser Wahrscheinlichkeit, da es Fehler vom Gewicht $> e$ geben kann, die durch einen ML- oder MAP-Decodierer eindeutig dem gesendeten Codewort zugeordnet werden können. Der rechte Teil der Behauptung folgt aus der Tatsache, dass die Summe der Wahrscheinlichkeiten aller möglichen Ereignisse 1 ist, also

$$\sum_{i=0}^{n} \binom{n}{i} p^i (1-p)^{n-i} = 1.$$

□

Die Bhattacharyya-Schranke schätzt die Fehlerwahrscheinlichkeit bei der Entscheidung zwischen zwei Hypothesen ab (vergleiche hierzu Neyman-Pearson Theorem 24, Seite 150). Um die Bhattacharyya-Schranke abzuleiten, betrachten wir einen Wiederholungscode mit ungerader Länge n, der zwei Codeworte $\mathbf{c}_0 = (0 \ldots 0)$ und $\mathbf{c}_1 = (1 \ldots 1)$ besitzt. Diese werden über einen BSC mit Fehlerwahrscheinlichkeit p übertragen und $\mathbf{y}$ wird empfangen. Wir definieren zwei Entscheidungsregionen D_0 und D_1, wobei D_0 alle Vektoren mit Gewicht $\leq (n-1)/2$ enthält und D_1 die vom Gewicht $> (n-1)/2$. Damit gilt für die Fehlerwahrscheinlichkeit im Falle $\mathbf{c}_0$ gesendet

$$P_{B|0} = \sum_{\mathbf{y} \in D_1} f_{Y|C}(\mathbf{y} \mid \mathbf{c}_0). \tag{8.2}$$

Für $\mathbf{c}_1$ gesendet ergibt sich entsprechend

$$P_{B|1} = \sum_{\mathbf{y} \in D_0} f_{Y|C}(\mathbf{y} \mid \mathbf{c}_1). \tag{8.3}$$

Die Addition von beiden ist $P_B = P_{B|0} + P_{B|1}$. Offensichlich gilt für $\mathbf{y} \in D_0$

$$f_{Y|C}(\mathbf{y} \mid \mathbf{c}_0) \geq f_{Y|C}(\mathbf{y} \mid \mathbf{c}_1),$$

da wir sonst den Code nicht passend zum Kanal gewählt hätten. Wir können auf beiden Seiten die Wurzel ziehen und beide Seiten mit der Konstanten $\sqrt{f_{Y|C}(\mathbf{y} \mid \mathbf{c}_1)}$ multiplizieren und erhalten

$$\sqrt{f_{Y|C}(\mathbf{y} \mid \mathbf{c}_0) f_{Y|C}(\mathbf{y} \mid \mathbf{c}_1)} \geq f_{Y|C}(\mathbf{y} \mid \mathbf{c}_1).$$

Dieses Ergebnis können wir in die Gleichungen (8.2) und (8.3) einsetzen und erhalten die Bhattacharyya-Schranke

$$\begin{aligned} P_B &= P_{B|0} + P_{B|1} \\ &\le \sum_{\mathbf{y}\in D_1} \sqrt{f_{Y|C}(\mathbf{y} \mid \mathbf{c}_0) f_{Y|C}(\mathbf{y} \mid \mathbf{c}_1)} + \sum_{\mathbf{y}\in D_0} \sqrt{f_{Y|C}(\mathbf{y} \mid \mathbf{c}_0) f_{Y|C}(\mathbf{y} \mid \mathbf{c}_1)} \\ &= \sum_{\mathbf{y}} \sqrt{f_{Y|C}(\mathbf{y} \mid \mathbf{c}_0) f_{Y|C}(\mathbf{y} \mid \mathbf{c}_1)}. \end{aligned}$$

Der Vorteil ist, dass wir über alle $\mathbf{y}$ summieren können und beim BSC gilt damit

$$P_B \le \left(2\sqrt{p(1-p)}\right)^n .$$

Für gerade n ergibt sich der Fall, dass ein Vektor mit Gewicht $n/2$ empfangen werden kann. Diesen kann man zufällig der 0 oder der 1 zuordnen. Damit haben wir den folgenden Satz bewiesen.

Satz 33: *Bhattacharyya-Schranke für einen Wiederholungscode.*

Die Blockfehlerwahrscheinlichkeit P_B bei der Übertragung über einen BSC mit einem Wiederholungscode der Länge n wird abgeschätzt durch

$$P_B \le \left(2\sqrt{p(1-p)}\right)^n .$$

Im Folgenden werden wir noch auf die Fehlerwahrscheinlichkeit bei Fehlererkennung eingehen und eine Abschätzung dafür herleiten.

Satz 34: *Fehlerwahrscheinlichkeit bei Fehlererkennung.*

Die Fehlerwahrscheinlichkeit bei Fehlererkennung für einen Code $\mathcal{C}(n,k,d)$ mit Gewichtsverteilung $\mathbf{A} = (A_0, A_1, \ldots, A_n)$ ist

$$P_F = \sum_{i=d}^{n} A_i p^i (1-p)^{n-i}.$$

Beweis: Bei Fehlererkennung tritt genau dann ein Decodierfehler auf, wenn der Fehler ein Codewort $\neq \mathbf{0}$ ist. Da es A_i Codewörter mit Gewicht i gibt, ist die Wahrscheinlichkeit dafür, dass der BSC als Fehler ein gültiges Codewort mit Gewicht i erzeugt, gleich $A_i p^i (1-p)^{n-i}$. □

Die exakte Berechnung der Fehlerwahrscheinlichkeit bei Fehlererkennung benötigt jedoch die Gewichtsverteilung des Codes. Diese ist jedoch nur für wenige Codes bekannt, wodurch die exakte Berechnung nur für wenige Codes möglich ist.

Wir wollen eine gängige Abschätzung für P_F ableiten, indem wir den BSC mit $p = 1/2$ betrachten. Dies ist der schlechtest mögliche Fall mit Kapazität $C = 0$. Er liefert binäre

Zufallsvektoren der Länge n, bei denen 0 und 1 gleichverteilt sind und die Fehlerwahrscheinlichkeit ist

$$P_F = \sum_{i=d}^{n} A_i \left(\frac{1}{2}\right)^i \left(\frac{1}{2}\right)^{n-i} = \frac{1}{2^n} \sum_{i=d}^{n} A_i = \frac{2^k - 1}{2^n} \leq \frac{2^k}{2^n}.$$

Dabei haben wir benutzt, dass der Code $2^k - 1$ Codeworte ohne das Nullcodewort $\mathbf{0}$ besitzt, was der Summe über alle A_i ohne $A_0 = 1$ entspricht. Die Abschätzung kann auch so interpretiert werden, dass man zufällig binäre Vektoren aus $\mathbb{F}_2^n$ zieht. Es existieren 2^n Vektoren, von denen 2^k Codeworte sind. Damit ist die Wahrscheinlichkeit, ein gültiges Codewort zu ziehen, $\frac{2^k}{2^n}$.

Ein Decodierer, der nur Fehler vom Gewicht $\leq \rho$ decodiert, wird *Bounded Distance*-(BD)-Decodierer genannt. Bei einem BD-Decodierer unterscheidet man die Decodierfehler- und Decodierversagen-Wahrscheinlichkeiten. Wählt man den Decodierradius $\rho = 0$, so erhält man Fehlererkennung und $\rho = e$ ergibt einen BMD-Decodierer. Die Fehlerwahrscheinlichkeit P_{BD} eines BD-Decodierers ist die Wahrscheinlichkeit, dass der empfangene Vektor $\mathbf{y} = \mathbf{c} + \mathbf{e}$ in eine der benachbarten Korrekturkugel mit Radius ρ fällt. Entsprechend Gleichung (8.1) muss der Fehler $\mathbf{e}$ dazu mindestens Gewicht $d - \rho$ besitzen. Denn zusammen mit dem Fehler auf dem Kanal $\mathbf{e}$ mit Gewicht $d - \rho$ und dem korrigierten Fehler $\mathbf{f}$ mit Gewicht $\leq \rho$ kann sich ein gültiges Codewort ergeben, also

$$P_{BD} \leq \sum_{i=d-\rho}^{n} \binom{n}{i} p^i (1-p)^{n-i}.$$

Je kleiner man den Korrekturradius wählt desto kleiner wird P_{BD}. Gleichzeitig wird jedoch die Wahrscheinlichkeit für Decodierversagen größer.

8.3 Shannons Kanalcodiertheorem

Das Kanalcodiertheorem von Shannon [Sha48] besagt, dass Codes mit Coderate R existieren, bei denen die Blockfehlerwahrscheinlichkeit P_B gegen 0 geht, falls R kleiner als die Kanalkapazität C ist. Die Codelänge geht dabei gegen unendlich. Falls $R \geq C$ ist, ist die Blockfehlerwahrscheinlichkeit P_B gleich 1. Shannons Beweis ist leider nichtkonstruktiv und beschreibt somit weder Codekonstruktionen noch Decodierverfahren, die praktisch einsetzbar sind, um fehlerfreie Übertragung zu realisieren. Trotzdem handelt es sich um ein bahnbrechendes Ergebnis, das wir in diesem Abschnitt erörtern werden. Außerdem hat Shannons Kanalcodiertheorem Generationen von Codiertheoretikern motiviert, Codeklassen und Decodierverfahren zu finden, die immer näher an die Kanalkapzität heran kamen. Heute kann die Kapazität praktisch erreicht werden. Zunächst formulieren wir das Kanalcodiertheorem mathematisch.

Satz 35: *Shannons Kanalcodiertheorem und inverses Kanalcodiertheorem.*

C sei die Kanalkapazität eines Kanals und $\mathcal{C}(n, k, d)$ ein Blockcode.

a) Ist $R < C$, so existieren Blockcodes der Rate R und Länge n für die gilt $\lim_{n\to\infty} P_B^n \to 0$.

b) Ist $R \geq C$, so gilt für alle Codes $\lim_{n\to\infty} P_B^n = 1$.

Es existieren verschiedene Beweistechniken und oft werden dabei ε-typische Sequenzen verwendet (siehe [CT06]). Diese Technik erscheint für eine Einführung zu anspruchsvoll und wir wollen hier einen anderen Weg des Beweises wählen. Dieser folgt im wesentlichen einigen Ergebnissen einer persönlichen Mitteilung von D. Lazich [Laz11]. Zusätzlich werden wir uns auf den Fall eines BSC beschränken.

Für den Beweis beschreiben wir zunächst den Fehlervektor $\mathbf{e}$ auf dem BSC asymptotisch. Dabei führen wir die normierte Binomialverteilung ein und leiten die zugehörige Tschebycheff-Ungleichung ab. Danach beweisen wir eine Schranke für Binomialkoeffizienten. Nach der Beschreibung von gleichverteilten Zufallscodes wird dann das Kanalcodiertheorem bewiesen.

8.3.1 Asymptotische Beschreibung des Fehlervektors

Wenden wir das schwache Gesetz der großen Zahlen (Satz 7 auf Seite 48) auf den BSC Kanal mit Fehlerwahrscheinlichkeit p an, so ergibt sich für einen Fehler $\mathbf{e}$

$$\lim_{n\to\infty} P\left(|\mathrm{wt}(\mathbf{e}) - pn| \leq \varepsilon\right) = 1 \quad \Longleftrightarrow \quad \lim_{n\to\infty} P\left(|\mathrm{wt}(\mathbf{e}) - pn| > \varepsilon\right) = 0.$$

Das Gesetz sagt aus, dass für große n fast alle Fehler das gleiche Gewicht pn besitzen. Alle empfangenen Vektoren $\mathbf{y}$ konzentrieren sich damit um eine n-dimensionale Kugeloberfläche mit Hamming-Radius pn um die Codeworte. Die Wahrscheinlichkeit für w Fehler bei einem BSC mit Fehlerwahrscheinlichkeit p ist

$$P(n, w, p) = \binom{n}{w} p^w (1-p)^{n-w}.$$

Der Erwartungswert für die Anzahl der Fehler w ist $E[w] = np$ und die Varianz ist

$$E[(w - E[w])^2] = np(1-p).$$

Die Tschebycheff-Ungleichung 4.7 von Seite 48 ergibt für einen BSC

$$P\left(|\mathrm{wt}(\mathbf{e}) - pn| \geq \varepsilon\right) \leq \frac{p(1-p)n}{\varepsilon^2}.$$

Hierbei ist die Schwierigkeit, dass für $n \to \infty$ die Varianz $p(1-p)n$ nicht beschränkt ist und somit keine gute Abschätzung möglich ist. Wir führen daher eine Normierung durch. Wir wählen $\overline{w} = w/n$ und damit gilt $0 \leq \overline{w} \leq 1$. Daher können wir schreiben

$$P(n, \overline{w}, p) = \binom{n}{n\overline{w}} p^{n\overline{w}} (1-p)^{n-n\overline{w}}.$$

Satz 36: *Normierte Binomialverteilung.*

Der Erwartungswert für die normierte Anzahl der Fehler $\overline{w}$ einer normierten Binomialverteilung ist $E[\overline{w}] = p$ und die Varianz ist $E[(\overline{w} - E[\overline{w}])^2] = \frac{p(1-p)}{n}$.

Beweis: Der Erwartungswert ist definiert durch

$$E[\overline{w}] = \sum_{\overline{w}=0}^{1} \overline{w} \binom{n}{n\overline{w}} p^{n\overline{w}} (1-p)^{n-n\overline{w}}.$$

Wir ersetzen darin $\overline{w} = w/n$ und erhalten

$$E[\overline{w}] = \sum_{w=0}^{n} \frac{w}{n} \binom{n}{w} p^w (1-p)^{n-w} = \frac{1}{n} \underbrace{\sum_{w=0}^{n} w \binom{n}{w} p^w (1-p)^{n-w}}_{E[w]=np} = \frac{1}{n} np = p.$$

Die Varianz ist definiert durch

$$E[(\overline{w} - E[\overline{w}])^2] = \sum_{\overline{w}=0}^{1} (\overline{w} - p])^2 \binom{n}{n\overline{w}} p^{n\overline{w}} (1-p)^{n-n\overline{w}}.$$

Wir ersetzen erneut $\overline{w} = w/n$ und erhalten

$$\begin{aligned} E[(\overline{w} - E[\overline{w}])^2] &= \sum_{w=0}^{n} (\tfrac{w}{n} - p)^2 \tbinom{n}{w} p^w (1-p)^{n-w} \\ &= \tfrac{1}{n^2} \underbrace{\sum_{w=0}^{n} (w - np)^2 \binom{n}{w} p^w (1-p)^{n-w}}_{E[(w-E[w])^2]=np(1-p)} \\ &= \tfrac{1}{n^2} np(1-p) = \tfrac{p(1-p)}{n}. \end{aligned}$$

□

Damit ist die Tschebycheff-Ungleichung für eine normierte Binomialverteilung

$$P\left(\left|\frac{\mathrm{wt}(\mathbf{e})}{n} - p\right| \geq \varepsilon\right) \leq \frac{p(1-p)}{n\varepsilon^2}.$$

Diese Schranke besagt also ebenfalls, dass fast alle Fehler für große n näherungsweise Gewicht pn besitzen.

8.3.2 Abschätzung einer Summe von Binomialkoeffizienten

Nun werden wir noch eine Summe von Binomialkoeffizienten abschätzen. Die Abschätzung dient dazu, die Anzahl Vektoren in einer n-dimensionalen Kugel mit festgelegtem Radius nach oben zu begrenzen.

Satz 37: *Abschätzung einer Summe von Binomialkoeffizienten.*

Sei $\nu \in \mathbb{R}, 0 \leq \nu \leq \frac{1}{2}$ so gilt:

$$\sum_{w=0}^{\nu \cdot n} \binom{n}{w} \leq 2^{nh(\nu)},$$

wobei $h(\nu) = -\nu \log_2(\nu) - (1-\nu)\log_2(1-\nu)$ die binäre Unsicherheit ist.

Beweis: Zunächst nutzen wir die Symmetrieeigenschaften der Binomialkoeffizienten und führen dann eine Substitution durch und erhalten

$$\sum_{w=0}^{\nu \cdot n} \binom{n}{w} = \sum_{w=0}^{\nu \cdot n} \binom{n}{n-w} = \sum_{i=(1-\nu)n}^{n} \binom{n}{i}.$$

Für $\alpha > 0$ gilt:

$$2^{\alpha(1-\nu)n} \sum_{i=(1-\nu)n}^{n} \binom{n}{i} \leq \sum_{i=(1-\nu)n}^{n} 2^{\alpha i} \binom{n}{i} \leq$$

$$\leq \sum_{i=0}^{n} 2^{\alpha i} \binom{n}{i} = (1+2^{\alpha})^n.$$

Die erste Ungleichung ist sicher richtig, da $2^{\alpha(1-\nu)n} \leq 2^{\alpha i}$ ist, falls $i \geq (1-\nu)n$ ist. Die zweite Ungleichung ergibt sich durch Erweiterung der Summation bis $i = 0$. Dadurch erhalten wir die binomische Gleichung. Daraus folgt durch Multiplikation beider Seiten mit $2^{-\alpha(1-\nu)n}$ die Ungleichung

$$\sum_{i=(1-\nu)n}^{n} \binom{n}{i} \leq 2^{-\alpha(1-\nu)n} \cdot (1+2^{\alpha})^n.$$

Mit der Wahl $\alpha = \text{ld}\frac{1-\nu}{\nu} > 0$ für $0 < \nu < 1/2$ folgt:

$$\sum_{w=0}^{\nu \cdot n} \binom{n}{w} \leq 2^{nh(\nu)} \cdot \nu^n \cdot \left(\frac{\nu + 1 - \nu}{\nu}\right)^n = 2^{nh(\nu)}.$$

Die Aussage ist jedoch auch für $\alpha = 0$ richtig, denn für $\nu = 1/2$ gilt

$$\sum_{w=0}^{n/2} \binom{n}{w} \leq \sum_{w=0}^{n} \binom{n}{w} = 2^n = 2^{nh(1/2)},$$

da $h(1/2) = 1$ ist. Für $\nu = 0$ ist die Aussage trivial, da $h(0) = 0$ ist. □

8.3.3 Random-Codes

Bei einem Random-Code (Zufallscode) der Rate $R = k/n$ werden die Codewörter zufällig aus allen Vektoren des Raumes $\mathbb{F}_2^n$ gezogen. Jeder Vektor besitzt die gleiche Wahrscheinlichkeit gezogen zu werden. Damit ist die Wahrscheinlichkeit, dass ein zufällig gezogener Vektor ein Codewort $\mathbf{c}$ ist, gleich

$$P(\mathbf{c} \in \mathcal{C}) = \frac{2^k}{2^n} = 2^{k-n} = 2^{-n(1-R)}. \tag{8.4}$$

Dass ein Zufallscode im Allgemeinen nichtlinear ist, soll uns nicht weiter stören. Die Gewichtsverteilung aus Definition 8.9 des Random-Codes der Rate $R = k/n$ ist die Anzahl der binären Vektoren mit Gewicht w mal der Wahrscheinlichkeit, dass ein Vektor als ein Codewort gezogen wird, also

$$E[A_w] = \binom{n}{w} \cdot 2^{-n(1-R)}.$$

Diese Werte $E[A_w]$ können auch als Erwartungswert der Gewichtsverteilung des Ensembles aller binären linearen Codes interpretiert werden.

8.3.4 Beweis des Kanalcodiertheorems

Im ersten Schritt zeigen wir, dass ein Fehler $\mathbf{e}$ asymptotisch, wenn n gegen unendlich geht, fast immer innerhalb einer Kugel mit Radius $n(p+\varepsilon)$ um ein Codewort $\mathbf{c}$ liegt. Da wir mit der Hamming-Metrik arbeiten, müssen wir ε und n so wählen, dass $n(p+\varepsilon)$ eine ganze Zahl ist, was immer möglich ist.

Satz 38: *Kugel um Sende-Codewort; Senden über BSC.*

Wird $\mathbf{c}$ über einen BSC gesendet, so gilt

$$P\left(\frac{\mathrm{dist}(\mathbf{y},\mathbf{c})}{n} \geq p+\varepsilon\right) = P\left(\frac{\mathrm{wt}(\mathbf{e})}{n} \geq p+\varepsilon\right) \leq \frac{p(1-p)}{n\varepsilon^2}.$$

Beweis: Die Tschebycheff-Ungleichung für eine normierte Binomialverteilung war

$$P\left(\left|\frac{\mathrm{wt}(\mathbf{e})}{n} - p\right| \geq \varepsilon\right) \leq \frac{p(1-p)}{n\varepsilon^2}.$$

Davon benötigen wir nur den Teil, wenn $\frac{\mathrm{wt}(\mathbf{e})}{n} - p > 0$. In diesem Fall können wir die Betragsstriche weglassen und erhalten

$$P\left(\frac{\mathrm{wt}(\mathbf{e})}{n} - p \geq \varepsilon\right) = P\left(\frac{\mathrm{wt}(\mathbf{e})}{n} \geq p+\varepsilon\right) \leq \frac{p(1-p)}{n\varepsilon^2}.$$

Dies entspricht der Behauptung des Satzes. □

Damit haben wir gezeigt, dass die Wahrscheinlichkeit, dass der Empfangsvektor $\mathbf{y}$ in einer Kugel mit Radius $n(p+\varepsilon)$ um das gesendete Codewort $\mathbf{c}$ liegt, gegen 1 strebt für beliebig kleine ε und $n \to \infty$. Nun betrachten wir eine andere Kugel um den Empfangsvektor $\mathbf{y}$, die ebenfalls Radius $n(p+\varepsilon)$ besitzt. Offensichtlich enthält diese andere Kugel asymptotisch mit Wahrscheinlichkeit 1 das gesendete Codewort $\mathbf{c}$. Die Decodierung wird genau dann nicht fehlerhaft sein, wenn in dieser Kugel kein anderes Codewort, als das gesedendete liegt. Denn kein anderes Codewort besitzt dann eine kleiner Hammingdistanz zum Empfangsvektor $\mathbf{y}$, als das gesendete. Ein Bounded Distance Decodierer, der bis zur Distanz $n(p+\varepsilon)$ decodiert wird dann keinen Fehler machen.

Deshalb müssen wir nun überprüfen, ob neben dem gesendeten weitere Codeworte des Random-Codes in der Kugel um den Empfangsvektor $\mathbf{y}$ liegen. Dazu schätzen wir die Anzahl an Codeworten in dieser Kugel ab, indem wir zunächst die Anzahl der Vektoren in dieser Kugel nach oben beschränken.

Satz 39: *Kugel um den Empfangsvektor.*

Eine n-dimensionale Kugel um den Empfangsvektor $\mathbf{y}$ mit Radius $n(p+\varepsilon)$ enthält (ohne das gesendete Codewort)

$$\sum_{j=0}^{n(p+\varepsilon)} \binom{n}{j} - 1 < 2^{-nh(p+\varepsilon)}$$

Vektoren.

Beweis: Der Satz folgt direkt aus Satz 37.

□

Wir haben die Anzahl der Vektoren (ohne das gesendete Codewort) in der Kugel um den Empfangsvektor $\mathbf{y}$ in Satz 39 abgeschätzt. Multiplizieren wir diese Anzahl mit der Wahrscheinlichkeit aus Gleichung (8.4), dass diese Vektoren Codeworte eines Zufallscodes sind, so erhalten wir die erwartete Anzahl an weiteren Codeworten in der Kugel.

Satz 40: *Zahl A weiterer Codeworte.*

Der Erwartungswert $E[A]$ der Anzahl A an weiteren Codeworten in einer n-dimensionalen Kugel um den Empfangsvektor $\mathbf{y}$ mit Radius $n(p+\varepsilon)$ ist

$$E[A] \leq 2^{nh(p+\varepsilon)} \cdot \frac{2^k}{2^n} = 2^{-nh(p+\varepsilon)} 2^{-n(1-R)} = 2^{-n(1-h(p+\varepsilon)-R)}.$$

Beweis: Multiplizieren wir die Wahrscheinlichkeit in Gleichung (8.4) mit der Anzahl der Vektoren in der Kugel um $\mathbf{y}$ erhalten wir die durchschnittliche Anzahl von Codeworten in dieser Kugel. Da wir für die Codeworte eine Gleichverteilung angenommen haben, ist dies auch ein Erwartungswert für alle möglichen Empfangsvektoren $\mathbf{y}$.

□

Entsprechend Gleichung (6.1) auf Seite 130 ist die Kanalkapazität des BSC gleich $C = 1 - h(p)$. Für beliebig kleine ε wird der Unterschied zwischen $1 - h(p + \varepsilon)$ und der Kanalkapazität C beliebig klein. Damit können wir den Erwartungswert aus Satz 40 schreiben als

$$E[A] \leq 2^{-n(C-R)}. \tag{8.5}$$

Der Erwartungswert der Zahl weiterer Codeworte in der Kugel ist damit $E[A] \to 0$ für $R < C$ und $n \to \infty$. Wenn die Zahl der Codeworte (außer dem gesendeten) in der Kugel um den Empfangsvektor $\mathbf{y}$ gegen 0 strebt, so gilt auch für die Decodierfehlerwahrscheinlichkeit $P_B \to 0$, wenn $R < C$ gilt.

Den Teil b)aus Satz 35 wollen wir nur anschaulich betrachten. Für $R \geq C$ gilt, dass die rechte Seite der Ungleichung (8.5) exponentiell wächst. Somit kann die Zahl der gültigen Codeworte in der Kugel sher groß werden (was auch mathematisch bewiesen ist) und der Decodierer trifft fast immer eine falsche Entscheidung. Somit gilt $P_B \to 1$. Damit ist das Kanalcodiertheorem von Satz 35 auf Seite 197 bewiesen.

Wenn man die Gewichtsverteilung des Random-Codes als Erwartungswert der Gewichtsverteilung des Ensembles aller Codes interpretiert, kann man mit dem Dirichlet-Prinzip folgern, dass es mindestens einen Code gibt, der genauso gut oder besser als der Erwartungswert, und somit als der Random-Code ist.

Die Aussage des Kanalcodiertheorems ist, dass man mit einem ausreichend langen Code mit der Rate $R < C = 1 - h(p)$ nahezu fehlerfrei Information über einen BSC Kanal mit Fehlerwahrscheinlichkeit p übertragen kann. Damit hatte Shannon gezeigt, dass für zuverlässige Datenübertragung Kanalcodierung notwendig und möglich ist.

Im Folgenden werden wir praktisch anwendbare Codeklassen beschreiben und auf die Codierung von Information in Codeworte, sowie deren Decodierung eingehen.

8.4 Reed-Muller-Codes

Die Klasse der Reed-Muller- RM-Codes lässt sich relativ einfach durch die Plotkin-Konstruktion beschreiben. Ebenfalls ergeben sich dadurch relativ einfache Decodierverfahren sowohl für hard- als auch für soft-decision Decodierung. Außerdem kann man damit orthogonale Walsh-Hadamard Sequenzen beschreiben, wie sie in UMTS verwendet werden und den Simplex-Code mit seinen herausragenden Eigenschaften.

8.4.1 Plotkin-Konstruktion

Die Plotkin-Konstruktion bildet aus zwei Codes einen neuen Code mit doppelter Länge. Dabei werden die Codeworte der beiden Codes aneinandergehängt und kombiniert, wie in der folgenden definition beschrieben.

Definition 8.25 *Plotkin-Konstruktion, $(\mathbf{u}|\mathbf{u}+\mathbf{v})$-Konstruktion.*

Gegeben seien zwei Codes $\mathcal{C}_u(n, k_u, d_u)$ und $C_v(n, k_v, d_v)$. Um den Code $\mathcal{C}$ zu bilden, wählt man ein Codewort $\mathbf{u}$ aus $\mathcal{C}_u$ und eine Codewort $\mathbf{v}$ aus $\mathcal{C}_v$. Dann bildet man einen Vektor $(\mathbf{u}|\mathbf{u}+\mathbf{v})$, indem man den Vektor $(\mathbf{u}+\mathbf{v})$ an den Vektor $(\mathbf{u})$ anhängt. Der Code $\mathcal{C}$ ist damit

$$\mathcal{C} := \{(\mathbf{u}|\mathbf{u}+\mathbf{v}),\ \mathbf{u} \in \mathcal{C}_u,\ \mathbf{v} \in \mathcal{C}_v\}.$$

Die Generatormatrix kann damit angegeben werden zu

$$\mathbf{G}_{(\mathbf{u}|\mathbf{u}+\mathbf{v})} = \begin{pmatrix} \mathbf{G}_u & \mathbf{G}_u \\ \mathbf{0} & \mathbf{G}_v \end{pmatrix}.$$

Satz 41: *Parameter des Codes $(\mathbf{u}|\mathbf{u}+\mathbf{v})$.*

Der Code $\mathcal{C}$, der aus den Codes $\mathcal{C}_u(n, k_u, d_u)$ und $C_v(n, k_v, d_v)$ durch die Plotkin-Konstruktion gebildet wird, besitzt die Länge $2n$, die Dimension $k_u + k_v$ und die Mindestdistanz $d = \min\{2d_u, d_v\}$, ist also der Code

$$\mathcal{C}(2n, k_u + k_v, \min\{2d_u, d_v\}).$$

Beweis:

Die Länge $2n$ ist offensichtlich. Ebenfalls die Dimension, da man ein Informationswort $\mathbf{i}_u$ zu $\mathbf{u}$ und ein Informationswort $\mathbf{i}_v$ zu $\mathbf{v}$ codiert. Damit enthält das Codewort $\mathbf{c}$ die Summe $k = k_u + k_v$ an Informationsbits.

Um die Mindestdistanz zu beweisen, betrachten wir die Decodierung. Wir teilen den empfangenen Vektor in zwei Hälften auf

$$\mathbf{y} = (\mathbf{y}_u|\mathbf{y}_v) = (\mathbf{u}+\mathbf{e}_u|\mathbf{u}+\mathbf{v}+\mathbf{e}_v).$$

Damit haben wir den Fehler $\mathbf{e}$ in zwei Hälften aufgeteilt $(\mathbf{e}_u|\mathbf{e}_v)$. Nun addieren wir die beiden Hälften und erhalten

$$\mathbf{y}_u + \mathbf{y}_v = \mathbf{u} + \mathbf{e}_u + \mathbf{u} + \mathbf{v} + \mathbf{e}_v = \mathbf{v} + (\mathbf{e}_u + \mathbf{e}_v).$$

Dies können wir mit einem Decodierer für $\mathcal{C}_v$ korrekt decodieren, wenn gilt

$$\mathrm{wt}(\mathbf{e}_u + \mathbf{e}_v) \leq \mathrm{wt}(\mathbf{e}_u) + \mathrm{wt}(\mathbf{e}_v) \leq \left\lfloor \frac{d_v - 1}{2} \right\rfloor.$$

Damit ist unter dieser Bedingung $\mathbf{v}$ bekannt und wir können $\mathbf{v}$ auf die rechte Hälfte addieren

$$\mathbf{y}_v + \mathbf{v} = \mathbf{u} + \mathbf{v} + \mathbf{v} + \mathbf{e}_v = \mathbf{u} + \mathbf{e}_v.$$

Damit haben wir das gleiche Codewort $\mathbf{u}$ mit dem Fehler $\mathbf{e}_u$ und dem Fehler $\mathbf{e}_v$, also

$$\mathbf{u} + \mathbf{e}_u \quad \text{und} \quad \mathbf{u} + \mathbf{e}_v.$$

Beide Vektoren decodieren wir mit einem Decodierer für $\mathcal{C}_u$ und wählen aus beiden Ergebnissen, das mit kleinerem decodierten Fehlergewicht aus. Nehmen wir an in $\mathbf{e}$ seien $t = \lfloor \frac{2d_u - 1}{2} \rfloor = d_u - 1$ Fehler aufgetreten. Diese können entsprechend Tabelle 8.1 verteilt sein.

$\mathrm{wt}(\mathbf{e}_u)$	$\mathrm{wt}(\mathbf{e}_v)$	Distanz zu Codewort	Distanz zu Codewort
0	$d_u - 1$	0	1
1	$d_u - 2$	1	2
2	$d_u - 3$	2	3
$\vdots$	$\vdots$	$\vdots$	$\vdots$
$d_u - 2$	1	2	1
$d_u - 1$	0	1	0

Tabelle 8.1: *Verteilung der $d_u - 1$ Fehler in den Hälften*

In Tabelle 8.1 bedeutet „Distanz zu Codewort " in der dritten Spalte, welches Gewicht ein möglicher Fehler mindestens haben muss, damit die Addition zu dem empfangenen Vektor in der ersten Hälfte ein gültiges Codewort ergeben kann. Entsprechend gibt die letzte Spalte diese Distanz für die zweite Hälfte an. Die Tabelle zeigt, dass die Wahl des kleineren Fehlergewichtes immer die richtige Decodierung bedeutet.

Also müssen für eine korrekte Decodierung zwei Bedingungen erfüllt sein, nämlich $\mathrm{wt}(\mathbf{e}) \leq \lfloor \frac{d_v - 1}{2} \rfloor$ und $\mathrm{wt}(\mathbf{e}) \leq \lfloor \frac{2d_u - 1}{2} \rfloor$. Damit haben wir den Satz bewiesen. □

8.4.2 Hard-Decision-Decodierung von $(\mathbf{u}|\mathbf{u}+\mathbf{v})$

Im Beweis haben wir die Decodierung benutzt, die wir nochmals als Algorithmus beschreiben wollen.

Decodierung der Plotkin-Konstruktion im Falle eines BSC:

Teile den empfangenen Vektor $\mathbf{y}$ in zwei Hälften auf:

$$\mathbf{y} = (\mathbf{y}_u | \mathbf{y}_v).$$

Addiere die beiden Hälften:

$$\mathbf{y}_u + \mathbf{y}_v.$$

Decodiere diesen Vektor mit einem Decodierer für $\mathcal{C}_v$ zu $\mathbf{v}$. Addiere $\mathbf{v}$ auf die rechte Hälfte:

$$\mathbf{y}_v + \mathbf{v}.$$

Decodiere $\mathbf{y}_u$ und $\mathbf{y}_v + \mathbf{v}$ mit einem Decodierer für $\mathcal{C}_u$, und wähle aus beiden Ergebnissen das mit kleinerem decodierten Fehlergewicht aus.

8.4.3 Reed-Muller-Codes durch Plotkin-Konstruktion

Die Klasse der RM-Codes kann durch rekursive Anwendung der Plotkin-Konstruktion bestimmt werden. Damit kann sowohl die Codierung wie auch die Decodierung rekursiv durchgeführt werden.

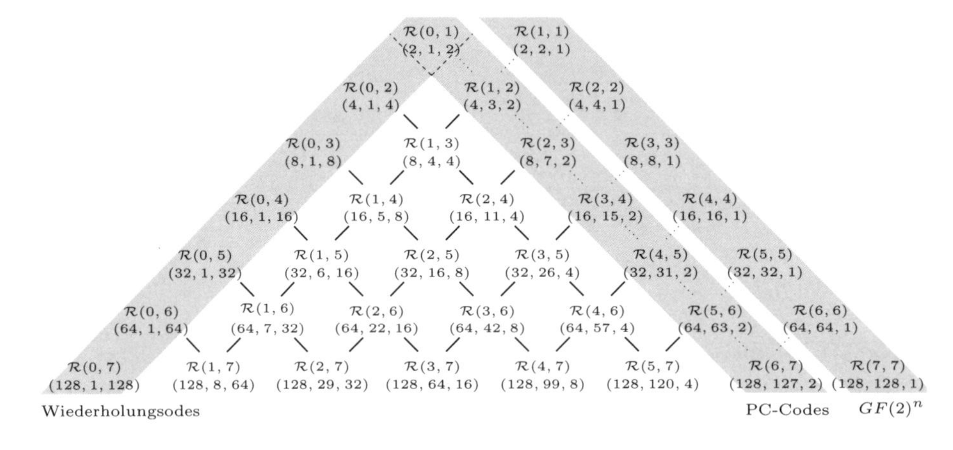

Bild 8.2: *RM Codes durch Plotkin Konstruktion*

Definition 8.26 *Reed-Muller-(RM)-Codes.*

Ein Reed-Muller Code $\mathcal{R}(r,m)$ mit der Ordnung r und der Länge $n = 2^m$ ist:

$$\mathcal{R}(r,m) = \mathcal{C}(n = 2^m, k = \sum_{i=0}^{r} \binom{m}{i},\ d = 2^{m-r}) \ ,\ m > r.$$

In Bild 8.2 sind die RM-Codes bis zur Länge 128 dargestellt. Die RM-Codes $\mathcal{R}(0,m) = \mathcal{C}(n = 2^m, k = 1,\ d = 2^m)$ sind Wiederholungscodes und die RM-Codes $\mathcal{R}(m-1,m) = \mathcal{C}(n = 2^m, k = n-1,\ d = 2)$ sind Parity-Check- (PC)-Codes. Der gesamte 2^m-dimensionale binäre Raum (im Bild mit $GF(2)^n$ bezeichnet) ist ebenfalls ein RM-Code, nämlich $\mathcal{R}(m,m) = \mathcal{C}(n = 2^m, k = n,\ d = 1)$.

Satz 42: *RM-Codes mit der Plotkin-Konstruktion.*

Ein Reed-Muller Code $\mathcal{R}(r,m)$ mit der Ordnung r und der Länge $n = 2^m$ kann mit Hilfe der Plotkin-Konstruktion aus den RM-Codes $\mathcal{R}(r, m-1)$ der Ordnung r und $\mathcal{R}(r-1, m-1)$ der Ordnung $r-1$ jeweils mit Länge 2^{m-1} konstruiert werden durch

$$\mathcal{R}(r,m) = \{(\mathbf{u}|\mathbf{u}+\mathbf{v}) : \mathbf{u} \in \mathcal{R}(r,m-1), \mathbf{v} \in \mathcal{R}(r-1,m-1)\}.$$

Beweis: Der RM-Code $\mathcal{R}(r, m-1)$ hat gemäß Definition die Länge $n = 2^{m-1}$, die Dimension $k_u = \sum_{i=0}^{r} \binom{m-1}{i}$ und die Mindestdistanz $d_u = 2^{m-1-r}$. Der zweite RM-Code $\mathcal{R}(r-1, m-1)$ besitzt die gleich Länge, jedoch die Dimension $k_v = \sum_{i=0}^{r-1} \binom{m-1}{i}$ und die Mindestdistanz $d_v = 2^{m-r}$.

Gemäß Plotkin-Konstruktion ist die Länge $2n = 2 \cdot 2^{m-1} = 2^m$, was die Länge des RM-Codes $\mathcal{R}(r, m)$ ist. Für die Mindestdistanz gilt

$$d = \min\{2d_u, d_v\} = \min\{2 \cdot 2^{m-1-r}, 2^{m-r}\} = 2^{m-r},$$

was der Mindestdistanz des RM-Codes $\mathcal{R}(r, m)$ entspricht.

Für die Dimension gilt $k = k_u + k_v$. Addieren wir die beiden Dimensionen und benutzen, dass für die Binomialkoeffizienten

$$\binom{l+1}{j+1} = \binom{l}{j} + \binom{l}{j+1}$$

gilt, so erhalten wir

$$\begin{aligned}\sum_{i=0}^{r} \binom{m-1}{i} + \sum_{i=0}^{r-1} \binom{m-1}{i} &= \binom{m-1}{0} + \sum_{i=0}^{r-1} \binom{m-1}{i+1} + \sum_{i=0}^{r-1} \binom{m-1}{i} \\ &= \binom{m-1}{0} + \sum_{i=1}^{r} \binom{m}{i} = \sum_{i=0}^{r} \binom{m}{i}.\end{aligned}$$

□

Damit können wir jeden RM-Code rekursiv konstruieren. Wir beginnen mit den RM-Codes $\mathcal{R}(0, 1) = \mathcal{C}(2, 1, 2)$ und $\mathcal{R}(1, 1) = \mathcal{C}(2, 2, 1)$. Zusätzlich benötigen wir zwei einfache Codeklassen, die Wiederholungscodes $\mathcal{R}(0, m) = \mathcal{C}(2^m, 1, 2^m)$ und die Parity-Check-(PC)-Codes $\mathcal{R}(m-1, m) = \mathcal{C}(2^m, 2^m - 1, 2)$. Die rekursive Konstruktion ist in Bild 8.2 gezeigt.

Wie bereits erwähnt kann diese rekursive Struktur sowohl zur Codierung von RM-Codes, als auch zu ihrer Decodierung verwendet werden.

Beispiel 8.27: *Rekursive Codierung und Decodierung von* $\mathcal{R}(2, 5) = \mathcal{C}(32, 16, 8)$

Wir beginnen, indem wir 4 der 16 Informationsbits codieren. Ein Bit wird durch einen Wiederholungscode codiert zu dem Codewort $\mathbf{v}_1 \in \mathcal{R}(0, 2) = \mathcal{C}(4, 1, 4)$. Die restlichen drei Bits werden durch einen Parity-Check-Code zu dem Codewort $\mathbf{u}_1 \in \mathcal{R}(1, 2) = \mathcal{C}(4, 3, 2)$ codiert. Dies wiederholen wir mit weiteren 4 Informationsbits und erhalten $\mathbf{v}_1^* \in \mathcal{R}(0, 2) = \mathcal{C}(4, 1, 4)$ und $\mathbf{u}_1^* \in \mathcal{R}(1, 2) = \mathcal{C}(4, 3, 2)$. Jetzt konstruieren wir daraus zwei Codeworte des $\mathcal{R}(1, 3) = \mathcal{C}(8, 4, 4)$ Codes

$$\mathbf{u}_2^* = (\mathbf{u}_1^* | \mathbf{u}_1^* + \mathbf{v}_1^*) \quad \text{und} \quad \mathbf{v}_2 = (\mathbf{u}_1 | \mathbf{u}_1 + \mathbf{v}_1).$$

Nun codieren wir 1 Informationsbit in das Codewort $\mathbf{v}_2^* \in \mathcal{R}(0,3) = \mathcal{C}(8,1,8)$ und bilden

$$\mathbf{v}_3 = (\mathbf{u}_2^*|\mathbf{u}_2^* + \mathbf{v}_2^*) \in \mathcal{R}(1,4) = \mathcal{C}(16,5,8).$$

Danach codieren wir 7 Informationsbit mit dem PC-Code zu dem Codewort $\mathbf{u}_2 \in \mathcal{R}(2,3) = \mathcal{C}(8,7,2)$ und bilden

$$\mathbf{u}_3 = (\mathbf{u}_2|\mathbf{u}_2 + \mathbf{v}_2) \in \mathcal{R}(2,4) = \mathcal{C}(16,11,4).$$

Damit haben wir $4+4+1+7 = 16$ Informationsbit codiert und brauchen nur noch

$$\mathbf{c} = (\mathbf{u}_3|\mathbf{u}_3 + \mathbf{v}_3) \in \mathcal{R}(2,5) = \mathcal{C}(32,16,8)$$

zu berechnen und haben das Codewort von $\mathcal{R}(2,5) = \mathcal{C}(32,16,8)$.

Wir wählen den Informationsvektor (1110001010101010). Damit ist $\mathbf{v}_1 = (1111) \in \mathcal{R}(0,2) = \mathcal{C}(4,1,4)$ und $\mathbf{u}_1 = (1100) \in \mathcal{R}(1,2) = \mathcal{C}(4,3,2)$. Vier weitere Informationsbits ergeben $\mathbf{v}_1^* = (0000) \in \mathcal{R}(0,2) = \mathcal{C}(4,1,4)$ und $\mathbf{u}_1^* = (0101) \in \mathcal{R}(1,2) = \mathcal{C}(4,3,2)$. Die zwei Codeworte des $\mathcal{R}(1,3) = \mathcal{C}(8,4,4)$ Codes sind demnach:

$$\mathbf{u}_2^* = (0101|0101) \quad \text{und} \quad \mathbf{v}_2 = (1100|0011).$$

Ein weiteres Informationsbit ergibt $\mathbf{v}_2^* = (11111111) \in \mathcal{R}(0,3) = \mathcal{C}(8,1,8)$ und damit

$$\mathbf{v}_3 = (01010101|10101010) \in \mathcal{R}(1,4) = \mathcal{C}(16,5,8).$$

Die letzten 7 Informationsbits ergeben $\mathbf{u}_2 = (01010101) \in \mathcal{R}(2,3) = \mathcal{C}(8,7,2)$, woraus

$$\mathbf{u}_3 = (01010101|10010110) \in \mathcal{R}(2,4) = \mathcal{C}(16,11,4)$$

folgt. Damit ergibt sich das Codewort

$$\mathbf{c} = (0101010110010110|0000000000111100) \in \mathcal{R}(2,5) = \mathcal{C}(32,16,8).$$

Decodierung:

Wir können 3 Fehler korrigieren. Nehmen wir an es sei der Fehler

$\mathbf{e} = (1000000000010000|0000000001000000)$

aufgetreten. Dann empfangen wir

$\mathbf{y} = \mathbf{c} + \mathbf{e} = (1101010110000110|0000000001111100)$.

Wir wenden nun die Decodierung der Plotkin-Konstruktion rekursiv an. Im ersten Schritt addieren wir die beiden Hälften des Empfangsvektors und erhalten

$$(1101010111111010) = \mathbf{v}_3 + \mathbf{e}_{u_3} + \mathbf{e}_{v_3}, \mathbf{v}_3 \in \mathcal{R}(1,4) = \mathcal{C}(16,5,8).$$

Dies decodieren wir, indem wir erneut die beiden Hälften addieren

$$(00101111) = \mathbf{v}_2^* + \mathbf{e}_{u_2^*} + \mathbf{e}_{v_2^*}, \mathbf{v}_2^* \in \mathcal{R}(0,3) = \mathcal{C}(8,1,8).$$

Die Decodierung dieses Codes ergibt $\mathbf{v}_2^* = (11111111)$, was dem Informationsbit 1 entspricht. Wir addieren $\mathbf{v}_2^*$ zu der rechten Hälfte von $\mathbf{v}_3$ und erhalten

$$(\mathbf{u}_2^* + \mathbf{e}_{u_2^*} | \mathbf{u}_2^* + \mathbf{e}_{v_2^*}) = (11010101|00000101). \tag{8.6}$$

Beide Hälften müssen wir nun mit einem Decodierer für den Code $\mathcal{R}(1,3) = \mathcal{C}(8,4,4)$ decodieren. Dies machen wir für $\mathbf{u}_2^* + \mathbf{e}_{u_2^*}$, indem wir

$$\mathbf{v}_1^* + \mathbf{e}_{u_1^*} + \mathbf{e}_{v_1^*} = (1101) + (0101) = (1000)$$

berechnen, was mit einem Decodierer für den Code $\mathcal{R}(0,2) = \mathcal{C}(4,1,4)$ zu $\mathbf{v}_1^* = (0000)$ decodiert wird.

Das Codewort $\mathbf{v}_1^*$ wird nun auf die rechte Hälfte von $(\mathbf{u}_1^* + \mathbf{e}_{u_1^*} | \mathbf{u}_1^* + \mathbf{v}_1^* + \mathbf{e}_{v_1^*})$ addiert, und wir erhalten die beiden Vektoren

$$\mathbf{u}_1^* + \mathbf{e}_{u_1^*} = (1101) \text{ und } \mathbf{u}_1^* + \mathbf{e}_{v_1^*} = (0101),$$

wobei letzterer ein gültiges Codewort des Codes $\mathcal{R}(1,2) = \mathcal{C}(4,3,2)$ ist. Der erste Vektor ist dagegen kein Codewort. Damit haben wir über $\mathbf{u}_1^*$ und $\mathbf{v}_1^*$ die Informationsbits 0010 decodiert. Bei der rechten Hälfte von Gleichung (8.6) erhalten wir

$$\mathbf{v}_1^* + \mathbf{e}_{u_1^*} + \mathbf{e}_{v_1^*} = (0101),$$

was wir mit einem Decodierer für den Code $\mathcal{R}(0,2) = \mathcal{C}(4,1,4)$ nicht decodieren können, also erhalten wir Decodierversagen. Damit decodieren wir $\mathbf{u}_2^* = (01010101)$ und errechnen $\mathbf{v}_3 = (0101010110101010)$. Dies müssen wir nun zur rechten Hälfte des empfangenen Vektors addieren und erhalten

$$(\mathbf{u}_3 + \mathbf{e}_{u_3} | \mathbf{u}_3 + \mathbf{e}_{v_3}) = (1101010110000110|0101010111010110).$$

Beide Hälften müssen wir mit einem Decodierer für den Code $\mathcal{R}(2,4) = \mathcal{C}(16,11,4)$ decodieren.

Beginnen wir mit der linken Hälfte und berechnen

$$\mathbf{v}_2 + \mathbf{e}_{u_2} + \mathbf{e}_{v_2} = (11010101) + (10000110) = (01010011)$$

und dann

$$\mathbf{v}_1 + \mathbf{e}_{u_1} + \mathbf{e}_{v_1} = (0101) + (0011) = (0110),$$

was mit einem Decodierer für den Code $\mathcal{R}(0,2) = \mathcal{C}(4,1,4)$ zu einem Decodierversagen führt. Also nehmen wir die rechte Hälfte und gehen analog vor, also $(01010101) + (11010110) = (10000011)$ und dann $(1000) + (0011) = (1011)$, was mit einem Decodierer für den Code $\mathcal{R}(0,2) = \mathcal{C}(4,1,4)$ zu $\mathbf{v}_1 = (1111)$ decodiert wird. Von den Vektoren $\mathbf{u}_1 + \mathbf{e}_{u_1} = (1000)$ und $\mathbf{u}_1 + \mathbf{e}_{v_1} = (1100)$ ist letzterer ein gültiges Codewort des Codes $\mathcal{R}(1,2) = \mathcal{C}(4,3,2)$. Damit ist $\mathbf{v}_2 = (11000011)$, und die Informationsbits sind 1110. Dies müssen wir nun auf die rechte Hälfte von $\mathbf{u}_3 + \mathbf{e}_{v_3}$, also auf (11010110) addieren und erhalten die beiden Vektoren $\mathbf{u}_2 + \mathbf{e}_{u_2} = (01010101)$ und $\mathbf{u}_2 + \mathbf{e}_{v_2} = (00010101)$, wobei ersteres ein gültiges Codewort des Codes $\mathcal{R}(2,3) = \mathcal{C}(8,7,2)$ ist. Damit haben wir die Informationsbits 0101010 decodiert.

Somit wurden die drei Fehler korrigiert, und die Informationsbits 1,110, 0,010,1, 0101010 wurden korrekt berechnet.

8.4.4 Eigenschaften von RM-Codes

Es existieren einige herausragende Eigenschaften von RM-Codes, die diese Codeklasse für die Anwendung wertvoll machen. Einige davon sollen im Folgenden angegeben werden.

Satz 43: *Dualer RM-Code (Ohne Beweis).*

Der duale Code eines RM-Codes ist wieder ein RM-Code

$$\mathcal{R}^{\perp}(r,m) = \mathcal{R}(m-r-1,m).$$

Der duale Code $\mathcal{C}^{\perp}$ eines Codes $\mathcal{C}(n,k,d)$ besitzt die Parameter $(n, k^{\perp} = n-k, d^{\perp})$. Die Dimension des RM-Codes $\mathcal{R}(r,m)$ ist $k = \sum_{i=0}^{r} \binom{m}{i}$. Damit ist

$$k^{\perp} = n-k = 2^m - \sum_{i=0}^{r} \binom{m}{i} = \sum_{i=r+1}^{m} \binom{m}{i} = \sum_{i=r+1}^{m} \binom{m}{m-i} = \sum_{j=0}^{m-r-1} \binom{m}{j}$$

gleich der Dimension des Codes $\mathcal{R}(m-r-1,m)$.

Einen Fall haben wir bereits kennengelernt, nämlich dass Wiederholungscodes dual zu den Parity-Check-Codes sind:

$$\mathcal{R}^{\perp}(0,m) = \mathcal{R}(m-1,m).$$

Satz 44: *Verschachtelung der RM-Codes (Ohne Beweis).*

Die RM-Codes besitzen die Eigenschaft, dass ein RM-Code mit kleinerer Ordnung eine Teilmenge von allen RM-Codes mit größerer Ordnung ist:

$$\mathcal{R}(r,m) \subset \mathcal{R}(r+l,m), \; l = 0,\ldots,m-r.$$

Die Klasse der RM-Codes $\mathcal{R}(m-2,m) = \mathcal{C}(2^m, k = 2^m - m - 1, 4)$ sind die erweiterten Hamming-Codes, die man erhält, wenn man an alle Codeworte eines Hamming-Codes $\mathcal{C}_H(2^m - 1, k = 2^m - m - 1, 3)$ ein Prüfbit anhängt, so dass alle Codeworte gerades Gewicht haben. Dadurch erhalten alle Codeworte mit Minimalgewicht 3 eine 1, so dass das minimale Gewicht und damit die Mindestdistanz auf 4 erhöht wird.

Der duale Code des Hamming-Codes $\mathcal{C}_H(2^m - 1, k = 2^m - m - 1, 3)$ heißt *Simplex-Code* $\mathcal{C}_S(2^m - 1, k = m, 2^{m-1})$. Der duale Code von $\mathcal{R}(m-2, m)$ ist $\mathcal{R}(1, m) = \mathcal{C}(2^m, k = m+1, 2^{m-1})$ und hat doppelt so viele Codeworte wie der Simplex-Code. Man gelangt zum Simplex-Code, wenn man alle Codeworte mit einer 1 an der ersten Stelle streicht, was genau die Hälfte ist, und dann die erste Stelle bei allen übriggebliebenen Codeworten streicht. Beim Simplex-Code besitzen alle Codeworte außer $\mathbf{0}$ das gleiche Gewicht 2^{m-1}. Die Menge der Codeworte von $\mathcal{R}(1, m)$, die eine 0 an der ersten Stelle haben ist eine Menge von 2^m orthogonalen Sequenzen. Die mit einer 1 an der ersten Stelle erhält man, wenn man alle orthogonalen Sequenzen invertiert und alle zusammen sind die sogenannten 2^{m+1} biorthogonalen Sequenzen. Die orthogonalen Sequenzen werden auch Walsh-Hadamard-Sequenzen genannt, und diese wollen wir im folgenden Abschnitt einführen.

8.4.5 Walsh-Hadamard-Sequenzen und Simplex-Code

Wir führen die Abbildung $0 \leftrightarrow +1$ und $1 \leftrightarrow -1$ ein. Die Walsh-Hadamard-Sequenzen können wie die entsprechenden RM-Codes rekursiv eingeführt werden durch:

$$\mathbf{W}_2 = \begin{pmatrix} +1 & +1 \\ +1 & -1 \end{pmatrix}, \qquad \mathbf{W}_{2n} = \begin{pmatrix} \mathbf{W}_n & \mathbf{W}_n \\ \mathbf{W}_n & -\mathbf{W}_n \end{pmatrix}.$$

Man überprüft, dass $\mathbf{W}_2$ den Codeworten von $\mathcal{R}(1,1)$ entspricht, wobei die Codeworte mit 1 an der ersten Stelle gestrichen sind, nämlich $(00), (01), (10), (11)$. Denn $(00), (01) \leftrightarrow (+1+1), (+1-1)$ und die Sequenzen sind orthogonal, d.h. ihr Skalarprodukt ist null:

$$< (+1+1), (+1-1) >= (+1) \cdot (+1) + (+1) \cdot (-1) = 0.$$

Die beiden anderen ergeben sich durch Invertierung, d.h. $(10) = (01) + (11), (11) = (00) + (11)$, was nach der Abbildung als $-(+1, -1) = (-1, +1)$ bzw. $-(+1, +1) = (-1, -1)$ durchgeführt werden kann.

Bei UMTS werden solche Sequenzen verwendet, um Daten zu übertragen. Die Idee dabei ist, dass die Daten von mehreren Nutzern in einem gemeinsamen Signal von der Basisstation zu den Nutzern übertragen werden. Jedem Nutzer wird eine Sequenz zugewiesen. Man kann dann eine 0 senden, indem man die Sequenz $\mathbf{x}$ sendet und eine 1, indem man die Sequenz $-\mathbf{x}$ sendet. Das Verfahren wird als CDMA (Code Division Multiple Access) bezeichnet.

Beispiel 8.28: *Datenübertragung mit Walsh-Hadamard-Sequenzen*

Wir konstruieren uns zunächst $\mathbf{W}_8$. Dazu benötigen wir erst $\mathbf{W}_2$ und $\mathbf{W}_4$:

$$\mathbf{W}_2 = \begin{pmatrix} +1 & +1 \\ +1 & -1 \end{pmatrix}, \quad \mathbf{W}_4 = \begin{pmatrix} +1 & +1 & +1 & +1 \\ +1 & -1 & +1 & -1 \\ +1 & +1 & -1 & -1 \\ +1 & -1 & -1 & +1 \end{pmatrix}.$$

Daraus können wir $\mathbf{W}_8$ berechnen zu:

$$\mathbf{W}_8 = \begin{pmatrix} +1 & +1 & +1 & +1 & +1 & +1 & +1 & +1 \\ +1 & -1 & +1 & -1 & +1 & -1 & +1 & -1 \\ +1 & +1 & -1 & -1 & +1 & +1 & -1 & -1 \\ +1 & -1 & -1 & +1 & +1 & -1 & -1 & +1 \\ +1 & +1 & +1 & +1 & -1 & -1 & -1 & -1 \\ +1 & -1 & +1 & -1 & -1 & +1 & -1 & +1 \\ +1 & +1 & -1 & -1 & -1 & -1 & +1 & +1 \end{pmatrix}.$$

Der Einfachheit halber wählen wir zwei Nutzer, denen wir die 4. Sequenz und die 7. Sequenz zuteilen, also

$$(+1, -1, -1, +1, +1, -1. -1, +1) \text{ und}(+1, -1, +1, -1, -1, +1, -1, +1).$$

Der erste Nutzer will eine 1 senden und der zweite eine -1. Jeder multipliziert den Wert mit seiner Sequenz, und die beiden Ergebnisse werden addiert und gesendet.

$$\begin{aligned} (1)(+1, -1, -1, +1, +1, -1. -1, +1)+ \\ (-1)(+1, -1, +1, -1, -1, +1, -1, +1) = \\ (0, 0, -2, +2, +2, -2, 0, 0). \end{aligned}$$

Im Empfänger korreliert (Skalarprodukt) man mit der Sequenz des jeweiligen Nutzers und erhält für den ersten Nutzer:

$$< (0, 0, -2, +2, +2, -2, 0, 0), (+1, -1, -1, +1, +1, -1. -1, +1) >= 8,$$

$$< (0, 0, -2, +2, +2, -2, 0, 0), (+1, -1, +1, -1, -1, +1, -1, +1) >= -8.$$

Damit hat der erste Nutzer eine $+1$ und der zweite eine -1 gesendet. Die Orthogonalität bedeutet, dass sich die Sequenzen gegenseitig nicht beeinflussen, denn

$$< (+1, -1, +1, -1, -1, +1, -1, +1), (+1, -1, -1, +1, +1, -1.-1, +1) >= 0.$$

Genau diese Walsh-Hadamard-Sequenzen bis zur Länge 256 werden in UMTS verwendet. Wir haben hier nur den Fall ohne Störungen betrachtet. Es sei nochmals angemerkt, dass durch die Invertierung die Codeworte des $\mathcal{R}(1,3) = \mathcal{C}(2^3, k = 4, 2^2)$ benutzt werden.

Der Simplex-Code ist eine Teilmenge des RM-Codes der Ordnung 1. Er besitzt die Länge $n = 2^m - 1$, die Dimension $k = m$ und die Midestdistanz $d = 2^{m-1}$. Alle Codeworte, außer dem Allnullcodewort, besitzen gleiches Gewicht. Die Codeworte des Simplex-Codes sind alle Codeworte des RM-Codes, die an der ersten Stelle eine null besitzen (also genau die Hälfte). Diese Stelle wird dann gestrichen.

8.4.6 Soft-Decision-Decodierung von RM-Codes

Wir wollen die rekursive Decodierung von RM-Codes bei BPSK und AWGN betrachten. Dazu nehmen wir normierte BPSK an, d.h. +1 und −1 werden gesendet, gaußsches Rauschen im Kanal addiert und $y \in \mathbb{R}$ empfangen. Wir haben damit neben dem Wert eines empfangenen Symbols $\mathrm{sgn}(y)$ zusätzlich die Zuverlässigkeit $|y|$. Wird diese Zuverlässigkeit vom Decodierer benutzt spricht man von Soft-Decision-Decodierung. Der Algorithmus wurde auch GMC-Algorithmus genannt, da er prinzipiell für sogenannte Generalized Multiple Concatenated Codes verwendbar ist. Wir werden eine Variante für RM-Codes angeben. Der Algorithmus gehört immer noch zu den am wenigsten rechenaufwändigen Algorithmen zur Soft-Decision-Decodierung von RM-Codes.

Bei der Decodierung der Plotkinkonstruktion wird der vordere Teil auf den hinteren Teil addiert. Ein zentraler Punkt ist dabei die Zuverlässigkeit und der Wert der neuen Stelle l, die sich aus dieser Addition der Stellen i und j ergibt. Da wir mit −1 und +1 arbeiten ist der Wert $\mathrm{sgn}(y_l) = \mathrm{sgn}(y_i \cdot y_j)$. Die Zuverlässigkeit wird bestimmt durch den weniger zuverlässigen Wert, d.h. $|y_l| = \min\{|y_i|, |y_j|\}$. Dies werden wir im Algorithmus die Metrik nennen.

GMC-Algorithmus zur rekursiven soft-decision Decodierung:
Annahme: BPSK Modulation ($0 \to +1$ and $1 \to$ -1) und AWGN Kanal

Input: $\mathbf{y} = (y_1, \ldots, y_n)$ empfangener Vektor.

1) **Decodierung eines Wiederholungscodes oder eines Parity-Check-Codes**
Für $r = 0$ ML Decodierung von $\mathbf{y}$ gemäß Bsp. 8.22
Für $r = m - 1$ ML Decodierung von $\mathbf{y}$ gemäß Bsp. 8.23 zu $\hat{\mathbf{c}}$ gehe zu 3).

2) **Decodierung RM-Code**

2a) Bestimmung der Metrik $\mathbf{y}^{(1)} = \left(y_1^{(1)}, \ldots, y_{n/2}^{(1)}\right)$ der rechten plus linken Hälfte:
$$y_j^{(1)} = \mathrm{sgn}(y_{j+n/2}\, y_j),\ \min\{|y_{j+n/2}|, |y_j|\}, \quad j = 1, \ldots, n/2 .$$
Decodierung von $\mathbf{v}$:
Decodiere $\mathbf{y}^{(1)}$ mit einem Decodierer für $\mathcal{R}(r-1, m-1)$ zu $\hat{\mathbf{a}}^{(1)}$ mittels GMC.

2b) Bestimmung der Metrik von $\mathbf{u}$ $\mathbf{y}^{(2)} = \left(y_1^{(2)}, \ldots, y_{n/2}^{(2)}\right)$
$$y_j^{(2)} = \tfrac{1}{2}\left(\hat{a}_j^{(1)}\, y_{j+n/2} + y_j\right), \quad j = 1, \ldots, n/2 .$$
Decodiere $\mathbf{y}^{(2)}$ mit einem Decodierer für $\mathcal{R}(r, m-1)$ zu $\hat{\mathbf{a}}^{(2)}$ mittels GMC.

2c) Bestimmung RM-Codewortes $\hat{\mathbf{c}}$ aus $\hat{\mathbf{a}}^{(1)}$ und $\hat{\mathbf{a}}^{(2)}$:
$$\hat{\mathbf{c}} = \left(\hat{a}_1^{(2)}, \ldots, \hat{a}_{n/2}^{(2)}, \hat{a}_1^{(1)} \cdot \hat{a}_1^{(2)}, \ldots, \hat{a}_{n/2}^{(1)} \cdot \hat{a}_{n/2}^{(2)}\right).$$

3) Decodierentscheidung $\hat{\mathbf{c}} = (\hat{c}_1, \ldots, \hat{c}_n)$.

Output: $\hat{\mathbf{c}} = (\hat{c}_1, \ldots, \hat{c}_n)$.

Ein wesentlicher Unterschied zur Plotkin-Decodierung ist der Schritt 2b). Während man bei Hard-Decision beide Hälften $(\mathbf{u}+\mathbf{e}_u|\mathbf{u}+\mathbf{e}_v)$ separat decodiert, fasst man dies hier zu einer Decodierung zusammen, indem man die Metrik aus beiden Hälften bestimmt. Dabei entspricht $\hat{a}_j^{(1)} y_{j+n/2}$ dem Teil $\mathbf{y}_v + \hat{\mathbf{v}}$ und y_j dem Teil $\mathbf{y}_u$.

8.5 Faltungscodes

Faltungscodes sind eine große Klasse von Codes, die auf diskreten linearen zeitinvarianten Systemen basieren. Da analytische Aussagen bei Faltungscodes schwierig sind und in der Praxis meist Computersimulation eingesetzt wird, wollen hier an einem Beispiel die Codierung und Decodierung eines Faltungscodes beschreiben.

8.5.1 Faltungscodierer

Zunächst erläutern wir, wie Faltungscodes der Information Redundanz hinzufügen, mit deren Hilfe im Empfänger Fehler korrigiert werden können.

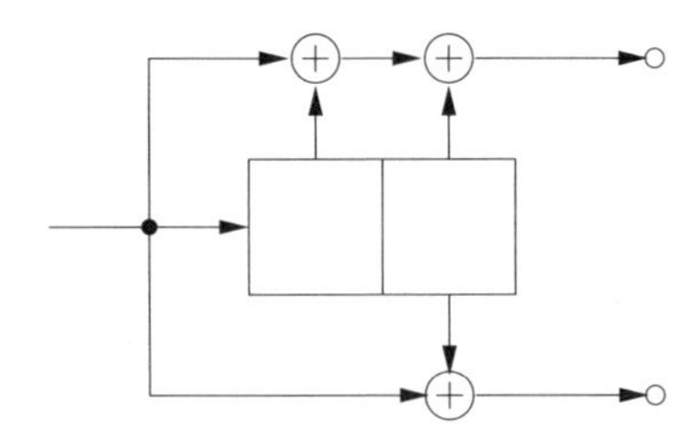

Bild 8.3: *Faltungscodierer*

Ein Faltungscodierer besteht aus Schieberegistern und linearen Verknüpfungen der Register. Ein möglicher Faltungscodierer ist in Bild 8.3 dargestellt. In diesem Fall wird ein Informationsbit in zwei Codebits codiert, was bedeutet, dass der Code die Rate 1/2 besitzt.

Wir wollen nun die Bitfolge 1011 codieren. Dazu nehmen wir zunächst an, die zwei Register sind am Anfang mit dem Bit 0 gefüllt.

Zusätzlich zu unserer Informationsfolge 1011 codieren wir noch 00, damit sich das Schieberegister am Ende wieder im Nullzustand befindet (wie zu Beginn). Diese zwei 0-Bits sind keine Informationsbits, aber erleichtern die Decodierung. In der Praxis werden sehr lange Codefolgen generiert, so dass diese zwei Nullbits relativ zur Gesamtlänge der Codefolge nicht ins Gewicht fallen.

Bei der Codierung wird die Informationsbitfolge 1011 und die angehängte 00 in die Codebitfolge 111000010111 codiert. Hierbei entsprechen immer zwei Bits einem codierten Informationsbit. So wird z.B. die erste 1 in eine 1 am oberen Ausgang und eine 1 am unteren Ausgang codiert. Die gesamte Codesequenz entsteht durch Aneinanderhängen der beiden Ausgangsbits an die bisher generierte Codesequenz.

Unser Faltungscodierer hat also die folgende Abbildung durchgeführt:

$$1011 \mid 00 \quad \Longrightarrow \quad 111000010111.$$

Auch bei Faltungscodes gilt, dass ein Code durch sehr viele Codierer codiert werden kann. Deshalb muss man auch hier sorgfältig trennen zwischen Code- und Codierer-Eigenschaften. Der Code besitzt eine Mindestdistanz, die bei Faltungscodes freie Distanz genannt wird. Da meistens die Decodierbitfehlerwahrscheinlichkeit P_b bestimmt wird, die eine Codierereigenschaft ist, spielt die freie Distanz eine eher untergeordnete Rolle.

8.5.2 Trellis

Zur Decodierung verwendet man die Darstellung eines Faltungscodes durch ein so genanntes Trellis. Das Trellis wird vom gewählten Codierer bestimmt. Die Codefolge am Ausgang des Faltungscodieres hängt nur vom Eingang und dem Speicherinhalt ab. In dem Beispiel von Abbildung 8.3 kann der Eingang zwei Werte (0 oder 1) annehmen und die zwei Register vier **Zustände**, nämlich 00, 01, 10, und 11.

Der Zustand des Registers und die Eingabe bestimmen den Ausgang und damit die zwei Codebits. Ferner bestimmen der Zustand und das Eingabebit auch den Folgezustand des Registers. Insgesamt ergeben sich damit 8 Fälle, die wir nachfolgend auflisten. Jeder der vier möglichen Zustände kann zwei Folgezustände besitzen, je nachdem ob die Eingabe 0 oder 1 ist.

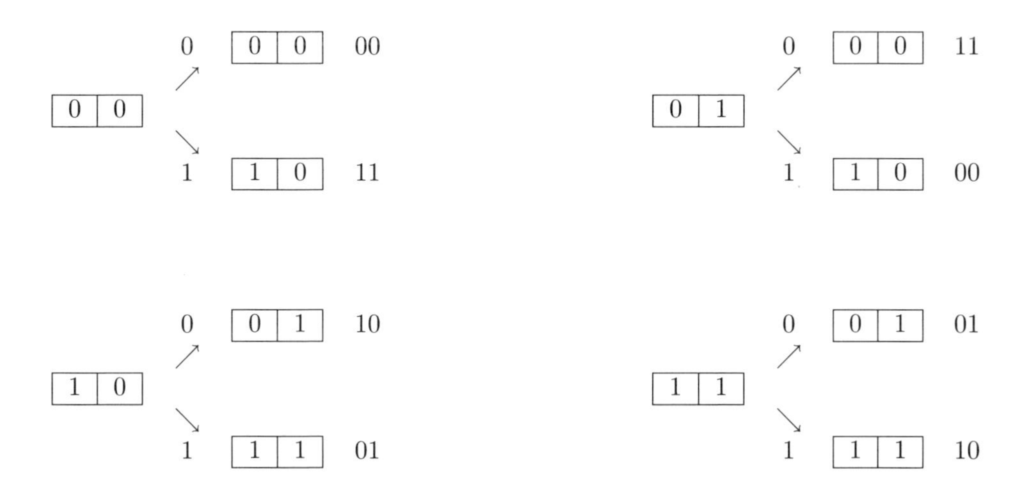

Diese möglichen Zustandsübergänge können kompakter durch ein so genanntes Zustandsdiagramm dargestellt werden, welches durch den Codierer bestimmt ist. Dies ist in Abbildung 8.4 dargestellt und an den Zweigen ist die Eingabe/Codefolge notiert. Man startet im Nullzustand und eine Codefolge ergibt sich entsprechend der Eingabefolge.

Führen wir jetzt noch die Zeit ein, d.h. tragen wir das Zustandsdiagramm mehrfach in Zeitrichtung ein, so gelangen wir zur Trellisdarstellung unseres Faltungscodes. Das

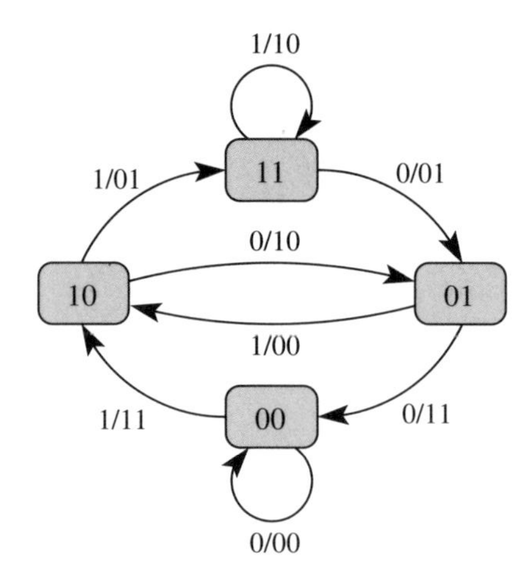

Bild 8.4: *Zustandsdiagramm des Codierers der Rate 1/2 aus Abbildung 8.3*

Trellis[1] ist ein sogenannter Graph, in dem die vier Zustände als Knoten und die Zustandsübergänge als Zweige gezeichnet sind. An die Zweige schreiben wir die Codefolge. Die gestrichelten Zweige bedeuten, dass eine 0 am Eingang liegt, und die durchgezogenen Linien eine 1. Für unseren Codierer hat das Trellis die folgende Form:

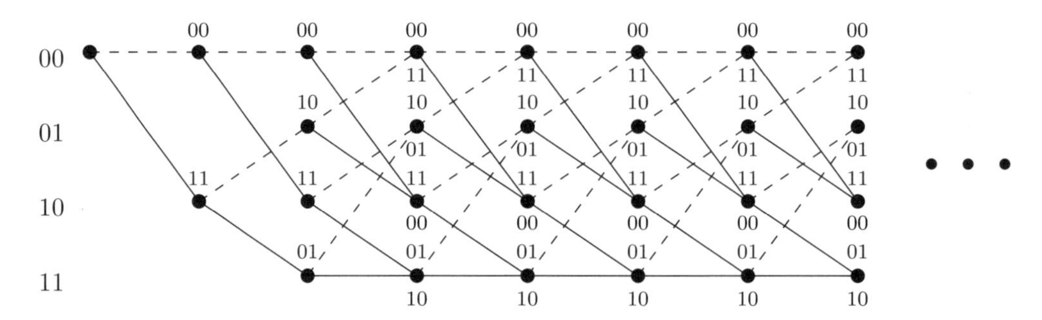

Bild 8.5: *Trellis des Codierers aus Abbildung 8.3*

Jede mögliche Codefolge ist ein Pfad durch das Trellis. Durch das Anhängen der beiden Nullen an die Informationssequenz erzwingen wir, dass jedes gültige Codewort im Zustand 00 enden muss. Das Trellis in Abbildung 8.6 repräsentiert damit alle Codewörter der Länge 12. Die Codefolge aus dem letzten Abschnitt ist dick eingezeichnet.

Im GSM-Handy wird ein Faltungscode der Rate $1/2$ verwendet. Bei $k = 185$ Informationsbits existieren $2^k = 2^{185} = 4.9 \cdot 10^{55}$ Codeworte. Der Codierer besteht aus einem Schieberegister der Länge 4 und sein Trellis besitzt daher 16 Zustände. Die Anzahl der zu speichernden Zustände errechnet sich aus der Länge des Trellis mal der Anzahl der Zustände des Codierers. Bei $k = 185$ Informationsbits besitzt das Trellis eine Länge von

[1] Zu Deutsch: Gitter; der Name wurde wegen des Aussehens des Graphen gewählt.

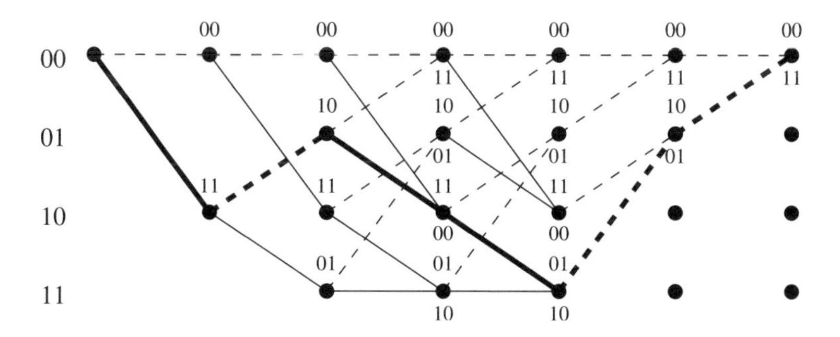

Bild 8.6: *Codeworte der Länge* 12 *des Codierers aus Abbildung 8.3*

185, also müssen $16 \cdot 185 = 2960$ Zustände gespeichert werden. Da in jedem Zustand zwei Zweige enden bzw. starten, müssen neben den Zuständen noch doppelt so viele Zweige gespeichert werden. In diesem aus ca. 3000 Zuständen und 6000 Zweigen bestehenden Trellis sind dann alle $4.9 \cdot 10^{55}$ Codeworte enthalten. Anstatt alle Codeworte im Handy zu speichern, werden nur die ca. 3000 Zustände und doppelt so viele Zweige des Trellis im Handy gespeichert.

8.5.3 Viterbi-Algorithmus

Wir wollen den Viterbi-Algorithmus zur Fehlerkorrektur an unserem obigen Beispiel aus Abbildung 8.3 beschreiben und nehmen dazu zwei Fehler an der zweiten und achten Stelle an.

gesendet: 111000010111 $\rightsquigarrow$ empfangen: 1**0**10000**0**0111.

Ziel der Decodierung ist es, aus der empfangenen Folge ein gültiges Codewort zu berechnen. Falls nicht zu viele Fehler aufgetreten sind, liefert die Decodierung das gesendete Codewort. Wir wissen natürlich als Decodierer nicht, welche Stellen fehlerhaft sind, da wir nicht wissen, welche Codefolge gesendet wurde. Die Decodierung wird nun mit Hilfe des so genannten Viterbi-Algorithmus durchgeführt. Dafür benötigen wir noch einige Notationen. Wir wollen die empfangene Sequenz in Symbole aus zwei Bit aufteilen und diese Symbolsequenzen mit y_i bezeichnen, also

$$y_1 = 10, y_2 = 10, y_3 = 00, y_4 = 00, y_5 = 01, y_6 = 11.$$

Wir benötigen ein Maß, mit dem wir die Abweichung der empfangenen Folge von einer gültigen Codefolge messen können. Als Maß verwenden wir die Zahl der Übereinstimmungen einer gültigen Codefolge $\boldsymbol{c}$ mit der empfangenen Folge $\boldsymbol{y}$. Wir betrachten dabei Teilfolgen von je zwei Bits. Unser Maß ist somit $\lambda_i = 2 - \text{dist}(c_i, y_i)$, wobei c_i eine zwei Bit Teilfolge eines gültigen Codewortes ist und y_i die oben beschriebenen Empfangsteilfolgen sind. Das Maß für einen Pfad aus m Teilfolgen ist folglich die Addition der Maße der Teilfolgen und errechnet sich zu

$$\Lambda_m = \sum_{i=1}^{m} \lambda_i.$$

Wir wollen unterscheiden, in welchem der vier Zustände wir uns bei m befinden und benötigen dazu vier unterschiedliche Λ, die wir mit Λ_m^{00}, Λ_m^{01}, Λ_m^{10} und Λ_m^{11} bezeichnen wollen. Warum wir nur vier benötigen, wird später einsichtig werden, wenn wir die zentrale Idee des Viterbi-Algorithmus beschreiben. Um die λ_i eindeutig zu unterscheiden, kann man noch den entsprechenden Zustandsübergang notieren, d.h.

$$\lambda_i^{00\to 00}, \lambda_i^{00\to 10}, \lambda_i^{01\to 00}, \lambda_i^{01\to 10}, \lambda_i^{10\to 01}, \lambda_i^{10\to 11}, \lambda_i^{11\to 01}, \lambda_i^{11\to 11}$$

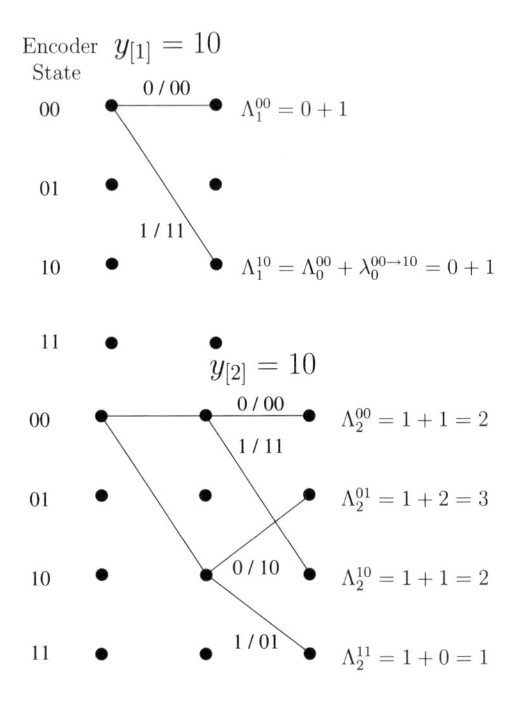

Bild 8.7: *Viterbi-Decodierung erster und zweiter Schritt*

Der Codepfad startet im Zustand 00. Deshalb beginnt man mit dem Vergleich der ersten Teilfolge y_1 mit den einzig möglichen Codefolgen $c_1 = 00$ und $c_1 = 11$. In beiden Fällen ist $\lambda_i^{00\to 00} = \lambda_i^{00\to 10} = 1$, da jeweils ein Bit übereinstimmt und das andere nicht. Dies ist in Abbildung 8.7 angegeben. Es gilt:

$$\Lambda_1^{00} = 1 \quad \text{und} \quad \Lambda_1^{10} = 1.$$

Die zweite Teilfolge y_2 wird mit allen vier möglichen Codefolgen verglichen und das entsprechende Maß wird addiert. Die Werte ergeben sich zu $\lambda_2^{00\to 00} = 1$, da die Codefolge 00 in einem Bit mit $y_2 = 10$ übereinstimmt. Die entsprechenden anderen Werte sind $\lambda_2^{00\to 10} = 1$, $\lambda_2^{10\to 01} = 2$ und $\lambda_2^{10\to 11} = 0$. Dies ist in Abbildung 8.7 eingetragen.

Den dritten Schritt (Abbildung 8.8) führen wir entsprechend durch. Die empfangene Folge ist $y_3 = 00$ und als mögliche Codefolgen existieren alle vier Kombinationen 00, 01, 10 und 11, die entsprechend 2,1,1 und 0 Übereinstimmungen haben.

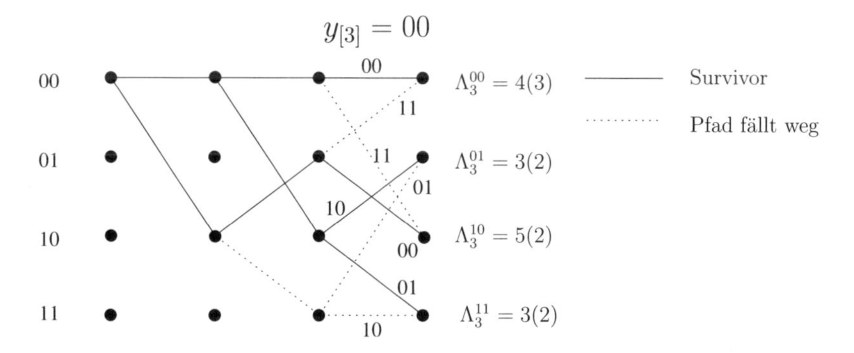

Bild 8.8: *Viterbi-Decodierung dritter Schritt*

Bei der dritten Teilfolge entsteht zum ersten Mal das Problem, dass in jedem Zustand zwei Pfade enden. Die beiden Pfadmaße sind in den Abbildungen als Zahl und Zahl in Klammern angegeben. Der Viterbi-Algorithmus soll sich am Ende für den besten Pfad entscheiden. Läuft dieser beste Pfad durch einen bestimmten Zustand, dann wird man vom Zustand aus nach vorne den wahrscheinlicheren Teil-Pfad auswählen, und das ist der Pfad mit den meisten Übereinstimmungen. Also braucht man sich zu jedem Zustand nur den wahrscheinlicheren Pfad, der *Survivor* genannt wird, zu merken. Falls beide Pfade zu einem Zustand das gleiche Maß besitzen, kann man einen zufällig auswählen, denn beide sind gleich wahrscheinlich. Der vierte Schritt wird analog dazu durchgeführt.

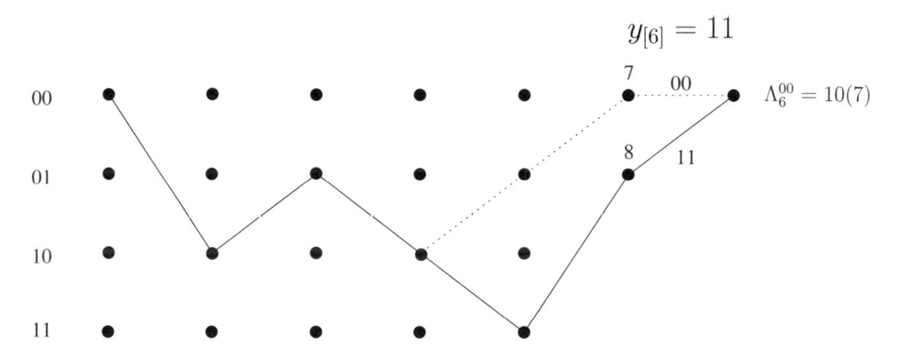

Bild 8.9: *Viterbi-Decodierung letzter Schritt*

Die letzte Teilfolge $y_6 = 11$ muss wegen der zwei angehängten Nullen im Zustand 00 enden, was wir in Abbildung 8.9 bereits berücksichtigt haben. Der Survivor im Zustand 00 am Ende ist die Entscheidung der Decodierung. Man erkennt aus der Abbildung, dass beide Fehler decodiert werden konnten und aus der decodierten Codefolge die Informationsfolge abgelesen werden kann:

$$111000010111 \quad \Longrightarrow \quad 1011.$$

Der Viterbi-Algorithmus berechnet das wahrscheinlichste Codewort, und ist damit ein Maximum-Liklihood (ML)-Decodierer. Dieser Algorithmus wird auch im GSM-Handy verwendet. Allerdings wird dort ein modifiziertes Maß verwendet, das zusätzlich die Zuverlässigkeit eines Bitwertes (soft decision) einbezieht. Die Zuverlässigkeit eines Bitwertes wird dadurch bestimmt, dass ein empfangenes Bitsymbol sowohl mit einem Referenz-Bitsymbol 1, als auch mit dem der 0 verglichen wird. Durch diesen Vergleich erhält man Werte zwischen 0 und 1, d.h. etwa 0.1, 0.7, usw., die zusätzlich die Information über die Zuverlässigkeit dieser Entscheidung enthalten. So wird der Wert 0.1 zuverlässiger eine 0 sein als der Wert 0.3, da er näher bei 0 liegt. Der Wert 0.5 besitzt die kleinste Zuverlässigkeit, da er sowohl 0, als auch 1 sein kann. Die Einbeziehung dieser Zuverlässigkeit verbessert die Qualität der Decodierung signifikant.

8.6 Anmerkungen

Wir haben in diesem Abschnitt eine kompakte Einführung in die Kanalcodierung gegeben. Alle Beschreibungen von linearen Blockcodes lassen sich von $\mathbb{F}_2$ auf Prim- bzw. Erweiterungskörper verallgemeinern. Primkörper oder auch Galoisfelder $GF(p)$ sind in Kapitel 10 auf Seite 255 beschrieben.

Für weitergehende Studien wird auf das Lehrbuch [Bos98] verwiesen. Außerdem findet man in [BB10] (Kapitel 5) eine Einführung in die Klasse der Reed-Solomon Codes für Studienanfänger.

Der Beweis zum Kanalcodiertheorem folgt in vielen Schritten [Laz11].

Die Klasse der Reed-Muller Codes wurde gewählt, da sie einerseits relative einfach beschrieben werden können und andererseits in sehr vielen, auch aktuellen, Anwendungen zu finden sind.

Für eine ausführliche, mathematisch präzise Beschreibung des Fehler-Exponenten wird [Gal68] empfohlen.

Ein Kommunikations- oder Speichersystem ohne Kanalcodierung ist heute undenkbar, und es wurde versucht, dies durch Shannons Kanalcodiertheorem zu verdeutlichen. Praktisch ergibt sich die Verbesserung der Systeme durch folgenden Effekt: Vergrößert man das Modulationsalphabet, so erhöht man die Zahl der Bits pro übertragenem Symbol. Aber die Fehlerrate auf dem Kanal wird größer, wie wir in Abschnitt 7.4 gesehen haben. Verwendet man jedoch einen Teil der gewonnenen Bits pro übertragenem Symbol als Redundanz für Kanalcodierung, so wird die Fehlerrate nach der Decodierung kleiner als bei dem nicht vergrößerten Modulationsalphabet. Voraussetzung hierfür ist natürlich, dass Modulation und Kanalcodierung aufeinander abgestimmt sind, und man spricht dann vom Codiergewinn. Derselbe Effekt ergibt sich bei Erhöhung der Speicherdichte auf Festplatten. Mit Kanalcodierung kann man eine Verlängerung von Glasfaserstrecken oder auch Verringerung der effektiven Sendeenergie pro übertragenem Informationsbit erreichen.

8.7 Literaturverzeichnis

[BB10] Bossert, Martin ; Bossert, Sebastian: *Mathematik der digitalen Medien*. Berlin, Offenbach : VDE–Verlag, 2010. – ISBN 978-3800731374

[Bos98] Bossert, M.: *Kanalcodierung*. 2. vollständig neubearb. und erw. Auflage. Stuttgart : Teubner, Leipzig, 1998. – ISBN 3-519-16143-5

[CT06] Cover, Thomas M. ; Thomas, Joy A.: *Elements of Information Theory 2nd Edition*. 2. Wiley-Interscience, 2006. – ISBN 978–0–471–24195–9

[Gal68] Gallager, R. G.: *Information Theory and Reliable Communication*. New York : John Wiley & Sons, 1968. – ISBN 0-471-29048-3

[Laz11] Lazich, D.: *Kanalkapazität und Fehlerexponent*. 2011. – Persönliche Notiz

[Sha48] Shannon, C. E.: A Mathematical Theory of Communications. In: *Bell Syst. Tech. J.* 27 (1948), S. 379–423, 623–656

8.8 Übungsaufgaben

Hamming- und Faltungscode

Aufgabe

Wir betrachten Hamming Codes. Der Decodierer $\mathcal{D}$ ist in der Lage, Fehler und Auslöschungen von Hamming Codes zu erkennen und zu decodieren. Ein Decodierversagen tritt auf, wenn mehr Fehler/Auslöschungen als die Korrekturfähigkeit des Codes aufgetreten sind. Sei $\mathcal{C}_1$ der Hamming Code der Länge $n_1 = 7$.

a) Was ist die Rate R_1 von $\mathcal{C}_1$? Wieviele Fehler τ_1 und Auslöschungen ε_1 kann dieser Code korrigieren?

Für die Übertragung nehmen wir den binären Auslöschungskanal, im Englischen Binary Erasure Channel (BEC), an. Mit Wahrscheinlichkeit $p = 1/2$ tritt eine Auslöschung ein.

b) Berechnen Sie die Wahrscheinlichkeit P_1 des Decodierversagens von $\mathcal{D}$, wenn $\mathcal{C}_1$ verwendet wird.

Wir fügen ein weiteres Parity-Bit an den Hamming Code $\mathcal{C}_1$ und bezeichnen den so erzeugten Code als $\mathcal{C}_2$.

c) Was ist die Rate R_2 von $\mathcal{C}_2$? Wieviele Fehler τ_2 und Auslöschungen ε_2 kann dieser Code korrigieren?

d) Berechnen Sie die Wahrscheinlichkeit P_2 des Decodierversagens von $\mathcal{D}$, wenn $\mathcal{C}_2$ verwendet wird. Die Daten werden über den gleichen BEC gesendet.

Wir betrachten einen Faltungscodierer mit $k = 1$ Eingangssequenzen, n Ausgangssequenzen und bestehend aus einem Schieberegister der Länge m.

e) Wieviel Zustandsübergänge (Transitionen) in Abhängigkeit von n, k und m gibt es?

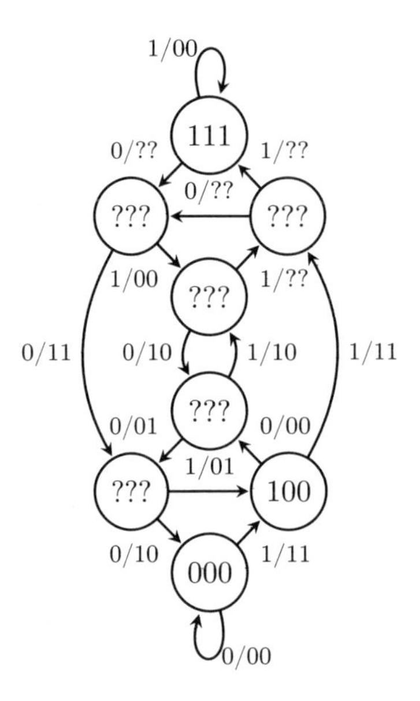

Gegeben sei folgendes Zustandsdiagramm (siehe Abbildung oben):

f) Zeichnen Sie den Faltungscodierer.

g) Ergänzen Sie die fehlenden Zustandsübergänge.

h) Ermitteln Sie die freie Distanz d_f.

Lösung

a) $R_1 = 4/7$, $\tau_1 = 1$, $\varepsilon_1 = 2$

b) $P_1 = 0,77$

c) $R_2 = 1/2$, $\tau_2 = 1$, $\varepsilon_2 = 3$

d) $P_2 = 0,63$

e) Es gibt 2^{m+1} Transitionen.

i) Ja, der Codierer ist katastrophal (Zustand 111).

Prüfmatrizen und Zustandsdiagramm I

Aufgabe

Gegeben sei die folgende Generatormatrix eines linearen binären Codes $\mathcal{C}_1$

$$\mathbf{G}_1 = \begin{pmatrix} 1 & 0 & 0 & 0 & 0 & 1 & 1 \\ 0 & 1 & 0 & 0 & 1 & 0 & 1 \\ 0 & 0 & 1 & 0 & 1 & 1 & 0 \\ 0 & 0 & 0 & 1 & 1 & 1 & 1 \end{pmatrix}. \tag{8.7}$$

Ein Codewort von $\mathcal{C}_1$ ist dann als $\mathbf{c}_1 = \mathbf{i} \cdot \mathbf{G}_1$ definiert, wobei $\mathbf{i}$ den Informationsvektor der Länge k bezeichnet.

a) Bestimmen Sie die Codelänge n_1, die Dimension k_1 und die Rate R_1 von $\mathcal{C}_1$.

b) Was ist die Mindestdistanz des durch $\mathbf{G}_1$ definierten linearen Codes? Um welchen Code handelt es sich? Wie viele Auslöschungen ε_1 kann der Code $\mathcal{C}_1$ korrigieren?

Es sei ein weiterer linearer binärer Code $\mathcal{C}_2$ mit gleicher Länge $n_2 = n_1$, Dimension k_2 und der Generatormatrix $\mathbf{G}_2$ gegeben. Der Code $\mathcal{C}$ sei definiert als:

$$\mathcal{C} = \{(\mathbf{c}_1 | \mathbf{c}_1 + \mathbf{c}_2) : \mathbf{c}_1 \in \mathcal{C}_1 \text{ und } \mathbf{c}_2 \in \mathcal{C}_2\}. \tag{8.8}$$

c) Bestimmen Sie Länge n und Dimension k des Codes $\mathcal{C}$.

d) Bestimmen Sie die Generatormatrix $\mathbf{G}$ des in (8.8) definierten Codes $\mathcal{C}$ in Abhängigkeit von $\mathbf{G}_1$ und $\mathbf{G}_2$.

Seien $\mathbf{H}_1$ und $\mathbf{H}_2$ die Prüfmatrizen von $\mathcal{C}_1$ und $\mathcal{C}_2$.

e) Bestimmen Sie die Prüfmatrix $\mathbf{H}$ des in (8.8) definierten Codes $\mathcal{C}$ in Abhängigkeit von $\mathbf{H}_1$ und $\mathbf{H}_2$.

Wir betrachten einen Faltungscodierer mit $k = 1$ Eingangssequenzen, n Ausgangssequenzen, bestehend aus einem Schieberegister der Länge m.

f) Wie viele Zustände umfasst das Zustandsdiagramm in Abhängigkeit von m?

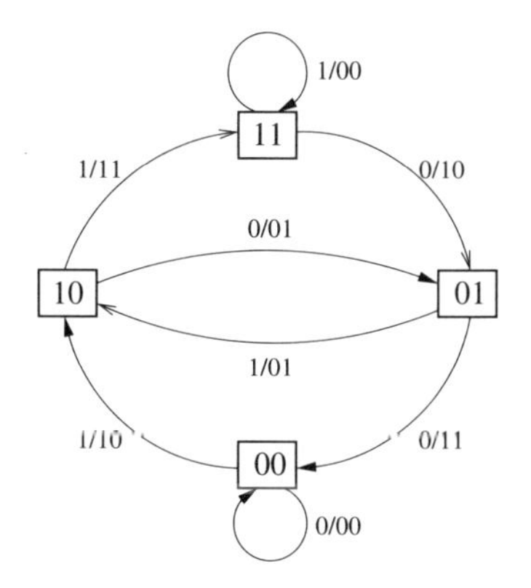

Gegeben sei folgendes Zustandsdiagramm (siehe Bild links):

g) Zeichnen Sie den Faltungscodierer.

h) Geben Sie das Trellisdiagramm bis zum eingeschwungenen Zustand an.

Lösung

a) $n_1 = 7$, $k_1 = 4$ und $R_1 = 4/7$

b) $d = 3$, Hamming Code, $\varepsilon_1 = 2$.

c) $n = 2n_1$, $k = k_1 + k_2$

d) Die Generatormatrix ist

$$\mathbf{G} = \begin{pmatrix} \mathbf{G}_1 & \mathbf{G}_1 \\ \mathbf{0} & \mathbf{G}_2 \end{pmatrix}$$

e) Die Prüfmatrix ist

$$\mathbf{H} = \begin{pmatrix} \mathbf{H}_1 & \mathbf{0} \\ \mathbf{H}_2 & -\mathbf{H}_2 \end{pmatrix}$$

f) 2^m Zustände.

Prüfmatrizen und Zustandsdiagramm II

Aufgabe

Wir betrachten im Folgenden Hamming Codes $\mathcal{H}_m(n_m, k_m, d_m)$ über $GF(2) = \{0, 1\}$. Sei $\mathbf{A}_m$ die Prüfmatrix eines binären Hamming Codes $\mathcal{H}_m$ der Länge n_m, der Dimension k_m und der Distanz d_m.

a) Aus wie vielen Zeilen und Spalten besteht $\mathbf{A}_m$ in Abhängigkeit von m.

b) Wie viele Spalten von $\mathbf{A}_m$ sind mindestens linear abhängig? Wie viele Auslöschungen ε kann der binäre Hamming Code $\mathcal{H}_m$ korrigieren?

Wir wollen nun einen weiteren linearen Code $\mathcal{C}_m$ mit Länge n_m, Dimension k_m über $GF(3) = \{0, 1, 2\}$ betrachten. Die beiden Verknüpfungstafeln zeigen die Addition $\bigoplus$ und Multiplikation $\odot$ über $GF(3)$.

$\bigoplus$	0	1	2
0	0	1	2
1	1	2	0
2	2	0	1

$\odot$	0	1	2
0	0	0	0
1	0	1	2
2	0	2	1

Die Konstruktionsvorschrift der $m \times n_m$ Prüfmatrix $\mathbf{H}_m = (\mathbf{h}_1\, \mathbf{h}_2 \ldots \mathbf{h}_{n_m})$ für den gegebenen Parameter $m \in \mathbb{N}$ lautet wie folgt:

- jede Spalte $\mathbf{h}_i$ von $\mathbf{H}_m$ ist ein Vektor der Länge m, der nicht der Nullvektor ist und
- jeder Vektor der Länge m kommt nur einmal vor und
- die erste von Null verschiedene Komponente des Vektors ist immer eins.

Die Prüfmatrix $\mathbf{H}_2$ von $\mathcal{C}_2$ ist:

$$\mathbf{H}_2 = \begin{pmatrix} \mathbf{h}_1 & \mathbf{h}_2 & \mathbf{h}_3 & \mathbf{h}_4 \end{pmatrix} = \begin{pmatrix} 0 & 1 & 1 & 1 \\ 1 & 0 & 1 & 2 \end{pmatrix}.$$

c) Was ist die Länge n_2 und die Dimension k_2 des durch $\mathbf{H}_2$ definierten Codes $\mathcal{C}_2$?

d) Erstellen Sie mit der oben angegebenen Konstruktionsvorschrift die Prüfmatrix $\mathbf{H}_3$. Was sind die Länge n_3 und die Dimension k_3 des durch $\mathbf{H}_3$ definierten Codes $\mathcal{C}_3$?

e) Wie viele Spalten von $\mathbf{H}_m$ sind mindestens linear abhängig?

f) Geben Sie die Länge n_m, die Dimension k_m und die Mindestdistanz d eines durch $\mathbf{H}_m$ definierten Codes $\mathcal{C}_m$ in Abhängigkeit von m an.

Wir betrachten nun Faltungscodes. Gegeben sei das Zustandsdiagramm aus Bild 8.10:

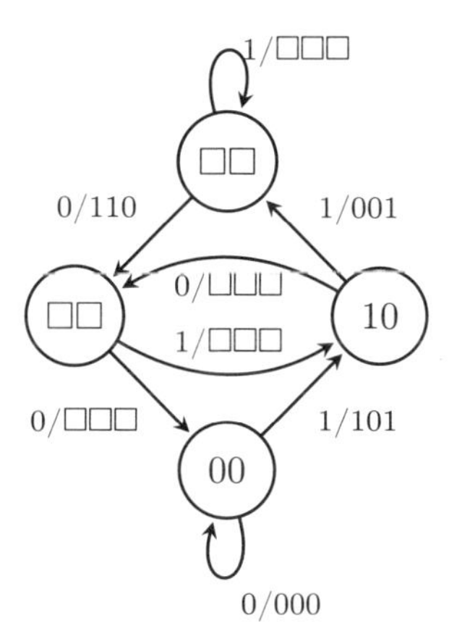

Bild 8.10: *Zustandsdiagramm*

g) Was ist die Rate R des Faltungscodes?

h) Zeichnen Sie das Schieberegister zur Codierung.

i) Ergänzen Sie die fehlenden Zustandsübergänge.

Lösung

c) $n_2 = 4$ und $k_2 = 2$.

d) $\mathbf{H}_3 = \begin{pmatrix} 1 & 0 & 1 & 1 & 0 & 1 & 0 & 1 & 1 & 1 & 0 & 1 & 1 \\ 0 & 1 & 1 & 2 & 0 & 0 & 1 & 1 & 2 & 0 & 1 & 1 & 2 \\ 0 & 0 & 0 & 0 & 1 & 1 & 1 & 1 & 1 & 2 & 2 & 2 & 2 \end{pmatrix}$, $n_3 = 13$ und $k_3 = 10$.

e) 2

f) $n_m = (3^m - 1)/2$ und $k_m = (3^m - 1)/2 - m$ und $d = 3$.

g) $R = 1/3$.

i) Siehe Bild 8.11.

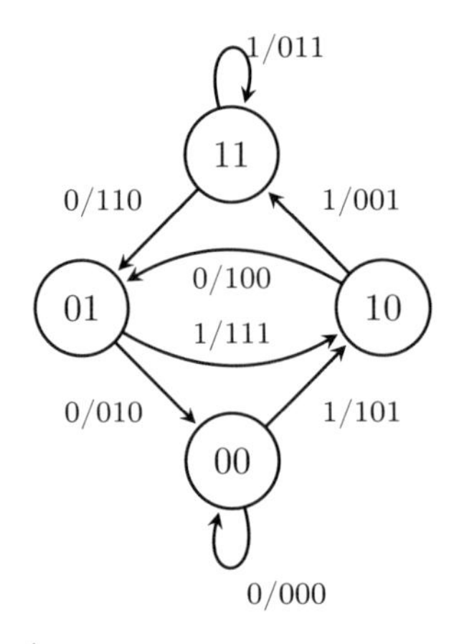

Bild 8.11: *Ergebnis Zustandsdiagramm*

Reed–Muller Code

Aufgabe

Wieviele Codeworte hat der Reed-Muller-Code $\mathcal{R}(5,8)$?

mögliche Hilfe: Baumstruktur der RM-Codes siehe Bild 8.2.

Lösung

Der Code $\mathcal{R}(5,8)$ hat $2^{219} \approx 8.425 \cdot 10^{65}$ Codeworte.

9 Elementare Protokolle

Wir wollen in diesem Kapitel Protokolle für drei elementare Fragestellungen in Kommunikationsnetzen besprechen. Diese sind:

- Wie gewährleistet man, dass die Daten zuverlässig (fehlerfrei) und in der richtigen Reihenfolge beim Empfänger ankommen?
- Wie kann das selbe Medium von mehreren Nutzer verwendet werden?
- Wie ermittelt man den kürzesten Weg zwischen zwei Nutzern eines Kommunikationsnetzwerkes?

Wir werden exemplarisch nur jeweils ein Verfahren erläutern, das jedoch die grundlegenden Prinzipien ausreichend klar macht.

Zunächst werden wir im ersten Abschnitt die zuverlässige Datenübertragung beschreiben und danach eine Methode des Vielfachzugriffs. Im dritten Abschnitt erörtern wir dann einen Algorithmus zur Berechnung des kürzesten Weges. Die drei betrachteten Verfahren befinden sich im sogenannten OSI-Modell üblicherweise in den Schichten 2 und 3, entsprechend Bild 9.1.

9.1 Zuverlässige Datenübertragung

Wir haben im letzten Kapitel gesehen, wie mittels Redundanz Fehler erkannt und/oder korrigiert werden können. In Kommunikationsnetzen wird meistens duplex Übertragung (in beide Richtungen) verwendet, so dass der Empfänger über den sogenannten Rückkanal den korrekten Erhalt bestätigen kann. Das Konzept, dass der Sender Information vom Empfänger erhält, wird sehr häufig in technischen Systemen angewandt und als Rückkoppelung bezeichnet. Werden die Daten fehlerhaft empfangen, so können diese über den Rückkanal erneut angefordert werden. Dies führt ein ARQ-Protokoll (*Automatic Repeat Request*) durch. Zusätzlich müssen die Daten noch in der richtigen Reihenfolge ankommen, bzw. vom Empfänger in die richtige Reihenfolge gebracht werden können. Dies kann beispielsweise durch eine Nummerierung der Datenpakete erreicht werden.

In diesem Abschnitt soll nur das Prinzip eines ARQ-Protokolls zur zuverlässigen Datenübertragung eingeführt werden, um ein wichtiges Konzept der Kommunikation mit Rückkanal zu beschreiben. Wir betrachten hierbei nur die einfachste Variante, das Stop-and-Wait-ARQ-Protokoll.

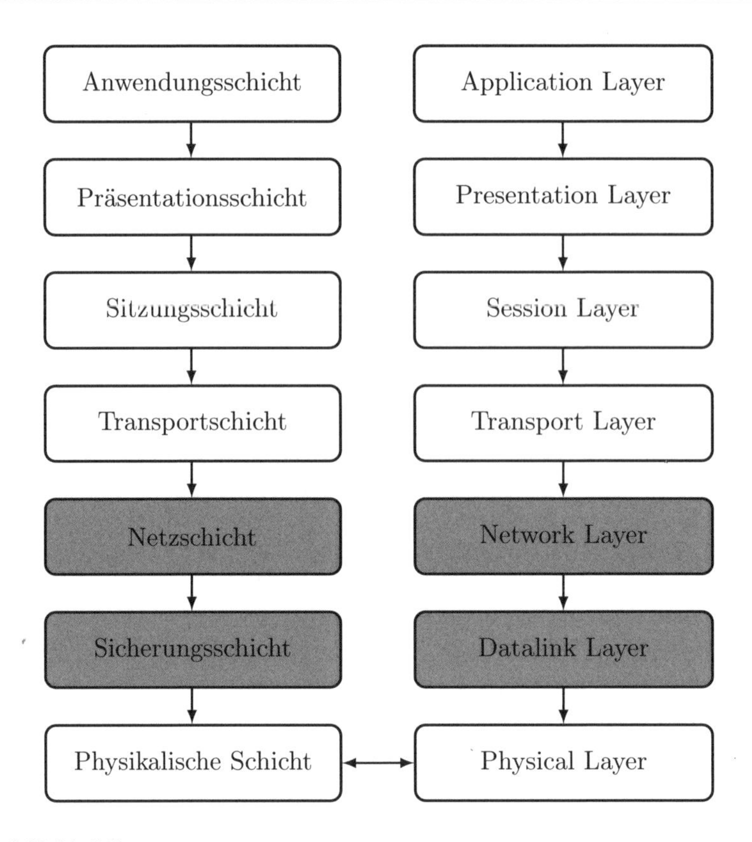

Bild 9.1: *OSI-Modell*

9.1.1 Stop-and-Wait-ARQ

Der Datenaustausch in Kommunikationsnetzen ist organisiert wie ein Paketdienst. Die Daten werden in Pakete gepackt, anschließend gesendet und vom Empfänger entpackt. Das Verpacken entspricht hierbei dem Anhängen spezieller Bitmuster, damit Beginn und Ende eines Paketes detektiert werden können. In Bild 9.2 ist ein Beispiel eines möglichen Paketaufbaus gezeigt. Die Kennzeichnung von Beginn und Ende wird durch so genannte Flags realisiert, die hier zu 8 Bit angenommen sind. Zusätzlich besitzen die Pakete eine Adresse, damit klar ist, wer der Empfänger ist. Das Feld Steuerung besagt, für welches Protokoll, d.h. welche Organisationseinheit, die Daten bestimmt sind. Der eigentliche Inhalt des Pakets aus Bild 9.2 sind natürlich die Daten, wobei die Anzahl an Bits variabel sein kann. Es existieren auch Formate, bei denen eine konstante Anzahl an Bits im Datenfeld sind. In diesem Fall benötigt man nur eine Kennzeichnung des Beginns, da die Länge des Pakets bekannt ist.

Die Übertragung kann gut oder schlecht sein, d.h. es treten wenige oder viele Fehler auf. Je nachdem welcher Fall vorliegt, muss der Ingenieur mehr oder weniger Redundanz einplanen. Wir wissen, dass die Fehler nur mit einer gewissen Wahrscheinlichkeit erkannt werden können, die von der Anzahl der Redundanzbits abhängt. Die Wahr-

Bits: 8	8	8	variabel	16	8
Flag	Adresse	Steuerung	Daten	CRC	Flag

Bild 9.2: *Möglicher Aufbau eines Datenpaketes*

scheinlichkeit, dass Fehler bei gegebener Übertragungssituation nicht erkannt werden, kann durch genügend Redundanzbits beliebig klein gemacht werden.

Des Weiteren benötigt man eine Strategie, für den Fall eines fehlerhaften Paketes. Offensichtlich muss dies dem Sender mitgeteilt werden, und dieser muss das Paket erneut senden. Ist es erneut fehlerhaft, muss das Senden abermals wiederholt werden, und zwar so oft, bis das Paket fehlerfrei empfangen wurde. Viele Wiederholungen bedeuten, dass sich die effektive Datenrate verschlechtert. Sie ist ein wichtiges Maß für die Effizienz eines Verfahrens.

Um die Leistungsfähigkeit eines ARQ-Protokolls beurteilen zu können, führt man Qualitätsparameter ein. Abhängig von den Werten dieser Parameter spricht man von der Güte (*Quality of Service, QoS*). Die Parameter sind die Latenzzeit (auch Verzögerungszeit oder *delay* genannt), die Zuverlässigkeit (*reliablity*) und der Durchsatz (*throughput*). Die Latenzzeit ist die Zeit, die zwischen dem Senden eines Bits und dem Vorliegen dieses Bits im Empfänger vergeht. Diese Zeit wird als Minimal-, Maximal- oder Mittelwert verwendet und soll hier nicht näher besprochen werden Die Zuverlässigkeit entspricht der Wahrscheinlichkeit, mit der ein aufgetretener Fehler erkannt werden kann, d.h. $(1-P_e)$. Wir haben gesehen, dass man diese Wahrscheinlichkeit durch die Länge des CRC beliebig nahe an 1 heranbringen kann. Daher nehmen wir im Folgenden an, dass Fehler immer erkannt werden. Wir wollen außerdem noch ein *verlustloses Netz* voraussetzen, d.h. jedes Paket wird so oft wiederholt, bis es vom Empfänger als fehlerfrei akzeptiert wird. Die Annahme eines verlustlosen Netzes ist eine in der Praxis meist unzutreffende Vereinfachung. Wenn sich ein Paket nicht innerhalb einer gewissen Zeit (zumindest vermeintlich) fehlerfrei übertragen lässt, ist die bestehende Verbindung offensichtlich sehr schlecht, und häufig ist es dann sinnvoll, diese abzubrechen. Den Durchsatz werden wir explizit herleiten.

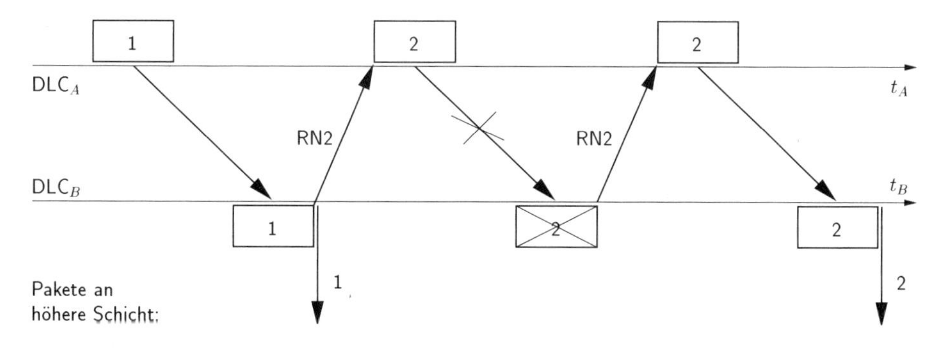

Bild 9.3: *Ablaufdiagramm eines SW-ARQ-Protokolls*

Wir können nun das Stop-and-Wait ARQ-Protokoll entsprechend Bild 9.3 beschreiben. Beim Stop-and-Wait-ARQ (SW-ARQ) wird jedes Paket so oft von einem Sender, der DLC_A genannt wird, zu einem Empfänger DLC_B übertragen, bis es korrekt empfangen wurde. Dabei steht die Abkürzung DLC für *data link control.* Im Deutschen wird DLC als Sicherungsschicht bezeichnet (siehe Bild 9.1). Erst wenn das Paket korrekt übertragen wurde, wird das nächste Paket übertragen. Die Bestätigung eines korrekt empfangenen Pakets wird als ACK (*acknowledge*) von DLC_B nach DLC_A gegeben. Wurden von DLC_B Fehler im Paket erkannt, so wird ein NAK (*negative acknowledge*) geschickt. Es können hierbei folgende Probleme auftreten.

- ACKs und NAKs können verlorengehen, was ohne zusätzliche Gegenmaßnahmen zu einem deadlock führt.
- Sind die ACKs und NAKs nicht nummeriert, können als Folge verfälschter oder verlorengegangener ACKs oder NAKs auf Sende- und Empfangsseite die Pakete evtl. nicht mehr eindeutig zugeordnet werden.

Damit das Protokoll bei verlorengehenden ACKs/NAKs weiterarbeitet, führt man Timer ein. Ist die am Timer eingestellte Zeit verstrichen ohne dass DLC_A eine Quittung erhalten hat, wiederholt DLC_A die Übertragung des betreffenden Pakets. Das Problem der Eindeutigkeit wird dadurch gelöst, dass DLC_A die Pakete mittels einer *Sequence Number* (SN) nummeriert und DLC_B jeweils die Sequence Number des nächsten erwarteten Pakets als *Request Number, RN* (RN) an DLC_A überträgt. Die Sequenz- und die Requestnummern können beim SW-ARQ Modulo 2 gerechnet werden, da das folgende Paket erst dann übertragen wird, wenn das vorherige als korrekt übertragen bestätigt wurde. Das erste Paket erhält also die Nummer 0 und das zweite die Nummer 1 und das dritte wieder die 0, usw. Damit ist sowohl die Fehlerfreiheit der Daten als auch ihre korrekte Reihenfolge gewährleistet.

In der Praxis werden die NAKs und ACKs ebenfalls durch CRC geschützt, so dass es sehr unwahrscheinlich ist, dass ACKs in NAKs verfälscht werden oder umgekehrt. Da aus verschiedenen Gründen Verzögerungszeiten durch Laufzeiten des Signals und durch Rechenzeiten auftreten, in denen der Kanal nicht belegt ist, verschlechtert sich der Durchsatz. Dies ist aus Bild 9.3 ersichtlich, da DLC_A warten muss, bis das ACK bzw. NAK eingetroffen ist. In dieser Zeit könnten zusätzlich zu den erforderlichen Übertragungsversuchen für ein akzeptiertes Paket weitere Informationsbits übertragen werden, so dass der tatsächlich erreichbare Durchsatz η unter dem theoretisch größtmöglichen Durchsatz $\eta_{\max}$ bleibt, also $\eta < \eta_{\max}$. Dadurch wird der Kanal bei SW-ARQ hinsichtlich des Durchsatzes nicht sonderlich effektiv genutzt. Wir betrachten hier jedoch die Verzögerung der Daten nicht weiter, obwohl dies ein wichtiger Parameter eines ARQ-Protokolls ist.

Im Mobilfunk wird mittlerweile das so genannte L-Channel SW-ARQ benutzt, das aus L parallen SW-ARQs besteht, so dass nach Senden des Pakets vom ersten SW-ARQ die Pakete der $(L-1)$ anderen Channels geschickt werden. In der Zeit in der die anderen Channels übertragen haben, ist das ACK bzw. NAK des ersten SW-ARQ bereits eingetroffen, und er kann dann sofort sein Paket wiederholen oder das nächste schicken. Auf diese Weise wird der Kanal ständig genutzt, und die Verzögerungszeit wird minimiert.

Dabei können sich Pakete überholen, weshalb ein zusätzlicher Mechanismus notwendig ist, der am Empfänger die Pakete in die richtige Reihenfolge bringt.

9.1.2 Durchsatz eines SW-ARQ-Protokolls

Der Durchsatz eines ARQ-Protokolls ist ein wichtiges Kriterium und ist wie folgt definiert.

Definition 9.1 *Durchsatz SW-ARQ.*

Der Durchsatz η eines ARQ-Protokolls ist die Anzahl von Informationsbits, die in einer gewissen Zeit übertragen und vom Empfänger akzeptiert wurden, bezogen auf die Anzahl der Bits, die in dieser Zeit insgesamt über den Kanal hätten übertragen werden können.

Wir gehen davon aus, dass alle Pakete k Informationsbits enthalten. Der größtmögliche Durchsatz $\eta_{\max}$ hängt von der mittleren Anzahl θ an Übertragungsversuchen ab, die benötigt werden, bis ein Paket akzeptiert wird. Wir wollen annehmen, dass bei der Übertragung ein beliebiger Fehler mit Wahrscheinlichkeit p auftritt. Dann ist die Wahrscheinlichkeit, dass ein Paket fehlerfrei ist, gleich $(1-p)$. Demnach benötigt man mit der Wahrscheinlichkeit $(1-p)$ nur eine Übertragung. Mit der Wahrscheinlichkeit $p(1-p)$ benötigt man zwei Übertragungen, mit $p^2(1-p)$ drei Übertragungen und mit $p^{i-1}(1-p)$ genau i Übertragungen. Damit errechnet sich der Erwartungswert θ für die mittlere Anzahl an Übertragungen zu:

$$\theta = (1-p) + 2p(1-p) + 3p^2(1-p) + \ldots = (1-p)\sum_{i=1}^{\infty} ip^{i-1}. \tag{9.1}$$

Um diesen Wert zu bestimmen, müssen wir die Summe

$$w = \sum_{i=1}^{\infty} ip^{i-1} = 1 + 2p + 3p^2 + 4p^3 + \ldots .$$

ausrechnen. Dies kann durch geschickte Multiplikation von w und Summierung durchgeführt werden.

$$\begin{aligned} w &= 1 + 2p + 3p^2 + 4p^3 + 5p^4 + 6p^5 + 7p^6 + \ldots \\ -2pw &= - 2p - 4p^2 - 6p^3 - p^4 - 10p^5 - 12p^6 - \ldots \\ p^2w &= p^2 + 2p^3 + 3p^4 + 4p^5 + 5p^6 + \ldots . \end{aligned}$$

Addiert man die Polynome der rechten Seite, so erkennt man, dass die Summe der Koeffizienten bei p, p^2, $p^3, \ldots$ Null ergibt. Wir erhalten damit durch Summation:

$$w - 2pw + p^2w = 1 \quad \Longrightarrow \quad w = \frac{1}{(1-p)^2}.$$

Damit können wir die mittlere Zahl der Übertragungen θ berechnen, indem wir w in Gleichung (9.1) einsetzen:

$$\theta = (1-p)w = (1-p)\frac{1}{(1-p)^2} = \frac{1}{(1-p)}.$$

Für einen fehlerbehafteten Kanal mit $0 < p < 1$ ist $\theta > 1$. Es ist im Mittel also mehr als eine Übertragung erforderlich, bis ein Paket akzeptiert wird.

Eine andere Herleitung dieses Ergebnisses geht davon aus, dass man mit der Wahrscheinlichkeit $1-p$ eine Übertragung benötigt. Mit der Wahrscheinlichkeit p war die erste Übertragung nicht erfolgreich. Nach der nicht erfolgreichen Übertragung erwarten uns im Mittel noch θ viele Übertragungen. Mit Wahrscheinlichkeit p benötigen wir also $1+\theta$ Übertragungen. Damit erhalten wir die Gleichung:

$$\theta = (1-p)\cdot 1 + p\cdot(1+\theta),$$

aufgelöst nach θ ergibt dies ebenfalls: $\theta = \frac{1}{(1-p)}$.

Nun ist auch noch zu berücksichtigen, dass zur Erkennung eines Übertragungsfehlers an jedes Paket mit k Informationsbits weitere $n-k$ Redundanzbits eines CRC angehängt werden. Damit müssen zur Übertragung von k Informationsbits durchschnittlich $\theta\cdot n$ Bits übertragen werden, und als maximal möglichen Durchsatz erhält man:

$$\eta_{\max} = \frac{k}{n\theta} = \frac{k}{n}(1-p).$$

Das SW-ARQ Protokoll wird fast immer zum Verbindungsaufbau benutzt. Da man noch nicht weiß, ob eine Verbindung aufgebaut werden kann, spielt die Ineffizienz keine Rolle.

9.2 Vielfachzugriffsverfahren

Der sogenannte Vielfachzugriff (oder Multiple Access) entspricht einem alltäglichen Problem: Viele Menschen wollen in einem Raum miteinander reden und die Worte von den Gesprächspartnern sollen korrekt verstanden werden. Die Sprache aller wird über das Medium Luft übertragen. Wenn alle Beteiligten durcheinander reden würden, könnten nicht alle Worte korrekt verstanden werden. Deshalb benötigt man Regeln. Genauso bedarf es für Kommunikationsnetze gewisser Regeln.

Aus Sicht der Informationstheorie versuchen in einem Vielfachzugriffskanal viele Sender ihre Daten an einen Empfänger zu senden. Es werden im Folgenden Schranken für die maximale Datenrate abgeleitet, mit der alle Sender gleichzeitig zum Empfänger übertragen können. Bei mehreren Teilnehmern werden die Analyse und der Zusammenhang recht komplex. Außerdem gelten die Aussagen meistens nur bei perfekter Synchronisierung. Deshalb wollen wir uns hier auf ein praktisches Verfahren fokussieren.

Als erstes erläutern wir, wie sich mehrere Nutzer ein Medium teilen können. Danach werden wir ein grundlegendes Verfahren vorstellen und analysieren. Es wird verwendet, wenn sich die Nutzer nicht gegenseitig absprechen können und doch das gleiche Medium verwenden wollen. Dazu muss man gewisse Regeln festlegen. Wir werden die Bedeutung dieser Regeln analysieren.

9.2.1 Multiplexing

Als Multiplexing bezeichnete man ursprünglich die Übertragung der Daten von mehreren Teilnehmern über ein Kabel. Kann man über ein Kabel 100 Mbps übertragen, so kann man beispielsweise auch die Daten von 10 Nutzern mit jeweils 10 Mbps übertragen. Dazu teilt man die Zeit periodisch in 10 Zeitschlitze auf und weist jedem Nutzer periodisch einen Zeitschlitz zu. Dies wird *Time Division Multiplexing* (TDM) genannt.

Die Radiosender benutzen hingegen *Frequency Division Multiplexing* (FDM), indem sie von dem ganzen Frequenzband, das für alle Radiosender zur Verfügung steht, nur ein Teilband nutzen. Mit den Walsh-Hadamard-Sequenzen aus Abschnitt 8.4.5 kann man *Code Division Multiplexing* (CDM) durchführen, indem jeder Nutzer seine eigene Sequenz verwendet. Trennt man die Nutzer räumlich, so spricht man von *Space Division Multiplexing* (SDM).

Den Begriff Multiplexing verwendet man, wenn eine feste Zuteilung (auf Frequenz, Zeit, Code, Raum) durchführt wird. Etwas allgemeiner ist der Begriff Multiple Access, der sowohl Zuteilungs- bzw. Reservierungsverfahren als auch sogenannte Wettbewerbsverfahren beinhaltet.

9.2.2 Das ALOHA-Konzept

Der Vielfachzugriff wurde im Jahre 1970 von einer Gruppe um Norman Abramson von der Universität Hawaii untersucht. In Hawaii ist die Universität auf verschiedene Inseln verteilt, und die Rechner sollten per Funk miteinander verbunden werden. Es entstand ein Protokoll, mit dem viele Geräte über das gleiche Medium kommunizieren konnten. Dazu wurden ein mathematisches Modell und eine Menge von Regeln aufgestellt und analysiert. Diesem Protokoll wurde als Name das hawaiianische „ALOHA“ gegeben, das auf Hawaii sowohl zur Begrüßung als auch zur Verabschiedung und auch zur warmherzigen Sympathiebekundung verwendet wird. Das ALOHA-Protokoll stellt den Ursprung von vielen heute angewandten Vielfachzugriffsprotokollen dar und macht deshalb die Grundidee des Vielfachzugriffs deutlich.

Um die Problemstellung mathematisch analysieren zu können, erstellen wir uns zunächst ein Modell. Dabei ist es nicht wichtig, ob das Medium, über das die Daten übertragen werden, ein Kabel, eine Glasfaser oder Luft ist. Wir nehmen in unserem Modell an: Es gibt einen Empfänger und viele Sender, die alle ihre Daten über das gleiche Medium zu dem einen Empfänger senden wollen. Dieser kann jedoch in einem Zeitabschnitt nur die Daten von einem Sender empfangen, d.h. wenn zwei oder mehrere Sender gleichzeitig senden, kommt es zu einer Kollision und die Daten von beiden bzw. allen gehen verloren. Die Sender können keine Information untereinander austauschen, wie beispielsweise wer wann senden darf, sondern jeder sendet seine Daten, wenn er Daten zum Senden hat, unabhängig von den anderen Sendern. Man kann sich dies wie ein *Wireless LAN* vorstellen, wobei die Sender viele Laptops sind, die sich ja nicht untereinander koordinieren. Wir vernachlässigen in unserem Modell bewusst, dass immer eine so genannte duplex Datenübertragung stattfindet, dass also ein Teilnehmer Daten sendet und auch empfängt, um unser Modell so einfach wie möglich zu halten.

Eine weitere Vereinfachung ist die Annahme, dass die Zeit in so genannte Zeitschlitze aufgeteilt ist, d.h. gleichlange Zeitabschnitte, die alle Sender und auch der Empfänger kennen. Mit dieser Annahme gewährleisten wir, dass wir nur drei Fälle unterscheiden müssen.

1. Kein Sender greift auf den Kanal zu: Der Zeitschlitz ist frei.
2. Genau ein Sender greift auf den Kanal zu: Dann kommt es zu einer erfolgreichen Übertragung.
3. Mindestens zwei Sender greifen gleichzeitig auf den Kanal zu: Es kommt zu einer Kollision.

Wir benötigen noch eine auf den ersten Blick unrealistische Annahme, die uns jedoch die Analyse enorm erleichtert und praktisch einfach realisierbar ist: Sofort am Ende eines Zeitschlitzes wissen alle Sender und auch der Empfänger, ob der Zeitschlitz frei oder ob die Übertragung erfolgreich war oder ob eine Kollision stattgefunden hat.

Damit nun alle Sender, die an einer Kollision beteiligt waren, ihre Daten übertragen können, benötigen wir eine Strategie bzw. Regeln für die Teilnehmer. Es wäre töricht, wenn alle Sender, die an einer Kollision beteiligt waren, ihre Daten sofort wieder senden würden, denn dann käme es zwangsläufig wieder zu einer Kollision und das System befände sich in einer *deadlock* Situation. Um eine solche Strategie beschreiben und analysieren zu können, werden wir zunächst einige mathematische Grundlagen angeben und dann das so genannte Slotted-ALOHA-Protokoll einführen, das die Basis für nahezu alle praktisch verwendeten Vielfachzugriffsprotokolle darstellt.

Zur Analyse des Slotted-ALOHA-Protokolls benötigen wir die Binomialverteilung, die die Wahrscheinlichkeit $P(t|n)$ berechnet, dass bei n-facher Wiederholung eines Zufallsexperiments mit zwei möglichen Ausgängen (unabhängigen Wahrscheinlichkeiten p und $(1-p)$) genau t-mal dasjenige Ereignis mit der Wahrscheinlichkeit p auftritt:

$$P(t|n) = \binom{n}{t} p^t \cdot (1-p)^{n-t} = \frac{n(n-1)(n-2)\ldots(n-t+1)}{t(t-1)(t-2)\ldots 1}\, p^t \cdot (1-p)^{n-t}.$$

Der Erwartungswert in Abhängigkeit von n und p ergibt sich zu np.

Zusätzlich benötigen wir noch den Zusammenhang von zwei statistisch unabhängigen Zufallsexperimenten. Nehmen wir an, wir hätten eine Münze A, die mit Wahrscheinlichkeit p Kopf K_a ergibt und eine zweite Münze B, die mit Wahrscheinlichkeit q Kopf K_b ergibt. Dann ist die Wahrscheinlichkeit beim Werfen beider Münzen K_a und K_b gleichzeitig zu erhalten, gleich dem Produkt der Wahrscheinlichkeiten $p \cdot q$. Insgesamt ergeben sich beim Werfen der beiden Münzen vier mögliche Ausgänge. Die Wahrscheinlichkeit Zahl Z_a und K_b zu werfen ist $(1-p) \cdot q$, die Wahrscheinlichkeit für K_a und Zahl Z_b ist

Ausgang	K_a, K_b	K_a, Z_b	Z_a, K_b	Z_a, Z_b
Wahrscheinlichkeit	$p \cdot q$	$p(1-q)$	$(1-p)q$	$(1-p)(1-q)$

Tabelle 9.1: *Wahrscheinlichkeit für das zwei Münzen Experiment.*

$(1-q) \cdot p$ und für Z_a und Z_b $(1-p) \cdot (1-q)$. Die vier Möglichkeiten sind in Tabelle 9.1 zusammengefasst.

Zusammenaddiert müssen die vier Wahrscheinlichkeiten 1 ergeben, da dies alle möglichen Ereignisse sind. In der Tat gilt:

$$pq+(1-p)q+(1-q)p+(1-p)(1-q) = pq+q-pq+p-pq+1-p-q+pq = 1.$$

Nehmen wir nun an, wir hätten insgesamt n Münzen, wobei k davon Kopf K_b besitzen und damit die anderen $n-k$ Kopf K_a. Werfen wir alle n Münzen, so ist die Wahrscheinlichkeit, dass i davon K_a und j davon K_b zeigen gleich

$$P_p(i|n-k) \cdot P_q(j|k) = \binom{n-k}{i} p^i \cdot (1-p)^{n-k-i} \cdot \binom{k}{j} q^j \cdot (1-q)^{k-j},$$

also gleich dem Produkt der beiden Wahrscheinlichkeiten, da es sich um statistisch unabhängige Zufallsgrößen handelt. Auf Grund der statistischen Unabhangigkeit und der Linearität ist der Erwartungswert E für die Anzahl K_a und K_b bei diesem Experiment gleich der Summe der Erwartungswerte beider Münzen:

$$E = (n-k)p + kq.$$

Dies wird offensichtlich, wenn wir als erstes die $n-k$ Münzen mit K_a werfen, und anschließend in einem weiteren Wurf die k Münzen mit K_b. Für den ersten Wurf beträgt der Erwartungswert $(n-k)p$ und für den zweiten Wurf kq. Also ist der gesamte Erwartungswert gleich der Summe der beiden Erwartungswerte. Damit können wir das ALOHA-Protokoll analysieren.

Slotted-ALOHA-Protokoll

Wir wollen annehmen, dass m Sender existieren und die Sender Datenpakete senden, die genau in einen Zeitschlitz passen. Das Slotted-ALOHA-Protokoll besteht nun aus Regeln, nach denen die Kommunikation abläuft und die nachfolgend aufgelistet sind. Wir bezeichnen dabei einen Sender als *backlogged*, wenn sein Paket an einer Kollision beteiligt war und er versuchen muss, dieses Paket erneut zu senden.

Regeln:

1. Jeder nicht-backlogged Sender, der ein neues Datenpaket zu senden hat, was mit Wahrscheinlichkeit p_a eintritt, sendet dieses im nächstmöglichen Zeitschlitz.

2. Jeder backlogged Sender sendet sein Paket mit Wahrscheinlichkeit p_r im nächsten Zeitschlitz.

3. Ein backlogged Sender generiert keine neuen Datenpakete, solang das Paket, das an einer Kollision beteiligt war, nicht erfolgreich übertragen wurde.

Die Wahrscheinlichkeit p_a kann interpretiert werden als die Wahrscheinlichkeit, mit der ein nicht-backlogged Sender auf den Kanal (Zeitschlitz) zugreift. Sobald ein Sender ein Paket erzeugt und beim ersten mal erfolglos auf den Kanal zugegriffen hat, befindet er sich bis zur erfolgreichen Übertragung des Pakets im backlogged Zustand. Nehmen wir an, dass das System bereits eine Zeit betrieben wurde und dass k Sender backlogged sind und entsprechend $m - k$ Sender nicht. Dann ist die Wahrscheinlichkeit, dass i von k backlogged Stationen gleichzeitig auf einen Zeitschlitz zugreifen, gleich

$$P_r(i|k) = \binom{k}{i} p_r^i (1 - p_r)^{k-i} ; \qquad (9.2)$$

für j Zugriffe von den $m - k$ übrigen Sendern ist die Wahrscheinlichkeit

$$P_a(j|m-k) = \binom{m-k}{j} p_a^j (1 - p_a)^{m-k-j} . \qquad (9.3)$$

Beispiel 9.2: *Wahrscheinlichkeiten beim Vielfachzugriff*

Die Anzahl der Sender sei $m = 8$, von denen aktuell $k = 3$ backlogged sind. Ferner sei $p_r = 0.25$ und $p_a = 0.1$. Wir berechnen die Wahrscheinlichkeit, dass einer der drei backlogged Sender auf einen Zeitschlitz zugreift:

$$P_r(1|3) = \binom{3}{1} (0.25)^1 \cdot (1 - 0.25)^{3-1} = 3 \cdot \frac{1}{4} \cdot \frac{27}{64} \approx 0.32 .$$

Die Wahrscheinlichkeit, dass zwei der fünf nicht-backlogged Sender auf einen Zeitschlitz zugreifen ist

$$P_a(2|5) = \binom{5}{2} (0.1)^2 \cdot (1 - 0.1)^{5-2} = 10 \cdot 0.01 \cdot 0.729 = 0.07 .$$

Damit ist die Wahrscheinlichkeit, dass in einem Zeitschlitz ein backlogged und zwei nicht-backlogged Sender zugreifen

$$P_r(1|3) \cdot P_a(2|5) \approx 0.02 .$$

Mit den beiden Wahrscheinlichkeiten der Gleichungen (9.2) und (9.3) können wir nun die Wahrscheinlichkeiten bestimmen, mit denen ein Zeitschlitz frei oder erfolgreich ist, oder dass eine Kollision in einem Zeitschlitz auftritt. Ein Zeitschlitz ist frei, wenn keiner der backlogged Sender und keiner der nicht-backlogged Sender auf den Zeitschlitz zugreift. Dies geschieht mit der Wahrscheinlichkeit P_{frei}

$$\begin{aligned}
P_{frei} &= P_r(0|k) \cdot P_a(0|m-k) \\
&= \left(\binom{k}{0} p_r^0 (1-p_r)^{k-0}\right) \cdot \left(\binom{m-k}{0} p_a^0 (1-p_a)^{m-k-0}\right) \\
&= (1-p_r)^k \cdot (1-p_a)^{m-k}.
\end{aligned}$$

Ein Zeitschlitz ist erfolgreich, wenn entweder genau ein backlogged Sender und kein nicht-backlogged, oder aber kein backlogged und genau ein nicht-backlogged Sender zugreift. Die Wahrscheinlichkeit P_{erf} dafür ist:

$$\begin{aligned}
P_{erf} &= P_r(1|k) \cdot P_a(0|m-k) + P_r(0|k) \cdot P_a(1|m-k) \\
&= \left(\binom{k}{1} p_r^1 (1-p_r)^{k-1}\right) \cdot \left((1-p_a)^{m-k}\right) \\
&\quad + \left((1-p_r)^k\right) \cdot \left(\binom{m-k}{1} p_a^1 (1-p_a)^{m-k-1}\right) \\
&= kp_r(1-p_r)^{k-1} \cdot (1-p_a)^{m-k} \\
&\quad + (1-p_r)^k \cdot (m-k)p_a(1-p_a)^{m-k-1}.
\end{aligned}$$

Bleibt noch die Wahrscheinlichkeit P_{kol} für eine Kollision in einem Zeitschlitz auszurechnen. Dazu überlegt man sich, dass dies genau alle diejenigen Fälle sind, in denen der Zeitschlitz weder frei noch erfolgreich ist, d.h.

$$P_{kol} = 1 - P_{erf} - P_{frei}.$$

Um die ganzen Wahrscheinlichkeiten übersichtlich darzustellen, wollen wir zunächst eine Tabelle erstellen, in der wir die Änderung Δk der Anzahl k der backlogged Sender auflisten. Wir bezeichnen dabei k als den Zustand des Systems und Δk ist die Zustandsänderung. Mit i und j aus den Definitionsgleichungen (9.2) und (9.3) lassen sich die Zustandsübergänge gemäß Tabelle 9.2 beschreiben.

Mit $P_{k,k+\Delta k}$ wollen wir die Übergangswahrscheinlichkeit bezeichnen, dass vor dem Zeitschlitz k Sender und nach dem Zeitschlitz $k + \Delta k$ Sender backlogged sind. Dabei gilt $-1 \leq \Delta k \leq m - k$, da die Anzahl der backlogged Sender pro Zeitschlitz nicht um mehr als 1 abnehmen kann und auch nicht mehr als alle m Sender backlogged sein können. Die Wahrscheinlichkeiten zu den Zustandsübergängen Δk aus Tabelle 9.2 ergeben sich zu

$$P_{k,k+\Delta k} = \begin{cases}
P_a(0|m-k)P_r(1|k) & \Delta k = -1 \\
\left.\begin{array}{l} P_a(0|m-k)[1-P_r(1|k)] \\ \quad + P_a(1|m-k)P_r(0|k) \end{array}\right\} & \Delta k = 0 \\
P_a(1|m-k)[1-P_r(0|k)] & \Delta k = 1, k \geq 1 \\
P_a(\Delta k|m-k) & 2 \leq \Delta k \leq m-k \\
0 & \text{sonst.}
\end{cases} \tag{9.4}$$

Zustandsübergang	nicht-backlogged	backlogged	Zeitschlitz
$\Delta k = -1: \; k \to k-1$	$j = 0$	$i = 1$	erfolgreich
$\Delta k = 0: \; k \to k$	$j = 0$	$i = 0$	frei
	$j = 0$	$i \geq 2$	Kollision
	$j = 1$	$i = 0$	erfolgreich
$\Delta k = 1: \; k \to k+1$	$j = 1$	$i \geq 1$	Kollision ($k \geq 1$)
$\Delta k \geq 2: \; k \to k + \Delta k$	$j = \Delta k$	beliebig	Kollision

Tabelle 9.2: *Zustandsübergänge für Slotted-ALOHA mit m Stationen.*

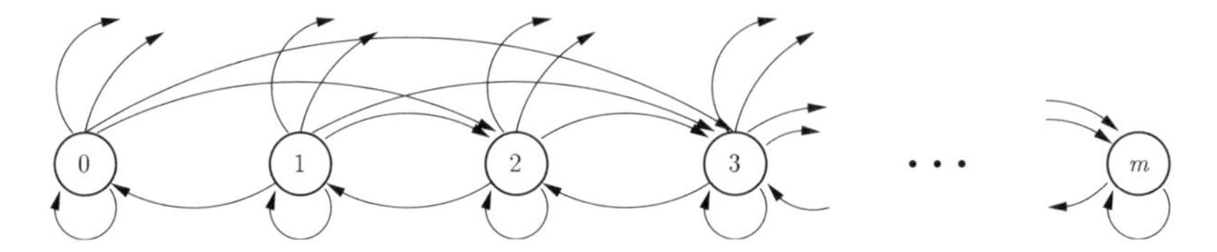

Bild 9.4: *Markov-Kette für Slotted-ALOHA*

Wir können das System durch eine so genannte zeitdiskrete Markov-Kette beschreiben. Diese besteht aus Zuständen und Zustandsübergängen, denen eine bestimmte Wahrscheinlichkeit zugeordnet wird. Die Nummer k eines Zustandes der in Bild 9.4 gezeigten Kette gibt die Anzahl k der backlogged Sender zu Beginn eines Zeitschlitzes an. Die Wahrscheinlichkeiten sind nicht an die Zustandsübergänge angeschrieben, da dies zu unübersichtlich wäre, können aber direkt aus Gleichung (9.4) entnommen werden.

Ein Wechsel aus einem niedrigen in einen höheren Zustand der Markov-Kette ergibt sich stets als Folge einer Kollision; die Erhöhung der Zustandsnummer entspricht dabei der Zahl neuer Pakete, die an der Kollision beteiligt waren. Da im Zustand 0 nur neu erzeugte Pakete kollidieren können und an einer Kollision mindestens zwei Pakete beteiligt sein müssen, ist ein Übergang von Zustand 0 nach Zustand 1 nicht möglich. Eine Erniedrigung des Zustandes um maximal 1 ist nur durch eine erfolgreiche Übertragung eines Paketes durch einen backlogged Sender möglich, wenn keine nicht-backlogged Sender zugreifen. Da immer nur ein Paket pro Zeitschlitz erfolgreich übertragen werden kann, erniedrigt sich der Zustand um maximal 1.

Beispiel 9.3: *Markov-Kette des Vielfachzugriffs*

Wir wollen einige Übergangswahrscheinlichkeiten der Markov-Kette aus Bild 9.4 berechnen. Die Wahrscheinlichkeit $P_{3,2}$ des Zustandsübergangs von 3 nach 2 ist gleich der Wahrscheinlichkeit, dass keiner der $m-3$ nicht-backlogged Sender auf einen Zeitschlitz zugreift, mal der Wahrscheinlichkeit, dass nur einer der 3 backlogged Sender zugreift, d.h.

$$P_{3,2} = P_a(0|m-3) \cdot P_r(1|3) = \binom{m-3}{0} p_a^0 (1-p_a)^{m-3} \binom{3}{1} p_r^1 (1-p_r)^{3-1}.$$

Die Wahrscheinlichkeit $P_{1,3}$ des Zustandsübergangs von 1 nach 3 ist die Wahrscheinlichkeit, dass 2 der $m-1$ nicht-backlogged Sender auf einen Zeitschlitz zugreifen. Was der eine backlogged Sender macht ist egal, er kann zugreifen oder nicht. Also

$$P_{1,3} = P_a(2|1) = \binom{m-1}{2} p_a^2 (1-p_a)^{m-1-2}.$$

Des Weiteren ist die Wahrscheinlichkeit $P_{3,3}$ des Zustandsübergangs von 3 nach 3 gleich der Wahrscheinlichkeit, dass keiner der $m-3$ nicht-backlogged Sender zugreift mal der Wahrscheinlichkeit, dass keiner oder mehr als einer der 3 backlogged Sender zugreift. Zu diesem Wert müssen wir die Wahrscheinlichkeit addieren, dass ein nicht-backlogged Sender zugreift, mal der Wahrscheinlichkeit, dass kein backlogged Sender zugreift:

$$\begin{aligned} P_{3,3} &= P_a(0|m-3)(1-P_r(1|3)) + P_a(1|m-3)P_r(0|3) \\ &= \binom{m-3}{0} p_a^0 (1-p_a)^{m-3} (1 - \binom{3}{1} p_r^1 (1-p_r)^{3-1}) \\ &+ \binom{m-3}{1} p_a^1 (1-p_a)^{m-3-1} \binom{3}{0} p_r^0 (1-p_r)^3. \end{aligned}$$

Durchsatz von Slotted-ALOHA

Als Durchsatz S bezeichnen wir das Verhältnis von erfolgreichen Kanalzugriffen zur Anzahl möglicher Kanalzugriffe, sprich maximal möglicher Datenrate. Um von der wirklichen Datenrate (1kBit/sec oder 1MBit/sec) unabhängig zu sein, normiert man die maximale Datenrate zu 1 Paket pro Zeitschlitz. Damit ist S die mittlere Anzahl der pro Zeitschlitz erfolgreich übertragenen Pakete, d.h. genau die Wahrscheinlichkeit P_{erf}.

$$\begin{aligned} S(k) = P_{erf} &= P_a(0|m-k)P_r(1|k) + P_a(1|m-k)P_r(0|k) \\ &= (1-p_a)^{m-k} k p_r (1-p_r)^{k-1} + (m-k)p_a(1-p_a)^{m-k-1}(1-p_r)^k \,. \end{aligned}$$

Wenn m und k genügend groß und p_a und p_r genügend klein sind, kann man die Subtraktion von 1 in zwei der vier Exponenten vernachlässigen. Des Weiteren setzt man die Näherung $(1-x)^y \approx e^{-xy}$ ein und erhält

$$\begin{aligned} S(k) &= (1-p_a)^{m-k} k p_r (1-p_r)^k + (m-k)p_a(1-p_a)^{m-k}(1-p_r)^k \\ &\approx [kp_r + (m-k)p_a]\,(1-p_a)^{m-k}(1-p_r)^k \\ &\approx [kp_r + (m-k)p_a]\, e^{-(m-k)p_a} e^{-kp_r} \end{aligned}$$

Mit $G(k)$ bezeichnen wir die mittlere Anzahl von Zugriffen auf einen Zeitschlitz bei k backlogged und $m-k$ nicht-backlogged Sendern. $G(k)$ kann als Summe der Erwartungswerte beider Binomialverteilungen (9.2) und (9.3) berechnet werden:

$$G(k) = E[i+j|k] = kp_r + (m-k)p_a \,.$$

Setzen wir $G(k)$ in die vorherige Gleichung ein, so erhalten wir

$$\begin{aligned} S(k) &\approx [kp_r + (m-k)p_a]\, e^{-(m-k)p_a - kp_r} \\ &= G(k) \cdot e^{-G(k)} . \end{aligned}$$

Diese Gleichung ist in Bild 9.5 gezeichnet, wobei $p_r > p_a$ angenommen wurde. Der maximale Durchsatz ergibt sich bei $G(k) = 1$ zu $S_{max} = \frac{1}{e}$ (entspricht ungefähr 37%). Dabei bedeutet $G(k) = 1$, dass der Erwartungswert für die Anzahl der Zugriffe pro Zeitschlitz gleich 1 ist.

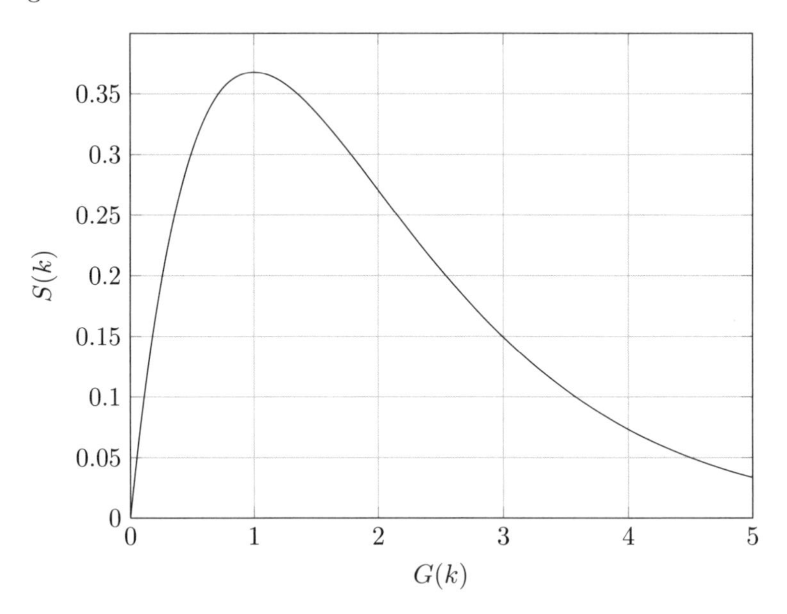

Bild 9.5: *Durchsatz von Slotted-ALOHA*

Dies ist ein sehr ernüchterndes Ergebnis. Mit diesem Verfahren kann fast 2/3 der Übertragungskapazität eines Systems nicht ausgenutzt werden. Deshalb haben sich Ingenieure Verbesserungsmöglichkeiten überlegt und den Durchsatz auf nahezu 1 erhöht. Im Folgenden wollen wir drei Ideen beschreiben, wie er verbessert werden kann.

Bei allen drahtlosen Systemen werden fast alle Zeitschlitze exklusiv den Nutzern zugeordnet. Nur für den ersten Zugriff und in einem relativ kleinen Zeitraum wird Slotted-ALOHA benutzt. Dazu werden prinzipiell die Zeitschlitze in zwei Klassen aufgeteilt. Eine Klasse, in der Slotted-ALOHA erlaubt ist und eine andere, die exklusiv zugewiesen wird. Beispielsweise kann in jedem ersten von 100 Zeitschlitzen Slotted-ALOHA erlaubt sein und die anderen 99 werden exklusiv zugewiesen. In einem von 100 hat man damit 37 % Durchsatz, in den anderen 99 jedoch 100 % Durchsatz, und damit also praktisch einen Durchsatz von 100 % im System. Ein Sender A, der Daten übertragen will, meldet sich mit seiner Kennung im Slotted-ALOHA Zeitschlitz mit dem Verbindungswunsch. Falls er erfolgreich war, d.h. wenn sein Paket nicht mit anderen kollidiert ist, schickt der Empfänger ihm eine Nachricht, der Sender A soll Zeitschlitz 5 von den 100 benutzen. Danach benutzt er periodisch immer den fünften von 100 Zeitschlitzen und seine Pakete kollidieren dann nicht mit anderen. Dies wird als Reservierungsverfahren bezeichnet.

Eine weitere Idee wird bei Datenübertragung über Leitungen eingesetzt, das sogenannte Carrier Sensing Verfahren. Dabei hört jeder Sender die Leitung ab und sendet nur, wenn die Leitung frei ist. Auf diese Weise können nur Kollisionen stattfinden, wenn ein Sender begonnen hat zu senden, sein elektrischen Signal wegen der Laufzeit jedoch noch nicht beim anderen Sender angekommen ist und dieser ebenfalls zu senden beginnt.

Eine weitere Verbesserung lässt sich dadurch erreichen, dass zusätzlich eine Kollisionsdetektion eingesetzt wird. Ein Sender schreibt dabei Daten auf die Leitung und liest sie wieder. Wenn das, was er liest nicht mit dem, was er gesendet hat übereinstimmt, hat er eine Kollision detektiert und bricht das Senden ab. Damit wird die Zeitdauer einer Kollision verringert, was bewirkt, dass die Leitung früher wieder frei ist und zum Senden benutzt werden kann.

Stabilisierung von Slotted-ALOHA

Bei Slotted-ALOHA besteht prinzipiell die Gefahr, dass das System einen instabilen Zustand einnimmt (für Details sei auf [BB99] verwiesen). Um dies zu vermeiden, werden Stabilisierungsverfahren verwendet. Eine hierbei grundlegende Idee wollen wir im Folgenden vorstellen.

Betrachten wir die Wahrscheinlichkeiten p_a und p_r, so können wir einen wesentlichen Unterschied feststellen. Während p_a von den Sendern abhängt und angibt, mit welcher Wahrscheinlichkeit ein neues Paket zum Senden auftritt, kann p_r prinzipiell vom System, d.h. vom Empfänger festgelegt werden. Denn die Wahrscheinlichkeit p_r ist Teil der Regeln, mit denen backlogged Sender ihr kollidiertes Paket erneut senden dürfen. Diese Tatsache nutzt man zur Stabilisierung aus. Zunächst wird mit einem Trick p_a zu p_r gemacht, indem eine neue Regel eingeführt wird, die besagt, dass auch ein neues Datenpaket sofort als backlogged betrachtet wird. Damit verschwindet die Wahrscheinlichkeit p_a, jedoch erhöht sich die Anzahl der backlogged Sender um die neu zu sendenden Pakete. Damit gilt für den Erwartungswert $G(k)$:

$$G(k) = kp_r + (m - k)p_a \quad \Longrightarrow \quad G(\hat{k}) = \hat{k}p_r,$$

wobei das neue $\hat{k}$ aus den backlogged und den nicht-backlogged Sendern, die neue Pakete zu senden haben, besteht. Ziel ist es, einen möglichst hohen Durchsatz zu erreichen. Die Idee dafür ist, dass der Empfänger $\hat{k}$ schätzt und dann die Wahrscheinlichkeit p_r so festlegt, dass $G(\hat{k}) = 1$ wird, da entsprechend Bild 9.5 der Durchsatz bei 1 maximal wird. D.h. es wird

$$p_r = \frac{1}{\hat{k}} \quad \Longrightarrow \quad G(k) = \hat{k}p_r = 1$$

gewählt. Eine Schätzung von $\hat{k}$ ist technisch gut möglich, soll aber hier nicht angegeben werden, da man zu ihrem Verständnis noch weitere Theorie benötigen würde.

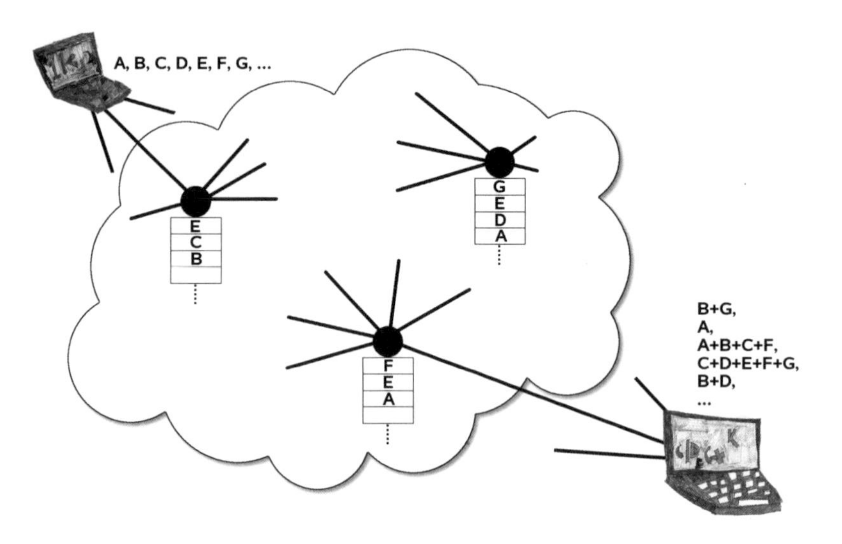

Bild 9.6: *Kommunikationsnetzwerk-Modell*

9.3 Routing

Wir wollen uns nun damit beschäftigen, wie der Weg einer Nachricht durch ein Kommunikationsnetz bestimmt wird. Ein Kommunikationsnetz besteht aus Teilnehmern, Vermittlungseinrichtungen (*Switches*), Routern und Leitungen. Wir können die Teilnehmer, Switches, Router, etc. als Knoten und die Leitungen dazwischen als Kanten darstellen. Damit können wir das Netz mathematisch als Graph beschreiben. Die Leitungen besitzen eine Übertragungskapazität, die jeweils individuell verschieden sein kann. Diese sowie andere Eigenschaften können als Label (Markierung) an die Kanten des Graphen geschrieben werden. In der Regel gibt es zwischen zwei Teilnehmern mehrere mögliche Wege (*routes*), auch Pfade (*paths*) genannt, auf denen eine Nachricht vom Sender (Ursprungs-, Startknoten) zum Empfänger (Zielknoten) gelangen kann. Die Aufgabe des Routing (Wegelenkung) ist es, gemäß bestimmter Kriterien einen möglichst guten Weg auszuwählen. Die Kriterien sind u.a. die Verzögerungszeit der Nachricht, die Kapazität der entsprechenden Kanten auf dem Pfad, das aktuelle Verkehrsaufkommen, die Kosten, etc. Des Weiteren sollen alle Teilnehmer in gleicher Weise fair berücksichtigt werden.

Die Berechnung eines unter bestimmten Kriterien optimalen Weges ist ein sehr komplexes mathematisches Optimierungsproblem, d.h. man muss sehr rechenaufwändige Algorithmen ausführen, um es zu lösen. Ist eine Lösung gefunden, dann ist diese nur für kurze Zeit gültig, da sich das Verkehrsaufkommen kontinuierlich ändert, ja sogar das Netz sich durch Ausfälle bzw. Hinzukommen von Leitungen und/oder Knoten verändern kann. Also kommt zu der Komplexität des Optimierungsproblems noch hinzu, dass man zur Lösung die Information über den aktuellen Status des Netzes benötigt.

Deshalb wollen wir im Folgenden den einfacheren Fall annehmen, dass die Eigenschaften des Netzes konstant sind.

Um ein weiteres Problem, nämlich die Stabilität, zu beschreiben, stellen wir uns ein Telefonnetz vor, bei dem die Leitung München (M) — Frankfurt (F) überlastet ist, dagegen M — Stuttgart (S) — F nicht. Dies kann bedeuten, dass nun alle Gespräche über M — S — F geroutet werden, was zur Folge hat, dass nun diese Verbindung überlastet ist und M — F nicht mehr. Daraufhin werden wieder alle Gespräche über M — F geroutet usw. Dieses Verhalten des Systems wird als Schwingen bezeichnet und bedeutet Instabilität, welche es zu vermeiden gilt.

Die verschiedenen Informationen (Kosten, Verzögerungszeit, Verkehrsaufkommen, etc.), die ein Routingverfahren berücksichtigen muss, werden in einem Wert zusammengefasst. Je niedriger der Wert, desto „kürzer" der Weg. Damit hat man das Problem in einem Modell abstrahiert. Mit Hilfe dieses Modells berechnet der Dijkstra-Algorithmus (siehe Abschnitt 9.3.2) den kürzesten Weg.

9.3.1 Netzwerkgraph

Ein Kommunikationsnetz kann durch einen Graphen beschrieben werden. Die Beschreibung von Kommunikationsnetzen ist nur eines der vielen Einsatzgebiete der Graphentheorie.

Definition 9.4 *Graph eines Kommunikationsnetzes.*

Ein Graph besteht aus einer Menge $\mathcal{V}$ von Knoten (*vertex*). Diese Knoten sind durch Kanten (*edge, branch, link*) verbunden, die in der Menge $\mathcal{E}$ zusammengefasst werden. Jede Kante besitzt einen nichtnegativen Label, der ihr Gewicht (Kosten, Fluss) angibt.

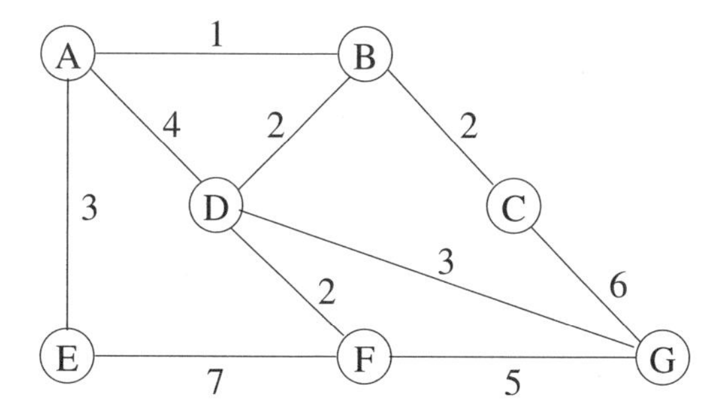

Bild 9.7: *Möglicher Graph eines Kommunikationsnetzes*

In Bild 9.7 ist ein möglicher Graph mit Kantenlabel gezeichnet. Anhand dieses Graphen wollen wir einige Begriffe der Graphentheorie einführen. Ein Pfad (*path, route*) ist eine Folge von Knoten, die durch Kanten verbunden sind. Beispiel: (B,D,F,G). Dieser Pfad kann alternativ auch als Folge von Kanten beschrieben werden: (B,D), (D,F),

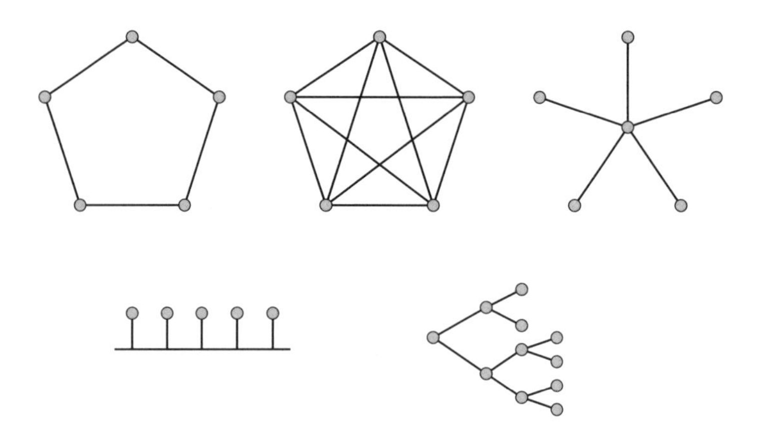

Bild 9.8: *Oben: Ring, vollständiger Graph, Stern. Unten: Bus, Baum*

(F,G). Eine Schleife ist ein Pfad, dessen Endknoten und Startknoten identisch sind, etwa (D,F,E,A,D). Diejenige Schleife, die alle Knoten des Graphen beinhaltet und deren Summe der Label der Kanten minimal ist, wird als Hamilton-Schleife bezeichnet. Die Hamilton-Schleife bei sehr großen Graphen zu finden, ist ein schwieriges mathematisches Problem. In der Graphentheorie definiert man außerdem noch einen so genannten Baum, der quasi das Gegenstück zur Schleife ist. Ein Baum ist eine Menge Kanten und enthält keine Schleife. Ein möglicher Baum in Bild 9.7 ist: (D,F), (D,B), (D,G), (D,A). Das Analogon zur Hamilton-Schleife ist der vollständige Baum. Er beinhaltet alle Knoten, aber keine Schleife. Manchmal wird bei Graphen noch die Richtungen der Kanten unterschieden. In diesem Fall spricht man von einem gerichteten Graphen. Es könnte dann die Kante (D,A) existieren, jedoch nicht (A,D). Der Einfachheit halber wollen wir jedoch nur ungerichtete Graphen betrachten, d.h. unsere Nachricht kann sowohl (D,A) als auch (A,D) als Pfadteilstück nutzen. Zur Beschreibung eines Kommunikationsnetzes benötigen wir noch einen weiteren Begriff, den Begriff des zusammenhängenden Graphen. Ein Graph heißt zusammenhängend, wenn zwischen zwei beliebigen Knoten mindestens ein Pfad existiert. Diese Eigenschaft ist bei Kommunikationsnetzen notwendig, da sonst nicht jeder Teilnehmer mit jedem kommunizieren könnte.

Wir wollen noch einige typische Graphen für Kommunikationsnetze beschreiben die die Topologie eines Netzes festlegen. Diese sind in Bild 9.8 angegeben. Bei einem Ring sind die Nutzer, wie auf einer Perlenkette aufgereiht. Dabei muss physikalisch kein Kreis vorliegen. Ein Graph heißt vollständig, wenn zwei beliebige Knoten durch eine Kante verbunden sind. Ein Kommunikationsnetz, bei dem zwischen beliebigen zwei Teilnehmern eine Leitung existiert, wäre aufwändig und teuer. Praktisch wird ein Netz einem Graphen entsprechen, der zwar verschiedene Alternativwege zwischen zwei Teilnehmern hat, aber nicht vollständig ist. Ein Stern beschreibt einen Rechner mit seinen Peripherie-Geräten, wie Drucker, Scanner, Bildschirm, etc., aber auch einen Server-Rechner mit seinen Benutzerrechnern, oder einen Kommunikationssatelliten. Als Daten-Bus[1] bezeichnet man eine Anordnung, bei der alle Teilnehmer durch ein Kabel verbunden sind. In

[1]Der Daten-Bus ist formal gesehen kein Graph.

Bild 9.8 ist unten rechts ein Baum dargestellt. Interessant ist dass es bei einem Baum genau einen Weg zwischen zwei beliebigen Knoten gibt.

9.3.2 Dijkstra-Algorithmus

Aufgabe des Dijkstra-Algorithmus ist die Bestimmung des kürzesten Weges zwischen zwei Knoten. Wir wollen den Algorithmus an einem Beispiel beschreiben und benutzen dazu den Graphen aus Bild 9.7. Es soll der kürzeste Weg vom Knoten A zum Knoten G berechnet werden. Um diesen kürzesten Pfad zu finden, ordnen wir jedem Pfad eine Metrik zu. Dem Pfad (A,D,G) ordnen wir die Metrik Λ_G zu, die die Summe der Kantenlabel $d_{AD} = 4$ und $d_{DG} = 9$ ist, d.h.

$$\Lambda_{ADG} = d_{AD} + d_{DG} = 4 + 3 = 7.$$

Wir addieren also die Label an den Kanten eines Pfades. Der Pfad (A,E,F,G) besitzt folglich die Metrik

$$\Lambda_{AEFG} = d_{AE} + d_{EF} + d_{FG} = 3 + 7 + 5 = 15.$$

Der Pfad (A,D,G) ist kürzer als der Pfad (A,E,F,G), weil er die kleinere Metrik besitzt. Es existieren noch weitere Möglichkeiten, um von A nach G zu gelangen. Der Dijkstra-Algorithmus berechnet den kürzesten Pfad, d.h. den Pfad mit der kleinsten Metrik.

Zunächst wird der Algorithmus initialisiert, indem alle Knoten, außer dem Startknoten A in der Menge $\mathcal{N}$ zusammengefasst werden. Der Startknoten ist in der Menge $\mathcal{Z}$. Jeder Knoten erhält ein Label, das die Metrik zum Startknoten und den benachbarten Knoten auf dem Pfad zum Startknoten beinhaltet. Die Initialisierung ist in Bild 9.9 angegeben.

Danach folgt der erste Iterationsschritt, bei dem für alle Knoten der Menge $\mathcal{Z}$ die Metriken der Pfade zu den Nachbarknoten aus $\mathcal{N}$ berechnet werden. Die Menge $\mathcal{Z}$ beinhaltet den Startknoten A und die Nachbarknoten von A sind die Knoten B,D und E. Der Knoten D erhält das Label (4,A), da er direkt mit A verbunden ist, und die Metrik 4 besitzt. Danach wird der Knoten mit der kleinsten Metrik von der Menge $\mathcal{N}$ in die Menge $\mathcal{Z}$ umsortiert. In unserem Beispiel ist der Knoten mit kleinster Metrik B. Dies wird in der Bild 9.9 durch eine dicke Linie zwischen A und B ausgedrückt.

Da in einem Iterationsschritt das Minimum der Metriken gewählt wird und der Wert einer Metrik stets ≥ 0 ist, kann das Minimum nur unter den Nachbarknoten sein. Deshalb muss man nur die Nachbarknoten der Menge $\mathcal{Z}$ betrachten.

Im zweiten Iterationsschritt wird für die Knoten A und B der neuen Menge $\mathcal{Z}$ der kürzeste Pfad zu den Nachbarknoten C, D und E berechnet. Die kleinsten Metrikwerte sind für die Knoten C, D und E, die in die Menge $\mathcal{Z}$ umsortiert werden. Der Knoten D erhält damit ein neues Label (3,B), da der kürzeste Weg von A nach D über B führt und die Metrik 3 besitzt.

Im dritten Iterationsschritt werden erneut die Metriken zu den Nachbarknoten der neuen Menge $\mathcal{Z}$ berechnet. Die Nachbarknoten sind nur noch die Knoten F und G. Das Minimum ist bei F und F wandert in die Menge $\mathcal{Z}$. Im letzten Schritt, der nicht mehr in Bild 9.9 gezeichnet ist, wandert noch der Knoten G in die Menge $\mathcal{Z}$ und wir sind fertig.

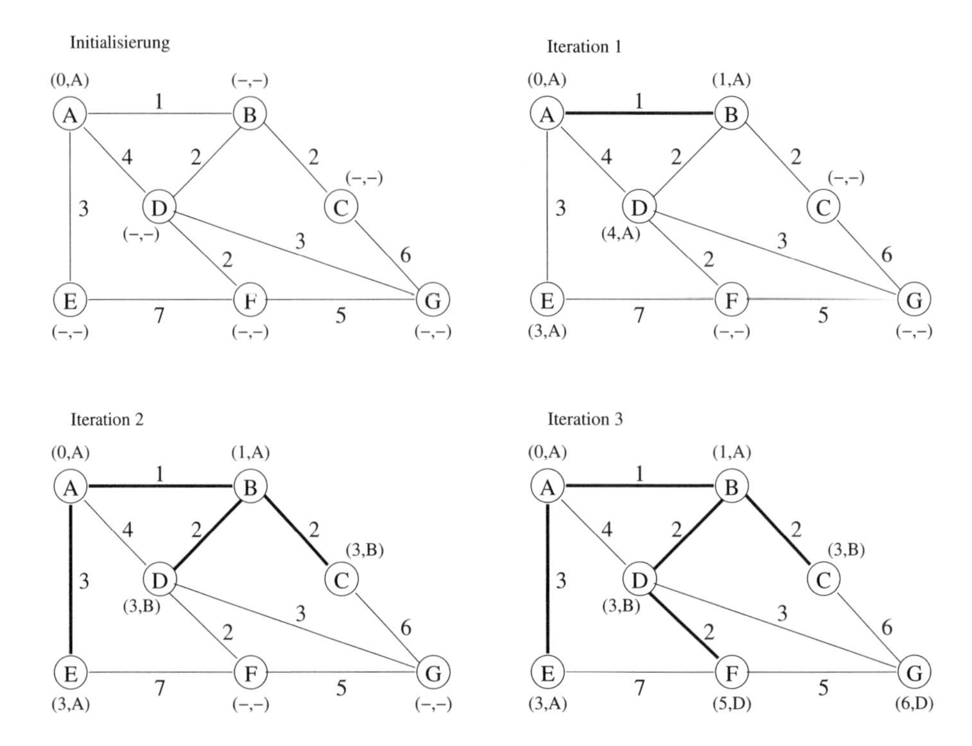

Bild 9.9: *Dijkstra-Algorithmus*

Wir wollen die einzelnen Schritte des Algorithmus noch allgemein beschreiben.

Dijkstra-Algorithmus:

- Initialisierung: Startknoten in der Menge $\mathcal{Z}$, alle anderen Knoten in der Menge $\mathcal{N}$.
- Berechne die Metrik von allen Nachbarknoten der Menge $\mathcal{Z}$.
- Wähle aus der Menge $\mathcal{N}$ die Nachbarknoten von $\mathcal{Z}$ mit minimaler Metrik aus, und sortiere diese in die Menge $\mathcal{Z}$ um.
- Wiederhole die letzten beiden Schritte, bis die Menge $\mathcal{N}$ leer ist.
- Ergebnis: Kürzester Weg vom Startknoten zu allen anderen Knoten des Graphen.

9.4 Anmerkungen

Während der Zeit, als die ARQ-Verfahren entstanden sind, war Speicher sehr teuer, und Datenrate war billig. Heute jedoch gilt die umgekehrte Aussage. Selbst wenn in einem empfangenen Paket die Hälfte der Daten falsch sind, ist doch die andere Hälfte korrekt und man sollte deshalb keine Information wegwerfen. Sogenannte hybride ARQ-Verfahren erlauben einen Abtausch von Fehler-Korrektur und Fehler-Erkennung. Aktuelle Verfahren benutzen alle empfangenen Informationen. Im einfachsten Fall kann man ein bestimmtes Bit in einem Paket betrachten. Empfängt man die Wiederholung des Pakets, so hat man an dieser bestimmten Stelle einen Wiederholungscode der Länge 2, den man Soft-Decision decodieren kann. Wiederholt man nicht einfach das Paket, sondern schickt stattdessen zusätzliche Redundanz nach, so spricht man von inkrementeller Redundanz. Weitere und hybride ARQ-Verfahren findet man in [BB99], [EV99] und [Wal98].

Einige Herleitungen von Slotted ALOHA sind aus [BB10] übernommen. In der Regel wird mit Slotted-ALOHA der erste Zugriff durchgeführt und dann sofort auf ein Reservierungsverfahren umgestellt. Bei GSM gibt es bestimmte Zeitschlitze bei denen Slotted-ALOHA durchgeführt wird. War ein Zeitschlitz erfolgreich, so werden im entsprechenden Rückkanal dem Nutzer eine bestimmte Frequenz und Zeit exklusiv zugewiesen. Dadurch kann es zu keiner Kollision mit anderen Teilnehmern kommen und der Durchsatz ist maximal. Prinzipiell können alle Multiplex-Verfahren als Reservierungsverfahren verwendet werden, die dann FDMA, TDMA, CDMA, SDMA genannt werden. Diese gehören zu den Zuteilungsverfahren, bei denen keine Kollision auftritt.

Es existieren noch viele interessante Ideen und Verfahren zum Vielfachzugriff, auf die wir leider nicht näher eingehen können, da dies sonst den Rahmen des Buches sprengen würde. Für den interessierten Leser wird auf [BB99] verwiesen.

Der Graph unseres Telefonnetzes wäre zu groß. Deshalb wird das so genannte hierarchische Routing angewendet. Dies wird aus den Vorwahlnummern ersichtlich (08: München, 07: Stuttgart, 06: Frankfurt, etc.). Damit braucht das Fernverkehr nur die Information der Zentralen speichern, von dort aus wird erst die Information der weiteren Route benötigt (073: Ulm, 07304: Blaustein).

Weitaus komplexer ist das Routing in Mobilfunksystemen, da die Teilnehmer mobil sind. Verfahren hierzu findet man in [EV99] und [Wal98].

9.5 Literaturverzeichnis

[BB99] Bossert, M. ; Breitbach, M.: *Digitale Netze.* Stuttgart, Leipzig : Teubner, 1999. – ISBN 3-519-06191-0

[BB10] Bossert, Martin ; Bossert, Sebastian: *Mathematik der digitalen Medien.* Berlin, Offenbach : VDE–Verlag, 2010. – ISBN 978-3800731374

[EV99] Eberspächer, J. ; Vögel, H.J.: *GSM Global System for Mobile Communication.: Vermittlung, Dienste und Protokolle in digitalen Mobilfunknetzen.* Teubner B.G. GmbH, 1999 (Teubner Informationstechnik). – ISBN 9783519161929

[Wal98] Walke, B.: *Mobilfunknetze und ihre Protokolle.* Teubner, 1998. – ISBN 3–159–06182–1

9.6 Übungsaufgaben

Codierung und Stop-and-Wait ARQ

Aufgabe

Es sollen Daten über den Binary Symmetric Channel (BSC) übertragen werden. Die Fehlerwahrscheinlichkeit sei mit ϵ gegeben. Zur Fehlererkennung und Korrektur wird ein Wiederholungscode der Länge 5 verwendet.

a) Geben Sie die Parameter (n, k, d) des Codes an! Wie groß ist die Rate?

b) Wieviele Fehler kann der Code erkennen? Wieviele korrigieren?

c) Kann Decodierversagen auftreten? D.h. die Decodierung schlägt fehl und der Decodierer erkennt dies? Begründen Sie kurz.

d) Geben Sie die Wahrscheinlichkeit in Abhängigkeit von ϵ an, dass in einem Codewort mindestens ein Fehler auftritt.

e) Geben Sie die Wahrscheinlichkeit in Abhängigkeit von ϵ an, dass der Decodierer auf das falsche Codewort entscheidet.

Nun wird die obige Übertragung um ein Stop-And-Wait (SW) ARQ Protokol erweitert, um fehlerhafte Übertragungen erneut zu senden. Ein Codewort wird dann erneut übertragen, wenn mindestens ein Fehler erkannt wird. Gehen Sie davon aus, dass maximal vier Fehler in einem Codewort auftreten.

f) Geben Sie den maximalen Durchsatz η und die durschnittliche Anzahl an Wiederholungen θ an.

Nehmen Sie nun an, dass nach drei Übertragungen keine weiteren Wiederholungen stattfinden. Stattdessen sollen nun die Fehler korrigiert werden.

g) Ist es sinnvoll alle drei empfangenen Codeworte zu kombinieren und somit einen Wiederholungscode der Länge 15 zu erhalten? (Mit Begründung!)

Lösung

a) $\mathcal{C}\,(k+1, k, 2)$, $R = \frac{k}{k+1}$

b) 1 Fehler erkennen, 0 Fehler korrigieren

d) $R = \frac{1}{3}$, nicht systematisch

ARQ und Codierung

Aufgabe

Es sollen Daten über den Binary Symmetric Channel (BSC) übertragen werden. Die Fehlerwahrscheinlichkeit sei mit ϵ gegeben. Zur Fehlererkennung und Korrektur wird ein Wiederholungscode der Länge 5 verwendet.

a) Geben Sie die Parameter (n, k, d) des Codes an! Wie groß ist die Rate?

b) Wieviele Fehler kann der Code erkennen? Wieviele korrigieren?

c) Kann Decodierversagen auftreten? D.h. die Decodierung schlägt fehl und der Decodierer erkennt dies? Begründen Sie kurz.

d) Geben Sie die Wahrscheinlichkeit in Abhängigkeit von ϵ an, dass in einem Codewort mindestens ein Fehler auftritt.

e) Geben Sie die Wahrscheinlichkeit in Abhängigkeit von ϵ an, dass der Decodierer auf das falsche Codewort entscheidet.

Nun wird die obige Übertragung um ein Stop-And-Wait (SW) ARQ Protokol erweitert, um fehlerhafte Übertragungen erneut zu senden. Ein Codewort wird dann erneut übertragen, wenn mindestens ein Fehler erkannt wird. Gehen Sie davon aus, dass maximal vier Fehler in einem Codewort auftreten.

f) Geben Sie den maximalen Durchsatz η und die durschnittliche Anzahl an Wiederholungen θ an.

Nehmen Sie nun an, dass nach drei Übertragungen keine weiteren Wiederholungen stattfinden. Stattdessen sollen nun die Fehler korrigiert werden.

g) Ist es sinnvoll alle drei empfangenen Codeworte zu kombinieren und somit einen Wiederholungscode der Länge 15 zu erhalten? (Mit Begründung!)

Lösung

a) $\mathcal{C}(5, 1, 5)$, $R = \frac{1}{5}$

b) 4 Fehler erkennen, 2 Fehler korrigieren

c) Nein, da der Decoder eine Mehrheitsentscheidung durchführt und n ungerade ist.

Slotted ALOHA

Aufgabe

Der Durchsatz des Slotted ALOHA-Protokolls ist gegeben als $S(k) \approx G(k)e^{-G(k)}$, wobei $G(k) = kp_r + (m-k)p_a$ die Zugriffswahrscheinlichkeit, m die Anzahl der Teilnehmer, k die Anzahl der backlogged Teilnehmer, p_a die Ankunftsrate und p_r die Wahrscheinlichkeit einer Sendewiederholung darstellt.

a) Zeigen Sie, dass der maximale Durchsatz erreicht wird, wenn für die Zugriffswahrscheinlichkeit $G(k) = 1$ gilt.

b) Nennen und erklären Sie kurz eine Technik, mit welcher dieser maximale Durchsatz erreicht wird (mit dem Wissen, dass der maximale Durchsatz für $G(k) = 1$ erreicht wird).

Lösung

$S(k) \approx G(k)e^{-G(k)}$, $G(k) = kp_r + (m-k)p_a$.

a) $S = Ge^{-G}$, $\frac{dS}{dG} = (1-G)e^{-G} = 0$, wenn $G = 1$. Des weiteren, $\frac{d^2S}{dG^2} = (G-2)e^{-G}$, was negativ ist wenn $G = 1$, also liegt das Maximum von $S(k)$ bei $G(k) = 1$.

b) Stabilized Slotted Aloha.

Slotted ALOHA und Markovketten

Aufgabe

Gegeben ist ein Slotted-ALOHA System gemäß der Markov Kette aus Bild 9.10. Der Zustand entspricht hierbei der Anzahl der backlogged Stationen.

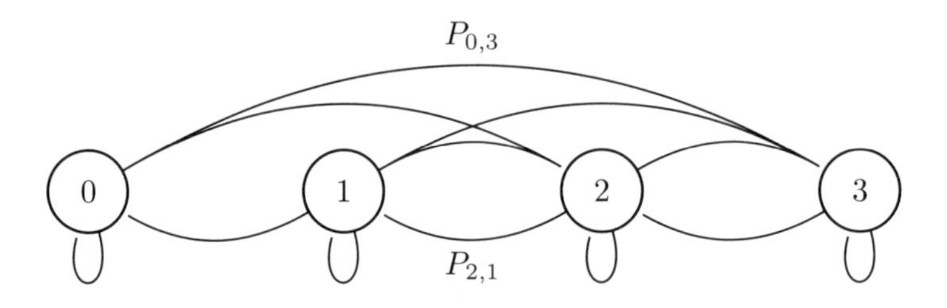

Bild 9.10: *Markov Kette eines Slotted-ALOHA Systems*

a) Wieviele Stationen hat das beschriebene Slotted-ALOHA System insgesamt?

b) Gegeben ist die Übergangswahrscheinlichkeit $P_{2,1} = 0{,}3375$ und die Zugriffswahrscheinlichkeit von *backlogged* Teilnehmern $p_r = 0{,}25$. Berechnen Sie nun die Zugriffswahrscheinlichkeit p_a von den anderen Teilnehmern!

c) Berechnen Sie die Übergangswahrscheinlichkeit $P_{0,3}$!

Hinweis: Die folgenden Teilaufgaben können jeweils unabhängig von den anderen Teilaufgaben gelöst werden.

d) Wie hoch ist der maximale Durchsatz bei Slotted-ALOHA Systemen?

e) Welche Ereignisse können zu einem Übergang von $2 \rightarrow 3$ führen?

f) Welche Ereignisse können zu einem Übergang von $1 \rightarrow 1$ führen?

g) Wieso ist die Übergangswahrscheinlichkeit $P_{0,1} = 0$?

Lösung

a) $m = 3$

b) $p_a = 0{,}1$

c) $P_{0,3} = 0{,}001$

d) $S_{max} = \frac{1}{e}$

Dijkstra Algorithmus I

Aufgabe

Gegeben sei der folgende Graph:

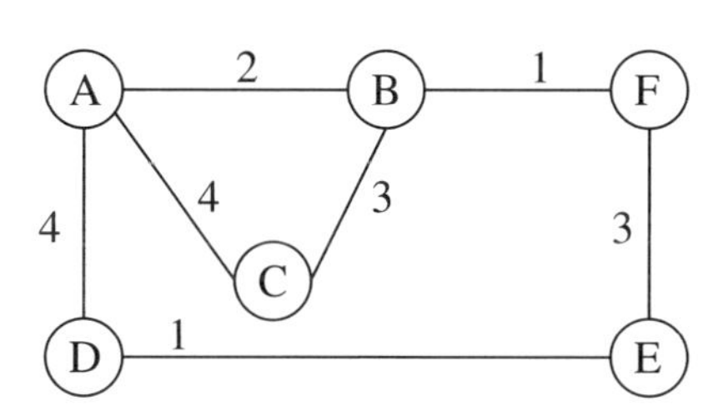

a) Bestimmen Sie die kürzesten Wege von Knoten A zu allen anderen Knoten mit Hilfe des Dijkstra-Algorithmus. Geben Sie für jeden Schritt eindeutig an:

- die in diesem Schritt erreichten Knoten,
- die Entscheidungsmetrik und
- die getroffene Entscheidung.

b) Stellen Sie die ermittelten Wege als Baum dar und geben Sie bei jedem Knoten die entsprechende Weglänge ausgehend von Knoten A an.

Schritt	Nicht erreichte Knoten	Erreichte Knoten	Entscheidung
0	B, C, D, E, F	A (0)	–
1	B: A→B: (2) ← min	B (2)	A→B
	C: A→C: (4)		
	D: A→D: (4)		
2	C: A→C: (4)		
	C: B→C: (2)+(3)=(5)		
	D: A→D: (4)		
	F: B→F: (2)+(1)=(3) ← min	F (3)	B→F
3	C: A→C: (4) ← min	C (4)	A→C
	C: B→C: (5)		
	D: A→D: (4) ← min	D (4)	A→D
	E: F→E: (3)+(3)=(6)		
4	E: F→E: (6)		
	E: D→E: (4)+(1)=(5) ← min	E (5)	D→E

Tabelle 9.3: *Routing Tabelle*

Lösung

a) Kürzesten Wege von Knoten A zu allen anderen Knoten:

b) Baum mit entsprechenden Weglängen:

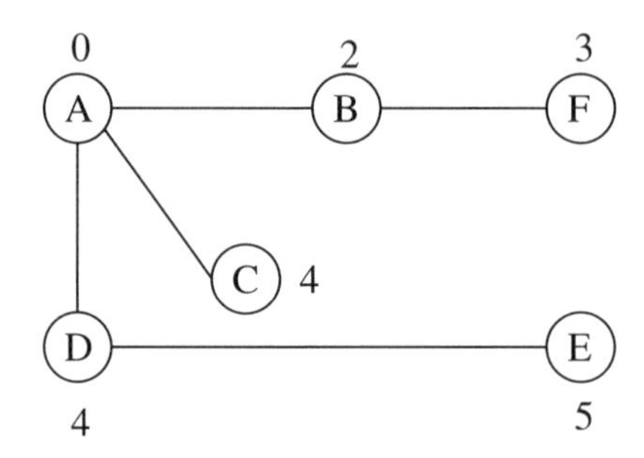

Dijkstra Algorithmus II

Aufgabe

Gegen ist der folgende Netzwerkgraph (Abbildung 9.11):

a) Bestimmen Sie die kürzesten Wege von Knoten A zu allen anderen Knoten mit Hilfe des Dijkstra-Algorithmus. Geben Sie für jeden Schritt eindeutig an:

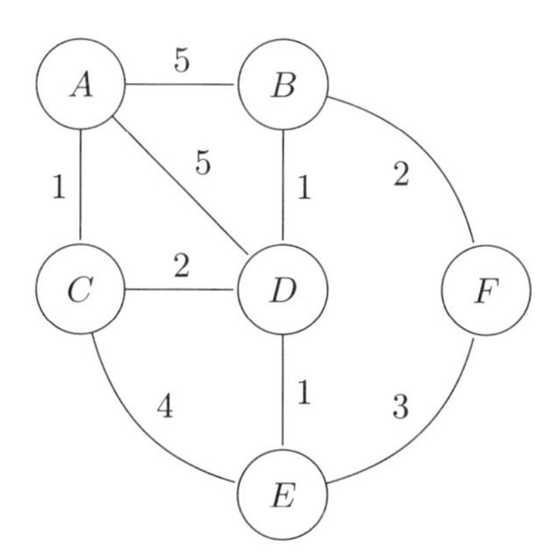

Bild 9.11: *Netzwerkgraph*

- die in diesem Schritt erreichten Knoten,
- die Entscheidungsmetrik und
- die getroffene Entscheidung.

Aufgrund starken Schneefalls wird die direkte Verbindung zwischen den Knoten C und D unterbrochen.

b) Wiederholen Sie Aufgabenteil **a)** unter Berücksichtigung des Ausfalls. (**Hinweis:** Weiterhin gültige Schritte aus **a)** müssen nicht erneut angegeben werden.)

c) Was versteht man in der Graphentheorie unter einer Schleife? Wodurch kennzeichnet sich eine Hamilton-Schleife aus?

Die zwei separaten Verbindungen aus Abbildung 9.12 besitzen identische Eigenschaften. Die Station G leitet ihre Daten anhand einer Routing-Tabelle weiter (es wird demnach immer nur eine der zwei Verbindungen genutzt).

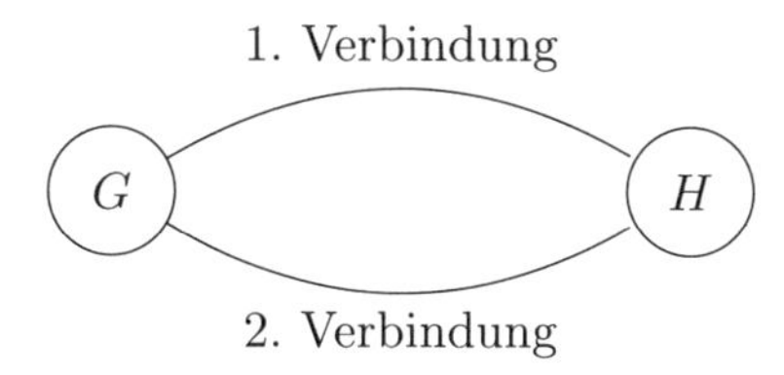

Bild 9.12: *Zwei alternative Verbindungen*

d) Welche Gefahr besteht, wenn sich die derzeit genutzte Verbindung aufgrund von Überlastung kurzzeitig abschaltet?

Lösung

s. Tabellen

Schritt	erreichbare Knoten	Entscheidungsmetrik	Entscheidung
1	B	$A \to B$: (5)	
	D	$A \to D$: (5)	
	C	$A \to C$: (1)	$\leftarrow$
2	B	$A \to B$: (5)	
	D	$A \to D$: (5)	
		$C \to D$: (1)+(2)=(3)	$\leftarrow$
	E	$C \to E$: (1)+(4)=(5)	
3	B	$A \to B$: (5)	
		$D \to B$: (3)+(1)=(4)	$\leftarrow$
	E	$C \to E$: (1)+(4)=(5)	
	E	$D \to E$: (3)+(1)=(4)	$\leftarrow$
4	F	$B \to F$: (4)+(2)=(6)	$\leftarrow$
		$E \to F$: (4)+(3)=(7)	

Tabelle 9.4: *Lösung Routing a)*

Schritt	erreichbare Knoten	Entscheidungsmetrik	Entscheidung
1	siehe **a)**	siehe **a)**	siehe **a)**
2	B	$A \to B$: (5)	$\leftarrow$
	D	$A \to D$: (5)	$\leftarrow$
	E	$C \to E$: (1)+(4)=(5)	$\leftarrow$
3	F	$B \to F$: (5)+(2)=(7)	$\leftarrow$
		$E \to F$: (5)+(3)=(8)	

Tabelle 9.5: *Lösung Routing b)*

10 Datensicherheit

Die Verschlüsselung im Internet kann mit dem so genannte Pretty Good Privacy (PGP) durchgeführt werden, welches auf das von Rivest, Shamir und Adleman entwickelte RSA-Verfahren zurückgeführt werden kann. Das RSA gehört zu den so genannten asymmetrischen Kryptosystemen, die seit dem Jahre 1975 bekannt sind. Alle Verfahren arbeiten mit Schlüsseln zur Ver- und Entschlüsselung, das Besondere dabei ist, dass zur Verschlüsselung und Entschlüsselung verschiedene Schlüssel benutzt werden. Einer der Schlüssel kann öffentlich bekannt sein, weswegen dieses Verfahren auch häufig als *System mit öffentlichem Schlüssel (Public Key System)* bezeichnet wird.

Abbildung 10.1 zeigt die prinzipielle Funktionsweise eines asymmetrischen Verfahrens. Die Bezeichner $k_p, k_s, m, y \in \mathbb{N}$ stehen für natürliche Zahlen: Nachrichten, Chiffren und Schlüssel können einfach durch Zahlen interpretiert werden. Zum Verfahren: Bob schickt Alice seinen öffentlichen Schlüssel k_p (p für public)und hält seinen zweiten Schlüssel k_s (s für secret) geheim. Dann berechnet Alice aus ihrer Nachricht m und dem öffentlichen

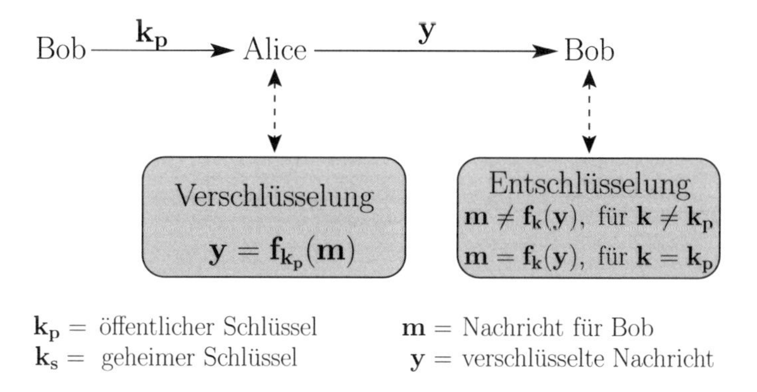

Bild 10.1: *Verfahren zur Verschlüsselung mit Einwegfunktion und Geheimtür*

Schlüssel von Bob die verschlüsselte Nachricht $y = f_{k_p}(m)$, die sie an Bob übermittelt. Dieser kann sie mittels seines geheimen Schlüssels wieder entschlüsseln, d.h. aus y wieder m berechnen. Wegen der Eigenschaft der Funktion $f_x(m)$, nämlich dass sie ohne Kenntnis des geheimen Schlüssels nicht (bzw. nur sehr aufwändig) invertierbar ist, wird diese Funktion als EinwegfunktionndexEinwegfunktion (*one way function*) bezeichnet. Zudem ist es sehr aufwändig aus dem öffentlichen Schlüssel k_p den geheimen Schlüssel k_s zu berechnen. Aufgrund der Tatsache, dass es unter Kenntnis des geheimen Schlüssels k_s doch möglich ist diese Funktion zu invertieren sagt man, die Funktion f_{k_p} ist eine Einwegfunktion mit Geheimtür bzw. Falltür (*trapdoor*).

Das Problem ist „nur“, solche Einwegfunktionen zu finden. Wir werden sehen, dass das Konzept der Einwegfunktion fast immer an ein aufwändig zu lösendes mathematisches Problem gekoppelt ist, wie etwa die Faktorisierung von sehr großen Zahlen oder die Berechnung des diskreten Logarithmus oder ähnliches. Würde ein effizientes Verfahren bekannt werden, das eines dieser komplexen Probleme löst, so würden die asymmetrischen Kryptoverfahren unbrauchbar werden, da man die Entschlüsselung auch ohne Schlüssel einfach berechnen könnte.

10.1 Einführung in die Zahlentheorie

Die Abkürzung GF steht für Galoisfeld[1], welches auch Primkörper genannt wird. Ein Galoisfeld ist ein endlicher Körper, der für alle Primzahlen existiert. Für eine Primzahl p besteht der entsprechende Primkörper aus den Elementen

$$GF(p) = \{0, 1, 2, \ldots, p-1\},$$

sowie den Rechenoperationen Addition und Multiplikation der Elemente $a, b \in GF(p)$ Modulo p, d.h. $a + b \mod p$ und $a \cdot b \mod p$.

Definition 10.1 *Modulo Rechnung.*

Seien $x, p, q, r \in \mathbb{Z}$ und $p \neq 0$. Die Modulo-Division von x durch p (also $x \mod p$) besitzt als Ergebnis den Rest r. Folgende Notationen beschreiben das Teilen ganzer Zahlen mit Rest einer Zahl x durch p.

$$\begin{aligned} x : p &= q \text{ Rest } r \\ x &= p \cdot q + r \\ x &\equiv r \mod p && \text{sprich: x kongruent r Modulo p} \\ p &\mid x - r && p \text{ teilt } (x-r). \end{aligned}$$

Falls der Rest $r = 0$ ist, so teilt p die Zahl x und man schreibt $p|x$.

Jede ganze Zahl $x \in \mathbb{Z}$ kann also eindeutig durch eine andere Zahl $p \in \mathbb{Z}\setminus\{0\}$, den Quotienten q und einen Rest r dargestellt werden.

Die kryptologischen Verfahren nutzen die außergewöhnlichen Eigenschaften der Primzahlen aus. Deshalb definieren wir zunächst Primzahlen.

Definition 10.2 *Primzahl.*

Eine Zahl $p \in \mathbb{Z}$, $p > 1$, die nur durch 1 und sich selbst teilbar ist, heißt Primzahl.

[1] Die Theorie wurde begründet durch den Mathematiker Galois. Eine Legende besagt, dass er 1832 im Alter von 20 Jahren bei einem Duell wegen einer jungen Dame starb, jedoch am Abend vorher noch seine mathematischen Gedanken aufgeschrieben und einem Freund gegeben hat.

Die Eigenschaften eines Primkörpers sind in im Folgenden zusammengefasst. Die Eigenschaft, dass jedes Element ein inverses bezüglich der Multiplikation besitzt, ermöglicht das problemlose Rechnen im Primkörper.

Eigenschaften des $GF(p)$
Seien $a, b, c, e \in GF(p)$ mit den Rechenoperationen (Verknüpfungen) Multiplikation und Addition modulo p. Dann gelten die folgenden Eigenschaften:

1. **Abgeschlossenheit:** Für jede Rechenoperation $\circ \mod p$ gilt die Abgeschlossenheit, d.h. $\forall_{a,b \in GF(p)} : \ a \circ b \mod p \in GF(p)$.
2. **Assoziativität:** Für jede Rechenoperation $\circ$ gilt die Assoziativität, d.h. $a \circ (b \circ c) \equiv (a \circ b) \circ c \mod p$.
3. **Neutrales Element:** Für Multiplikation und Addition existiert je ein neutrales Element. Die Verknüpfung eines Elements mit dem neutralen Element ergibt das Element selbst.
   - Für die Addition ist das neutrale Element 0, denn für alle Elemente $a \in GF(p)$ gilt: $a + 0 \equiv a \mod p$.
   - Für die Multiplikation ist das neutrale 1, denn für alle Elemente $a \in GF(p)$ gilt: $a \cdot 1 \equiv a \mod p$.
4. **Inverses Element:** Jedes Element a besitzt ein inverses Element bezüglich der Addition und der Multiplikation **ohne Null**, d.h.
   - für die Addition gilt: $a + (-a) \equiv 0 \mod p$, (0 ist neutrales Element).
   - für die Multiplikation gilt: $a \cdot a^{-1} \equiv 1 \mod p$, (1 ist neutrales Element).
5. **Distributivgesetz:** Es gilt das Distributivgesetz, $a \cdot (b + c) \equiv a \cdot b + a \cdot c \mod p$.
6. **Kommutativgesetz:** Das Kommutativgesetz gilt ebenfalls: $a + b \equiv b + a \mod p$ und $a \cdot b \equiv b \cdot a \mod p$.

Euklidischer Algorithmus

Der größte gemeinsame Teiler ggT von zwei ganzen Zahlen $a \neq 0$ und $b \neq 0$ ist die größte ganze Zahl, die a und b ohne Rest teilt. Um diese Zahl zu berechnen, kann der Euklidische Algorithmus verwendet werden. ieser wird durch die nachfolgende Rechenvorschrift beschrieben. Wir nehmen an, die Zahl a sei kleiner als b. Wir teilen dann b durch a und erhalten einen Quotienten q_1 und einen Rest r_1. Im nächsten Schritt teilen wir a durch den Rest r_1, was den Quotienten q_2 und den Rest r_2 ergibt. Nun teilen wir den ersten Rest r_1 durch den Rest r_2 und erhalten wieder einen Quotienten und einen Rest usw.

Euklidischer Algorithmus:

$$\begin{aligned}
b &= q_1 a + r_1 & &\Longleftrightarrow & b : a &= q_1 \text{ Rest } r_1\\
a &= q_2 r_1 + r_2 & &\Longleftrightarrow & a : r_1 &= q_2 \text{ Rest } r_2\\
r_1 &= q_3 r_2 + r_3 & &\Longleftrightarrow & r_1 : r_2 &= q_3 \text{ Rest } r_3\\
&\vdots & & & &\vdots\\
r_j &= q_{j+2} r_{j+1} + r_{j+2} & &\Longleftrightarrow & r_j : r_{j+1} &= q_{j+2} \text{ Rest } r_{j+2}\\
&\vdots & & & &\vdots\\
r_{l-1} &= q_{l+1} r_l + r_{l+1} & &\Longleftrightarrow & r_{l-1} : r_l &= q_{l+1} \text{ Rest } r_{l+1}\\
r_l &= q_{l+2} r_{l+1} + 0 & &\Longleftrightarrow & r_l : r_{l+1} &= q_{l+2} \text{ Rest } 0
\end{aligned}$$

$$\mathrm{ggT}(a,b) = r_{l+1}.$$

Satz 45: *Euklidischer Algorithmus.*

Seien $a = r_0,\ b = r_{-1}$ zwei positive ganze Zahlen mit $0 < a < b$, dann berechnet die Rekursion

$$r_{j-1} = q_{j+1} \cdot r_j + r_{j+1}, \quad j = 0, \ldots, l+1,$$

mit $r_{l+2} = 0$ den größten gemeinsamen Teiler $\mathrm{ggT}(a,b) = r_{l+1}$

Beweis: Der Rest r_{l+1} teilt r_l ohne Rest, da ja $r_l = q_{l+2} \cdot r_{l+1} + 0$ ist.

Damit teilt r_{l+1} auch r_{l-1}, weil gilt $(r_{l-1} = q_{l+1} \cdot r_l + r_{l+1})$ und wenn wir r_l ersetzen, erhalten wir

$$r_{l-1} = q_{l+1} \cdot \underbrace{q_{l+2} \cdot r_{l+1}}_{r_l} + r_{l+1} = q_{l+1} \cdot q_{l+2} + 1) r_{l+1}.$$

Diese Kette können wir weiterführen für r_{l-2}. Denn für r_{l-2} gilt: $(r_{l-2} = q_l \cdot r_{l-1} + r_l)$. Wenn wir r_{l-1} ersetzen durch $r_{l-1} = (q_{l+1} \cdot q_{l+2} + 1) r_{l+1}$ und r_l durch $r_l = q_{l+2} \cdot r_{l+1} + 0$, so ergibt sich

$$r_{l-2} = q_l \cdot \underbrace{(q_{l+1} \cdot q_{l+2} + 1) \cdot r_{l+1}}_{r_{l-1}} + \underbrace{q_{l+2} \cdot r_{l+1}}_{r_l} = (q_l \cdot q_{l+1} \cdot q_{l+2} + q_l + q_{l+2}) \cdot r_{l+1}.$$

Somit teilt r_{l+1} auch r_{l-2}.

Dieser Gedankengang kann fortgesetzt werden bis zu $r_0 = a$ und $r_{-1} = b$ und somit teilt r_{l+1} auch a und b.

Es bleibt zu zeigen, dass r_{l+1} der größte gemeinsame Teiler ist. Gäbe es einen Teiler t von a und b mit $t > r_{l+1}$, so würde t auch r_1 teilen. Dies folgt aus $r_1 = b - q_1 \cdot a$ und der Tatsache, dass t sowohl a als auch b teilt und somit auch r_1 teilen muss. Da t sowohl r_1, als auch a teilt, muss er wegen $r_2 = a - q_2 \cdot r_1$ auch r_2 teilen. Diese Kette kann fortgesetzt werden bis zu: t teilt r_{l+1}. Damit kann t nicht größer als r_{l+1} sein und r_{l+1} ist der größte gemeinsame Teiler. □

Satz 46: *Erweiterter Euklidischer Algorithmus.*

Für alle ganzen Zahlen $a, b \neq 0$, existieren zwei ganze Zahlen v_j und w_j, derart, dass jeder Rest r_j durch Kombination von a und b berechnet werden kann

$$r_j = a\,w_j + b\,v_j, \quad j = -1, 0, 1, \ldots l + 2.$$

Die Werte für w_j und v_j können rekursiv, mit den Anfangswerten $w_{-1} = 0, w_0 = 1, v_{-1} = 1$ und $v_0 = 0$, berechnet werden durch die Vorschrift

$$w_j = w_{j-2} - q_j w_{j-1} \quad \text{und} \quad v_j = v_{j-2} - q_j v_{j-1},$$

wobei die Werte q_j entsprechend Satz 45 errechnet werden. Damit können wir auch den ggT als Linearkombination von a und b schreiben

$$\text{ggT}(a, b) = r_{l+1} = a w_{l+1} + b v_{l+1}.$$

Beweis: Mit den Anfangswerten $w_{-1} = 0, w_0 = 1, v_{-1} = 1$ und $v_0 = 0$ ergibt sich

$$\begin{aligned} b &= v_{-1} b + w_{-1} a = 1 \cdot b + 0 \cdot a \\ a &= v_0 b + w_0 a = 0 \cdot b + 1 \cdot a. \end{aligned}$$

Nun berechnen wir den ersten Rest r_1, indem wir die Gleichungen $v_1 = v_{-1} - q_1 v_0$ und $w_1 = w_{-1} - q_1 w_0$ verwenden zu

$$r_1 = v_1 b + w_1 a = (v_{-1} - q_1 v_0) \cdot b + (w_{-1} - q_1 w_0) \cdot a = b - q_1 \cdot a.$$

Dies entspricht genau dem ersten Schritt in Satz 45. Berechnen wir r_2, so erhalten wir:

$$\begin{aligned} r_2 &= v_2 b + w_2 a = (v_0 - q_2 v_1) \cdot b + (w_0 - q_2 w_1) \cdot a \\ &= \underbrace{-q_2 \cdot b + q_2 \cdot q_1 \cdot a}_{-q_2 \cdot r_1} + a = a - q_2 \cdot r_1, \end{aligned}$$

was dem zweiten Schritt in Satz 45 entspricht. Diese Kette kann bis zu

$$r_{l+2} = v_{l+2} \cdot b + w_{l+2} \cdot a = 0$$

fortgesetzt werden.

□

Die Rechenvorschriften für den erweiterten Euklidischen Algorithmus sind nachfolgend noch einmal zusammengefasst.

Erweiterter Euklidischer Algorithmus:

$$
\begin{aligned}
v_{-1} &= 1 & w_{-1} &= 0, \\
v_0 &= 0 & w_0 &= 1, \\
v_1 &= v_{-1} - q_1 v_0 & w_1 &= w_{-1} - q_1 w_0, \\
&\vdots & &\vdots \\
v_j &= v_{j-2} - q_j v_{j-1} & w_j &= w_{j-2} - q_j w_{j-1} \,.
\end{aligned}
$$

$$
\begin{aligned}
b &= v_{-1}b + w_{-1}a, \\
a &= v_0 b + w_0 a, \\
r_1 &= v_1 b + w_1 a, \\
&\vdots \\
r_j &= v_j b + w_j a, \\
&\vdots \\
r_{l+1} &= v_{l+1}b + w_{l+1}a, \\
r_{l+2} &= v_{l+2}b + w_{l+2}a = 0 \,.
\end{aligned}
$$

Mit dem erweiterten Euklidischen Algorithmus kann einfach gezeigt werden, dass jedes Element in $\mathrm{GF}(p)$ ein inveres Element besitzt. Da für alle $0 < a < p$ gilt: $\mathrm{ggT}(a, p) = 1$ können wir schreiben $1 = wa + vp$, was identisch ist mit $1 = wa \mod p$.

Die Eulersche φ-Funktion $\varphi(n)$ bestimmt die Anzahl der zu n teilerfremden Zahlen a im Bereich $1 \leq a < n$. Anders ausgedrückt entspricht die Eulersche φ-Funktion der Kardinalität der Menge der ganzen Zahlen x mit $1 \leq x < n$, deren größter gemeinsamer Teiler mit n gleich 1 ist.

Definition 10.3 *Eulersche φ-Funktion.*

Seien $a, n \in \mathbb{Z}$ ganze Zahlen, dann ist

$$\varphi(n) = |\{1 \leq< a < n, \mathrm{ggT}(a, n) = 1\}| \,.$$

Damit lässt sich der folgende Satz aufstellen.

Satz 47: *Satz von Euler.*

Für jede alle Zahlen $a, n \in \mathbb{N}$ für die $\mathrm{ggT}(a, n) = 1$ ist, gilt

$$a^{\varphi(n)} \equiv 1 \mod n.$$

Der Satz von Euler besagt, dass jede ganze Zahl a, deren ggT mit n gleich 1 ist, potenziert mit der Eulerschen φ-Funktion von n stets $1 \mod n$ entspricht. ergibt. Der Satz ist ein sehr bekanntes Ergebnis aus der Zahlentheorie und beinhaltet den kleinen Satz von Fermat. Um dies zu verifizieren, muss man lediglich für n eine Primzahl p wählen. Denn für eine Primzahl gilt $\text{ggT}(a,p) = 1, 0 < a < p$. Somit ist $\varphi(p) = p - 1$ und $a^{p-1} = 1 \mod p$. Auf den Beweis dieses bekannten Satzes wollen wir an dieser Stelle verzichten, da wir dafür vorab noch einige Ergebnisse herleiten müssten [1]. Wir wollen stattdessen im Folgenden die Anwendungen des Satzes von Euler beschreiben.

Beispiel 10.4: *Eulersche φ-Funktion.*

Wir berechnen die Eulersche φ-Funktion von 15. Dazu benötigen wir die größten gemeinsamen Teiler von allen Zahlen $1 \leq b < 15$. Da $15 = 3 \cdot 5$ ist, gilt

$$\text{ggT}(\{3,6,9,12\},15) = 3$$

$$\text{ggT}(\{5,10\},15) = 5$$

$$\text{ggT}(\{1,2,4,7,8,11,13,14\},15) = 1.$$

Und damit ist $\varphi(15) = 8$. Wir wollen nun noch für einige teilerfremde Zahlen b den Satz von Euler verifizieren und den Wert $b^{\varphi(15)} \mod 15$ berechnen:

$$7^8 = 7^4 \cdot 7^4 = 7^2 \cdot 7^2 \cdot 7^2 \cdot 7^2 \equiv 4 \cdot 4 \cdot 4 \cdot 4 = 16 \cdot 16 \equiv 1 \cdot 1 = 1 \mod 15$$

$$13^8 = 13^2 \cdot 13^2 \cdot 13^2 \cdot 13^2 \equiv 4 \cdot 4 \cdot 4 \cdot 4 = 16 \cdot 16 \equiv 1 \cdot 1 = 1 \mod 15$$

$$11^8 = 11^2 \cdot 11^2 \cdot 11^2 \cdot 11^2 \equiv 1 \cdot 1 \cdot 1 \cdot 1 = 1 \mod 15.$$

Der Satz von Euler stellt auch eine Grundlage dar, um so genannte Pseudo-Primzahlen zu suchen. Die Idee dazu wollen wir im folgenden Beispiel erklären.

Beispiel 10.5: *Primzahltest mit der Eulerschen φ-Funktion.*

Man wählt sich zufällig eine ungerade Zahl p', deren Endziffer nicht 5 ist und deren Quersumme nicht durch 3 teilbar ist. Wenn die Zahl p' eine Primzahl ist, muss für jede Zahl $1 \leq a < p'$ gelten:

$$a^{\varphi(p')} \stackrel{!}{\equiv} 1 \mod p'.$$

Diese einfach zu berechnende Eigenschaft nutzen wir aus, um Zahlen zu finden, die mit großer Wahrscheinlichkeit Primzahlen sind. Dazu wählt man zufällig Zahlen p' mit $1 < a < p'$ aus und überprüft, ob die Gleichung erfüllt ist. Finden wir eine Zahl a, für die die Gleichung nicht erfüllt ist, so wissen wir, dass a keine Primzahl ist. Haben wir die Gleichung für sehr viele, zufällig gewählte Zahlen a überprüft, und keinen Fall gefunden, in der sie ungültig war, so können wir davon ausgehen, dass

[1] Der Beweis kann in Standardlehrbüchern zur Zahlentheorie gefunden werden.

entweder p' eine Primzahl ist, oder zumindest sehr wenige Teiler besitzt. Aus diesem Grund werden solche Zahlen p' dann Pseudo-Primzahlen genannt.

Wir wählen die Zahl $p' = 49$ und überprüfen, ob für zufällig gewählte Zahlen $1 < a < p'$ die Gleichung $a^{\varphi(49)} = a^{48} \equiv 1 \mod 49$ häufig erfüllt ist. Probieren wir die Zahl $b = 13$. Um die Rechnung clever durchzuführen, schreiben wir die Zahl als Produkt von Zahlen, bei denen der Exponent eine Zweierpotenz ist, d.h.

$$13^{48} = 13^{32} \cdot 13^{16}.$$

Nun berechnen wir diese Faktoren

$$\begin{aligned} 13^2 &= 169 \equiv 22 \mod 49 \\ 13^4 &= 484 \equiv 43 \mod 49 \\ 13^8 &= 1849 \equiv 36 \mod 49 \\ 13^{16} &= 1296 \equiv 22 \mod 49 \\ 13^{32} &= 484 \equiv 43 \mod 49. \end{aligned}$$

Wir müssen noch eine Multiplikation durchführen und erhalten

$$13^{32} \cdot 13^{16} \equiv 43 \cdot 22 = 946 \equiv 15 \mod 49.$$

Also kann 49 keine Primzahl sein, was wir eigentlich bereits schon wussten.

Das Beispiel hat gezeigt, dass die Potenzierung, selbst bei sehr großen Exponenten, relativ einfach ist. Damit kann man sehr viele Tests $a^{(p'-1)} \mod p'$ für eine Zahl p' in kurzer Zeit durchführen. Trotzdem kann man sich nicht sicher sein, ob p' eine echte Primzahl ist, weswegen man von Pseudo-Primzahlen spricht. Selbst wenn alle Test positiv ausfallen, kann es passieren, dass p' trotzdem keine Primzahl ist, wie das folgende Beispiel zeigt.

Beispiel 10.6: *Gegenbeispiel zum Primzahltest.*

Die Zahl $p' = 1729 = 7 \cdot 13 \cdot 19$, auch dritte Carmichael-Zahl genannt, ist offensichtlich keine Primzahl. Es gilt aber trotzdem für alle a mit $ggT(a, p') = 1$, dass $a^{1728} = 1 \mod 1729$ ist. Außerdem endet die Zahl nicht mit 5 und hat keine durch 3 teilbare Quersumme. Solche Gegenbeispiele kommen aber sehr selten vor.

Satz 48: *Eulersche φ-Funktion eines Primzahlprodukts.*

Seien p und q unterschiedliche Primzahlen und $n = p \cdot q$. Dann ist die Eulersche φ-Funktion von n

$$\varphi(n) = \varphi(p) \cdot \varphi(q) = (p-1)(q-1).$$

Beweis: Es gibt $(p-1)$ Zahlen, die zu p teilerfremd sind und $(q-1)$, die zu q teilerfremd sind. Alle Produkte dieser Zahlen sind damit auch zu n teilerfremd, da p und q

Primzahlen sind. Die Anzahl dieser Produkte ist $(p-1)(q-1)$. Alle anderen Zahlen sind entweder Vielfache von q oder Vielfache von p. Es gibt genau $q-1$ Vielfache von p und $p-1$ Vielfache von q, die kleiner als n sind. Zählen wir alle Zahlen zusammen

$$(q-1)+(p-1)+(q-1)(p-1) = q+p-2+pq-p-q+1 = pq-1 = n-1,$$

so entspricht dies genau der Anzahl aller Zahlen kleiner als n.

□

Damit kennen wir genügend Grundlagen, um die kryptologischen Verfahren beschreiben zu können.

10.2 Vertraulichkeit mit RSA

Das Rivest-Shamir-Adleman-(RSA)-Verfahren verwendet den diskreten Logarithmus als schwer zu berechnende Funktion. Wir werden zunächst erklären, wie das RSA-Verfahren funktioniert und danach warum es funktioniert.

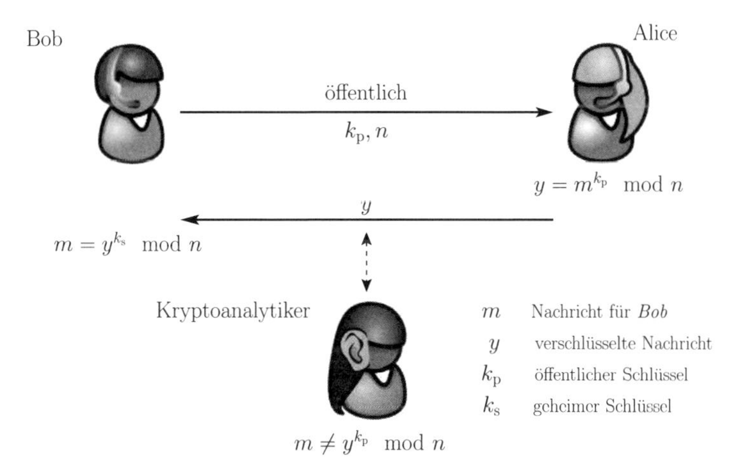

Bild 10.2: *RSA-Verfahren zur Verschlüsselung*

Alice will Bob eine Nachricht schicken. Bob wählt nun 3 Zahlen k_p, p, q wobei k_p eine beliebige Zahl mit $1 < k_p < \varphi(n)$ und $\mathrm{ggT}(k_p, \varphi(n)) = 1$ mit $n = p \cdot q$ und p, q Pseudo-Primzahlen sind, die er gemäß obigem Primzahltest hergestellt hat. Gemäß Satz 48 gilt $\varphi(n) = (p-1)(q-1)$.

Zusätzlich berechnet er mit dem erweiterten Euklidischen Algorithmus ein k_s, für welches gilt

$$k_s \cdot k_p \equiv 1 \mod \varphi(n).$$

Danach veröffentlicht Bob entsprechend Abbildung 10.2 den Wert k_p als seinen öffentlichen Schlüssel und gibt des weiteren n für die Modulo-Rechnung bekannt. Er hält jedoch k_s, p und q geheim.

Wenn nun Alice an Bob eine Nachricht, codiert als Zahl $m < n$, schicken will, so sendet Alice folgende geheime Nachricht

$$y \equiv m^{k_p} \mod n.$$

Bob entschlüsselt den Geheimtext y durch

$$\hat{m} \equiv y^{k_s} \mod n.$$

Wenn das Verfahren funktioniert, ist $m = \hat{m}$ und nur Bob kann die Nachricht von Alice entschlüsseln.

Nun werden wir zeigen warum das Verfahren funktioniert. Dazu überlegen wir zunächst, dass Bob $k_s \cdot k_p \equiv 1 \mod \varphi(n)$ gewählt hat, was man auch schreiben kann als

$$k_s \cdot k_p = 1 + v \cdot \varphi(n) \equiv 1 \mod \varphi(n), \tag{10.1}$$

wobei v eine ganze Zahl ist. Wir müssen nun zeigen, daß $m = \hat{m}$ ist. Dazu setzen wir $y = m^{k_p} \mod n$ in die Gleichung $\hat{m} \equiv y^{k_s} \mod n$ ein und verwenden Gleichung 10.1.

$$\begin{aligned} \hat{m} &\equiv y^{k_s} \mod n \\ &\equiv m^{k_p \cdot k_s} \mod n \\ &\equiv m^{v \cdot \varphi(n)+1} \mod n. \end{aligned}$$

Nun wenden wir den Satz von Euler an, der besagt, dass wenn $\text{ggT}(m, n) = 1$ ist, gilt $m^{\varphi(n)} \equiv 1 \mod n$. Daraus folgt:

$$m^{v \cdot \varphi(n)+1} \equiv (m^{\varphi(n)})^v m \equiv 1^v m \equiv m \mod n.$$

Damit funktioniert das Verfahren. In der Praxis müssen noch einige Dinge berücksichtigt werden. Selbstverständlich muss die Nachricht $m < n$ sein, da sonst das Verfahren nicht eindeutig ist. Streng genommen gilt der Satz von Euler wie erwähnt nur, wenn m teilerfremd zu n ist. Der Fall $\text{ggT}(m, n) > 1$ kommt jedoch so selten vor, dass er vernachlässigt werden kann.

Wir müssen noch zeigen, dass das Verfahren sicher ist. Eine Kryptoanalytiker hört y mit und kennt zusätzlich k_p und n. Wenn es ihm gelingen würde, die Zahl n zu faktorisieren, d.h. die Zahlen p und q zu finden, so könnte er aus k_p, wie oben beschrieben, k_s mit dem erweiterten Euklidischen Algorithmus berechnen. Hat er dies geschafft, so kennt er alle 5 Zahlen und kann die Nachricht y entschlüsseln. Es ist jedoch kein Verfahren für die Faktorisierung von großen Zahlen bekannt, so dass dies quasi nur durch Probieren möglich ist. Selbst unter Zuhilfenahme schnellster Rechner dauert dies bei Zahlen mit mehreren 100 Dezimalstellen länger als ein Menschenleben. Um ein Gefühl für die Schwierigkeit der Faktorisierung zu erhalten, betrachten wir eine Zahl n mit 129 Dezimalstellen, die das Produkt von zwei Primzahlen ist:

$$\begin{aligned} n = {} & 3490529510847650949147849619903898133417764638493387843990820577 \\ * {} & 32769132993266709549961988190834461413177642967992942539798288533. \end{aligned}$$

Die Zahl wurde im Jahre 1994 faktorisiert, indem 600 leistungsfähige Rechner, über das Internet vernetzt, mit intelligenten Testverfahren über Monate gerechnet haben.

Beispiel 10.7: *RSA-Verfahren.*

Bob wählt die Primzahlen 7 und 13 und den öffentlichen Schlüssel $k_p = 31$. Dann berechnet er $n = 7 \cdot 13 = 91$ und $\varphi(91) = 6 \cdot 12 = 72$. Jetzt berechnet er mit dem erweiterten Euklidischen Algorithmus k_s. Dazu muss er zunächst $\text{ggT}(31, 72)$ berechnen.

$$\begin{aligned} 72 &= 31 \cdot 2 + 10 \\ 31 &= 10 \cdot 3 + 1. \end{aligned}$$

Dann berechnet er aus den Quotienten $q_1 = 2$ und $q_2 = 3$ die w_i zu

$$\begin{aligned} w_1 &= 0 - 1 \cdot 2 = -2 \\ w_2 &= 1 - 3 \cdot (-2) = 7. \end{aligned}$$

Damit ist 7 das inverse Element zu $31 \mod 72$, d.h. $k_s = 7$.

Alice möchte $m = 2$ an Bob übertragen und berechnet

$$y \equiv 2^{31} \mod 91.$$

Dazu benutzt Alice $2^{31} = 2^{16} \cdot 2^8 \cdot 2^4 \cdot 2^3$. Dabei ist $2^8 = 16 \cdot 16 = 256 \equiv 74 \mod 91$ und $2^{16} = 74^2 \equiv 16 \mod 91$. Also ist

$$y = 2^{31} = 16 \cdot 74 \cdot 16 \cdot 8 \equiv 37 \mod 91.$$

Bob erhält also $y = 37$ und entschlüsselt

$$\hat{m} = 37^7 = 37^4 \cdot 37^2 \cdot 37 = 16 \cdot 4 \cdot 37 = 2368 \equiv 2 \mod 91.$$

Bob hat also die Nachricht 2 entschlüsselt.

Der Kryptoanalytiker kann auch aktiv eingreifen, indem er y abfängt und stattdessen irgendein v an Bob schickt. Bob berechnet

$$\hat{m} \equiv v^{k_s} \mod n$$

und kann ohne zusätzliche Information nicht feststellen, ob dies die von Alice abgeschickte Nachricht oder eine veränderte ist.

Die Verschlüsselung schützt eine Nachricht somit nur gegen Mithörer, kann aber nicht erkennen, ob eine Nachricht verändert worden ist. Deshalb werden wir nachfolgend eine Methode angeben, mit der man zwar erkennen kann, ob eine Nachricht verändert wurde, aber die Nachricht überhaupt nicht vor Mithörern geschützt wird. Man kann jedoch beide Verfahren kombinieren und so gleichzeitig erreichen, dass eine Nachricht nicht verändert und nicht abgehört werden kann.

10.3 Authentizität der Daten und Nutzer

Zur Authentifizierung einer Nachricht m wird der Nachricht ein MAC (Message Authentification Code) angehängt. Der MAC muss mit dem geheimen Schlüssel k_s des Absenders berechnet werden, da der öffentliche Schlüssel k_p für jeden zugänglich ist. In unserem Fall besitzt Bob den geheimen Schlüssel. Dies soll aus didaktischen Gründen nicht geändert werden. Deshalb müssen wir nun annehmen, dass Bob an Alice eine Nachricht schicken will. Bob will dabei sicher gehen, dass Alice erkennen kann, ob seine Nachricht an sie von irgendjemandem verändert wurde. Dazu schickt Bob nicht nur die Nachricht m an Alice, sondern er schickt zusätzlich y, wobei

$$y \equiv m^{k_s} \mod n$$

ist. Alice empfängt (m, y) und kann nun

$$\hat{m} \equiv y^{k_p} \mod n$$

berechnen und überprüfen ob $m = \hat{m}$ ist. Bei Gleichheit wurde die Nachricht nicht verändert und Alice weiß, dass sie von Bob stammt. Denn nur wer den geheimen Schlüssel k_s besitzt, kann zu irgendeiner Nachricht m das y berechnen, für das gilt $y^{k_p} \equiv m \mod n$. Somit hat der Kryptoanalytiker das gleiche Problem wie bei der oben beschriebenen Verschlüsselung: Er müsste den geheimen Schlüssel k_s berechnen.

Es ist offensichtlich, dass Authentizität und Vertraulichkeit vollkommen unabhängig voneinander sind.

Wir wollen nachfolgend noch zeigen, wie der RSA-Algorithmus auch für die Authentifikation eines Nutzers eingesetzt werden kann.

Authentifizierung:

Um eine bestimmte Person zu authentifizieren kann man ebenfalls den RSA-Algorithmus verwenden. Die Idee besteht darin, zu überprüfen, ob Bob den geheimen Schlüssel k_s kennt, der zu seinem öffentlichen Schlüssel k_p passt. Alice wählt zufällig eine Nachricht m und bildet

$$y \equiv m^{k_p} \mod n.$$

Dieses y sendet sie an Bob. Wenn Bob wirklich Bob ist, besitzt er den geheimen Schlüssel k_s und kann m berechnen

$$\hat{m} \equiv y^{k_s} \mod n$$

und dieses $\hat{m}$ an Alice zurückschicken. Alice vergleicht nun m mit $\hat{m}$ und kann so Bob authentifizieren. Er hat damit gezeigt, dass er den geheimen Schlüssel k_s kennt, ohne den m nicht berechnet werden kann.

10.4 Anmerkungen

Dieses Kapitel orientiert sich an [BB10]. Die drei Anwendungen des RSA-Algorithmus sind in Tabelle 10.1 zusammengefasst. Für die Anwendung sind einige Regeln zu beachten, die eine Faktorisierung erschweren:

	Bob	Alice
Verschlüsselung einer Nachricht	(y) $\hat{m} \equiv y^{k_s} \mod n$	$y \equiv m^{k_p} \mod n$ $\leftarrow (y)$
Authentifizierung einer Nachricht	$y \equiv m^{k_s} \mod n$ $(m, y) \rightarrow$	(m, y) $\hat{m} \equiv y^{k_p} \mod n,$ $m = \hat{m}$?
Authentifizierung von Bob	(y) $\hat{m} \equiv y^{k_s} \mod n$ $(\hat{m}) \rightarrow$	$y \equiv m^{k_p} \mod n$ $\leftarrow (y)$ $(\hat{m})$ $m = \hat{m}$?

Tabelle 10.1: *Verschlüsselungs- und Authentifizierungsverfahren*

- Die Zahlen p und q sollten jeweils mindestens 180 Dezimalstellen haben und nicht zu dicht beieinander liegen.
- Der öffentliche Schlüssel k_p kann frei gewählt werden. Es muss jedoch gelten:

$$\text{ggT}(k_p, n) = 1,$$

da sonst kein inverses Element zu k_p, also kein geheimer Schlüssel k_s existiert. Außerdem sollte k_p nicht zu klein sein.

10.5 Literaturverzeichnis

[BB10] BOSSERT, Martin ; BOSSERT, Sebastian: *Mathematik der digitalen Medien.* Berlin, Offenbach : VDE–Verlag, 2010. – ISBN 978-3800731374

10.6 Übungsaufgaben

RSA Verschlüsselung

Aufgabe

Nehmen Sie an, Bob verwendet die Primzahlen $p = 7$ und $q = 11$ zur RSA-Verschlüsselung.

a) Bob wählt nun den geheimen Schlüssel $k_s = 17$. Welche der Zahlen $\{21, 50, 53\}$ kann/können als öffentlicher Schlüssel gewählt werden?

b) Nun verwendet Bob $n = pq = 221$, $k_p = 91$, und $k_s = 19$ und veröffentlicht (n, k_p). Alice will, dass Bob erfährt, wie alt die RSA-Verschlüsselung ist. Sie verschlüsselt diese Zahl und verschickt den Code $y = 111$ an Bob. Entschlüsseln Sie die Nachricht.

Lösung

$p = 7$, $q = 11$.

a) $k_p = 21$ kann nicht verwendet werden,
$k_p = 50$ kann nicht verwendet werden,
$k_p = 53$ kann verwendet werden.

b) $n = pq = 221$, $k_p = 91$, $k_s = 19$, $y = 111$.

$$m = 111^{19} \mod (221) = 32.$$

Zahlenraten mit Paul und Simon

Aufgabe

Paul und Simon sollen zwei natürliche Zahlen (größer als 1) herausfinden. Paul wird nur das Produkt P und Simon nur die Summe S genannt. Diese Tatsache ist beiden bekannt. Folgendes länger dauernde Gespräch findet zwischen ihnen statt:

1. Simon sagt zu Paul: "Ich kenne die Summe S der zwei Zahlen, nicht aber ihr Produkt P."
2. Paul sagt zu Simon: "Ich dagegen kenne das Produkt P der beiden Zahlen, nicht aber ihre Summe S."
3. Simon denkt über die Zahl S nach und sagt: "Ich glaube dir Paul, denn du kannst S nicht aus P ermitteln, welchen Wert P auch haben mag."
4. Paul überlegt und sagt dann: "Nun kenne ich S."
5. Simon erwidert: "Wie schön, wenn das so ist, dann kenne ich auch P."
6. Paul bemerkt zusätzlich: "Dabei hat S den kleinsten Wert, der bei unserem Ratespiel überhaupt möglich ist."

Wie heißen die beiden gesuchten Zahlen S und P ?

Lösung
$S = 17 = 4 + 13$ und $P = 52 = 4 \cdot 13$.

Schlussfolgerungen aus den Aussagen von Paul und Simon:

1. Pauls Aussage: "Ich dagegen kenne das Produkt P der beiden Zahlen, nicht aber ihre Summe S."
   Folgerung: Paul kennt P, aber nicht S, also kann P nicht das Produkt zweier Primzahlen sein.

2. Simons Aussage: "... du kannst S nicht aus P ermitteln, welchen Wert P auch haben mag."
   Folgerung: S ist nicht als Summe zweier Primzahlen darstellbar, denn sonst könnte Simon nicht sicher sein, dass S aus P niemals ermittelt werden kann. Kandidaten für S sind also $11, 17, 23, 27, \ldots$ [1].

3. Paul nächste Aussage: "Nun kenne ich S."
   Folgerung: Da Paul S nun kennt, muss Paul die vorangehende Überlegung auch angestellt haben und P muss die folgende Eigenschaft besitzen:
   E1) Es gibt genau eine Möglichkeit, P derart in zwei Faktoren a und b zu zerlegen, dass die Zahl $a + b$ nicht als Summe zweier Primzahlen darstellbar ist (vorausgesetzt a und b sind ganzzahlig und größer als 1).

4. Simons folgende Aussage: "... dann kenne ich auch P."
   Folgerung: Die Summe S muss folgende Eigenschaft besitzen:
   E2) Es gibt genau eine Möglichkeit S als Summe $c + d$ zu schreiben, dass $c \cdot d$ die Eigenschaft E1) nicht verletzt (c, d wiederum ganzzahlig und größer 1).

5. Pauls letzte Bemerkung: "... S den kleinsten Wert, der ... überhaupt möglich ist."

   Zusammenfassend: Wie haben die Kandidaten der obigen Folge also der Reihe nach durchzuprüfen. Beginnen wir: 11 hat E2 nicht, denn $11 = 7 + 2^2 = 3 + 2^3$ und man erkennt, dass sowohl $7 + 2^2$ wie auch $3 + 2^3$ die Eigenschaft E1 haben. Die Zahl 17 hat E2, denn nur für die Zerlegung $17 = 4 + 13$ gilt, dass das Produkt der Summanden, $4 \cdot 13$, die Eigenschaft E1 hat. Die Zerlegung $17 = 4 + 13$ für S ist damit auch die gesuchte Lösung, also folgt für $P = 4 \cdot 13 = 52$.

[1] Dies sind alle ungeraden Zahlen der Form $n = m + 2$, wobei m keine Primzahl ist (vorausgesetzt, dass die Goldbachsche Vermutung gilt, welche besagt, dass alle geraden Zahlen ≥ 4 als Summe zweier Primzahlen darstellbar ist). Der Leser benötigt diese Überlegung für die Lösung aber nicht, da er die Zahlen der Folge, soweit nötig, durch einfaches Probieren findet.

RSA Verschlüsselung

Aufgabe

Wir betrachten im Folgenden das RSA-Verfahren zur Verschlüsselung. Der öffentliche Schlüssel wird mit k_p und der geheime Schlüssel mit k_s bezeichnet. Die beiden Primzahlen im RSA-System sind p und q.

a) Antonia möchte eine verschlüsselte Nachrichten von Bert empfangen. Sie wählt $p = 13$ und $q = 23$. Der öffentliche Schlüssel ist $k_p = 7$. Zur Verfügung stehen folgende Zahlen als geheimer Schlüssel: $\{147, 149, 151, 153\}$. Welche(r) von diesen kann benutzt werden? Begründen Sie Ihre Antwort.

Wir bilden jeden Buchstaben des lateinischen Alphabets auf eine der Zahlen $\{1, \ldots, 26\}$ in alphabetischer Ordnung ab, also $A = 1$, $B = 2$, etc..

b) Bert kennt $n = pq = 799$ und den zweiten öffentlichen Schlüssel $k'_p = 589$. Er sendet die verschlüsselte Nachricht:

$$(y_1, y_2, y_3, y_4, y_5, y_6, y_7) = (332, 1, 30, 30, 8, 294, 363).$$

Entschlüsseln Sie diese mit dem zweiten geheimen Schlüssel $k'_s = 5$ für Antonia und geben Sie die korrespondierenden Buchstaben an.

Lösung

a) 151

b) Das verschlüsselte Wort lautete HAMMING.

A Wahrscheinlichkeitsrechnung

Wir wollen hier eine Einführung in die Wahrscheinlichkeitsrechnung angeben, indem wir den Schritten der Originalarbeit des russischen Mathematikers Kolmogoroff[1] folgen. Dessen Arbeit aus dem Jahre 1933, die er in Deutsch publiziert hat, ist so klar geschrieben, dass sich das Lesen lohnt. Kolmogoroff führt die Wahrscheinlichkeitsrechnung axiomatisch ein.

Wir benötigen Mengen von Elementarereignissen, die nicht weiter geteilt werden können. Diese Elementarereignisse sind die möglichen Ausgänge eines Zufallsexperimentes. Zur Veranschaulichung der Begriffe werden wir einen gewöhnlichen Würfel mit den Zahlen 1 bis 6 verwenden.

Sei $\Gamma = \{\gamma_1, \gamma_2, \ldots, \gamma_n\}$ die Menge der möglichen Elementarereignisse. Dies sind die Zahlen 1 bis 6 beim Würfel.

Eine Teilmenge von Γ wird als **Ereignis** $\mathcal{A}$ bezeichnet.

Mit Ω bezeichnen wir eine Menge von Teilmengen von Γ, also eine Menge von Ereignissen. Beispielsweise

$$\Omega = \{\{\gamma_1, \gamma_2, \}, \{\gamma_1, \gamma_2, \gamma_5\}, \{\gamma_7\}, \{\gamma_7, \gamma_8\}, \ldots\}\,.$$

Eine Menge Ω von Teilmengen von Γ ist ein Mengenkörper, wenn gilt:

i) Die leere Menge ist Element von Ω, d.h. $\emptyset \in \Omega$.

ii) Sind $\mathcal{A}, \mathcal{B} \in \Omega$ so muss gelten:

-die Schnittmenge $\mathcal{A} \cap \mathcal{B} \in \Omega$,

-die Vereinigungsmenge $\mathcal{A} \cup \mathcal{B} \in \Omega$ und

-die Differenzmenge $\mathcal{A} \setminus \mathcal{B} \in \Omega$.

In der Menge Ω sind alle möglichen Teilmengen von Γ, also alle möglichen Ereignisse, enthalten. Dies illustriert das folgende Beispiel eines Würfels. Die Schnittmenge wird oft auch als $\mathcal{AB} = \mathcal{A} \cap \mathcal{B}$ und die Vereinigungsmenge als $\mathcal{A} + \mathcal{B} = \mathcal{A} \cup \mathcal{B}$ notiert.

Beispiel A.1: *Mengenkörper des Würfels.*

Die Menge der Elementarereignisse ist $\Gamma = \{1, 2, 3, 4, 5, 6\}$. Die Elemente der Menge Ω stellen Ereignisse dar, die den Ausgang des Zufallsexperimentes beschreiben.

[1] A. Kolmogoroff, Grundbegriffe der Wahrscheinlichkeitsrechnung, Springer Verlag, 1933, Nachdruck 1966

Beim Würfel kann ein Ereignis *gerade Zahl*, *Primzahl* oder auch 1 sein. Das Ereignis „gerade Zahl" ist die Vereinigung der Elementarereignisse 2, 4 und 6, d.h.

$$\{2\} \cup \{4\} \cup \{6\} = \{2,4,6\}.$$

Das Ereignis „Primzahl" ist

$$\{2\} \cup \{3\} \cup \{5\} = \{2,3,5\}.$$

Die Schnittmenge der Ereignisse „Primzahl" und „gerade Zahl " muss ebenfalls in der Menge Ω sein und ist

$$\{2,3,5\} \cap \{2,4,6\} = \{2\}.$$

Dies kann für alle denkbaren Mengen fortgeführt werden, so dass wir am Ende den folgenden Mengenkörper Ω erhalten.

$$\Omega = \left\{ \begin{array}{ll} \emptyset, \{1\}, \{2\}, \{3\}, \{4\}, \{5\}, \{6\}, & \\ \{1,2\}, \{1,3\}, \{1,4\}, \{1,5\}, \{1,6\}, \{2,3\}, \{2,4\}, \ldots & \{5,6\}, \\ \{1,2,3\}, \{1,2,4\}, \{1,2,5\}, \{1,2,6\}, \{1,3,4\}, \ldots & \{4,5,6\}, \\ \{1,2,3,4\}, \{1,3,4,5\}, \{1,4,5,6\}, \ldots & \{3,4,5,6\}, \\ \{1,2,3,4,5\}, \{1,3,4,5,6\}, \ldots & \{2.3.4.5.6\}, \\ \{1,2,3,4,5,6\} & \end{array} \right\}.$$

Nachdem wir nun einen Mengenkörper eingeführt haben, können wir die Axiome von Kolmogoroff angeben und erläutern.

Definition A.2 *Die Axiome von Kolmogoroff.*

I. Ω ist ein Mengenkörper.

II. Ω enthält die Menge Γ, d.h. $\Gamma \in \Omega$.

III. Jeder Menge $\mathcal{A} \in \Omega$ ist eine nichtnegative reelle Zahl $P(\mathcal{A})$ zugeordnet. Diese Zahl $P(\mathcal{A})$ nennt man die Wahrscheinlichkeit des Ereignisses $\mathcal{A}$.

IV. $P(\Gamma) = 1$.

V. Wenn $\mathcal{A}, \mathcal{B}$ disjunkt sind, d.h. $\mathcal{A} \cap \mathcal{B} = \emptyset$ ist, dann gilt:

$$P(\mathcal{A} \cup \mathcal{B}) = P(\mathcal{A}) + P(\mathcal{B}).$$

Kolmogoroff nennt sein Axiomensystem widerspruchsfrei, und verweist dafür auf das folgende Beispiel.

Beispiel A.3: Γ *mit nur einem Element* γ.

In diesem Falle besteht die Menge Ω aus zwei Elementen $\emptyset$ und $\Gamma = \{\gamma\}$. Es gilt $P(\Gamma) = P(\gamma) = 1$ und $P(\emptyset) = 0$.

Aus den 5 Axiomen kann man Folgerungen ableiten. Wir nehmen an, ein Zufallsexperiment besitzt als Ausgang ein Ereignis $\mathcal{A} \in \Omega$ mit Wahrscheinlichkeit $P(\mathcal{A})$ oder ein Ereignis $\mathcal{B} \in \Omega$ mit Wahrscheinlichkeit $P(\mathcal{B})$.

Wir stellen zunächst die mengentheoretische Terminologie der von Ereignissen gegenüber.

Sind zwei Mengen disjunkt, so sind die Ereignisse unvereinbar und es gilt $\mathcal{A} \cap \mathcal{B} = \emptyset$.

Ist $\mathcal{C}$ die Schnittmenge $\mathcal{A} \cap \mathcal{B} = \mathcal{C}$, so das Ereignis $\mathcal{C}$ die gleichzeitige Realisierung der Ereignisse $\mathcal{A}$ und $\mathcal{B}$.

Ist $\mathcal{C}$ die Vereinigungsmenge $\mathcal{A} \cup \mathcal{B} = \mathcal{C}$, so besteht das Ereignis $\mathcal{C}$ aus der Realisierung von mindestens einem der Ereignisse $\mathcal{A}$ oder $\mathcal{B}$.

Die Komplementmenge $\overline{\mathcal{A}}$ ist das zu $\mathcal{A}$ entgegengesetzte Ereignis, d.h. dass nicht $\mathcal{A}$ eintritt.

Die leere Menge $\emptyset$ ist das unmögliche Ereignis und die Menge Γ das sichere Ereignis.

Wenn $\mathcal{B} \subset \mathcal{A}$ gilt, dann ist auch das Ereignis $\mathcal{B}$ eingetreten, wenn das Ereignis $\mathcal{A}$ eingetreten ist.

Aus $\overline{\mathcal{A}} + \mathcal{A} = \Gamma$ und den Axiomen IV und V folgt

$$P(\overline{\mathcal{A}}) + P(\mathcal{A}) = 1, \quad P(\mathcal{A}) = 1 - P(\overline{\mathcal{A}})$$

und daraus mit $\overline{\Gamma} = \emptyset$, dass

$$P(\emptyset) = 1 - P(\Gamma) = 0.$$

Eine wichtige Definition ist die statistische Unabhängigkeit von Ereignissen. Sie sagt aus, wann das Auftreten des Ereignisse $\mathcal{B}$ unabhängig ist vom Auftreten des Ereignisses $\mathcal{A}$ und umgekehrt. Wir benutzen die Notation $P(\mathcal{AB}) = P(\mathcal{A} \cap \mathcal{B})$.

Definition A.4 *Statistische Unabhängigkeit*

Zwei Ereignisse $\mathcal{A}$ und $\mathcal{B}$ sind statistisch unabhängig, wenn gilt

$$P(\mathcal{A} \cap \mathcal{B}) = P(\mathcal{AB}) = P(\mathcal{A}) \cdot P(\mathcal{B}).$$

Die bedingte Wahrscheinlichkeit $P(\mathcal{B}|\mathcal{A})$ ist die Wahrscheinlichkeit, dass das Ereignis $\mathcal{B}$ eintritt unter der Bedingung, dass das Ereignis $\mathcal{A}$ bereits eingetreten ist. Beim Würfel kann man die bedingte Wahrscheinlichkeit für das Ereignis 2 berechnen unter der Bedingung, dass das Ereignis „Primzahl“ eingetreten ist. Diese Wahrscheinlichkeit ist $1/3$, da entweder $2, 3$ oder 5 eingetreten ist und alle die gleiche Wahrscheinlichkeit besitzen.

Mit der bedingten Wahrscheinlichkeit können wir die Wahrscheinlichkeit der Schnittmenge $P(\mathcal{A} \cap \mathcal{B})$, die auch Produktwahrscheinlichkeit $P(\mathcal{A}\mathcal{B})$ genannt wird, anders ausdrücken. Die Produktwahrscheinlichkeit ist die Wahrscheinlichkeit, dass beide Ereignisse $\mathcal{A}$ und $\mathcal{B}$ gleichzeitig eingetreten sind. Sie ist aber auch die Wahrscheinlichkeit, dass das Ereignis $\mathcal{B}$ auftritt unter der Bedingung, dass das Ereignis $\mathcal{A}$ bereits eingetreten ist, mal der Wahrscheinlichkeit, dass das Ereignis $\mathcal{A}$ eintritt. Somit ergibt sich mit $P(\mathcal{A}) > 0$ für die bedingte Wahrscheinlichkeit folgende Formel

$$P(\mathcal{B}|\mathcal{A}) = \frac{P(\mathcal{A}\mathcal{B})}{P(\mathcal{A})}.$$

Andererseits kann man die Produktwahrscheinlichkeit auch interpretieren als die Wahrscheinlichkeit, dass $\mathcal{A}$ auftritt unter der Bedingung, dass das Ereignis $\mathcal{B}$ bereits eingetreten ist, mal der Wahrscheinlichkeit, dass $\mathcal{B}$ eintritt. Es gilt also für $P(\mathcal{B}) > 0$

$$P(\mathcal{A}|\mathcal{B}) = \frac{P(\mathcal{A}\mathcal{B})}{P(\mathcal{B})}.$$

Lösen wir beide Interpretationen nach $P(\mathcal{A}\mathcal{B})$ auf und setzen sie gleich, so erhalten wir

$$P(\mathcal{B}|\mathcal{A}) \cdot P(\mathcal{A}) = P(\mathcal{A}|\mathcal{B}) \cdot P(\mathcal{B}).$$

Die Division durch $P(\mathcal{B})$ liefert der Satz von Bayes.

Satz 49: *Satz von Bayes.*

Für die bedingten Wahrscheinlichkeiten gilt der Zusammenhang

$$P(\mathcal{A}|\mathcal{B}) = \frac{P(\mathcal{B}|\mathcal{A})P(\mathcal{A})}{P(\mathcal{B})}.$$

Die bedingte Wahrscheinlichkeit besitzt Eigenschaften, die abhängig von der Beziehung der Mengen $\mathcal{A}$ und $\mathcal{B}$ sind. Diese wollen wir nachfolgend auflisten

i) Für disjunkte Ereignisse gilt: $P(\mathcal{A}|\mathcal{B}) = 0$,
$\mathcal{A} \cap \mathcal{B} = \emptyset \implies P(\mathcal{A}\mathcal{B}) = 0 \implies P(\mathcal{A}|\mathcal{B}) = 0.$

ii) Wenn $\mathcal{B}$ Teilmenge von $\mathcal{A}$ ist gilt: $P(\mathcal{A}|\mathcal{B}) = 1$,
$\mathcal{B} \subset \mathcal{A} \implies P(\mathcal{A}\mathcal{B}) = P(\mathcal{B}) \implies P(\mathcal{A}|\mathcal{B}) = 1.$

iii) Wenn $\mathcal{A}$ Teilmenge von $\mathcal{B}$ ist gilt: $P(\mathcal{A}|\mathcal{B}) = \frac{P(\mathcal{A})}{P(\mathcal{B})}$,
$\mathcal{A} \subset \mathcal{B} \implies P(\mathcal{A}\mathcal{B}) = P(\mathcal{A}) \implies P(\mathcal{A}|\mathcal{B}) = \frac{P(\mathcal{A})}{P(\mathcal{B})}.$

iv) Wenn $\mathcal{A}$ und $\mathcal{B}$ statistisch unabhängig sind gilt: $P(\mathcal{A}|\mathcal{B}) = P(\mathcal{A})$,
$\mathcal{A}, \mathcal{B}$ statistisch unabhängig $\implies P(\mathcal{A}\mathcal{B}) = P(\mathcal{A})P(\mathcal{B}) \implies P(\mathcal{A}|\mathcal{B}) = P(\mathcal{A}).$

Satz 50: *Totale Wahrscheinlichkeit.*

Es seien $\gamma_i, i = 1, \ldots, n$ sämtliche Elementarereignisse. Dann gilt:

$$P(\mathcal{A}) = \sum_{i=1}^{n} P(\mathcal{A}|\gamma_i) \cdot P(\gamma_i) = \sum_{\gamma_i \in \mathcal{A}} P(\gamma_i).$$

Beweis: Dies folgt aus der Tatsache, dass für die bedingte Wahrscheinlichkeit gilt:

$$P(\mathcal{A}|\gamma_i) = \begin{cases} 1, & \text{wenn } \gamma_i \in \mathcal{A} \\ 0, & \text{wenn } \gamma_i \notin \mathcal{A}. \end{cases}$$

Damit ist die Wahrscheinlichkeit für das Ereignis $\mathcal{A}$ die Summe der Wahrscheinlichkeiten für die Elementarereignisse. □

Bevor wir die Wahrscheinlichkeiten etwas abstrakter betrachten, wollen wir noch einige Beispiele erörtern.

Beispiel A.5: *Skatspiel mit 32 Karten.*

Ein mögliches Zufallsexperiment ist das Ziehen einer Karte. Die Elementarereignisse sind die 32 Karten

$$\Gamma := \{\diamondsuit 7, \diamondsuit 8, \ldots, \clubsuit\, Ass\}.$$

Die Wahrscheinlichkeiten Karo 10 zu ziehen bzw. nicht zu ziehen sind

$$P(\diamondsuit 10) = \frac{1}{32}, \qquad P(nicht \diamondsuit 10) = 1 - \frac{1}{32} = \frac{31}{32}.$$

Da gilt $\heartsuit\, Dame \subset rote\, Karte$ ist die bedingte Wahrscheinlichkeit

$$P(\heartsuit\, Dame|rote\, Karte\, gezogen) = \frac{P(\heartsuit\, Dame)}{P(rote\, Karte)} = \frac{\frac{1}{32}}{\frac{1}{2}} = \frac{1}{16}.$$

Beispiel A.6: *Let's make a deal.*

Wir betrachten eine Spielshow in der ein Kandidat etwas gewinnen kann. Es gibt 3 Türen und hinter einer befindet sich ein Gewinn. Der Kandidat darf eine Tür wählen und danach öffnet der Showmaster eine der beiden anderen Türen, und zwar eine, hinter der der Gewinn nicht steht. Der Kandidat darf neu entscheiden. Frage: Soll der Kandidat seine Entscheidung ändern, d.h. die dritte Tür wählen?

1.Weg: Definieren wir zwei Strategien, erstens Entscheidung beibehalten und zweitens Entscheidung ändern. Für beide Strategien wollen wir die Wahrscheinlichkeiten für das Ereignis „Gewinn“ berechnen. Bei Entscheidung beibehalten muss der Kandidat bei seiner ersten Wahl die Gewinntür wählen, wofür die Wahrscheinlichkeit

$P_{Gewinn} = 1/3$ ist, da es eine Gewinntür und drei Türen gibt. Bei der Wechselstrategie muss der Kandidat eine der beiden Nichtgewinn-Türen wählen. Denn wenn er eine Nichtgewinn-Tür gewählt hat, muss der Showmaster die zweite Nichtgewinn-Tür öffnen und die dritte Tür, zu der der Kandidat wechselt, ist die Gewinntür. Dafür ist die Wahrscheinlichkeit $P_{Gewinn} = 2/3$, da es zwei Nichtgewinn-Türen von dreien gibt. Die Gewinnwahrscheinlichkeit der Strategie Wechseln ist doppelt so großals bei der, die Entscheidung beizubehalten.

2.Weg: Es handelt sich hier um eine bedingte Wahrscheinlichkeit. Nehmen wir an der Kandidat wählt Tür 1 (T_1) und der Showmaster öffnet T_3, was wir als Ereignis O bezeichnen. Die Wahrscheinlichkeit P_G ist die Wahrscheinlichkeit, dass der Kandidat in seiner zweiten Wahl die Gewinntür wählt. Die erste Wahl erfolgt mit der Wahrscheinlichkeit $P(T_1) = P(T_2) = P(T_3) = 1/3$. Für die bedingten Wahrscheinlichkeiten, dass der Showmaster $T3$ öffnet unter der Bedingung, dass der Gewinn hinter T_i liegt, gilt: $P(O|T_1) = 1/2, \quad P(O|T_2) = 1, P(O|T_3) = 0$. Mit dem Satz von Bayes können wir dann die Wahrscheinlichkeit ausrechnen, dass der Gewinn hinter T_1 bzw. T_2 ist unter der Bedingung, dass der Showmaster T_3 geöffnet hat:

$$\begin{aligned} P(T_1|O) &= \frac{P(T_1)P(O|T_1)}{P(T_1)P(O|T_1)+P(T_2)P(O|T_2)+P(T_3)P(O|T_3)} \\ &= \frac{1/3 \cdot 1/2}{1/3 \cdot 1/2 + 1/3 \cdot 1 + 1/3 \cdot 0} = \frac{1}{3}. \end{aligned}$$

$$\begin{aligned} P(T_2|O) &= \frac{P(T_2)P(O|T_2)}{P(T_1)P(O|T_1)+P(T_2)P(O|T_2)+P(T_3)P(O|T_3)} \\ &= \frac{1/3 \cdot 1}{1/3 \cdot 1/2 + 1/3 \cdot 1 + 1/3 \cdot 0} = \frac{2}{3}. \end{aligned}$$

Beispiel A.7: *Geburtstagsparadoxon.*

Ab wie vielen Personen k ist die Wahrscheinlichkeit $P_2(k)$, dass zwei (oder mehr) davon am gleichen Tag Geburtstag haben größer als 0.5? (Annahme, dass alle Tage gleichwahrscheinlich sind und Vernachlässigung von Schaltjahren).

$P_2(k) = 1 - P_{\overline{2}}(k)$, dabei ist $P_{\overline{2}}(k)$ die Wahrscheinlichkeit, dass alle k Personen an unterschiedlichen Tagen geboren wurden, mit

$$P_{\overline{2}}(k) = \frac{365 \cdot 364 \cdot \ldots \cdot (365 - k + 1)}{365^k},$$

denn der erste kann aus 365 Tagen wählen, der zweite nur noch aus 364, usw. und die Anzahl der möglichen Tage ist immer 365. Einige Werte: $P_2(1) = 0$, $P_2(22) = 0.4757$, $P_2(23) = 0.5073$, $P_2(30) = 0.7063$, $P_2(50) = 0.97$, $P_2(100) = 0.9999$. Damit ist die Zahl, ab der die Wahrscheinlichkeit größer als $1/2$ wird, die 23. Weil diese Zahl unerwartet klein ist, nennt man diese Tatsache das Geburtstagsparadoxon, obwohl es natürlich kein Paradoxon ist.

Beispiel A.8: *Ziehen von Bauelementen.*

Diese Beispiel demonstriert die Benutzung der totalen Wahrscheinlichkeit und des Satzes von Bayes.

Gegeben 4 Kisten mit K_1: 2000 gute + 500 schlechte Bauteile
K_2: 1000 gute + 600 schlechte Bauteile
K_3: 1900 gute + 100 schlechte Bauteile
K_4: 3900 gute + 100 schlechte Bauteile.

1. Wähle zufällig eine Kiste K_i, und entnimm daraus ein Bauteil. Wie groß ist die Wahrscheinlichkeit, dass es defekt ist?

   $P(D) = \sum_{i=1}^{4} P(D|K_i) \cdot P(K_i)$ Satz der totalen Wahrscheinlichkeit.

   $$\begin{aligned} &P(K_i) = \tfrac{1}{4} \quad i = 1,2,3,4 \\ &P(D|K_1) = \tfrac{500}{2000} = 0.2 && \text{(20\% fehlerhaft)} \\ &P(D|K_2) = 0.375 && \text{(37.5\% fehlerhaft)} \\ &P(D|K_3) = 0.05 && \text{(5\% fehlerhaft)} \\ &P(D|K_4) = 0.025 && \text{(2.5\% fehlerhaft).} \end{aligned}$$

   $P(K_i) = \sum_{i=1}^{4} P(D|K_i) \cdot P(K_i) = 0.2 \cdot 0.25 + 0.375 \cdot 0.25 + 0.05 \cdot 0.25 + 0.025 \cdot 0.25 =$ 0.1625.

2. Wir haben ein defektes Bauteil. Wie groß ist die Wahrscheinlichkeit, dass es aus K_1 kommt?

   $$P(K_1|D) = \frac{P(K_1)}{P(D)} P(D|K_1) = \frac{0.25}{0.1625} \cdot 0.2 \approx 0.3077 \qquad \text{Regel von Bayes.}$$

Beispiel A.9: *Wichteln.*

Als Wichteln bezeichnet man ein Spiel, bei dem jeder ein Geschenk in einen Sack steckt, aus dem später jeder zufällig ein Geschenk zieht. Wie groß ist die Wahrscheinlichkeit P_g, dass niemand sein eigenes Geschenk zieht?

Um diese Wahrscheinlichkeit zu berechnen, definieren wir das Ereignis $\mathcal{A}_i$, bei dem der i-te Gast sein eigenes Geschenk zieht (beliebig viele andere Gäste können ebenfalls ihr eigenes Geschenk ziehen). Die Anzahl an Möglichkeiten für diese Ereignis ist

$$|\mathcal{A}_i| = (n-1)!,$$

Da wir das i-te Geschenk zuweisen und für die restlichen $(n-1)$ Geschenke existieren $(n-1)!$ Permutationen. Die Gesamtanzahl an Permutationen der n Geschenke ist $n!$ und ist die Summe über alle Möglichkeiten $|\mathcal{A}_i|$, denn es gilt

$$\sum_{i=1}^{n} |\mathcal{A}_i| = n \cdot (n-1)! = n!.$$

Um die Wahrscheinlichkeit der Vereinigung der Ereignisse $\mathcal{A}_i$ zu berechnen, benötigen wir das Konzept der Inklusion–Exklusion (auch Siebformel genannt). Die Wahrscheinlichkeit der Vereinigung von zwei Ereignissen ist

$$P(\mathcal{A} \cup \mathcal{B}) = P(\mathcal{A}) + P(\mathcal{B}) - P(\mathcal{A} \cap \mathcal{B}).$$

Für die Vereinigung von drei Ereignissen gilt entsprechend Bild A.1

$$\begin{aligned} P(\mathcal{A} \cup \mathcal{B} \cup \mathcal{C}) = & P(\mathcal{A}) + P(\mathcal{B}) + P(\mathcal{C}) \\ & - P(\mathcal{A} \cap \mathcal{B}) - P(\mathcal{A} \cap \mathcal{C}) - P(\mathcal{B} \cap \mathcal{C}) + P(\mathcal{A} \cap \mathcal{B} \cap \mathcal{C}). \end{aligned}$$

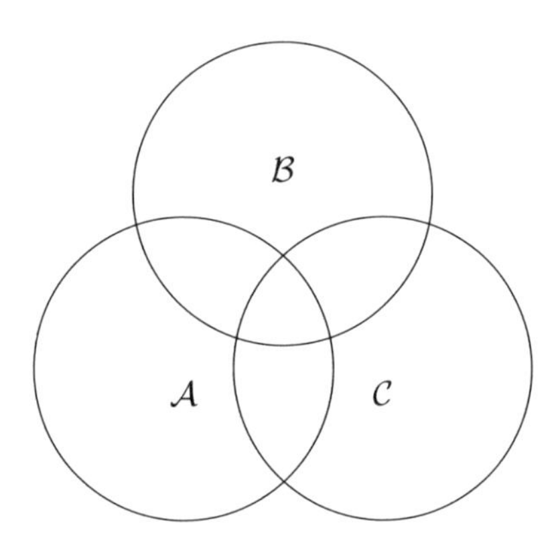

Bild A.1: *Vereinigung von drei Ereignissen*

Allgemein erhält man

$$P\left(\cup_i \mathcal{A}_i\right) = \sum_{j=1}^{n} (-1)^{j-1} \sum_{i_1 < i_2 < \ldots < i_j} P(\mathcal{A}_{i_1} \cap \ldots \cap \mathcal{A}_{i_j}).$$

Nun können wir die Wahrscheinlichkeit durch $P_g = 1 - P_s$ berechnen, wobei für P_s gilt

$$P_s = P\left(\cup_i \mathcal{A}_i\right) = 1 - \frac{1}{2!} + \frac{1}{3!} - \frac{1}{4!} \ldots.$$

Mit der Approximation

$$e^x = 1 + \frac{x}{1!} + \frac{x^2}{2!} + \frac{x^3}{3!} + \frac{x^4}{4!} + \ldots$$

erhalten wir

$$P_g = 1 - \frac{1}{1!} + \frac{1}{2!} - \frac{1}{3!} \ldots = \frac{1}{e}.$$

Beispiel A.10: *Gefangenenbefreiung.*

In einem Gefängnis befinden sich $n = 2m$ Häftlingen mit den Nummern $1, 2, \ldots, n$ und der Direktor spielt jeden Monat das folgende Spiel: In einem Raum liegen zufallig verteilte Karten mit den verdeckten Nummern $1, 2, \ldots, n$. Jeder Häftling darf den Raum einzeln betreten und $n/2 = m$ Karten aufdecken. Vor dem nächsten werden die Karten wieder verdeckt. Wenn alle Häftlinge unter den m gezogenen Karten ihre eigene Nummer finden, werden sie alle freigelassen. Sie dürfen die Karten nach einer bestimmten Strategie aufdecken, jedoch dürfen sie keinerlei Information austauschen. Wie groß ist die Wahrscheinlichkeit P_{frei}, dass die Häftlinge freikommen?

Eine erste Überlegung ergibt, dass wenn jeder zufällig m Karten aufdeckt, sich mit Wahrscheinlichkeit $1/2$ seine eigene Nummer unter den m Karten befindet. Die Wahrscheinlichkeit P_{frei} ist dann

$$P_{frei} = \left(\frac{1}{2}\right)^n = \frac{1}{2^n}.$$

Diese Wahrscheinlichkeit ist für große n extrem klein, etwa bei $n = 100$ ist $P_{frei} \approx 8 \cdot 10^{-31}$.

Wenn die Häftlinge Wahrscheinlichkeitsrechnung kennen, werden sie folgende Strategie wählen: Jeder Häftling mit der Nummer j startet, die j-te Karte aufzudecken. Auf dieser Karte steht die Nummer ℓ und der Häftling deckt die ℓ-te Karte auf und so weiter. Es ist klar, dass er irgendwann die Karte, auf der die Nummer j steht, aufdeckt. Dann hat er einen Zyklus aufgedeckt, weil er dann wieder zu der j-ten Karte kommt und von da an wiederholen sich die Karten. Die Anzahl der Karten eines Zyklus ist die Zykluslänge. Die Frage ist nun, ob die Zykluslänge kleiner gleich oder größer m ist. Die Wahrscheinlichkeit, dass alle Zyklen einer zufälligen Permutation die Länge $\leq m$ besitzen ist überraschenderweise $P_{frei} = 1 - \ln 2 = 0,3068$.

Um diese Wahrscheinlichkeit herzuleiten, zählen wir Anzahl der Möglichkeiten von Permutationen mit Zyklen $> m$. Wenn ein Zyklus der Länge $\ell > m$ vorhanden ist, dann können die restlichen $n-\ell$ Zahlen auf $(n-\ell)!$ Arten verteilt werden. Außerdem gibt es $\binom{n}{\ell}$ Möglichkeiten einen Zyklus der Länge ℓ aus n Zahlen zu wählen. Im jeweiligen Zyklus können $\ell - 1$ Zahlen beliebig permutiert werden, ohne dass sich die Länge ändert. Damit ergibt sich die Wahrscheinlichkeit P_ℓ für einen Zyklus der Länge ℓ zu

$$P_\ell = \frac{\binom{n}{\ell}(\ell-1)!(n-\ell)!}{n!} = \frac{1}{\ell}.$$

Daraus können wir die Wahrscheinlichkeit P_{frei} berechnen zu

$$P_{frei} = 1 - \sum_{\ell=m+1}^{n} \frac{1}{\ell} = 1 - \ln 2.$$

A.1 Diskrete Zuvallsvariable

Eine Zufallsvariable X eines Zufallsexperiments ist eine Funktion, die jedem Elementarereignis γ der Ergebnismenge Γ dieses Experiments eine reelle Zahl zuordnet. Diese einzelnen Werte einer Zufallsvariablen bezeichnet man als Realisationen, die Menge aller Realisationen als Definitionsbereich. Kolmogoroff hat die Zufallsvariablen eingeführt, um Ereignisse, die nicht nummerisch dargestellt sind ($\clubsuit, \heartsuit, \ldots$), eine Zahl zuzuordnen und damit rechnen zu können, insbesondere den Erwartungswert zu berechnen.

Beispiel A.11: *Zufallsvariable.*

Betrachtet man als Zufallsexperiment das Werfen mit einem Würfel, so kann man z.B. eine Zufallsvariable X definieren, indem man dem Ergebnis $\gamma \in \{2, 4, 6\} =$ 'Würfel zeigt gerade Zahl' den Wert 1 und $\gamma \in \{1, 3, 5\} =$'Würfel zeigt ungerade Zahl' den Wert 0 als Realisation zuweist:

$$X(\omega) = \begin{cases} 1 & \text{falls der Würfel eine gerade Zahl zeigt,} \\ 0 & \text{falls der Würfel eine ungerade Zahl zeigt.} \end{cases}$$

Die Zufallsvariable wird mit Großbuchstaben $(X, Y, \ldots)$, und die Realisation mit Kleinbuchstaben $(x, y, \ldots)$ bezeichnet.

Sei Γ die Ergebnismenge eines Zufallsexperiments und $\{\gamma\} \subset \Gamma$ ein Elementarereignis. Ein Ereignis A tritt ein, falls das Ergebnis γ in einem Experiment erzielt wird und $\gamma \in \mathcal{A}$. Die relevanten Ergebnisse eines Zufallsexperiments können durch Teilmengen von Γ beschrieben werden, wie in Beispiel A.11. Ω bezeichnet den Ereignisraum (Mengenkörper), eine Menge von Teilmengen von Γ. Der Unterschied zwischen Ergebnismenge und Ereignisraum wird mit folgendem Beispiel deutlich.

Beispiel A.12: *Ergebnismenge und Ereignisraum.*

Beim Werfen eines Würfels ist die Ergebnismenge $\Gamma = \{1,\ 2,\ \ldots,\ 6\}$ und der Ereignisraum $\Omega = \{\emptyset,\ \{1\},\ \ldots,\ \{6\},\ \{1,\ 2\},\ \ldots,\ \Gamma\}$. Also ist Ω hier die Menge *aller* Teilmengen von Γ.

Die Abbildung $P : \Omega \to [0, 1]$ ordnet jeder Menge $\mathcal{A} \in \Omega$ eine Zahl $P(\mathcal{A})$ zu. $P(\mathcal{A})$ bezeichnet die Wahrscheinlichkeit eines Ereignisses $\mathcal{A} \in \Omega$.

Das Tripel (Γ, Ω, P) wird als Wahrscheinlichkeitsraum bezeichnet. Wahrscheinlichkeitsräume dienen allgemein zur Beschreibung von Zufallsexperimenten. Oft interessiert uns jedoch nicht das gesamte Modell, sondern nur Teilmengen. Um die Wahrscheinlichkeit von Teilmengen bei unendlich großer Ergebnismenge Γ berechnen zu können, hat Kolmogoroff die formale mathematische Definition eingeführt.

Definition A.13 *Zufallsvariable.*

Sei (Γ, Ω, P) ein Wahrscheinlichkeitsraum, dann heißt eine Abbildung $X : \Gamma \to \mathbb{R}$ Zufallsvariable, wenn:

$$\{\gamma : \gamma \in \Gamma, X(\gamma) \leq x\} = \{X \leq x\} \in \Omega \quad \forall x \in \mathbb{R}\,.$$

Die Menge aller Ergebnisse, deren Realisation unterhalb eines bestimmten Wertes liegt, muss ein Ereignis bilden. Der Begriff Zufalls*variable* ist etwas irreführend, da eine Zufallsvariable eine *Abbildung* ist und keine Variable. In anderen Worten ist eine diskrete Zufallsvariable X eine Abbildung der Ergebnismenge Γ auf $\mathbb{R}$. Das bedeutet

$$X(\gamma_i) = x \in \mathbb{R} \quad \Longrightarrow \quad f_X(x) = P(\gamma_i).$$

Das Ereignis $\{X \leq x\}$ besitzt also die Wahrscheinlichkeit

$$P(\{\gamma : \gamma \in \Gamma, X(\gamma) \leq x\}) = P(X \leq x) = F_X(x),$$

welche als Wahrscheinlichkeitsverteilung $F_X(x)$ bezeichnet wird.

Definition A.14 *Wahrscheinlichkeitsverteilung.*

$$F_X(x) = P(X \leq x)$$

heißt Wahrscheinlichkeitsverteilung der Zufallsvariablen X und hat folgende Eigenschaften:

- $F_X(x)$ ist monoton steigend: $F_X(x) \leq F_X(x+\epsilon)$, $\forall x \in \mathbb{R}$, $\epsilon \geq 0$,
- $\lim\limits_{x \to -\infty} F_X(x) = 0$ und $\lim\limits_{x \to \infty} F_X(x) = 1$,
- $F_X(x)$ ist rechtsseitig stetig, d.h. $F_X(x) = \lim\limits_{\epsilon \to 0^+} F_X(x+\epsilon)$.

Definition A.15 *Wahrscheinlichkeitsdichte.*

Die Wahrscheinlichkeitsdichte $f_X(x)$ einer Zufallsvariablen X ist

$$f_X(x) = P(\gamma_i)$$

Das Ereignis $\{X \leq x\}$ besitzt also die Wahrscheinlichkeit

$$P(\{\gamma : \gamma \in \Gamma, X(\gamma) \leq x\}) = P(X \leq x) = F_X(x),$$

Die Wahrscheinlichkeitsdichte einer diskreten Zufallsvariable X kann durch gewichtete Diracimpulse dargestellt werden

$$f_X(x) = \sum_{i=1}^{n} f_X(x_i)\delta(x - x_i) = \sum_{i=1}^{n} p_i\delta(x - x_i),$$

dabei wurde die Kurzschreibweise $p_i = f_X(x = \gamma_i)$ benutzt.

Die Wahrscheinlichkeitsverteilung $F_X(k)$ kann durch die Wahrscheinlichkeitsdichte ausgedrückt werden

$$F_X(k) = \sum_{i=1}^{k} f_X(x = \gamma_i).$$

Die Wahrscheinlichkeitsverteilung einer diskreten Zufallsvariablen ist also eine Treppenfunktion.

Beispiel A.16: *Würfel und Zufallsvariable.*

Wir definieren eine Zufallsvariable X zum Würfeln. Die Elementarereignisse sind:

$$\Gamma = \{\bullet,\ \bullet\bullet,\ \bullet\bullet\bullet,\ \bullet\bullet\bullet\bullet,\ \bullet\bullet\bullet\bullet\bullet,\ \bullet\bullet\bullet\bullet\bullet\bullet\}$$

Wir wählen als Abbildung $X(\gamma_i) = 10 \cdot i$ und erhalten damit

$$\begin{array}{cccccc} \bullet & \bullet\bullet & \bullet\bullet\bullet & \bullet\bullet\bullet\bullet & \bullet\bullet\bullet\bullet\bullet & \bullet\bullet\bullet\bullet\bullet\bullet \\ \downarrow & \downarrow & \downarrow & \downarrow & \downarrow & \downarrow \\ 10 & 20 & 30 & 40 & 50 & 60 \end{array}$$

Daraus ergeben sich beispielhaft folgende Zusammenhänge:

$$\begin{aligned} X \le 35 \quad &\longleftrightarrow \{\gamma_1, \gamma_2, \gamma_3\} = \{\bullet,\ \bullet\bullet,\ \bullet\bullet\bullet\} \\ X \le 5 \quad &\longleftrightarrow \{\,\} \\ 15 \le X \le 24 &\longleftrightarrow \{\gamma_2\} = \{\bullet\bullet\} \end{aligned}$$

Die Wahrscheinlichkeitsverteilung $F_X(k) = f_X(x \le x_k)$ und die Wahrscheinlichkeitsdichte $f_X(x)$ sind in Bild A.2 dargestellt.

Prinzipiell können diskrete Zufallsvariable auch Vektoren sein. Seien $X_1, X_2, \ldots, X_N$ Zufallsvariable über Ω, so betrachtet man die gemeinsame Wahrscheinlichkeitsdichte

$$f_{X_1 \ldots X_N}(x_1, \ldots, x_N) = P\left(\{X_1 = x_1\} \cap \{X_2 = x_2\} \cap \ldots \{X_N = x_N\}\right).$$

Es gelten die Beziehungen

$$\sum_{x_1} \sum_{x_2} \cdots \sum_{x_N} f_{X_1 X_2 \ldots X_N}(x_1, x_2, \ldots, x_N) = 1$$

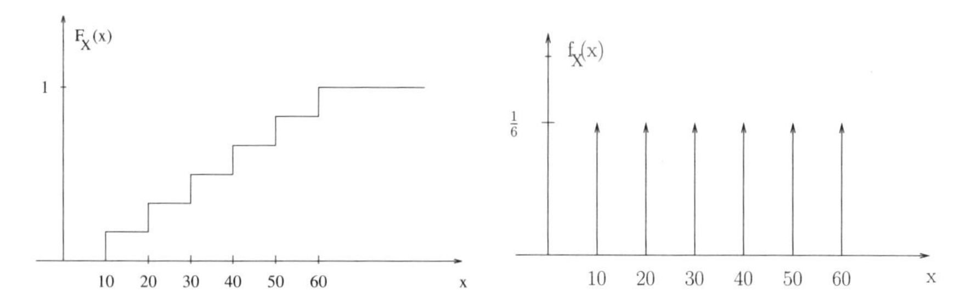

Bild A.2: *Wahrscheinlichkeitsverteilung und Wahrscheinlichkeitsdichte*

und

$$\sum_{x_i} f_{X_1 \ldots X_N}(x_1, \ldots, x_N) = f_{X_1 \ldots X_{i-1} X_{i+1} \ldots X_N}(x_1, \ldots, x_{i-1}, x_{i+1}, \ldots x_N).$$

Sind die Zufallsvariable statistisch unabhängig, so gilt

$$f_{X_1 X_2 \ldots X_N}(x_1, x_2, \ldots, x_N) = f_{X_1}(x_1) f_{X_2}(x_2) \ldots f_{X_N}(x_N).$$

A.1.1 Gebräuchliche Kenngrößen von Zufallsvariablen

Definition A.17 *Erwartungswert (linearer Mittelwert) einer Zufallsvariablen.*

Der Erwartungswert $E[X]$ (auch linearer Mittelwert genannt) einer Zufallsvariablen X mit den Werten $\{x_1, x_2, \ldots, x_L\}$ und den entsprechenden Wahrscheinlichkeiten $\{p_1, p_2, \ldots, p_L\}$ ist

$$E[X] = \sum_{i=1}^{L} p_i \cdot x_i.$$

Der Erwartungswert hängt von der Wahl der Werte x_i ab.

Definition A.18 *Varianz einer Zufallsvariablen.*

Die Varianz $E[(X - E[X])^2]$ einer Zufallsvariablen X mit den Werten $\{x_1, x_2, \ldots, x_L\}$ und den entsprechenden Wahrscheinlichkeiten $\{p_1, p_2, \ldots, p_L\}$ gibt an, wie stark die Werte der Zufallsvariablen vom Erwartungswert abweichen und wird berechnet durch

$$E[(X - E[X])^2] = \sum_{i=1}^{L} p_i \cdot (x_i - E[X])^2.$$

Beispiel A.19: *Erwartungswert und Varianz einer Zufallsvariablen.*

Die Zufallsvariable X kann die Werte $\{x_1 = 8, x_2 = 20, x_3 = 48\}$ mit den Wahrscheinlichkeiten $p_1 = \frac{1}{8}, p_2 = \frac{2}{8}, p_3 = \frac{5}{8}$ annehmen. Der Erwartungswert der Zufallsvariablen ist dann

$$E[X] = \sum_{i=1}^{3} p_i \cdot x_i = \frac{1}{8} \cdot 8 + \frac{2}{8} \cdot 20 + \frac{5}{8} \cdot 48 = 36.$$

Ihre Varianz errechnet sich zu

$$\begin{aligned} E[(X - E[X])^2] &= \sum_{i=1}^{L} p_i \cdot (x_i - E[X])^2 \\ &= \frac{1}{8}(8 - 36)^2 + \frac{2}{8} \cdot (20 - 36)^2 + \frac{5}{8} \cdot (48 - 36)^2 = 181. \end{aligned}$$

Die Varianz wird oft auch als σ_X^2 bezeichnet und die Standardabweichung oder auch Streuung mit σ_X.

Definition A.20 *Quadratischer Mittelwert.*

Der quadratische Mittelwert ist definiert durch

$$E\left\{X^2\right\} = \mu_{X^2} = \sum_{i=1}^{n} x_i^2 f_X(x_i).$$

Satz 51: *Linearität des Erwartungswertes.*

Die Zufallsvariablen X mit den Werten $x_1, x_2, \ldots, x_L$ und Y mit $y_1, y_2, \ldots, y_M$ seien statistisch unabhängig, dann gilt für den Erwartungswert folgender Zusammenhang

$$E[a \cdot X + b \cdot Y] = a \cdot E[X] + b \cdot E[Y], \; a, b \in \mathbb{R}.$$

Beweis: Wir beginnen mit der Definition des Erwartungswertes

$$E[a \cdot X + b \cdot Y] = \sum_{i=1}^{L} \sum_{j=1}^{M} (ax_i + by_i) P(X = x_i, Y = y_j).$$

Jetzt benutzen wir die statistische Unabhängigkeit und schreiben

$$E[a \cdot X + b \cdot Y] = \sum_{i=1}^{L} \sum_{j=1}^{M} (ax_i + by_i) P(X = x_i) \cdot P(Y = y_j).$$

Nun wenden wir das Distributivgesetz an und erhalten

$$\begin{aligned} E[a \cdot X + b \cdot Y] =& a \sum_{i=1}^{L} \sum_{j=1}^{M} x_i P(X = x_i) \cdot P(Y = y_j) \\ &+ b \sum_{i=1}^{L} \sum_{j=1}^{M} y_i P(X = x_i) \cdot P(Y = y_j). \end{aligned}$$

Dies können wir anders gruppieren

$$\begin{aligned} E[a \cdot X + b \cdot Y] =& a \sum_{i=1}^{L} x_i P(X = x_i) \cdot \underbrace{\sum_{j=1}^{M} P(Y = y_j)}_{=1} \\ &+ b \sum_{j=1}^{M} y_i \cdot P(Y = y_j) \underbrace{\sum_{i=1}^{L} P(X = x_i)}_{=1}. \end{aligned}$$

Wenn wir nun die Definition des Erwartungswertes einsetzen, ergibt sich die Behauptung

$$E[a \cdot X + b \cdot Y] = a \underbrace{\sum_{i=1}^{L} x_i P(X = x_i)}_{=E[X]} + b \underbrace{\sum_{j=1}^{M} y_i \cdot P(Y = y_j)}_{=E[Y]} = aE[X] + bE[Y].$$

□

Die Linearität des Erwartungswertes bedeutet, dass bei statistisch unabhängigen Zufallsvariablen der Erwartungswert ihrer Summe gleich der Summe ihrer Erwartungswerte ist. Außerdem bewirkt die Multiplikation jedes Wertes unserer Zufallsvariablen mit einem Faktor a, dass der sich ergebende Erwartungswert der Erwartungswert der Zufallsvariablen multipliziert mit a ist.

A.1.2 Spezielle diskrete Verteilungen

Der folgenden Satz gibt die Anzahl der möglichen Anordnungen von n Objekten an.

Satz 52: *Permutationen ohne Wiederholung.*

Es gibt genau $n!$ Möglichkeiten, n gegebene, voneinander verschiedene Objekte anzuordnen.

Beweis: Zur Wahl der ersten Position in unserer Reihenfolge stehen uns n verschiedene Objekte zur Verfügung. Das heißt, wir haben n verschiedene Möglichkeiten, ein erstes Objekt zu wählen. Nachdem wir das erste Objekt gewählt haben, stehen uns nur noch

$n-1$ Objekte für die zweite Position zur Verfügung. Wir haben also $n-1$ Möglichkeiten, die zweite Position zu besetzen. Zur Besetzung der dritten Position haben wir dann nur noch $n-2$ Möglichkeiten, usw. Zur Besetzung der vorletzten Position, gibt es nur noch zwei Möglichkeiten, da ja nur noch zwei Objekte übrig sind. Somit haben wir zur Besetzung der letzten Position nur noch ein Objekt, also keine Auswahlmöglichkeit. Die Anzahl der gesamten Möglichkeiten ergibt sich durch Multiplikation der Möglichkeiten der einzelnen Stellen. Damit ist die Anzahl der Gesamtmöglichkeiten $n!$.

□

Die Binomialkoeffizienten geben an, wie viele Möglichkeiten existieren k unterscheidbare Elemente aus n Elementen auszuwählen. Mit deren Hilfe können wir später berechnen, wie viele Möglichkeiten es gibt, k Einsen und $n-k$ Nullen auf n Stellen zu verteilen.

Definition A.21 *Binomialkoeffizient.*

Sind n und k natürliche Zahlen, so ist der Binomialkoeffizient $\binom{n}{k}$ durch die folgende Gleichung definiert

$$\binom{n}{k} = \frac{n(n-1)(n-2)\dots(n-k+2)(n-k+1)}{k!}.$$

Um eine andere Formel zu erhalten benutzen wir die Tatsache, dass gilt

$$n(n-1)\dots(n-k+1) = \frac{n(n-1)\dots(n-k+1)(n-k)\dots 1}{(n-k)(n-k-1)\dots 1} = \frac{n!}{(n-k)!}.$$

Verwenden wir diese Gleichung, so erhalten wir eine zweite Darstellung für den Binomialkoeffizienten zu

$$\binom{n}{k} = \frac{n!}{(n-k)! \cdot k!}.$$

Für $k=0$ ergibt sich das Ergebnis $\binom{n}{0} = \frac{n!}{n! \cdot 0!} = 1$, da $0! = 1$.

Beispiel A.22: *Binomialkoeffizient.*

Wir wollen die Binomialkoeffizienten $\binom{7}{4}$ und $\binom{11}{3}$ bestimmen.

$$\begin{aligned}\binom{7}{4} &= \frac{7(7-1)(7-2)(7-4+1)}{4\cdot 3\cdot 2\cdot 1} &= \frac{7\cdot 6\cdot 5\cdot 4}{4\cdot 3\cdot 2\cdot 1} &= 35\\ \binom{11}{3} &= \frac{11(11-1)(11-3+1)}{3\cdot 2\cdot 1} &= \frac{11\cdot 10\cdot 9}{3\cdot 2\cdot 1} &= 165.\end{aligned}$$

Bevor wir allgemein die Auswahl von k aus n Möglichkeiten angeben, wollen wir dies am Beispiel Lotto, bei dem 6 aus 49 Zahlen gezogen werden, veranschaulichen.

Beispiel A.23: *Lotto.*

Beim Lotto werden 6 Zahlen zufällig aus den Zahlen $1, 2, 3, \ldots, 49$ gezogen. Zur Ziehung der ersten Zahl stehen 49 mögliche Zahlen zur Auswahl. Nachdem die erste Zahl gezogen ist, gibt es für die zweite nur noch 48 Möglichkeiten, da eine Zahl durch die erste Ziehung nicht mehr zur Auswahl steht. Für die dritte Zahl bleiben noch 47 Möglichkeiten, für die vierte noch 46, für die fünfte noch 45 und für die sechste noch 44. Also gibt es insgesamt

$$49 \cdot 48 \cdot 47 \cdot 46 \cdot 45 \cdot 44$$

Möglichkeiten, 6 Zahlen aus 49 zu ziehen. Wir haben jedoch dabei die Reihenfolge der Zahlen unterschieden, d.h. die Ziehung $(1, 2, 3, 4, 5, 6)$ und $(2, 1, 3, 4, 5, 6)$ haben wir als zwei Fälle gezählt. Die 6 gezogenen Zahlen können wir gemäß Satz 52 auf 6! verschiedene Weisen anordnen. Bei der Ziehung der Lottozahlen wird jedoch die Reihenfolge der Ziehung nicht berücksichtigt, sondern nur die Zahlenwerte, die anschließend in aufsteigender Ordnung aufgelistet werden. Jede Ziehung haben wir also 6! mal gezählt. Daher müssen wir die Anzahl der Möglichkeiten durch 6! teilen und erhalten

$$\binom{49}{6} = \frac{49 \cdot 48 \cdot 47 \cdot 46 \cdot 45 \cdot 44}{6 \cdot 5 \cdot 4 \cdot 3 \cdot 2 \cdot 1} = 13983816$$

mögliche Ausgänge für die Ziehung. Wenn 13983816 Personen jeder einen Lottoschein mit unterschiedlichen Zahlen ausfüllt, hat genau eine Person 6 Richtige. Die Wahrscheinlichkeit P_6 für 6 Richtige berechnet sich zu

$$P_6 = \frac{1}{13983816} = 0.0000000715.$$

Satz 53: *Kombinationen ohne Wiederholung, Auswahl k aus n.*

Der Binomialkoeffizient $\binom{n}{k}$ gibt an, wie viele Möglichkeiten es gibt, aus n voneinander verschiedenen Objekten ohne Berücksichtigung der Reihenfolge k Objekte auszuwählen.

Beweis: Wir haben zu Beginn n Möglichkeiten, ein erstes Objekt auszuwählen. Nachdem wir ein Objekt gewählt haben, haben wir anschließend nur noch $n - 1$ Objekte zur Verfügung. Bei der Wahl zum dritten Objekt haben wir nur noch $n - 2$ Möglichkeiten und so weiter, Bei der Wahl zum $(k - 1)$-ten Objekt haben wir noch $n - (k - 2)$ Objekte zur Verfügung, da ja bis zu diesem Zeitpunkt $k - 2$ Objekte gewählt wurden. Somit ergeben sich nur noch $n - (k - 2) = n - k + 2$ Möglichkeiten. Bei der Wahl zum k-ten Objekt stehen uns also nur noch $n - k + 1$ Möglichkeiten zur Verfügung. Wir haben also zunächst $n(n - 1) \ldots (n - k + 1)$ Möglichkeiten, k Objekte der Reihe nach auszuwählen. Wir haben jedoch im Satz festgelegt, dass wir die Reihenfolge der gewählten Gegenstände nicht unterscheiden. D.h. wir müssen uns überlegen, wie viele unserer $n(n - 1)(n - 2) \ldots (n - k + 1)$ Möglichkeiten zu derselben Objektauswahl führen. Die Antwort hierfür lautet $k!$, denn wie wir in Satz 52 festgestellt haben, existieren

$k!$ Möglichkeiten, k verschiedene Objekte anzuordnen. Somit führen jeweils $k!$ unserer $n(n-1)(n-2)\dots(n-k+1)$ Möglichkeiten zu denselben k Objekten. Wir müssen deshalb unsere $n(n-1)(n-2)\dots(n-k+1)$ Möglichkeiten durch $k!$ teilen, und somit ergibt sich für die Anzahl der Möglichkeiten folgender Ausdruck:

$$\frac{n(n-1)(n-2)\dots(n-k+1)}{k(k-1)(k-2)\dots 1} = \frac{n(n-1)(n-2)\dots(n-k+1)}{k!}.$$

Dieser Ausdruck entspricht genau dem Binomialkoeffizienten $\binom{n}{k}$, und damit ist der Satz bewiesen.

□

Satz 53 kann für die Anwendung auf binäre Zufallsfolgen interpretiert werden. Der Binomialkoeffizient $\binom{n}{k}$ gibt in diesem Fall an, wie viele Möglichkeiten es gibt, k Einsen auf n verschiedene Stellen zu verteilen. Wir werden dies an einem Beispiel betrachten, bei dem wir den Binomialkoeffizienten auf binäre Zufallsfolgen anwenden können.

Beispiel A.24: *Binomialkoeffizient und binäre Sequenzen.*

Wir wollen die Frage beantworten, wie viele binäre Sequenzen der Länge 4 es gibt, die genau 2 Einsen enthalten.

Eine Möglichkeit ist, dass wir uns alle 16 Möglichkeiten für eine binäre Sequenz der Länge 4 notieren und diejenigen zählen, die genau 2 Einsen enthalten.

1.	2.	3.	4.	5.	6.	7.	8.
0000	0001	0010	0011	0100	0101	0110	0111

9.	10.	11.	12.	13.	14.	15.	16.
1000	1001	1010	1011	1100	1101	1110	1111

Wir sehen, dass es genau 6 Sequenzen sind, die zwei Einsen enthalten. Das Problem dieser Methode ist, dass sie sehr zeitaufwändig und bei langen Sequenzen kaum anwendbar ist.

Deshalb berechnen wir die Anzahl der Möglichkeiten mit Hilfe des Binomialkoeffizienten. Nehmen wir eine Sequenz der Länge n an, in der wir k Einsen platzieren wollen, dann haben wir zur Platzierung der ersten 1 genau n Möglichkeiten. Zur Platzierung der zweiten 1 haben wir nur noch $n-1$ Möglichkeiten, da ja eine Stelle schon blockiert ist. Für die dritte Eins haben wir noch $n-2$ Stellen zur Verfügung und für die k. Eins dementsprechend $n-k+1$. Nun müssen wir noch beachten, dass ja $k!$ Möglichkeiten zur gleichen Sequenz führen (vergleiche Beweis von Satz 52) und somit ergibt sich genau der Binomialkoeffizient. Wenn wir nun zu unserem Beispiel zurückkehren, bedeutet dies, dass wir lediglich den Binomialkoeffizienten von 4 über 2 berechnen müssen.

$$\binom{4}{2} = \frac{4 \cdot 3}{2 \cdot 1} = 6.$$

Damit haben wir die Anzahl an binären Sequenzen der Länge 4 mit genau 2 Einsen berechnet.

In Tabelle A.1 sind die Permutationen, bei denen die Reihenfolge beachtet wird und die Kombinationen, bei denen die Reihenfolge nicht beachtet wird mit und ohne Wiederholung zusammengefasst.

	ohne Wiederholung	mit Wiederholung
Permutationen (mit Reihenfoge)	$n!$	$\frac{n!}{\ell_1!\cdots\ell_k!}$
Kombinationen (ohne Reihenfoge)	$\binom{n}{k}$	$\binom{n+k-1}{k}$

Tabelle A.1: *Permutationen und Kombinationen mit und ohne Wiederholungen*

Satz 54: *Binomialverteilung.*

Die Zufallsvariable X sei: t Einsen bei n Versuchen mit $P(1) = p$ und $P(0) = 1 - p$ zu erhalten. X ist binomialverteilt und für die Wahrscheinlichkeit $P(X = t)$ gilt:

$$P(X = t) = P(t|n, p) = \binom{n}{t} p^t (1 - p)^{n-t}.$$

Beispiel A.25: *Werfen einer fairen Münze.*

Wenn eine faire Münze benutzt wird, so ist, wie bereits oben erwähnt, $p = 1/2$.

$$P(t|n, p = 1/2) = \binom{n}{t} p^t \cdot (1-p)^{n-t} = \binom{n}{t} \left(\frac{1}{2}\right)^t \left(\frac{1}{2}\right)^{n-t} = \binom{n}{t} \left(\frac{1}{2}\right)^n.$$

Setzen wir $n = 7$ und rechnen die Wahrscheinlichkeiten für $0 \leq t \leq n$ aus und tragen diese in ein Schaubild ein, so ergibt sich Bild A.3. Die Werte der Verteilung sind in der folgenden Tabelle aufgelistet.

t	0	1	2	3	4	5	6	7
$P(t\|7, 1/2)$	$\frac{1}{128}$	$\frac{7}{128}$	$\frac{21}{128}$	$\frac{35}{128}$	$\frac{35}{128}$	$\frac{21}{128}$	$\frac{7}{128}$	$\frac{1}{128}$

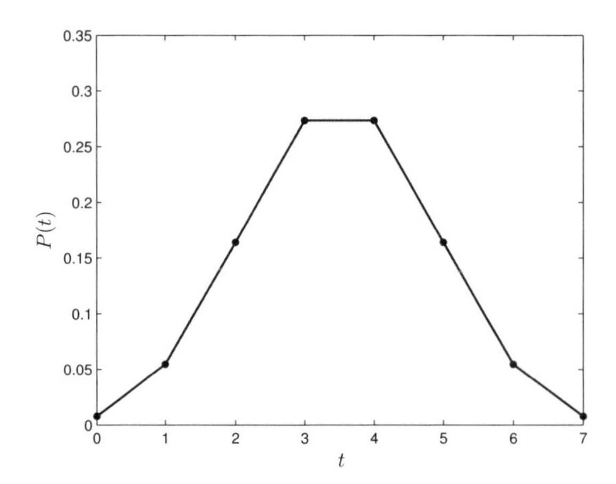

Bild A.3: *Binomialverteilung mit $p = 1/2$ und $n = 7$*

Die Zahl der Würfe n, die benötigt, um genau t mal 1 zu werfen, ist eine weitere Zufallsvariable $X = n$. Wir berechnen die Wahrscheinlichkeiten für diese Zufallsvariable.

Im n-ten Wurf muss die t-te 1 geworfen werden. Es muss folglich $t-1$ mal 1 in $n-1$ Würfen aufgetreten sein, was auf $\binom{n-1}{t-1}$ Arten möglich ist. Die Wahrscheinlichkeit hierfür beträgt

$$\binom{n-1}{t-1} p^{t-1}(1-p)^{n-1-(t-1)} = \binom{n-1}{t-1} p^{t-1}(1-p)^{n-t}.$$

Danach muss, wie bereits erwähnt, eine 1 geworfen werden, was mit Wahrscheinlichkeit p auftritt und dann sind genau t mal 1 bei n Würfen aufgetreten. Die zugehörige Wahrscheinlichkeit dafür ist also

$$P(X = n) = P(n|t, p) = \binom{n-1}{t-1} p^{t-1}(1-p)^{n-t} \cdot p = \binom{n-1}{t-1} p^{t}(1-p)^{n-t}.$$

Diese Verteilung heißt Pascal-Verteilung, und für den Wert $t = 1$ spricht man von der Abstandsverteilung. Sie gibt an, mit welcher Wahrscheinlichkeit n Würfe benötigt werden, um den nächsten Erfolg (Werfen einer 1) zu erzielen.

Satz 55: *Erwartungswert der Binomialverteilung.*

Sei X eine binomialverteilte Zufallsvariable mit den Parametern n und p. Dann ist der Erwartungswert $E[X]$ für die Zahl der Einsen

$$E[X] = np.$$

Beweis: Bezeichnen wir mit den Zufallsvariablen X_i die einzelnen Münzwürfe, und wählen $P(X_i = 1) = p$ und $P(X_i = 0) = 1 - p$, so gilt

$$X = \sum_{i=1}^{n} X_i.$$

Der Erwartungswert von X_i ist für jedes i

$$E[X_i] = 1 \cdot p + 0 \cdot (1 - p) = p.$$

Wegen der Linearität des Erwartungswertes können wir schreiben

$$E[X] = E\left[\sum_{i=1}^{n} X_i\right] = \sum_{i=1}^{n} E[X_i] = \sum_{i=1}^{n} p = n \cdot p.$$

□

Bei $p = 1/2$ wird etwa die Hälfte der Stellen 1 sein und die Hälfte 0. Dies konnte schon vermutet werden, ist jedoch nun durch unsere Überlegungen zur Gewissheit geworden.

Der Erwartungswert soll noch ohne die Hilfe der Linearität berechnet werden, um einige interessante Zusammenhänge darzulegen. Wir beginnen mit der Definition.

$$E[X] = \sum_{t=0}^{n} t \cdot P(t|n,p) = \sum_{t=1}^{n} t \cdot \binom{n}{t} p^t (1-p)^{n-t}, \tag{A.1}$$

wobei bereits ausgenutzt wurde, dass der Summand für $t = 0$ Null ist und damit weggelassen werden kann, weshalb die Summation bei $t = 1$ startet. Wir benutzen die Gleichung

$$\binom{n}{t} = \binom{n-1}{t-1} \cdot \frac{n}{t}$$

und setzen diese in Gleichung A.1 ein und erhalten

$$E[X] = \sum_{t=1}^{n} t \cdot \underbrace{\frac{n}{t} \cdot \binom{n-1}{t-1}}_{\binom{n}{t}} p^t (1-p)^{n-t} = n \cdot p \cdot \sum_{t=1}^{n} \binom{n-1}{t-1} p^{t-1} (1-p)^{n-t}. \tag{A.2}$$

Dabei haben wir einen Faktor p aus der Potenz p^t vor die Summe gezogen, was wegen des Distributivgesetzes erlaubt ist und nachfolgend nützlich sein wird. Nun substituieren wir $j = t - 1$ in Gleichung A.2, d.h. wir ersetzen jedes t durch $j + 1$. Wenn also t von 1 bis n läuft, dann läuft j von 0 bis $n - 1$.

$$E[X] = n \cdot p \cdot \sum_{j=0}^{n-1} \binom{n-1}{j} p^j (1-p)^{n-j-1} = n \cdot p \cdot \sum_{j=0}^{n-1} \binom{n-1}{j} p^j (1-p)^{n-j-1}.$$

(A.3)

Jetzt setzen wir die Binomische Formel ein, die sicher für $n = 2$ bekannt ist und für allgemeines n lautet:

$$(x+y)^n = \sum_{i=0}^{n} \binom{n}{i} x^i y^{n-i}.$$

Setzen wir für $x = p$ und für $y = 1 - p$, erhalten wir:

$$(p + (1-p))^{n-1} = \sum_{j=0}^{n-1} \binom{n-1}{j} p^j (1-p)^{n-j-1}$$

Somit erhalten wir für den Erwartungswert

$$E[X] = n \cdot p \cdot \sum_{j=0}^{n-1} \binom{n-1}{j} p^j (1-p)^{n-j-1} = n \cdot p \cdot (p + (1-p))^{n-1} = n \cdot p.$$

Der Erwartungswert der Pascal-Verteilung ist für ein beliebiges t zwischen 1 und n

$$E[X] = \sum_{n=1}^{n} n \cdot P(X = n) = \sum_{n=1}^{n} n \cdot \binom{n-1}{t-1} p^t (1-p)^{n-t} = \cdots = \frac{t}{p}.$$

In Tabelle A.2 sind die Verteilungen eines Zufallsexperiments mit zwei möglichen Ausgängen angegeben: Erfolg mit Wahrscheinlichkeit p ; $0 \leq p \leq 1$ und Misserfolg mit Wahrscheinlichkeit $1 - p$.

A.1.3 Grenzwerte und Abschätzungen

Das **Dirichlet-Prinzip** ist einfach und nützlich; es lautet sinngemäß : Wenn 10 Briefe zufällig auf 5 Postkästen verteilt werden, beinhaltet mindestens einer weniger oder gleich dem Erwartungswert 2. Die Aussage mindestens ein Postkasten enthält mehr oder gleich dem Erwartungswert ist ebenfalls korrekt.

Satz 56: *Markov-Ungleichung,*

Für eine Zufallsvariable Y mit $f_Y(y) = 0$ für $y < 0$ und eine reelle Zahl $a > 0$ gilt

$$P(Y \geq a) = \sum_{y \geq a} f_Y(y) \leq \frac{E[Y]}{a}.$$

Beweis: Für $a > 0$ und $y \geq a$ gilt $\frac{y}{a} \geq 1$. Damit können wir durch Multiplikation mit $\frac{y}{a}$ die Summe größer machen

$$\sum_{y \geq a} f_Y(y) \leq \sum_{y \geq a} \frac{y}{a} \cdot f_Y(y).$$

Binomial

Wahrscheinlichkeit für m Erfolge bei n Versuchen $(m, n \in \mathbb{N})$

$$P(X = m) = \binom{n}{m} p^m (1-p)^{n-m}$$

$$\mu = np \; ; \quad \sigma^2 = np(1-p)$$

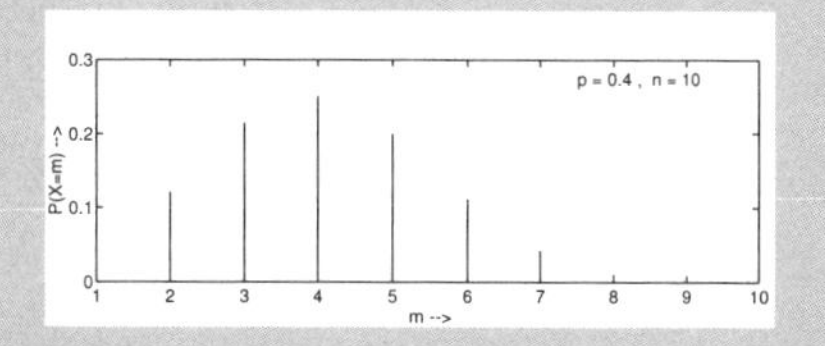

Negative Binomialverteilung

Wahrscheinlichkeit für m *vergebliche* Versuche für r Erfolge

$$P(X = m) = \binom{m+r-1}{r-1} p^r (1-p)^m$$

$$\mu = \frac{r(1-p)}{p} \; ; \quad \sigma^2 = \frac{r(1-p)}{p^2}$$

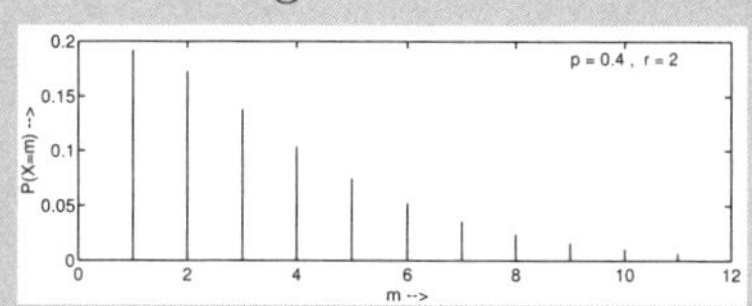

Geometrisch

(ergibt sich aus der negativen Binomialverteilung für r=1)

$$P(X = m) = p\,(1-p)^m$$

$$\mu = \frac{1-p}{p} \; ; \quad \sigma^2 = \frac{(1-p)}{p^2}$$

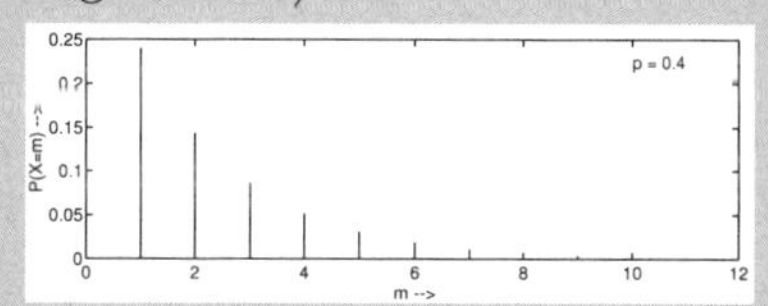

Poisson

(ergibt sich aus der Binomialverteilung für $n \to \infty$ und $p \to 0$ mit $\lambda = \lim n\,p$)

$$P(x = m) = \frac{\lambda^m}{m!} e^{-\lambda}$$

$$\mu = \lambda \; ; \quad \sigma^2 = \lambda$$

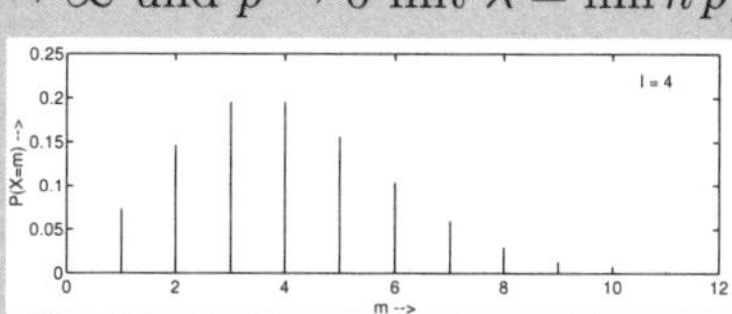

Tabelle A.2: *Verteilungen diskreter Zufallsgrößen*

Nun summieren wir über alle Werte von y statt nur über $y \geq a$ und erhalten mit der Definition des Erwartungswertes

$$\sum_{y \geq a} \frac{y}{a} \cdot f_Y(y) \leq \sum_{y} \frac{y}{a} \cdot f_Y(y) = \frac{E[Y]}{a},$$

was der Behauptung entspricht. □

Satz 57: *Tschebycheff-Ungleichung.*

Für eine Zufallsvariable X mit Mittelwert $E[X]$ und Varianz $E[(X - E[X])^2$ gilt für $\varepsilon > 0, \varepsilon \in \mathbb{R}$

$$P(|X - E[X]| \geq \varepsilon) \leq \sigma_X^2 / \varepsilon^2.$$

Beweis: Wir wählen die Zufallsvariable X so dass für die Zufallsvariable Y in Satz 56 gilt $Y = (X - E[X])^2$. Dann wählen wir $a = \varepsilon^2$ und damit ergibt sich

$$\begin{aligned} P(Y \geq a) &= P((X - \mu_X)^2 \geq a) \\ &= P(|X - \mu_X| \geq \varepsilon) \leq \frac{\mathrm{E}[(X - \mu_X)^2]}{a} = \frac{\sigma_X^2}{\varepsilon^2}. \end{aligned}$$

□

A.2 Kontinuierliche Wahrscheinlichkeitstheorie

Die Definitionen von Wahrscheinlichkeit gelten auch im kontinuierlichen Fall. Deshalb können wir direkt zu dem Konzept der Zufallsvariablen übergehen, da ein beliebiges Zufallsexperiment entsprechend dem Diskreten auf eine Zufallsvariable abgebildet werden kann.

A.2.1 Kontinuierliche Zufallsvariablen

Häufig ist die Wahrscheinlichkeit gefragt, dass eine Zufallsvariable einen konkreten Wert aufweist. Kontinuierliche Zufallsvariablen können innerhalb ihres Definitionsbereiches unendlich viele verschiedene Werte annehmen, deshalb ist die Wahrscheinlichkeit jedes einzelnen dieser Werte in der Grenzbetrachtung gleich 0. Für kontinuierliche Zufallsvariablen ergibt sich nur dann eine Wahrscheinlichkeit größer 0, wenn man die Wahrscheinlichkeit bestimmt, dass ein Wert innerhalb eines bestimmten Intervalls auftritt.

Definition A.26 *Verteilungsdichtefunktion.*

Die Funktion $f_X(x)$ heißt Verteilungsdichtefunktion von X mit

$$\int_{-\infty}^{\infty} f_X(x)dx = 1,$$

$$F_X(x) = P(X \leq x) = \int_{-\infty}^{x} f_X(t)dt \quad \forall x \in \mathbb{R}.$$

Weiterhin gilt mit dem Hauptsatz der Differential- und Integralrechnung, dass $f_X(x) = F'_X(x)$ in allen Stetigkeitsstellen von f_X.

Der Erwartungswert einer kontinuierlichen Zufallsvariablen wird berechnet mit:

Definition A.27 *Erwartungswert.*

$$\mu = E(X) = \int_{-\infty}^{\infty} x \cdot f_X(x)dx.$$

Die Varianz kann wie folgt berechnet werden:

Definition A.28 *Varianz.*

$$\begin{aligned} \sigma^2 &= Var(X) = E((X-\mu)^2) \\ &= \int_{-\infty}^{\infty} (x-\mu^2) \cdot f_X(x)dx = E(X^2) - E^2(X). \end{aligned}$$

$\sigma = \sqrt{Var(X)}$ wird als Standardabweichung bezeichnet.

Die Wahrscheinlichkeit eines bestimmten Intervalls wird mit der Verteilungsdichtefunktion $f_X(x)$ berechnet:

$$f_X(a < x \leq b) = \int_{a}^{b} f_X(x)dx.$$

Die gemeinsamen Wahrscheinlichkeitsverteilungen $X_1, \ldots, X_n$ sind wie folgt definiert:

$$F_{X_1,\ldots,X_n}(x_1, \ldots, x_n) = P(\{X_1 \leq x_1\} \cap \ldots \cap \{X_n \leq x_n\}).$$

Sind X und Y statistisch unabhängig, so gilt:

$$F_{XY}(x, y) = F_X(x) \cdot F_Y(y).$$

Die gemeinsame Wahrscheinlichkeitsdichte kann berechnet werden durch:

$$\int\limits_{-\infty}^{x_1} \cdots \int\limits_{-\infty}^{x_n} f_{X_1,\ldots,X_n}(y_1, \ldots, y_n)\, dy_1 \ldots dy_2 = F_{X_1,\ldots,X_n}(x_1, \ldots, x_n).$$

Bei statistischer Unabhängigkeit gilt:

$$f_{X_1,\ldots,X_n}(x_1, \ldots, x_n) = \prod_{i=1}^{n} f_{X_i}(x_i).$$

Allgemein definiert man die **n-ten Momente** μ_{X^n}:

$$\overline{x^n} = \mu_{X^n} = E\{X^n\} = \int\limits_{-\infty}^{\infty} x^n f_X(x)\, dx.$$

Für $n = 1$ erhält man demnach den linearen Mittelwert bzw. den Erwartungswert μ_X und für $n = 2$ den quadratischen Mittelwert, μ_{X^2}.

Die Fouriertransformierte der Wahrscheinlichkeitsdichte wird als **charakteristische Funktion** $K_X(t)$ bezeichnet und entspricht dem Erwartungswert der Funktion e^{jXt}:

$$K_X(t) = \int_{-\infty}^{\infty} e^{jxt} f_X(x)\, dx = E\left\{e^{jXt}\right\}.$$

Die **zentralen n-ten Momente** sind definiert durch

$$\overline{(x - \overline{x})^n} = E\{(X - \mu_X)^n\} = \int\limits_{-\infty}^{\infty} (x - \mu_X)^n f_X(x)\, dx.$$

Für $n = 2$ ergibt sich die Varianz σ_X^2 bzw. die Standardabweichung oder auch Streuung σ_X.

Addition von Zufallsvariablen

Seien X und Y zwei statistisch unabhängige Zufallsvariablen, dann ist $Z = X + Y$ auch eine Zufallsvariable. Die Wahrscheinlichkeitsdichte von Z ist die Faltung der Wahrscheinlichkeitsdichten von X und Y

$$f_Z(z) = f_X(x) * f_Y(y) = \int\limits_{-\infty}^{\infty} f_X(u)\, f_Y(z - u)\, du.$$

Beispiel A.29: *Addition von Zufallsvariablen.*

Für die Zufallsvariablen

$$f_X(x) = \frac{1}{2}\left(\delta(x-a)+\delta(x+a)\right) \quad f_Y(y) = \frac{1}{b}\,\mathrm{rect}(\frac{y}{b}) \qquad (b<a)$$

ergibt sich die Zufallsvariable $Z = X + Y$ mit

$$f_Z(z) = f_X(x) * f_Y(y) = \frac{1}{2b}\left(\mathrm{rect}(\frac{z-a}{b}) + \mathrm{rect}(\frac{z+a}{b})\right)$$

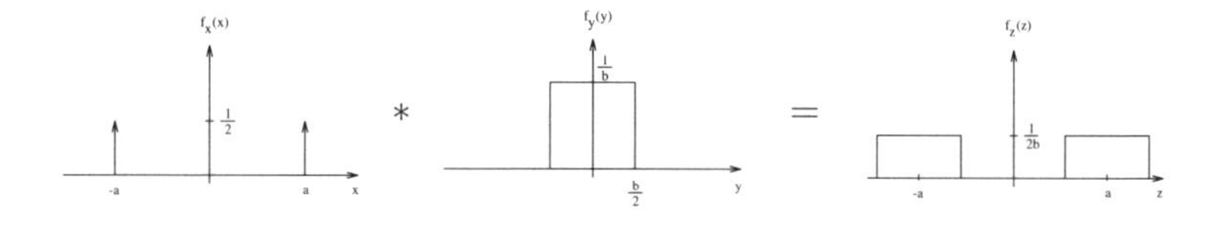

Gemeinsame Momente von Zufallsvariablen

$$\mu_{XY} = \overline{xy} = E\{XY\} = \int_{-\infty}^{\infty}\int_{-\infty}^{\infty} xy\, f_{XY}(x,y)\, dx\, dy.$$

Zwei Zufallsvariablen X und Y sind **unkorreliert**, wenn gilt:

$$E\{XY\} = E\{X\}\, E\{Y\} \qquad \text{bzw.} \qquad \overline{xy} = \overline{x}\,\overline{y}.$$

Für die Erwartungswerte gilt folgende Rechenregel:

$$E\left\{\sum_{i=1}^{L} c_i X_i\right\} = \sum_{i=1}^{L} c_i E\{X_i\}.$$

Mit der **Kovarianz**

$$\mathrm{cov}(X,Y) = E\{(X-\mu_X)(Y-\mu_Y)\} = E\{XY\} - \mu_X\mu_Y$$

wird der **Korrelationskoeffizient** definiert zu

$$\rho(X,Y) = \frac{\mathrm{cov}(X,Y)}{\sigma_X\,\sigma_Y}.$$

Momente	Zentralmomente
$\overline{X^pY^q} = \int\limits_{-\infty}^{\infty}\int\limits_{-\infty}^{\infty} x^p y^q f_{XY}(x,y)\,dx\,dy$	$\overline{(X-\mu_X)^p(Y-\mu_Y)^q} = \int\limits_{-\infty}^{\infty}\int\limits_{-\infty}^{\infty} (x-\mu_X)^p(y-\mu_Y)^q f_{XY}(x,y)\,dx\,dy$
Mittelwert $\mu_X = \overline{X}$ $\mu_X = \int\limits_{-\infty}^{\infty} x\, f_X(x)\,dx$	$\overline{(X-\mu_X)} = 0$
Quadratmittel $\mu_{X^2} = \overline{X^2}$ $\mu_{X^2} = \int\limits_{-\infty}^{\infty} x^2 f_X(x)\,dx$ Es gilt: $\mu_{X^2} = \sigma_X^2 + \mu_X^2$	Varianz $\sigma_X^2 = \overline{(X-\mu_X)^2}$ $\sigma_X^2 = \int\limits_{-\infty}^{\infty} (x-\mu_X)^2 f_X(x)\,dx$ (σ_X = Standardabweichung)
Korrelation $\mu_{XY} = \overline{XY}$ $\mu_{XY} = \int\limits_{-\infty}^{\infty}\int\limits_{-\infty}^{\infty} x\,y f_{XY}(x,y)\,dx\,dy$ Es gilt: $\mu_{XY} = \sigma_{XY}^2 + \mu_X\,\mu_Y$	Kovarianz $\sigma_{XY}^2 = \overline{(X-\mu_X)(Y-\mu_Y)}$ $\sigma_{XY}^2 = \int\limits_{-\infty}^{\infty}\int\limits_{-\infty}^{\infty}(x-\mu_X)(y-\mu_Y) f_{XY}(x,y)\,dx\,dy$

Korrelationskoeffizient: $\rho_{XY} = \dfrac{\sigma_{XY}^2}{\sigma_X\,\sigma_Y}$; $-1 \leq \rho_{XY} \leq 1$

Unkorrelierte Variablen X, Y:

$\mu_{XY} = \mu_X\,\mu_Y$ $\qquad \sigma_{XY} = \rho_{XY} = 0$

Statistisch unabhängige Variablen sind stets unkorreliert.
Umgekehrt gilt diese Aussage nicht.

Tabelle A.3: *Momente erster und zweiter Ordnung*

A.2.2 Spezielle Verteilungen

Gleichverteilung, Rechteckverteilung

Die Wahrscheinlichkeitsdichte und -verteilung einer gleichverteilten Zufallsvariable sind

$$f_X(x) = \begin{cases} \frac{1}{b-a} & a < x < b \\ 0 & sonst \end{cases} \quad \text{und} \quad F_X(x) = \begin{cases} 0 & x < a \\ \frac{x-a}{b-a} & a \leq x \leq b \\ 1 & x > b \end{cases}$$

Der Mittelwert und die Varianz errechnen sich zu

$$\mu_X = \frac{a+b}{2} \quad \text{und} \quad \sigma_X^2 = \frac{(b-a)^2}{12}$$

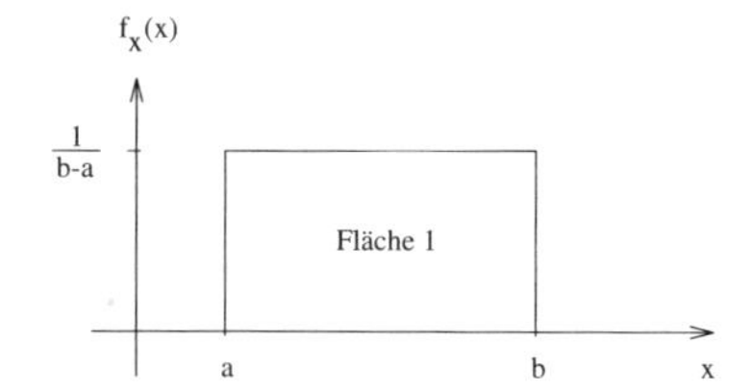

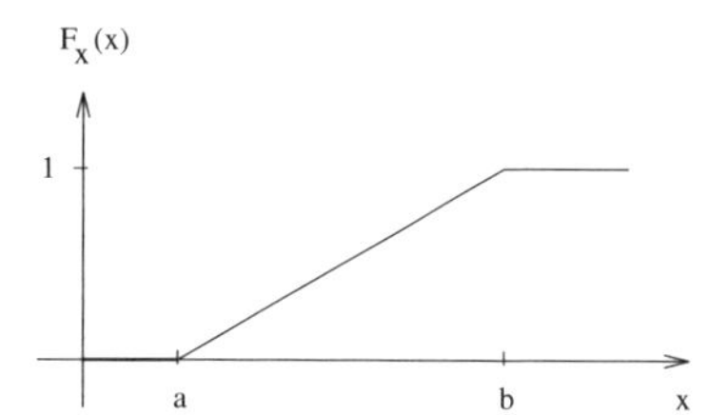

Gaußverteilung

Die Gauß- oder Normalverteilung ist eine für die Nachrichtentechnik wichtige kontinuierliche Verteilungsfunktion. Dies wird auch deutlich in Kapitel 6.3, in welchem Gauß-Rauschprozesse beschrieben werden.

Eine Zufallsvariable X ist normalverteilt, wenn

$$f_X(x) = \frac{1}{\sqrt{2\pi\sigma^2}} \cdot e^{\frac{(x-\mu)^2}{2\sigma^2}}.$$

Die Normalverteilung ist komplett durch Angabe des Mittelwertes μ und der Varianz σ^2 bestimmt und wird deshalb mit $X \sim \mathcal{N}(\mu, \sigma^2)$ beschrieben. $\mathcal{N}(0, 1)$ wird als Standardnormalverteilung bezeichnet. Die Integral über die Verteilungsdichtefunktion lässt sich nur numerisch lösen, weshalb man die sogenannte *error function* definiert:

$$\operatorname{erf}(x) = \frac{2}{\sqrt{\pi}} \int_0^x e^{-t^2} dt. \tag{A.4}$$

Die *error function complement* ist $\operatorname{erfc}(x) = 1 - \operatorname{erf}(x)$, und damit kann man die Verteilungsfunktion der Gaußverteilung schreiben durch:

$$F_X(x) = \int_{-\infty}^{x} f_X(t)dt = \frac{1}{2} \operatorname{erfc}\left(\frac{\mu - x}{\sqrt{2\sigma^2}}\right).$$

Rechteck- oder Gleichverteilung

$$f(x) = \frac{1}{b-a} \quad ; \; a < x < b$$

$$F(x) = \frac{x-a}{b-a} \quad ; \; a \le x \le b$$

$$\mu = \frac{a+b}{2} \; ; \quad \sigma^2 = \frac{(b-a)^2}{12}$$

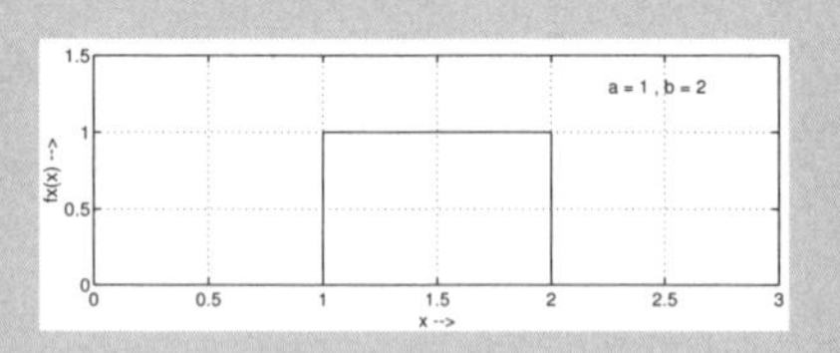

Normal- oder Gaußverteilung

$$f(x) = \frac{1}{\sqrt{2\pi}\sigma} \, e^{-\frac{(x-\mu)^2}{2\sigma^2}}$$

$$F(x) = \phi(\frac{x-\mu}{\sigma}) = \frac{1}{2} \operatorname{erfc}\left(\frac{\mu - x}{\sqrt{2}\,\sigma}\right)$$

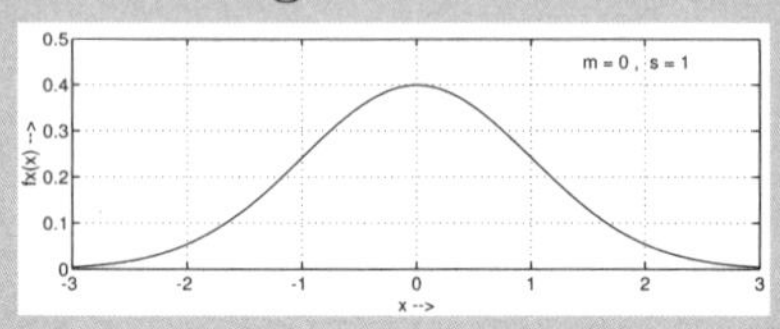

Logarithmische Normalverteilung

$$f(x) = \frac{1}{\sqrt{2\pi} \cdot \alpha \, x} \, e^{-\frac{(\ln x - \lambda)^2}{2\alpha^2}} \quad ; \; x > 0$$

$$F(x) = \phi(\frac{\ln x - \lambda}{\alpha}) \quad ; \; x > 0$$

$$\mu = e^{\lambda + \frac{\alpha^2}{2}} \quad ; \quad \sigma^2 = (e^{\alpha^2} - 1)\, e^{2\lambda + \alpha^2}$$

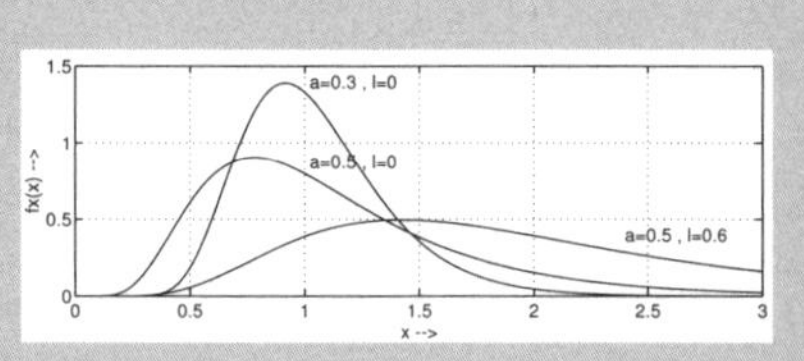

Exponential-Verteilung

$$f(x) = \alpha \, e^{-\alpha x} \quad ; \quad x \ge 0$$

$$F(x) = 1 - e^{-\alpha x} \quad ; \quad x \ge 0$$

$$\mu = \frac{1}{\alpha} \; ; \quad \sigma^2 = \frac{1}{\alpha^2} \; ; \quad \alpha > 0$$

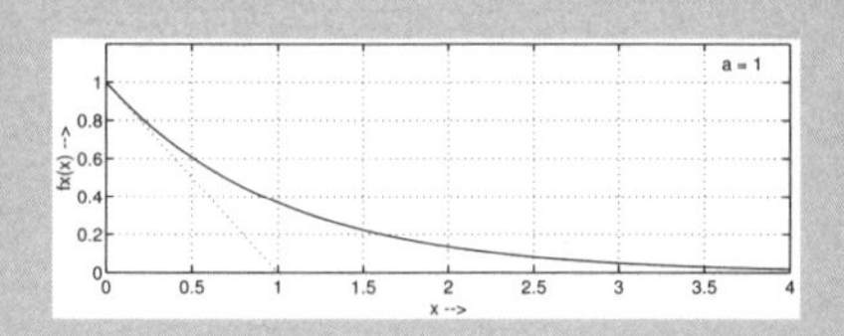

Rayleigh-Verteilung

$$f(x) = \frac{2x}{\lambda} \, e^{-\frac{x^2}{\lambda}} \quad ; \quad x \ge 0$$

$$F(x) = 1 - e^{-\frac{x^2}{\lambda}} \quad ; \quad x \ge 0$$

$$\mu = \frac{\sqrt{\pi\lambda}}{2} \; ; \quad \sigma^2 = \lambda(1 - \frac{\pi}{4}) \; ; \quad \lambda > 0$$

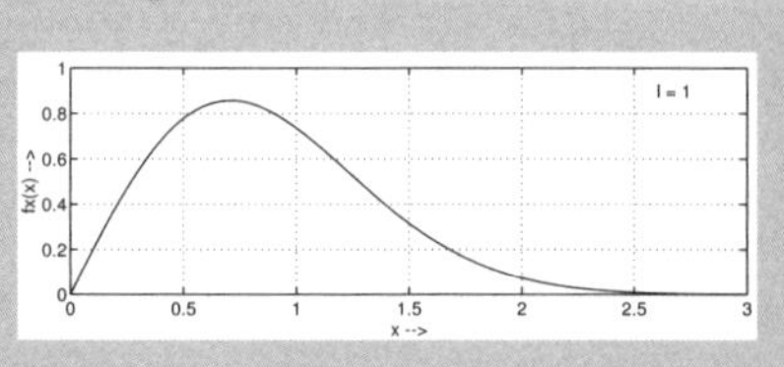

Tabelle A.4: *Kontinuierliche Verteilungen*

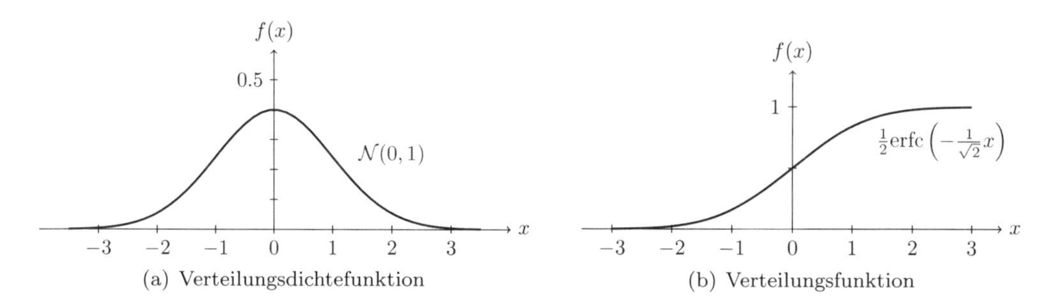

(a) Verteilungsdichtefunktion

(b) Verteilungsfunktion

Bild A.4: *Standardnormalverteilung*

Die Verteilungsdichte- und Verteilungsfunktion der Standardnormalverteilung sind in Abbildung A.4 dargestellt.

Zentraler Grenzwertsatz: Sei $X_i, i = 1, 2, \ldots$ eine Folge statistisch unabhängiger Zufallsvariablen mit gleichverteilten $f_X(x) = const.$ in einem endlichen Intervall, so ist die Zufallsvariable Y mit

$$Y = \lim_{L \longrightarrow \infty} \frac{\sum_{i=1}^{L}(X_i - \mu_X)}{\sqrt{\sum_{i=1}^{L} \sigma_X^2}}$$

gaußverteilt mit Mittelwert 0 und Varianz 1. Daraus folgt bei identischem $f_X(x)$

$$Y = \lim_{L \longrightarrow \infty} \frac{\sum_{i=1}^{L} X_i - L\mu_X}{\sigma_X \sqrt{L}}.$$

B Signaltheorie

Ein Signal ist eine Funktion der Zeit und/oder des Ortes $s(t, r)$, das eine physikalische Größe (ohne Einheit) darstellen kann. Wir wollen im Folgenden den Ort nicht berücksichtigen. Ein Signal $s(t)$ besitzt einen Definitionsbereich t und einen Wertebereich $s(t)$. Beides kann prinzipiell aus den ganzen Zahlen $\mathbb{Z}$, den rationalen Zahlen $\mathbb{Q}$, den reellen Zahlen $\mathbb{R}$ oder den komplexen Zahlen $\mathbb{C}$ sein. Für den Definitionsbereich wollen wir uns jedoch auf die kontinuierliche Zeit $t \in \mathbb{R}$ und, zur Unterscheidung, auf die diskrete Zeit $k \in \mathbb{Z}$ beschränken.

Definition B.1 *Signal.*

Ein Signal ist eine Funktion der kontinuierlichen Zeit t oder diskreten Zeit k:

$$s(t) \in \mathbb{C}, \mathbb{R}, \mathbb{Z},\ t \in \mathbb{R} \quad \text{oder} \quad s[k] \in \mathbb{C}, \mathbb{R}, \mathbb{Z},\ k \in \mathbb{Z}.$$

Tabelle B.1 zeigt die übliche Klassifizierung von Signalen. Analoge Signale sind zeit- und wertkontinuierlich und digitale Signale zeit- und wertdiskret.

Beispiel B.2: *Zeitdiskretes Signal.*

Ein zeitdiskretes Signal ist eine Folge von Werten, etwa

$$s(k) = \frac{1}{k^2}, k \neq 0, s(0) = 0.$$

Außerdem lassen sich Signale in deterministische und stochastische Signale unterteilen.

Definition B.3 *Deterministisches Signal.*

Der Verlauf von $s(t)$ ist für alle Zeiten $-\infty < t < \infty$ bekannt (berechenbar).

Bei stochastischen Signalen sind nur die statistischen Kenngrößen (Mittelwert, Varianz, etc.) des Signals $s(t)$ bekannt, aber nicht die exakten Werte. Diese Werte können jedoch als Zufallsvariable beschrieben werden.

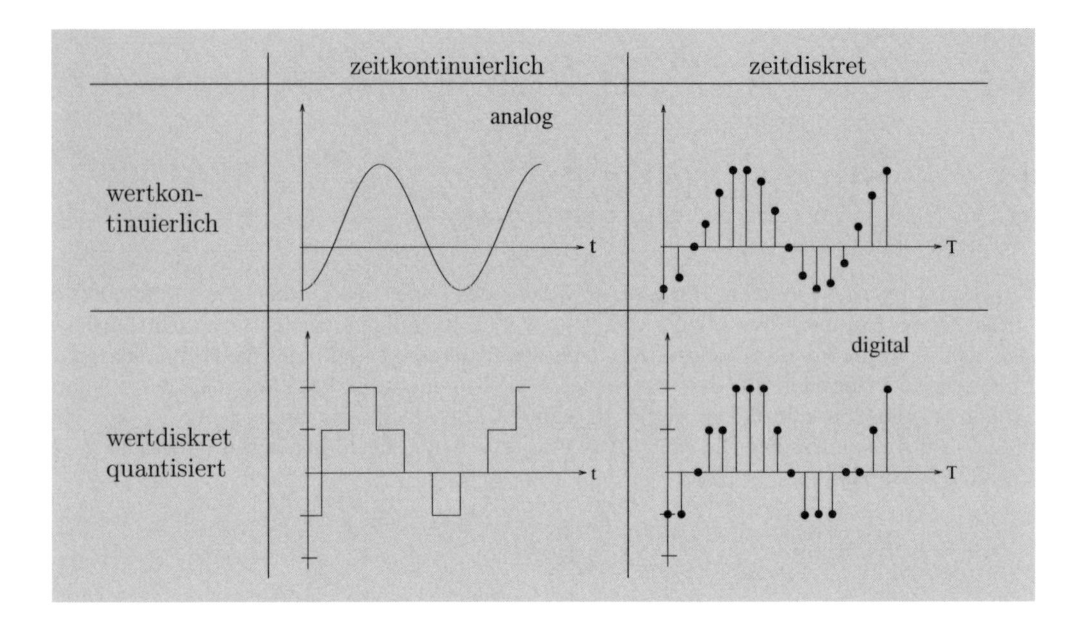

Tabelle B.1: *Klassifizierung von Signalen*

B.1 Distributionen als Signale

Bestimmte Signale sind essentiell, um Signal- und Systemtheorie überhaupt beschreiben zu können. Dazu zählt insbesondere der sogenannte Dirac-Impuls, eine Distribution, die keine Funktion im üblichen Sinne ist. Eine Distribution ist ein Spezialfall einer verallgemeinerten Funktion, die durch ihre Wirkung auf eine herkömmliche Funktion definiert wird. Dies impliziert, dass man eine Distribution nicht in einem Koordinatensystem darstellen kann. Dabei meint „herkömmlich“ eine Funktion, die stetig und beliebig oft differenzierbar ist und den Wert null außerhalb eines endlichen Intervalles besitzt, d.h sie ist damit auch darstellbar. Die entsprechenden zeitdiskreten Äquivalente von Distributionen sind einfacher zu verstehen und auch darstellbar. Anschaulich betrachtet stellt der kontinuierliche Dirac-Impuls einen diskreten Punkt als kontinuierliche Distribution dar, d.h. er verknüpft die kontinuierlichen Signale mit den zeitdiskreten Signalen. Wir werden später auch sehen, dass der Dirac-Impuls genügt, um ein lineares zeitinvariantes (LTI) System vollständig zu charakterisieren.

B.1.1 Dirac-Impuls, Delta(δ)-Funktion, δ-Impuls

Der Dirac-Impuls $\delta(t)$ blendet einen diskreten Wert der Funktion $\phi(t)$ unter dem Integral aus (*Ausblend-* oder *Siebeigenschaft*).

$$\int_{-\infty}^{\infty} \delta(t)\phi(t)\,dt = \phi(0), \quad \delta(k) = \begin{cases} 1 & k = 0 \\ 0 & k \neq 0, \end{cases} \quad \sum_{k=-\infty}^{\infty} s(k)\delta(k) = s(0).$$

Als Konsequenz aus der Definition des Dirac-Impulses ergibt sich

$$\lim_{\varepsilon \to 0} \int_{-\varepsilon}^{\varepsilon} \delta(t)\, dt \;=\; 1.$$

Der Dirac-Impuls ist eine gerade Distribution, d.h. $\delta(t) = \delta(-t)$. Da man den Dirac-Impuls nicht zeichnen kann, verwendet man eine symbolische Darstellung. Für die Multiplikation einer Funktion mit dem Dirac-Impuls gilt $f(t) \cdot \delta(t) = f(0) \cdot \delta(t) \neq f(0)$ und $t \cdot \delta(t) = 0$.

B.1.2 Die Sprungfunktion

Mit der Sprungfunktion kann man beispielsweise das Anlegen oder Abschalten einer Spannung beschreiben. Sie ist definiert durch

$$\epsilon(t) = \begin{cases} 1 & t > 0 \\ 0 & t < 0 \end{cases}, \qquad \epsilon(k) = \begin{cases} 1 & k \geq 0 \\ 0 & k < 0 \end{cases}.$$

Der Wert von $\epsilon(t = 0)$ muss nicht definiert[1] werden, da nur die Wirkung der Sprungfunktion auf eine Funktion $\phi(t)$ benötigt wird. Sie ist gegeben durch

$$\int_{-\infty}^{\infty} \epsilon(t)\, \phi(t)\, dt = \int_{0}^{\infty} \phi(t)\, dt, \qquad \sum_{k=-\infty}^{\infty} \epsilon(k)\, \phi(k) = \sum_{k=0}^{\infty} \phi(k).$$

Die Ableitung der Sprungfunktion ist der Dirac-Impuls $\epsilon'(t) = \delta(t)$.

B.1.3 Signum-Funktion

Die Signum-Funktion gibt das Vorzeichen ihres Argumentes an. Sie ist definiert als

$$\mathrm{sgn}(t) = \begin{cases} 1 & t > 0 \\ -1 & t < 0 \end{cases} \quad \mathrm{sgn}(k) = \begin{cases} 1 & k > 0 \\ 0 & k = 0 \\ -1 & t < 0. \end{cases}$$

Damit gilt $\mathrm{sgn}(t) = \epsilon(t) - \epsilon(-t)$ und $\mathrm{sgn}(k) = \epsilon(k) - \epsilon(-k)$. Auch hier muss im kontinuierlichen Fall der Wert $\mathrm{sgn}(t = 0)$ nicht definiert werden. Für eine Funktion $\phi(t)$ gilt mit Hilfe der Sprungfunktion:

$$\int_{-\infty}^{\infty} \mathrm{sgn}(t)\, \phi(t)\, dt = \int_{-\infty}^{\infty} (\epsilon(t) - \epsilon(-t))\, \phi(t)\, dt.$$

Die Ableitung ergibt sich zu

$$\frac{d\mathrm{sgn}(t)}{dt} = \frac{d\Big(\epsilon(t) - \epsilon(-t)\Big)}{dt} = 2\delta(t).$$

[1] Häufig findet man eine Definition des Wertes zu $\epsilon(t = 0) = 1/2$. Welcher Wert an der Stelle 0 gesetzt wird, ist jedoch irrelevant.

B.1.4 Rechteckimpuls $\mathrm{rect}(\frac{t}{T})$

Der Rechteckimpuls ist definiert als:

$$\mathrm{rect}\left(\frac{t}{T}\right) = \begin{cases} 1 & \text{für} \quad |t| \leq \frac{T}{2}, \\ 0 & \text{sonst.} \end{cases}$$

Er lässt sich mit Hilfe von zwei verschobenen Sprungfunktionen darstellen:

$$\mathrm{rect}(\tfrac{t}{T}) = \epsilon(t + \tfrac{T}{2}) - \epsilon(t - \tfrac{T}{2})$$

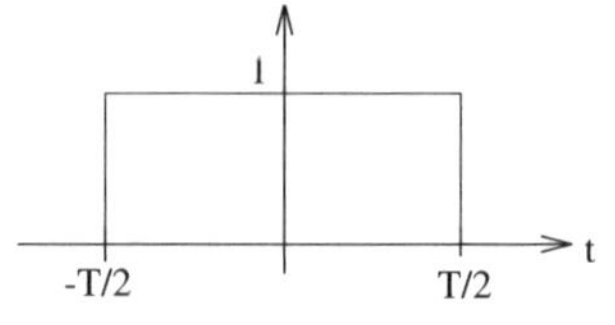

B.1.5 Dreiecksimpuls $\mathrm{tri}(\frac{t}{T})$, $\Lambda(\frac{t}{T})$

Der Dreiecksimpuls ist definiert als:

$$\mathrm{tri}\left(\frac{t}{T}\right) = \begin{cases} 1 - |\frac{t}{T}| & \text{für} \quad |t| \leq T, \\ 0 & \text{sonst} \end{cases}$$

und lässt sich mit der Sprungfunktionen darstellen als:

$$\mathrm{tri}(\tfrac{t}{T}) = (\tfrac{t}{T} + 1)\,\epsilon(t + T) - 2\,\tfrac{t}{T}\,\epsilon(t) + (\tfrac{t}{T} - 1)\,\epsilon(t - T)$$

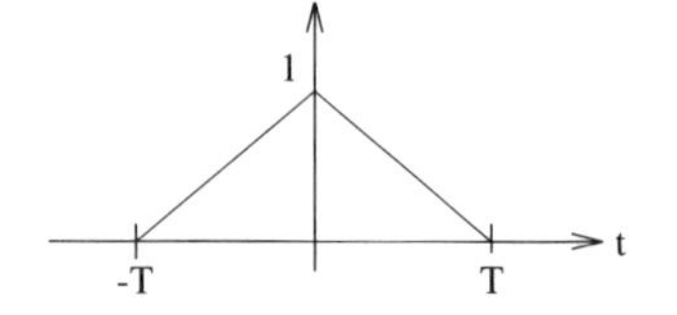

B.1.6 si-Funktion $\mathrm{si}(t)$

Die si-Funktion ist definiert als:

$$\mathrm{si}(t) = \frac{sin(t)}{t}.$$

Der Wert an der Stelle 0 lässt sich mit der Regel von l'Hospital berechnen:

$$\lim_{t \to 0} \frac{sin(t)}{t} \underset{\text{l'Hospital}}{=} \lim_{t \to 0} \frac{cos(t)}{1} = \frac{1}{1} = 1$$

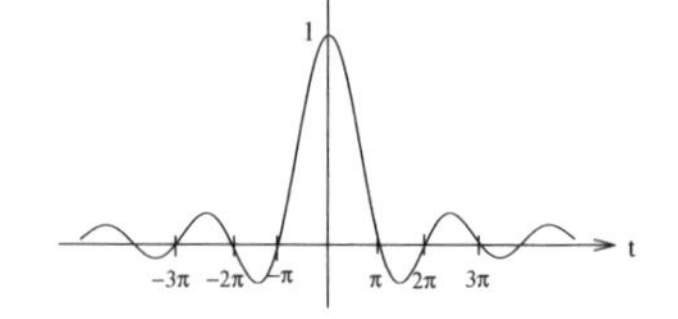

B.1.7 Kammfunktion $Ш_T(t)$

Die Kammfunktion $Ш_T(t)$ wird auch Scha-Funktion genannt und ist definiert als:

$$Ш_T(t) = \sum_{k=-\infty}^{\infty} \delta(t - kT)$$

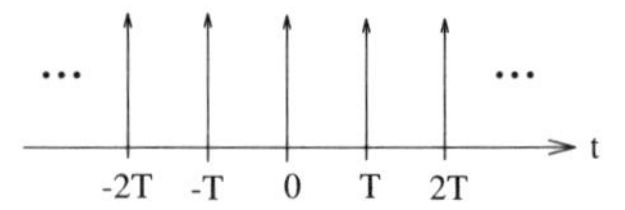

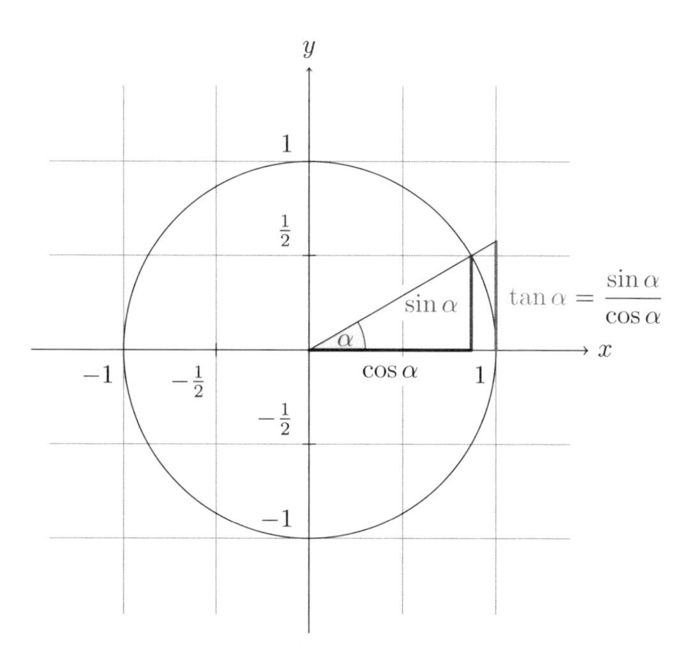

Bild B.1: *Die Sinus-, Cosinus- und Tangens-Definition*

B.2 Spezielle analoge Signale

Sinus- und Cosinus-Signale sind die am häufigsten verwendeten Signale in der Nachrichtentechnik. Wir werden sehen, dass der Grund dafür ist, dass diese Eigenfunktionen von LTI-Systemen sind und damit die Frequenz der Schwingung nicht durch ein LTI-System verändert wird. Die Winkelfunktionen $\sin(\alpha)$ und $\cos(\alpha)$ sind definiert als Länge der Gegenkathede und Ankathede entsprechend Bild B.1 des Dreiecks, das eine Gerade mit Winkel α und der Einheitskreis mit Radius eins erzeugt.

Einige typische Werte sind in Tabelle B.2 angegeben.

α	0	$\frac{\pi}{6}$	$\frac{\pi}{4}$	$\frac{\pi}{3}$	$\frac{\pi}{2}$
$\sin(\alpha)$	1	$\frac{1}{2}$	$\frac{\sqrt{2}}{2}$	$\frac{\sqrt{3}}{2}$	1
$\cos(\alpha)$	0	$\frac{\sqrt{3}}{2}$	$\frac{\sqrt{2}}{2}$	$\frac{1}{2}$	0

Tabelle B.2: *Sinus und Cosinus*

Entsprechend der Definition gilt

$$(\sin(\alpha))^2 + (\cos(\alpha))^2 = 1.$$

Ein weiteres wichtiges Signal ist die komplexe Exponentialfunktion. Sie besteht aus einem Cosinus im Realteil und einem Sinus im Imaginärteil:

$$e^{j2\pi f_0 t} = \cos(2\pi f_0 t) + j\sin(2\pi f_0 t).$$

Diese Gleichung geht auf den Mathematiker Euler zurück. Die Gültigkeit der Eulerschen Formel kann man durch Taylor-Reihenentwicklung verifizieren, denn es gilt

$$\begin{aligned} e^{jz} &= 1 + jz + \frac{(jz)^2}{2!} + \frac{(jz)^3}{3!} + \frac{(jz)^4}{4!} + \dots \\ &= \underbrace{\cos(z)}_{\left(1-\frac{z^2}{2!}+\frac{z^4}{4!}+\dots\right)} + j\cdot \underbrace{\sin(z)}_{\left(z-\frac{z^3}{3!}+\frac{z^5}{5!}+\dots\right)} \end{aligned}$$

B.3 Rechenoperationen mit Signalen

In diesem Abschnitt werden Verknüpfungen analoger Signale beschrieben, namentlich die Faltung, das Skalarprodukt und die Korrelation. Wir betrachten ausschließlich Signale mit endlicher Energie.

Die **Faltung** zweier Signale $x(t)$ und $y(t)$ ist definiert durch

$$w(t) = x(t) * y(t), \qquad w(t) = \int_{-\infty}^{\infty} x(\tau)\, y(t-\tau)\, d\tau.$$

Die Faltung ist kommutativ und der Dirac-Impuls ist das neutrale Element der Faltung, d.h.:

$$\delta(t) * \phi(t) = \int_{-\infty}^{\infty} \delta(\tau)\, \phi(t-\tau)\, d\tau = \phi(t).$$

Die Eigenschaften der Faltung sind zusammengefasst:

Kommutativgesetz:	$x(t) * y(t) = y(t) * x(t)$
Assoziativgesetz:	$(x(t) * y(t)) * z(t) = x(t) * (y(t) * z(t))$
Distributivgesetz:	$(x(t) + y(t)) * z(t) = x(t) * z(t) + y(t) * z(t)$
Neutrales Element $\delta(t)$:	$x(t) * \delta(t) = x(t)$

Das **Skalarprodukt** zweier Signale $x(t)$ und $y(t)$ ist definiert durch

$$\langle x(t), y(t)\rangle = \int_{-\infty}^{\infty} x^*(t) y(t) dt.$$

Die **Kreuzkorrelationsfunktion** ist gegeben durch

$$\varphi_{xy}(\tau) = \langle x(t), y(t+\tau)\rangle = \int\limits_{-\infty}^{\infty} x^*(t)\, y(t+\tau)\, dt = x^*(-t) * y(t)\Big|_{t=\tau}.$$

Die Korrelation eines Signals $x(t)$ mit sich selbst heißt **Autokorrelation**.

B.4 Energie und Leistung von Signalen

Energie von Signalen

Die Energie E_s eines Signals $s(t)$ ist definiert als:

$$E_s = \int\limits_{-\infty}^{\infty} |s(t)|^2\, dt \;=\; \varphi_{ss}(0),$$

wobei $\varphi_{ss}(0)$ der Wert der Autokorrelationsfunktion an der Stelle 0 ist. Ein Signal ist ein Energiesignal, wenn gilt: $E_s < \infty$. Der Rechteckimpuls $\mathrm{rect}(t/T)$ beispielsweise ist ein Energiesignal, wohingegen $cos(t)$ kein Energiesignal ist. Wir wollen jedoch keine unendlichen Zeiträume betrachten, wodurch auch der auf den Zeitraum T begrenzte $\cos(t) \cdot \mathrm{rect}(t/T)$ ein Energiesignal ist.

Leistung von Signalen

Die mittlere Leistung eines Signals ist die Energie pro Zeit und ist definiert durch

$$P_x = \tfrac{1}{2T} \int\limits_{-T}^{T} |x(t)|^2\, dt.$$

B.5 Eigenschaften von Signalen

Signale können nach ihren Eigenschaften klassifiziert werden und zwei wichtige wollen wir in diesem Abschnitt besprechen.

Orthogonalität

Wenn für die Signale $x(t)$ und $y(t)$ das Skalarprodukt null ist, d.h

$$\langle x(t),\, y(t)\rangle = \int_{-\infty}^{\infty} x^*(t) y(t) dt = 0,$$

dann sind die Signale $x(t)$ und $y(t)$ orthogonal, wofür die Notation $x(t) \perp y(t)$ benutzt wird.

Die Orthogonalität kann auch durch die Korrelation beschrieben werden:

$$x(t) \perp u(t+\tau_0) \Rightarrow \varphi_{xu}(\tau_0) = 0\,, \qquad \langle x(t),\, u(t+\tau_0)\rangle = 0.$$

Die Autokorrelation als Spezialfall der Kreuzkorrelation für $x(t) = u(t)$ ist:

$$\varphi_{xx}^{E}(\tau) = \langle x(t), x(t+\tau)\rangle = \int_{-\infty}^{\infty} x^*(t)x(t+\tau)dt = x^*(-t) * x(t)\Big|_{t=\tau}.$$

Es gilt: $|\varphi_{xx}(\tau)| \le \varphi_{xx}(0)$, $\varphi_{ux}(\tau) = \varphi_{xu}^*(-\tau)$ und $\varphi_{xx}(\tau) = \varphi_{xx}^*(-\tau)$, wobei $\varphi_{xx}(0)$ der Energie von $x(t)$ entspricht.

Gerade und ungerade Signale

Für gerade und ungerade Signale gilt:

$$x(t) = x(-t) \quad \text{ist gerade,} \qquad x(t) = -x(-t) \quad \text{ist ungerade.}$$

Sei $x_u(t)$ ein ungerades Signal und $x_g(t)$ ein gerades Signal, dann gilt:

$$\int_{-\infty}^{\infty} x_u(t)\,dt = 0; \qquad \int_{-\infty}^{\infty} x_g(t)\,dt \;=\; 2\int_{0}^{\infty} x_g(t)\,dt.$$

Jedes Signal lässt sich in einen geraden und ungeraden Anteil zerlegen: $x(t) = x_g(t) + x_u(t)$. Dabei kann man bei reellen Signalen den geraden und ungeraden Anteil wie folgt berechnen

$$x_g(t) = \frac{1}{2}\left[x(t) + x(-t)\right] \text{ und } x_u(t) = \frac{1}{2}\left[x(t) - x(-t)\right].$$

Bei geraden und ungeraden Signalen gilt ähnlich zur Multiplikation von reellen Zahlen:

- gerades Signal · ungerades Signal = ungerades Signal,
- ungerades Signal · ungerades Signal = gerades Signal · gerades Signal = gerades Signal.

C Die Fourier-Transformation

Die Fouriertransformation berechnet das Spektrum $Y(f)$ eines Zeit-Signals $y(t)$. Das Spektrum gibt an, welche Frequenzen f mit welchem Anteil im Signal $y(t)$ enthalten sind. Die Fourier-Transformation und die Rücktransformation sind gegeben durch:

Hintransformation	Rücktransformation
$Y(f) = \int\limits_{-\infty}^{\infty} y(t) \cdot e^{-j\,2\pi f t}\, dt$	$y(t) = \int\limits_{-\infty}^{\infty} Y(f) \cdot e^{j\,2\pi f t}\, df$

Tabelle C.1: *Fourier-Transformation*

Man bezeichnet ein Paar $y(t), Y(f)$ als Korrespondenz. Für dic Fouriertransformierte gilt:

$$Y(f) = \int\limits_{-\infty}^{\infty} y_g(t) \cdot \cos(2\pi f t) dt + j \cdot \int\limits_{-\infty}^{\infty} -y_u(t) \cdot \sin(2\pi f t) dt. \qquad \text{(C.1)}$$

C.1 Eigenschaften der Fourier-Transformation

Die wichtigsten Eigenschaften der Fourier-Transformation sind in Tabelle C.2 zusammengefasst. Wir wollen diese im Einzelnen beschreiben. Die Fourier-Transformation ist linear, womit die Fourier-Transformierte eine Linearkombination von Signalen gleich der Linearkombination der Fouriertransformierten der Signale ist. Besonders wichtig in der Nachrichtentechnik ist die *Modulation* (Frequenzverschiebungssatz). Wird ein Zeitsignal mit einer komplexen Exponentialfunktion der Frequenz f_0 multipliziert, so verschiebt sich das Spektrum um f_0. Bei der Betrachtung von Systemen ist außerdem entscheidend, dass eine Faltung im Zeitbereich einer Multiplikation im Frequenzbereich entspricht und umgekehrt. Ferner sind die Ähnlichkeit und die Differentation eines Signals wertvolle Eigenschaften. Das *Theorem von Parseval* besagt, dass sich die Energie von Signalen im Zeit- und im Frequenzbereich gleich sind.

Die Eigenschaften der Fourier-Transformation konnen genutzt werden, um Korrespondenzen zu berechnen, die man nicht direkt berechnen kann. Oder aber, um aus bekannten Korrespondenzen neue abzuleiten.

	Zeitbereich	Frequenzbereich
Linearität	$c_1\, y_1(t) + c_2\, y_2(t)$	$c_1\, Y_1(f) + c_2\, Y_2(f)$
Faltung	$y_1(t) \, * \, y_2(t)$	$Y_1(f) \cdot Y_2(f)$
Multiplikation	$y_1(t) \cdot y_2(t)$	$Y_1(f) \, * \, Y_2(f)$
Verschiebung	$y(t - t_0)$	$Y(f) \cdot e^{-j\,2\pi f t_0}$
Modulation	$y(t) \cdot e^{j\,2\pi f_0 t}$	$Y(f - f_0)$
Differentiation	$\frac{d^n}{dt^n}\, y(t)$	$(j2\pi f)^n \cdot Y(f)$
Ähnlichkeit	$y(at)$	$\frac{1}{\lvert a \rvert} \cdot Y(\frac{f}{a})$
konj. kompl. Funktion	$y^*(\pm t)$	$Y^*(\mp f)$
Theorem von Parseval	$< x(t), y(t) >$ $=$	$< X(f), Y(f) >$

Tabelle C.2: Eigenschaften der Fourier-Transformation

Vertauschung		
$y(\pm t)$	$\circ\!\!-\!\!\bullet$	$Y(\pm f)$
$Y(\pm t)$	$\circ\!\!-\!\!\bullet$	$y(\mp f)$

Tabelle C.3: Vertauschung

C.1.1 Linearität

Die Fourier-Transformation ist linear und die Linearität bedeutet für die Signale $x(t)$ und $y(t)$:

$$a_1 x(t) + a_2 y(t) \circ\!\!-\!\!\bullet \mathcal{F}\{a_1 x(t) + a_2 y(t)\} = a_1 X(f) + a_2 Y(f).$$

Dies folgt aus:

$$\int_{-\infty}^{\infty} [a_1 x(t) + a_2 y(t)] e^{-j2\pi ft} dt = a_1 \int_{-\infty}^{\infty} x(t) e^{-j2\pi ft} dt + a_2 \int_{-\infty}^{\infty} y(t) e^{-j2\pi ft} dt.$$

Anmerkung: Das Konvergenzgebiet ist das Gebiet, das gleichzeitig Konvergenzgebiet von $x(t)$ und $y(t)$ ist.

C.1.2 Verschiebung im Zeit- und transformierten Bereich

Die Verschiebung um t_0 im Zeitbereich ergibt:

$$y(t - t_0) \circ\!\!-\!\!\bullet e^{-j2\pi ft_0} Y(f) = e^{-j2\pi ft_0} \mathcal{F}\{y(t)\}.$$

Denn mit der Substitution $t' = t - t_0$ und der Ableitung $\frac{dt'}{dt} = 1$ folgt:

$$\int_{-\infty}^{\infty} y(t - t_0) e^{-j2\pi ft_0 t}\, dt = \int_{-\infty}^{\infty} y(t') e^{-j2\pi ft_0 (t' + t_0)}\, dt'$$

$$= e^{-j2\pi ft_0 t_0} \int_{-\infty}^{\infty} y(t') e^{-j2\pi ft_0 t'}\, dt'.$$

Die verschiebung im transformierten Bereich um f_0 ergibt:

$$y(t)\, e^{j2\pi f_0 t} \circ\!\!-\!\!\bullet Y(f - f_0).$$

Dies folgt mit der Substitution $f' = f - f_0$ durch:

$$Y(f') = \int_{-\infty}^{\infty} y(t)e^{-f'j2\pi t}\,dt = Y(f - f_0) = \int_{-\infty}^{\infty} y(t)e^{-(f-f_0)j2\pi t}\,dt.$$

Eine Verschiebung im Frequenzbereich bezeichnet man als Modulation.

C.1.3 Zeitskalierung, Ähnlichkeit

Die Zeitskalierung mit dem Faktor c wird auch als Ähnlichkeit bezeichnet und ist:

$$y(ct) \circ\!\!-\!\!\bullet \frac{1}{|c|}Y(\frac{f}{c}).$$

Dies folgt mit der Substitution $u = ct$ durch:

i) $c > 0$:

$$\int_{-\infty}^{\infty} y(ct)e^{-j2\pi ft}\,dt = \frac{1}{c}\int_{-\infty}^{\infty} y(u)e^{-j2\pi f\frac{u}{c}}\,du = \frac{1}{c}\,Y(\frac{f}{c}).$$

ii) $c < 0$:

$$\int_{-\infty}^{\infty} y(ct)e^{-j2\pi ft}\,dt = \frac{1}{c}\int_{\infty}^{-\infty} y(u)e^{-j2\pi f\frac{u}{c}}\,du$$

$$= -\frac{1}{c}\int_{-\infty}^{\infty} y(u)e^{-j2\pi f\frac{u}{c}}\,du = -\frac{1}{c}\,Y(\frac{f}{c}).$$

Daraus folgt die Ähnlichkeit $\quad y(ct) \circ\!\!-\!\!\bullet \frac{1}{|c|}Y(\frac{f}{c}).$

Im Speziellen ergeben sich für $c = -1$ gespiegelte Funktionen:

$$y(-t) \circ\!\!-\!\!\bullet Y(-f).$$

C.1.4 Ableitung, Differentiation und Integration

Die Differentation im Zeitbereich ergibt:

$$\frac{d^n}{dt^n}\, y(t) \circ\!\!-\!\!\bullet\, (j2\pi f)^n Y(f).$$

Die Differentation im transformierten Bereich ergibt:

$$(-j2\pi t)^n\, y(t) \;\circ\!\!-\!\!\bullet\; \frac{d^n}{df^n}\, Y(f).$$

Dies folgt aus:

$$\begin{aligned}\frac{d^n}{dt^n}\, y(t) = \frac{d^n}{dt^n} \int\limits_{-\infty}^{\infty} Y(j2\pi f) e^{j2\pi f t}\, ds &= \int\limits_{-\infty}^{\infty} (j2\pi f)^n Y(j2\pi f) e^{j2\pi f t}\, df \\ &= \mathcal{F}^{-1}\left\{(j2\pi f)^n Y(j2\pi f)\right\}.\end{aligned}$$

C.1.5 Faltung

Die Faltung im Zeitbereich entspricht eine Multiplikation der Spektren und umgekehrt:

$$x(t) * y(t) \circ\!\!-\!\!\bullet\, X(f) \cdot Y(f) \quad \text{und} \quad x(t) \cdot y(t) \circ\!\!-\!\!\bullet\, X(f) * Y(f).$$

Dies folgt mit der Substitution $t = t' + \tau$ durch:

$$\begin{aligned}\mathcal{F}\{x(t) * y(t)\} &= \mathcal{F}\left\{\int\limits_{-\infty}^{\infty} x(\tau) y(t-\tau)\, d\tau\right\} \\ &= \int\limits_{-\infty}^{\infty} \left(\int\limits_{-\infty}^{\infty} x(\tau) y(t-\tau)\, d\tau\right) e^{-j2\pi f t}\, dt \\ &= \int\limits_{-\infty}^{\infty} \left(\int\limits_{-\infty}^{\infty} x(\tau) y(t')\, d\tau\right) e^{-j2\pi f(\tau+t')}\, dt' \\ &= \int\limits_{-\infty}^{\infty} x(\tau) e^{-j2\pi f \tau}\, d\tau \int\limits_{-\infty}^{\infty} y(t') e^{-j2\pi f t'}\, dt'.\end{aligned}$$

In der Signalverarbeitung betrachtet man häufig einen Teil eines Signals der Dauer T. Dies wird erreicht, indem ein Fenster (window) $w(t)$ eingeführt wird, mit $w(t) = 0 \quad |t| > T$. Damit ergibt sich:

$$\mathcal{F}\{w(t)\} = \int_{-T}^{T} w(t)e^{-j2\pi ft}\,dt = W(f) \implies \mathcal{F}\{w(t)y(t)\} = W(f) * Y(f).$$

C.1.6 Symmetrie (Dualität), konjugiert komplexe Funktionen

Mit der Symmetrie kann man einfach neue Korrespondenzen erhalten. Es gilt:

$$y(t) \circ\!\!-\!\!\bullet\, Y(f) \qquad \text{und} \qquad Y(t) \circ\!\!-\!\!\bullet\, y(-f).$$

Dies folgt direkt aus den Definitionen für Hin- und Rücktransformation, die bis auf ein Vorzeichen identisch sind.

Für konjugiert komplexe Funktion gilt $y^*(t) \circ\!\!-\!\!\bullet\, Y^*(-f)$. Dies ergibt sich durch:

$$\begin{aligned}\int_{-\infty}^{\infty} y^*(t)e^{-j2\pi ft}\,dt &= \int_{-\infty}^{\infty} y^*(t)(e^{j2\pi ft})^*\,dt \\ &= \left(\int_{-\infty}^{\infty} y(t)e^{j2\pi ft}\,dt\right)^* \overset{-\mathrm{f}'=\mathrm{f}}{=} Y^*(f') = Y^*(-f)\end{aligned}$$

C.1.7 Parsevalsches Theorem

Das Parsevalsche Theorem verknüpft das Skalarprodukt zweier Signale mit dem von deren Spektren

$$\int_{-\infty}^{\infty} x(t)y^*(t)\,dt = \int_{-\infty}^{\infty} X(f)Y^*(f)\,df.$$

Dies folgt aus:

$$x(t) * y^*(-t) = \int_{-\infty}^{\infty} x(\tau)y^*(-(t-\tau))\,d\tau = \int_{-\infty}^{\infty} X(f)Y^*(f)e^{j2\pi ft}\,df.$$

Für $t = 0$ erhalten wir:

$$\int_{-\infty}^{\infty} x(\tau)y^*(\tau)\,d\tau = \int_{-\infty}^{\infty} X(f)Y^*(f)\,df.$$

Setzen wir $y(t) = x(t)$ so erhalten wir, dass die Energie eines Signals gleich der Energie des Spektrums ist $\int_{-\infty}^{\infty} |x(t)|^2\,dt = \int_{-\infty}^{\infty} |X(f)|^2\,df$.

C.2 Korrespondenzen der Fourier-Transformation

Die wichtigsten Korrespondenzen der Fourier-Transformation sind in Tabelle C.4 gegeben.

Für den Realteil und Imaginärteil des geraden/ungeraden Anteils gilt:

$$\begin{aligned} Re\{x(t)\} &= \frac{1}{2}(x(t) + x^*(t)) \;\circ\!\!-\!\!\bullet\; \frac{1}{2}[X(f) + X^*(-f)] = X_{g*}(f) \\ j \cdot Im\{x(t)\} &= \frac{1}{2}(x(t) - x^*(t)) \;\circ\!\!-\!\!\bullet\; \frac{1}{2}[X(f) - X^*(-f)] = X_{u*}(f) \\ x_{g*}(t) &= \frac{1}{2}[x_R(t) - x_R(-t)] + \frac{1}{2}[x_I(t) + x_I(-t)] \end{aligned}$$

Außerdem gilt für die Realteilbildung eines modulierten Signals $x_R(t) + j \cdot x_I(t)$:

$$s(t) = Re\{x(t) \cdot e^{j2\pi f_0 t}\} = \cos(2\pi f_0 t) \cdot x_R(t) - \sin(2\pi f_0 t) \cdot x_I(t),$$

was einem symmetrischen Spektrum entspricht.

$y(t)$	$Y(f)$
$\delta(t)$	1
1	$\delta(f)$
$\epsilon(t)$	$\frac{1}{2}\,\delta(f) + \frac{1}{j\,2\pi f}$
$\mathrm{sgn}(t)$	$\frac{1}{j\,\pi f}$
$\mathrm{rect}(\frac{t}{T})$	$\lvert T\rvert \cdot \mathrm{si}(\pi T f)$
$\Lambda(\frac{t}{T})$	$\lvert T\rvert \cdot \mathrm{si}^2(\pi T f)$
$\mathrm{si}(\pi\frac{t}{T})$	$\lvert T\rvert \cdot \mathrm{rect}(T f)$
$e^{-a^2 t^2}$	$\mathrm{e}\frac{\sqrt{\pi}}{a} \cdot e^{-\frac{\pi^2 f^2}{a^2}}$
$e^{-\frac{\lvert t\rvert}{T}}$	$\frac{2T}{1+(2\pi T f)^2}$
$e^{j\,2\pi f_0 t}$	$\delta(f - f_0)$
$\cos(2\pi f_0\, t)$	$\frac{1}{2}\left[\delta(f+f_0) \,+\, \delta(f-f_0)\right]$
$\sin(2\pi f_0\, t)$	$\frac{1}{2}j\left[\delta(f+f_0) \,-\, \delta(f-f_0)\right]$
$Ш_T(t) = \sum_{k=-\infty}^{\infty} \delta(t-kT)$	$\frac{1}{\lvert T\rvert} Ш_{\frac{1}{T}}(f) = \frac{1}{\lvert T\rvert} \sum_{k=-\infty}^{\infty} \delta(f - \frac{k}{T})$

Tabelle C.4: *Korrespondenzen der Fourier-Transformation*

D LTI-Systeme

Ein lineares zeitinvariantes (engl.: linear time-invariant, LTI) System besitzt die Eigenschaften linear und zeitinvariant, die wir zunächst zusammen mit weiteren Eigenschaften mathematisch definieren werden. In der Nachrichtentechnik werden LTI-Systeme zur Beschreibung von Filtern, Frequenzverschiebungen, Korrelatoren, Kanälen, etc. benutzt. Wir werden zeigen, dass ein System vollständig kann durch seine Antwort auf den Dirac-Impuls charakterisiert werden kann. Prinzipiell unterscheidet man FIR (finite impuls response) und IIR (finite impuls response) Systeme, je nachdem ob die Impulsantwort endliche Länge besitzt oder nicht. Die Fourier-Transformation der Impulsantwort ist die Übertragungsfunktion, auch Systemfunktion genannt. Damit lassen sich auch IIR Systeme kompakt beschreiben. Ferner werden wir zeigen, dass Sinus- und Cosinus-Funktionen Eigenfunktionen von LTI-Systemen sind und damit keine Änderung der Eingangsfrequenzen durch ein LTI-System stattfindet. Wir werden verschiedene Filter als LTI-Systeme beschreiben. Am Ende werden wir noch auf die Anregung von Systemen mit stochastischen Signalen eingchcn.

D.1 Eigenschaften von LTI-Systemen

Seien $x(t)$, $y(t)$ analoge Signale, also wert-und zeitkontinuierlich. In Bild D.1 ist ein LTI-System grafisch dargestellt. Der Eingang $x(t)$ wird durch das System auf den Ausgang $y(t)$ abgebildet. Diese Abbildung wollen wir zunächst durch $H\{x(t)\}$ beschreiben.

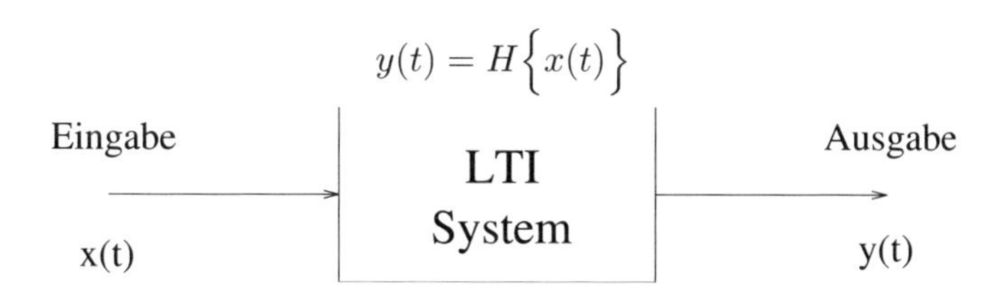

Bild D.1: *LTI-System*

Soi $y_1(t)$ dic Antwort des Systems auf die Eingabe $x_1(t)$, d.h. $y_1(t) = H\{x_1(t)\}$, entsprechend für $x_2(t), y_2(t)$. Die Linearität ist eine Eigenschaft, die in den Ingenieurwissenschaften essentiell ist, um rechnen zu können.

Definition D.1 *Linearität.*

Ein System ist linear, wenn die Antwort des Systems auf eine Linearkombination mit den Koeffizienten $a_1, a_2 \in \mathbb{R}$ der Eingänge $x_1(t)$ und $x_2(t)$ gleich der Linearkombination der Ausgänge $y_1(t) = H\{x_1(t)\}$ und $y_2(t) = H\{x_2(t)\}$ ist, d.h.

$$H\Big\{a_1\, x_1(t) + a_2\, x_2(t)\Big\} \;=\; a_1\, H\Big\{x_1(t)\Big\} + a_2\, H\Big\{x_2(t)\Big\}.$$

Der Umgang mit Systemen, die ihr Verhalten mit der Zeit ändern, ist extrem schwierig. Deshalb arbeitet man mit zeitinvarianten Systemen.

Definition D.2 *Zeitinvarianz.*

Ein System ist zeitinvariant, wenn es auf ein verschobenes Eingangssignal mit einem verschobenen Ausgangssignal antwortet

$$H\Big\{x(t)\Big\} \;=\; y(t) \quad\Longrightarrow\quad H\Big\{x(t-t_0)\Big\} \;=\; y(t-t_0).$$

Technische Systeme sind kausal, da die Wirkung nicht vor der Ursache eintritt.

Definition D.3 *Kausalität.*

Ein System ist kausal, wenn für ein Signal $x(t)$ mit $x(t) = 0,\ t < t_1$ gilt:

$$H\Big\{x(t)\Big\} = y(t) = 0,\ t < t_1.$$

Eine weitere sinnvolle Annahme ist, dass Systeme stabil sind, d.h. dass sie nicht mit einer unbeschränkten Ausgabe reagieren.

Definition D.4 *Stabilität.*

Ein LTI System heißt Bounded-Input-Bounded-Output (BIBO) stabil, wenn es auf eine beschränkte Eingabe $x(t)$ mit einer beschränkten Ausgabe $y(t)$ reagiert.

D.2 Impulsantwort, System-/Übertragungs-Funktion

Die Impulsantwort $h(t), h(k)$ eines Systems ist das Ausgangssignal, wenn das Eingangssignal ein Dirac-Impuls ist $h(t) = H\{\delta(t)\}$ bzw. $h(k) = H\{\delta(k)\}$. Die Systemfunktion oder auch Übertragungsfunktion $H(f)$ ist die Fourier-Transformierte der Impulsantwort $h(t)$. Ausgehend von der Impulsantwort gilt wegen der Zeitinvarianz

$$h(t-\tau) = H\{\delta(t-\tau)\}$$

und wegen der Linearität können wir mit einer Konstanten $x(\tau)$ multiplizieren und erhalten

$$x(\tau)h(t-\tau) = H\{x(\tau)\delta(t-\tau)\}.$$

Wir können nun ebenfalls wegen der Linearität über alle Werte $x(\tau)$ integrieren und erhalten

$$\int_{-\infty}^{\infty} x(\tau)h(t-\tau) = H\left\{\int_{-\infty}^{\infty} x(\tau)\delta(t-\tau)\right\} = H\{x(t)\} = y(t).$$

Dabei haben wir ausgenutzt, dass der Dirac-Impuls das neutrale Element der Faltung ist. Das Ausgangssignal $y(t)$ eines LTI-Systems im Zeitbereich kann damit aus der Faltung des Eingangssignals mit der Impulsantwort berechnet werden

$$y(t) = x(t) * h(t) = \int_{-\infty}^{\infty} x(\tau)\, h(t-\tau)\, d\tau.$$

Es ergeben sich folgende Kriterien für die Eigenschaften aus Abschnitt D.1:

- Für (und nur für) ein kausales System gilt: $h(t) = 0,\ t < 0$.
- Für (und nur für) ein stabiles System gilt: $\int_{-\infty}^{\infty} \left|h(t)\right| dt < \infty$.

Die System-/Übertragungsfunktion $H(f)$ ist die Fouriertransformation der Impulsantwort $h(t)$: $h(t) \circ\!\!-\!\!\bullet H(f)$. Aufgrund der Eigenschaften der Fouriertransformation berechnet sich das Ausgangssignal des Systems im Frequenzbereich $Y(f)$ aus der Multiplikation des Zeitsignals im Frequenzbereich $X(f)$ und der Übertragungsfunktion $H(f)$ wie folgt.

$$y(t) = x(t) * h(t) \circ\!\!-\!\!\bullet Y(f) = X(f) \cdot H(f) \quad \text{mit} \quad H(f) = \int_{-\infty}^{\infty} h(t)\, e^{-j2\pi f t}\, dt.$$

Die Übertragungsfunktion eines Systems ist das Verhältnis der Fourier-Transformierten des Ausgangs- und Eingangssignals

$$H(f) = \frac{Y(f)}{X(f)}.$$

D.3 Eigenfunktion

Die Übertragungsfunktion $H(f)$ wird oft auch als Frequenzgang des Systems bezeichnet. Anregung eines LTI-Systems mit allgemeiner Exponentialfunktion $x(t) = e^{\alpha t}$ führt auf

$$\begin{aligned} y(t) &= h(t) * x(t) = \int h(\tau)\, x(t-\tau)\, d\tau = \int h(\tau)\, e^{\alpha(t-\tau)}\, d\tau \\ &= e^{\alpha t} \cdot \int h(\tau)\, e^{-\alpha \tau}\, d\tau = e^{\alpha t} \cdot H(s)\Big|_{s=\alpha} = H(\alpha) \cdot x(t)\,, \end{aligned}$$

d.h. das mit $H(\alpha)$ skalierte Eingangssignal. Die Exponentialfunktionen stellen daher die *Eigenfunktionen* kontinuierlicher LTI-Systeme dar. Eine bedeutende Rolle unter der Menge aller Exponentialfunktionen spielen mit $\alpha = j\omega_0 = j2\pi f_0$ die komplexen Exponentialschwingungen

$$x(t) = x_0 \cdot e^{j\omega_0 t} = x_0 \cdot e^{j2\pi f_0 t}\,,$$

die am Ausgang wieder auf eine Schwingung mit der gleichen Frequenz führen:

$$y(t) = H(j2\pi f_0) \cdot x(t) = H(j2\pi f_0)\, x_0 \cdot e^{j2\pi f_0 t} = y_0 \cdot e^{j2\pi f_0 t}\,.$$

Dadurch ist eine einfache Systemanalyse möglich, da das Ausgangssignal durch Multiplikation mit $H(j2\pi f_0)$ berechenbar ist. Diese Eigenschaft bildet die Grundlage der *komplexen Wechselstromrechnung*.

D.4 Komplexe Wechselstromrechnung

Eine reelle Schwingung kann wie folgt durch eine komplexe Exponentialfunktion dargestellt werden (hierbei sind komplexe Größen unterstrichen):

$$\begin{aligned} x(t) &= x_0 \cdot \cos(2\pi f_0 t + \varphi_x) = x_0 \cdot Re\{e^{j(2\pi f_0 t + \varphi_x)}\} \\ &= Re\Big\{x_0\, e^{j\varphi_x} \cdot\; e^{j2\pi f_0 t}\Big\} = Re\{\underline{x}_0 \cdot\; e^{j2\pi f_0 t}\} = Re\{\underline{x}(t)\}. \end{aligned}$$

Damit läßt sich für *reellwertige* Systeme das Ausgangssignal zu

$$y(t) = H\{x(t)\} = H\{Re\{\underline{x}(t)\}\} = Re\{H\{\underline{x}(t)\}\} = Re\{\underline{y}(t)\}$$

darstellen, wobei die Systemantwort über

$$\underline{y}(t) = H\{\underline{x}(t)\} = h(t) * \underline{x}(t)$$

im *Komplexen* berechnet wird. Mit der komplexen Schwingung $\underline{x}(t) = \underline{x}_0 \cdot e^{j2\pi f_0 t}$ ergibt sich:

$$\underline{y}(t) = H(j2\pi f_0) \cdot \underline{x}(t) = H(j2\pi f_0) \cdot \underline{x}_0 \cdot e^{j2\pi f_0 t} = \underline{y}_0 \cdot e^{j2\pi f_0 t}\,,$$

Dabei ist die *komplexe Amplitude* der Schwingung $\underline{x}_0 = x_0 \cdot e^{j\varphi_x}$. Eine vollständige Signalbeschreibung für eine gegebene Frequenz f_0 ist dann durch die komplexen Amplituden möglich:

$$\underline{y}_0 = H(j2\pi f_0) \cdot \underline{x}_0 \,.$$

Dies kann auch in Betrag und Phase ausgedrückt werden durch:

$$|\underline{y}_0| = |H(j2\pi f_0)| \cdot |\underline{x}_0| \qquad \text{und} \qquad \sphericalangle \underline{y}_0 = \sphericalangle H(j2\pi f_0) + \sphericalangle \underline{x}_0 \,.$$

Komplexe Wechselstromrechnung ist auf stationäre Schwingungen beschränkt, wobei das Systemverhalten in Abhängigkeit der Eingangsfrequenz $f = f_0$ beschrieben wird. $H(j2\pi f)$ bezeichnet man als *Frequenzgang* des Systems.

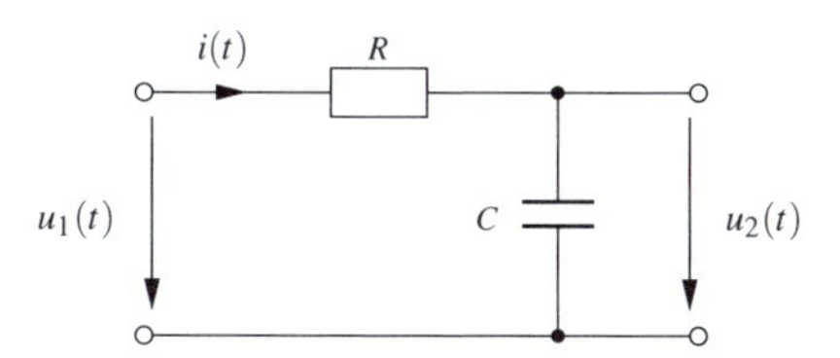

Bild D.2: *RC-Glied*

Beispiel D.5

Das RC-Glied (Bild D.2) wird mit $u_1(t) = x(t) = 2 \cdot \cos(2\pi f_0\, t + \pi/8)$ angeregt. Die komplexe Schwingung bzw. Amplitude lautet:

$$\underline{x}(t) \;=\; 2 \cdot e^{j(2\pi f_0\, t + \pi/8)} \qquad \text{bzw.} \qquad \underline{x}_0 \;=\; 2 \cdot e^{j\,\pi/8} \,.$$

Systemfunktion für den Fall $RC = 1/2\pi f_0$:

$$H(j\,2\pi f_0) \;=\; \frac{U_2(j2\pi f_0)}{U_1(j2\pi f_0)} \;=\; \frac{1}{1 + j\,2\pi f_0\, RC} \;=\; \frac{1}{1+j} \;=\; \frac{1}{\sqrt{2}} e^{-j\,\pi/4} \,.$$

woraus folgt:

$$\underline{y}(t) \;=\; H(j\,2\pi f_0)\, \underline{x}(t) \;=\; \sqrt{2}\, e^{j(2\pi f_0 t - \pi/8)} \qquad \text{bzw.} \qquad \underline{y}_0 \;=\; \sqrt{2} e^{-j\,\pi/8} \quad ,$$

$$u_2(t) = Re\{\underline{y}(t)\} = \sqrt{2} \cdot \cos(2\pi f_0\, t - \pi/8) \,.$$

D.5 FIR und IIR Systeme

Für zeitdiskrete Systeme sollen die möglichen Realisierungen von FIR- und IIR-Systemen angegeben werden. Dazu wird die z-Transformation benutzt, Man erkennt, dass bei einem IIR-System eine Rückkoppelung des Ausgangs auf den Eingang erfolgt, woduch die Impulsantwort unendlich lang wird. Jedoch ergibt die Transformation in die Systemfunktion eine gebrochen rationale Funktion.

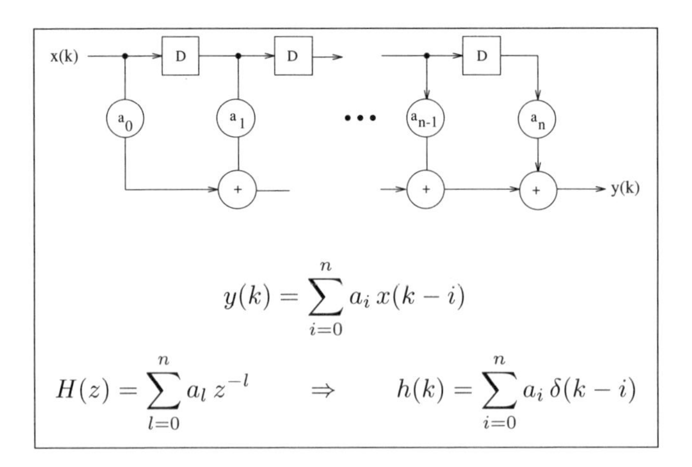

$$y(k) = \sum_{i=0}^{n} a_i \, x(k-i)$$

$$H(z) = \sum_{l=0}^{n} a_l \, z^{-l} \qquad \Rightarrow \qquad h(k) = \sum_{i=0}^{n} a_i \, \delta(k-i)$$

Bild D.3: *FIR (Finite Impulse Response) – System*

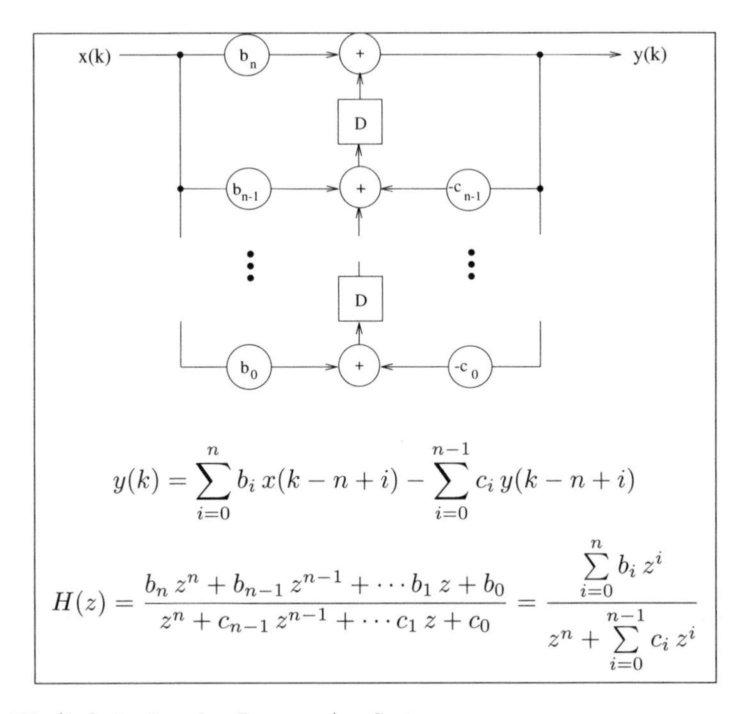

$$y(k) = \sum_{i=0}^{n} b_i \, x(k-n+i) - \sum_{i=0}^{n-1} c_i \, y(k-n+i)$$

$$H(z) = \frac{b_n \, z^n + b_{n-1} \, z^{n-1} + \cdots b_1 \, z + b_0}{z^n + c_{n-1} \, z^{n-1} + \cdots c_1 \, z + c_0} = \frac{\sum\limits_{i=0}^{n} b_i \, z^i}{z^n + \sum\limits_{i=0}^{n-1} c_i \, z^i}$$

Bild D.4: *IIR (Infinite Impulse Response) – System*

D.6 Filter

Zur Beschreibung von Bauelementen als LTI-Systeme verwendet man die Kreisfrewunz $\omega = 2\pi f$. Damit ist der komplexe Widerstand Z einer Kapazität C und einer Induktivität L:

$$Z_C = \frac{1}{j\omega C} \quad \text{und} \quad Z_L = j\omega L.$$

Die Signale sind Strom $i(t)$ und Spannung $u(t)$. Die System-/Übertragungsfunktion ist also eine Impedanz $Z = A(j\omega)$ eines LTI-Systems mit Strom als Eingang und Spannung als Ausgang. Ist Spannung der Eingang und Strom der Ausgang, dann ist das System eine Admittanz $Y = 1/Z$. Man kann auch Spannung als Ein- und Ausgang betrachten, wobei das System dann ein Impedanzverhältnis ist; entsprechend bei Strömen ein Admittanzverhältnis.

Zur Charakterisierung von Systemen und Filtern wird die im Allgemeinen komplexe gebrochen rationale System-/Übertragungsfunktion $A(j\omega)$ in Betrag und Phase geschrieben

$$A(j\omega) = \frac{P(j\omega)}{Q(j\omega)} = |A(j\omega)|\, e^{j\sphericalangle(A(j\omega))}.$$

Man bezeichnet $|A(j\omega)|$ als Betragsfrequenzgang. Er gibt an, wie Eingangssignale mit Frequenz ω gedämpft werden. Die zweite Kenngröße ist der Phasenverlauf über der Frequenz $\sphericalangle(A(j\omega)) = \arctan\left(\frac{Im(A(j\omega))}{Re(A(j\omega))}\right)$, der angibt, wie ein System die Phase des Eingangs verändert.

Für Filter als Systeme definiert man die Grenzfrequenz ω_g (cut-off-frequency) durch das Verhältnis

$$\frac{|A(j\omega_g)|}{max_w |A(j\omega)|} = \frac{1}{\Theta},$$

wobei oft $\Theta = 2$ gewählt wird.

Die Betragsfrequenzgänge eines Tiefpasses und eines Hochpasses sind in Bild D.5 dargestellt.

Mögliche Tiefpassschaltungen sind in Bild D.6 gezeigt mit den Übertragungsfunktionen

$$A(j\omega) = \frac{I_R(j\omega)}{I(j\omega)} = \frac{1}{1 + j\omega RC} \quad \text{und} \quad A(j\omega) = \frac{U_R(j\omega)}{U(j\omega)} = \frac{R}{R + j\omega L}.$$

Die entsprechenden Hochpassschaltungen erhält man durch eine Tiefpass-Hochpass-Transformation (selbe Grenzfrequenz ω_g). Gegeben ein Tiefpass mit L oder C, dann erhält man den entsprechenden Hochpass durch die Ersetzung von L durch $C = \frac{1}{L\omega_g^2}$ und C durch $L = \frac{1}{C\omega_g^2}$. Die Schaltungen aus Bild D.6 gehen dann über in die Schaltungen, die in Bild D.7 dargestellt sind. Sie besitzen die Übertragungsfunktionen

$$A(j\omega) = \frac{I_R(j\omega)}{I(j\omega)} = \frac{j\omega L}{R + j\omega L} \quad \text{und} \quad A(j\omega) = \frac{U_R(j\omega)}{U(j\omega)} = \frac{j\omega RC}{1 + j\omega RC}.$$

Die Übertragungsfunktion eines Bandpasses ist in Bild D.8 gezeigt. Die entsprechende Schaltung (Bild D.9) ergibt sich durch die Tiefpass-Bandpass-Transformation. Dabei gehen die Pole β_i des Tiefpasses $A_{TP}(j\omega)$ über in Pole $\beta_i \pm j\omega_m$ des Bandpasses $A_{BP}(j\omega)$. Entsprechend die Nullstellen $\alpha_i \longrightarrow \alpha_i \pm j\omega_m$. Die Übertragungsfunktionen errechnen sich zu:

$$A(j\omega) = \frac{I_R(j\omega)}{I(j\omega)} = \frac{j\omega L}{R + j\omega L + RCL(j\omega)^2}$$

und

$$A(j\omega) = \frac{U_R(j\omega)}{U(j\omega)} = \frac{j\omega RC}{1 + RCj\omega + LC(j\omega)^2}.$$

Die Übertragungsfunktion eines Allpasses (Bild D.8) ist konstant $|A(j\omega)| = 1$, jedoch ist der Phasenverlauf entscheidend. Pole sind bei Allpässen spiegelbildlich bzgl. der imaginären Achse zu den Nullstellen.

Butterworth- und Tschebyscheff- Filter (Tiefpässe)

Wir betrachten die Schaltung aus Bild D.10. Wir errechnen

$$U_1 = I_1 L_1 s + I_C \frac{1}{Cs}\ ,\ I_C = I_1 + I_2\ ,\ U_2 = I_2 L_2 s + I_C \frac{1}{Cs}\ ,\ I_2 = -\frac{U_2}{R}.$$

Damit ergibt sich die Übertragungsfunktion zu

$$A(j\omega) = \frac{U_2}{U_1} = \frac{R}{CL_1L_2(j\omega)^3 + RL_1C(j\omega)^2 + (L_1 + L_2)(j\omega) + R}.$$

Butterworth-Tiefpass der Ordnung n (normiert)

$$|A(j\omega)| = \frac{1}{\sqrt{1 + \omega^{2n}}}.$$

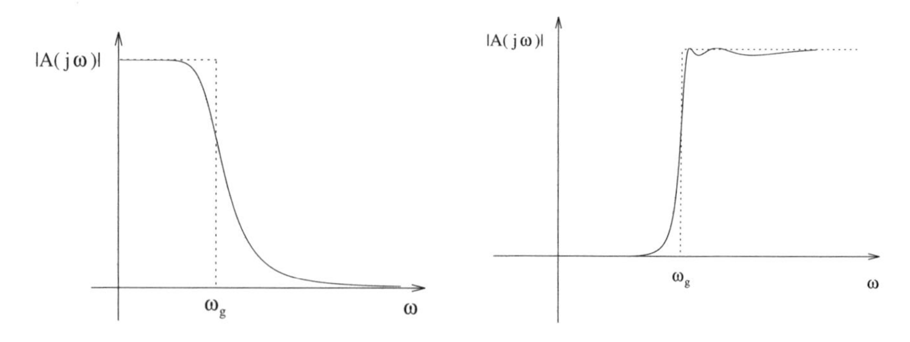

Bild D.5: *Betragsfrequenzgänge von Tiefpass und Hochpass*

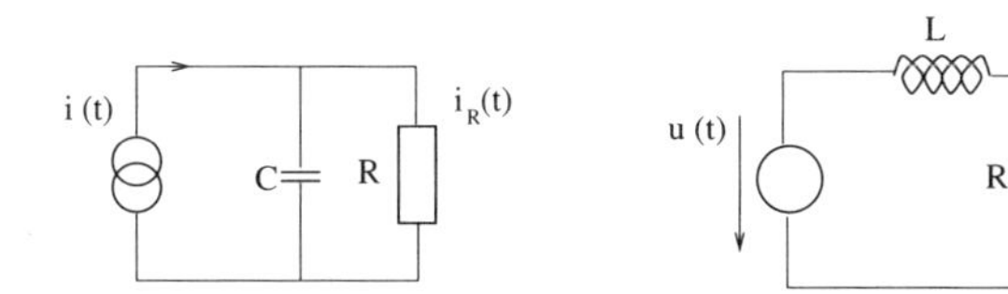

Bild D.6: *Tiefpassschaltungen*

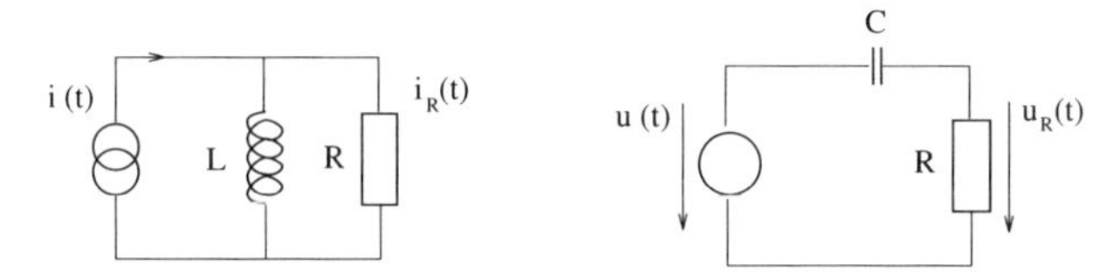

Bild D.7: *Hochpassschaltungen*

Setzen wir in unserem Beispiel $R = 1, L_1 = \frac{3}{2}, L_2 = \frac{1}{2}$ und $C = \frac{4}{3}$, so erhalten wir ein Butterworth-Filter der Ordnung 3.

$$A(j\omega) = \frac{1}{(j\omega)^3 + 2(j\omega)^2 + 2(j\omega) + 1} = \frac{1}{(j\omega + 1)((j\omega)^2 + j\omega + 1)}.$$

Die Pole sind $\beta_1 = -1,\ \beta_{2,3} = -\frac{1}{2} \pm j\frac{1}{2}\sqrt{3}$.

Tschebyscheff-Tiefpass der Ordnung n (normiert)

$$|A(j\omega)| = \frac{1}{\sqrt{1 + \mu cos(nx)}}, \quad cos(x) = \omega,$$

d.h. für $n = 2$: $cos(2x) = 2cos^2(x) - 1 = 2\omega^2 - 1$
und für $n = 3$: $cos(3x) = 4cos^3(x) - 3cos(x) = 4\omega^3 - 3\omega$, usw.

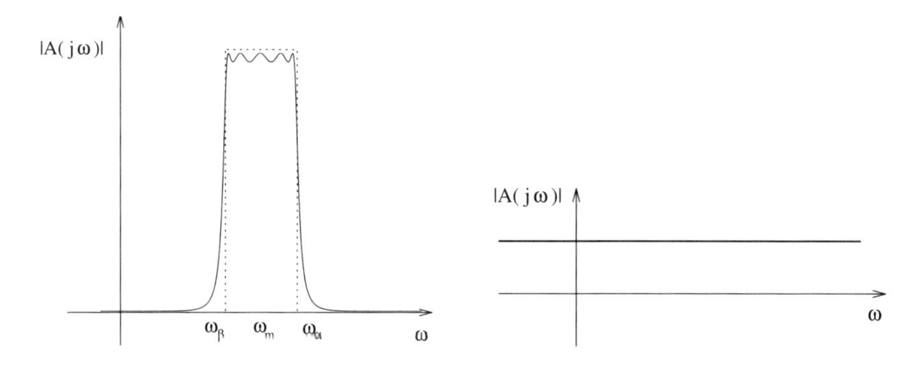

Bild D.8: *Übertragungsfunktionen von Bandpass und Allpass*

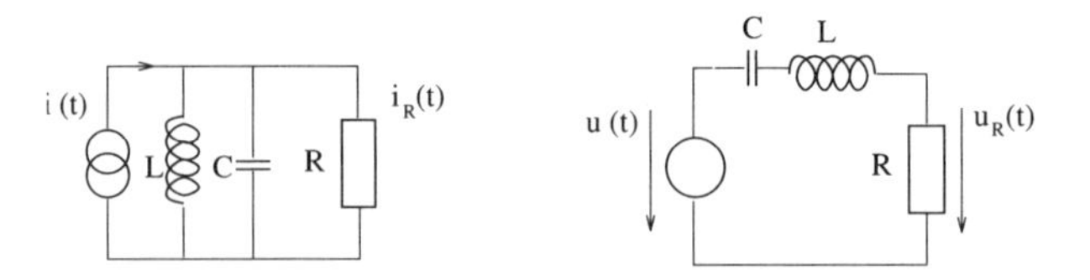

Bild D.9: *Bandpassschaltungen*

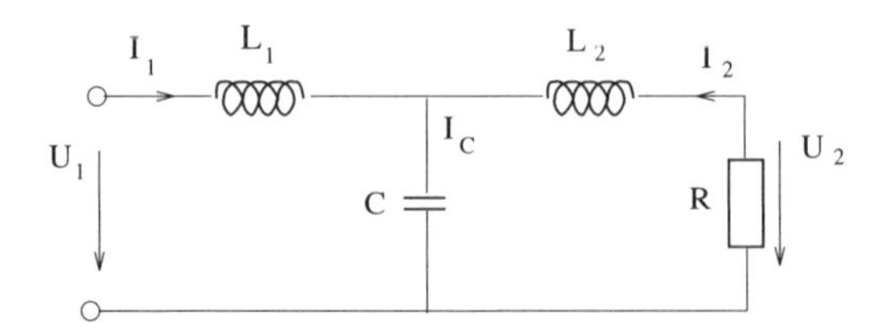

Bild D.10: *Filterschaltung*

Setzen wir in unserem Beispiel $R = 1, L_1 = \frac{7}{4}, L_2 = \frac{4}{3}$ und $C = \frac{9}{7}$, so erhalten wir ein Tschebyscheff-Filter der Ordnung 3.

$$A(j\omega) = \frac{\frac{1}{3}}{(j\omega)^3 + \frac{3}{4}(j\omega)^2 + \frac{37}{36}j\omega + \frac{1}{3}}.$$

Die Pole sind $\beta_1 = -0.376$, $\beta_{2,3} = -0.187 \pm j0.923$.

Die Pole von Ordnung n liegen entsprechend Bild D.11 für Butterworth auf einem Kreis, für Tschebyscheff auf einer Ellipse.

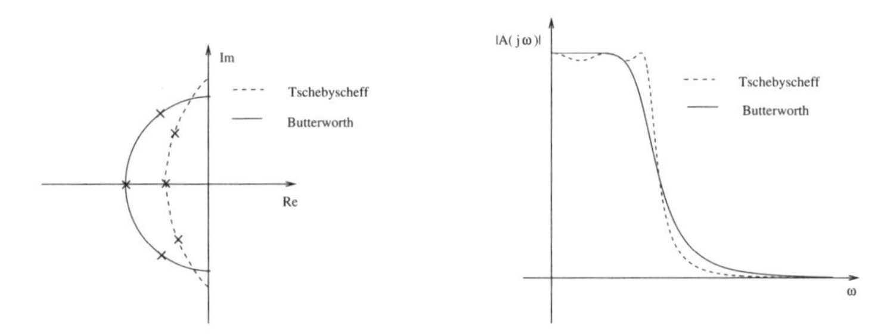

Bild D.11: *Butterworth- und Tschebyscheff-Filter*

D.7 LTI-Systeme mit stochastischer Erregung

Stochastische Signale $x(t)$ können nicht explizit, sondern nur durch ihre statistischen Kenngrößen beschrieben werden. Ein stochastisches Signal entsteht durch einen stochastischen Prozess. Deshalb sind zwei stochastische Signale, die aus demselben Prozess entstehen in der Regel verschieden. Eine mögliche deterministische Realisierung eines

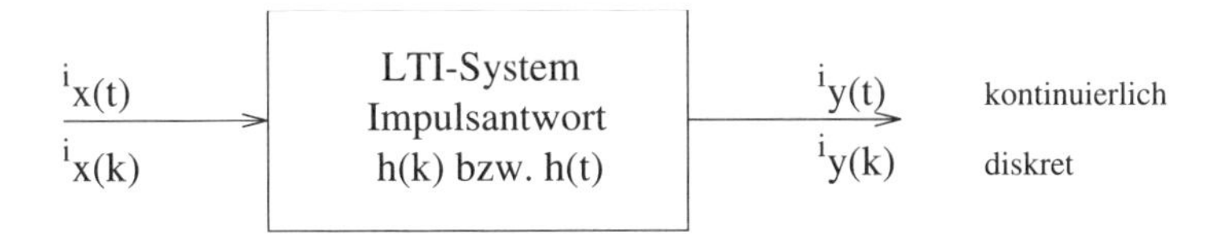

Bild D.12: *Musterfunktionen und LTI-Systeme*

stochastisches Signals wird als Musterfunktion ${}^ix(t)$ bezeichnet. Wenn man am Eingang eines LTI-Systems eine (deterministische) Musterfunktion eines stochastischen Signals anlegt, so ergibt sich ein (deterministisches) Ausgangssignal ${}^iy(t)$ entsprechend Bild D.12. Das Ausgangssignal ${}^iy(t)$ ergibt sich zu:

$$ {}^iy(t) = {}^ix(t) * h(t) = \int_{-\infty}^{\infty} {}^ix(\tau)\, h(t-\tau)\, d\tau. $$

Deshalb kann man auch nur Aussagen über die statistischen Eigenschaften des stochastischen Ausgangssignals $y(t)$ machen. Wir wollen nur ergodische Prozesse und die zugehörigen stochastischen Signale betrachten, bei denen die statistischen Kenngrößen über die Menge der Musterfunktionen identisch zu denen über die Zeit einer Musterfunktion sind. Wir wollen uns ebenfalls auf kontinuierliche Signale beschränken, denn zeitdiskrete stochastische Signale haben wir bei der Quellencodierung bereits kennengelernt. Wir benötigen die Systemautokorrelation $\varphi_{hh}(\tau)$ (Korrelation eines deterministischen Energiesignals).

$$ \varphi_{hh}(\tau) \;=\; \int_{-\infty}^{\infty} h(t)\, h(t+\tau)\, dt. $$

Die Autokorrelation $\varphi_{xx}(\tau)$ ist definiert durch:

$$ \varphi_{xx}(\tau) \;=\; \lim_{T\to\infty} \int_{-\frac{T}{2}}^{\frac{T}{2}} {}^ix(t)\, {}^ix(t+\tau) dt. $$

Wiener-Khintchine Theorem

Das Wiener-Khintchine Theorem besagt, dass die Transformation der Autokorrelation eines Signals gleich dem Betragsquadrat des Spektrums des Signals ist

$$ \begin{aligned} \varphi_{xx}(\tau) &= \int_{-\infty}^{\infty} x^*(t) x(t+\tau)\, dt \\ &= \int_{-\infty}^{\infty} |X(f)|^2\, e^{j2\pi f\tau}\, df \quad \circ\!\!-\!\!\bullet \quad |X(f)|^2. \end{aligned} $$

D.7.1 Beziehungen zwischen Ein- und Ausgang

Wir wollen einige Beziehungen zwischen den stochastischen Kenngrößen des Eingangssignals und denen des Ausgangssignals eines LTI-Systems angeben.

Linearer Mittelwert

Der Mittelwert des Ausgangssignals $y(t)$ ist der Mittelwert des Einganssignals multipliziert mit der Übertragungsfunktion an der Stelle null.

$$\begin{aligned}\overline{y(t)} = E\{y(t)\} &= E\left\{\int_{-\infty}^{\infty} x(\tau)h(t-\tau)\,d\tau\right\} = \int_{-\infty}^{\infty} E\{x(\tau)\}\,h(t-\tau)\,d\tau \\ &= \overline{x(t)}\int_{-\infty}^{\infty} h(t-\tau)\,d\tau = \overline{x(t)}\int_{-\infty}^{\infty} h(\tau)\,d\tau,\end{aligned}$$

mit $\mathrm{H}(f) = \int_{-\infty}^{\infty} h(t)e^{-j2\pi ft}\,dt \quad \circ\!\!-\!\!\bullet \quad h(t)$ gilt: $\overline{y} = \overline{x}\mathrm{H}(0)$.

Kreuzkorrelation zwischen Ein- und Ausgang

$$\Phi_{XY}(f) = \Phi_{XX}(f)\cdot\mathrm{H}(f) \;\bullet\!\!-\!\!\circ\; \varphi_{xy}(\tau) = \varphi_{xx}(\tau) * h(\tau).$$

Autokorrelation des Ausgangs

$$\begin{aligned}\varphi_{yy}(\tau) &= E\{y(t)\,y(t+\tau)\} \\ &= E\left\{\sum_{l=-\infty}^{\infty} x(k-l)h(l)\cdot\sum_{m=-\infty}^{\infty} x(k+\kappa-m)h(m)\right\} \\ &= \sum_{l=-\infty}^{\infty} \varphi_{xx}(\kappa-l)\varphi_{hh}(l).\end{aligned}$$

Wiener-Lee-Beziehung:

$$\varphi_{yy}(\tau) = \varphi_{xx}(\tau) * \varphi_{hh}(\tau).$$

Die Wiener-Lee-Beziehung verknüpft die Autokorrelation des Eingangssignals mit der des Ausgangssignals.

Leistungsdichtespektrum des Ausgangs

Es gilt:

$$\varphi_{hh}(\tau) \circ\!\!-\!\!\bullet\, \mathrm{H}^*(f)\cdot\mathrm{H}(f) = |\mathrm{H}(f)|^2 \quad \text{und damit} \quad \Phi_{yy}(f) = \Phi_{xx}(f)\,|\mathrm{H}(f)|^2.$$

Der rechte Teil entspricht der Wiener-Lee-Beziehung im Frequenzbereich.

Beispiel D.6: *Thermisches Rauschen.*

Bandbegrenztes thermisches Rauschen eines Widerstandes: Gegeben ein idealer Tiefpass mit $H(f) = \mathrm{rect}(\frac{f}{2f_g})$

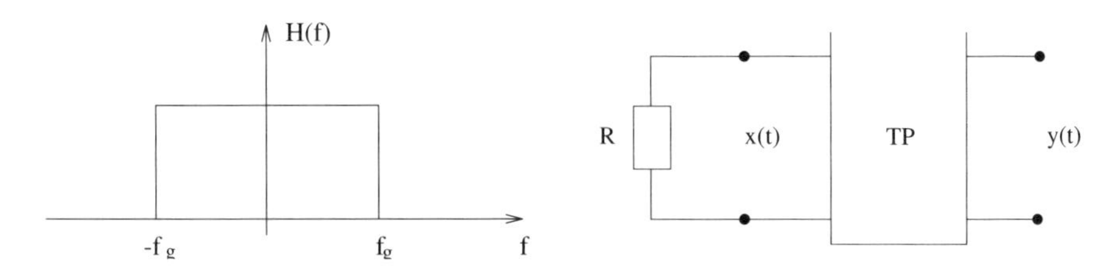

Das Rauschsignal $x(t)$ hat das Leistungsdichtespektrum $\Phi_{xx}(f) = N_0 = 2\,K_B\,T_{abs}$. Dabei ist K_B die Boltzmann-Konstante und T_{abs} die Temperatur.

Die Ausgangsrauschleistung ist:

$$\Phi_{yy}(f) = \Phi_{xx}(f)\,|\mathrm{H}(f)|^2 = N_0 \cdot |\mathrm{rect}(\frac{f}{2f_g})|^2$$

und daraus folgt:

$$\varphi_{yy}(0) = \int_{-\infty}^{\infty} \Phi_{yy}(f)\,df = N_0 \cdot 2f_g.$$

D.7.2 Rauschen und Signale

Das Rauschen wird als stochastischer Prozeß $n(t)$ beschrieben.

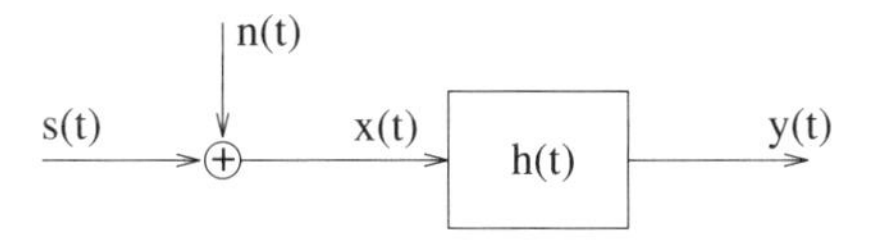

Das Signal $s(t)$ kann determininistisch oder stochastisch sein.

***i*) Deterministisches Signal**

$$y(t) = x(t) * h(t) = (s(t) + {}^i n(t)) * h(t) = s(t) * h(t) + {}^i n(t) * h(t).$$

Für die Korrelation gilt:

$$\varphi_{ss}(\tau) = \int_{-\infty}^{\infty} s(t)s(t+\tau)\,dt.$$

Die Betrachtung der Korrelationen ist hier nicht sinnvoll, da $s(t) * h(t)$ deterministisch ist. Deshalb verwendet man häufig das Signal-Rauschverhältnis $\frac{S}{N}$, das definiert ist durch

$$\frac{S}{N} = \frac{\overline{s^2(t)}}{\overline{n^2(t)}}, \quad \overline{n^2(t)} = \varphi_{nn}(0) = \int_{-\infty}^{\infty} \Phi_{nn}(f)\, df.$$

Man kann Signal-Rausch-Verhältnis am Eingang und am Ausgang vergleichen.

***ii*) Stochastisches Signal:**

Seien ${}^is(t), {}^in(t)$ mittelwertfrei, unkorreliert ($\chi_{sn}(\tau) = 0$) dann gilt für den Ausgang ${}^iy(t) = ({}^is(t) + {}^in(t)) * h(t)$. D.h. es ist nur sinnvoll die Kenngrößen zu berechnen.

Autokorrelation des Ausgangs $\varphi_{yy}(\tau)$ (Prozesse $s(t)$ und $n(t)$ sind unkorreliert)

$$\varphi_{yy}(\tau) = \varphi_{ss}(\tau) * \varphi_{hh}(\tau) + \varphi_{nn}(\tau) * \varphi_{hh}(\tau).$$

Das Leistungsdichtespektrum ist:

$$\begin{aligned}\Phi_{yy}(f) &= \Phi_{ss}(f) \cdot \mathrm{H}(f) \cdot \mathrm{H}(-f) + \Phi_{nn}(f) \cdot \mathrm{H}(f) \cdot \mathrm{H}(-f) \\ &= (\Phi_{ss}(f) + \Phi_{nn}(f)) \cdot \mathrm{H}(f) \cdot \mathrm{H}(-f).\end{aligned}$$

Index